Simon Morville

Modélisation d'un procédé de Fabrication Directe par Projection Laser

Simon Morville

Modélisation d'un procédé de Fabrication Directe par Projection Laser

Approche expérimentale et numérique pour comprendre et améliorer l'état de surface final des pièces

Presses Académiques Francophones

Impressum / Mentions légales
Bibliografische Information der Deutschen Nationalbibliothek: Die Deutsche Nationalbibliothek verzeichnet diese Publikation in der Deutschen Nationalbibliografie; detaillierte bibliografische Daten sind im Internet über http://dnb.d-nb.de abrufbar.

Information bibliographique publiée par la Deutsche Nationalbibliothek: La Deutsche Nationalbibliothek inscrit cette publication à la Deutsche Nationalbibliografie; des données bibliographiques détaillées sont disponibles sur internet à l'adresse http://dnb.d-nb.de.

Coverbild / Photo de couverture: www.ingimage.com

Verlag / Editeur:
Presses Académiques Francophones
ist ein Imprint der / est une marque déposée de
OmniScriptum GmbH & Co. KG
Heinrich-Böcking-Str. 6-8, 66121 Saarbrücken, Deutschland / Allemagne
Email: info@presses-academiques.com

Herstellung: siehe letzte Seite /
Impression: voir la dernière page
ISBN: 978-3-8416-2410-9

UNIVERSITE DE BRETAGNE-SUD (LORIENT)
Laboratoire d'Ingénierie des MATériaux de Bretagne

Thèse

pour l'obtention du grade de

DOCTEUR DE L'UNIVERSITE DE BRETAGNE-SUD

Spécialité : **SCIENCES POUR L'INGENIEUR**

Ecole doctorale : Santé, Information/Communications et Mathématiques, Matière (SICMA)

par

Simon MORVILLE

Modélisation multiphysique du procédé de Fabrication Directe par Projection Laser en vue d'améliorer l'état de surface final

---

Directeur de thèse : **Philippe Le masson**

Co-encadrement de la thèse : **Muriel Carin**, **Denis Carron**

Soutenue publiquement le 11 décembre 2012 devant la commission d'examen

Marc Médale	Président du jury
Michel Bellet	Rapporteur
Pierre Sallamand	Rapporteur
Bruno Courant	Examinateur
Patrice Peyre	Examinateur

Résumé : La Fabrication Directe par Projection Laser (FDPL) est un procédé novateur qui permet la réalisation de pièces de géométrie complexe à partir d'un jet de poudre. Les pièces sont obtenues en superposant différentes couches de matière à l'aide d'une buse coaxiale avec un faisceau laser. Cette technique de fabrication, très rapide, reste cependant peu répandue, en particulier du fait de l'irrégularité des surfaces. L'objet de ce travail est de développer des modèles numériques capables de prédire le paramètre d'ondulations caractérisant l'état de surface à partir uniquement des paramètres opératoires et des propriétés thermophysiques du substrat et de la poudre, dans le but de mieux comprendre les mécanismes responsables de l'état de surface dégradé. Une première étude a porté sur la fusion locale d'un barreau vertical sous l'action d'un laser afin de valider la mise en données du modèle numérique. Ce modèle thermohydraulique inclut les effets de tension superficielle et utilise la méthode ALE (Arbitrary Lagrangian-Eulerian) pour suivre la déformation de la surface libre. Ce modèle prédictif a été transposé au procédé FDPL en intégrant l'apport de matière dû au jet de poudre. Les caractéristiques de ce jet de poudre sont obtenues grâce à un modèle 3D prédisant la trajectoire des particules et leur échauffement sous l'action du faisceau laser. Ces données servent à définir les conditions aux limites de modèles 2D thermohydrauliques du bain fondu. Nous avons ainsi retrouvé, pour un substrat mince, la corrélation établie expérimentalement entre l'amplitude des ondulations et le taux de dilution. Il a été montré que, dans le cas de l'alliage de titane Ti-6Al-4V, un meilleur état de surface est obtenu pour une forte puissance laser, une vitesse de défilement élevée et un faible débit massique. La simulation 2D de dépôts multicouches a permis d'étudier l'influence de la stratégie de balayage et du temps de pause entre couches. Une étude de sensibilité a également été menée afin d'analyser le rôle de paramètres tels que le coefficient thermocapillaire ou la viscosité. L'étude a par la suite été étendue à un cas 3D pour étudier l'effet de la distribution énergétique du faisceau laser ainsi que les propriétés thermophysiques. La prédiction des différents modèles numériques développés à l'aide du code de calcul COMSOL Multiphysics® est validée grâce à des données expérimentales.

Mots-clés : fabrication par projection laser, thermohydraulique, apport de matière, surface libre, tension superficielle, maillage mobile ALE, jet de poudre, ondulation, état de surface

Abstract : Direct Manufacturing Laser Deposition is an innovative process that allows the manufacturing of fully densified parts with complex geometries. However, the development of this manufacturing technique is still limited, in particular due to the irregular surfaces. The purpose of this work is to better understand the complex mechanisms responsible for the delaterious surface based on numerical simulation results performed with the COMSOL Multiphysics® software. A first task was to validate the physical model and thermophysical properties. Thermohydraulic model with free surface include the surface tension effects and the deformation of the geometry is treated with a moving mesh based on ALE method. This predictive model has been transposed to the DMLD process incorporating the material addition. 2D modelling are performed to analyze the effect of process parameters on the shape of the melt pool, before modelling multilayer deposition and showing the surface irregularities. The study is later extended to a 3D case. The self-consistency of the model can predict the shape of deposits only from the operating parameters. In this approach, the substrate and the liquid bath are decoupled from the gaseous environment. The powder stream is treated separately with a 3D model calculating the trajectory of the particles. The prediction of different numerical models is validated through several experimental data.

Keywords : laser direct metal deposition, finite elements, heat transfer, fluid flow, material addition, free surface, ALE moving mesh, powder stream, waviness, surface finish

Remerciements

Le travail présenté dans ce mémoire a été réalisé au Laboratoire d'Ingénierie des MATériaux de Bretagne (LIMATB) de l'Université de Bretagne-Sud à Lorient. Tout d'abord, je remercie l'Agence Nationale de la Recherche qui a permis la réalisation du projet ASPECT. Je remercie par la même occasion le laboratoire CNRS PIMM des Arts & Métiers, partenaire du projet, et le laboratoire LIMATB.

A Philippe Le Masson, professeur à l'Université de Bretagne-Sud et directeur de cette thèse, ainsi qu'à Muriel Carin et Denis Carron, maîtres de conférences et co-encadrants, pour avoir fait que cette aventure se déroule dans ces conditions : je leur témoigne toute ma reconnaissance. Je souhaite associé à ces remerciements les membres du PIMM avec qui j'ai eu la chance de travailler : Myriam Gharbi, Patrice Peyre, Rémy Fabbro et Cyril Gorny.

A Marc Médale de l'honeur qu'il m'a fait en présidant ce jury de thèse, à messieurs Michel Bellet et Pierre Sallamand pour avoir rapporté sur ce manuscrit, et enfin à messieurs Bruno Courant et Patrice Peyre pour leur présence dans le jury en qualité d'examinateur.

A toutes les personnes qui, de près comme de loin, ont pu contribué à faire que j'en arrive là aujourd'hui.

A mes professeurs,

à mes parents et Claude,

à Rémi et Jonas

à Arnaud, Guillaume, Mathieu et Samuel

« Les bonnes choses n'arrivent que lorsqu'on renonce à les espérer ;
à l'inverse, trop espérer, les empêche de se produire »

Moon Pallace, Paul Auster (1995)

Table des matières

Nomenclature

Constantes

g	Gravité	9,81 $m.s^{-2}$
σ_{SB}	Constante de Stefan-Boltzmann	5,67.10^{-8} $W.m^{-2}.K^{-4}$
R	Constante des gaz parfaits	8,314 $J.mol^{-1}.K^{-1}$

Nombres sans dimension

Bi	Nombre de Biot,	$\frac{h_c l}{\lambda_s}$
Bo	Nombre de Bond,	$\frac{\rho g l}{\gamma}$
Ma	Nombre de Mach,	$\frac{u}{U}$
Nu	Nombre de Nusselt,	$\frac{h_c l}{\lambda_f}$
Pr	Nombre de Prandtl,	$\frac{\mu c_p}{\lambda}$
Re	Nombre de Reynolds,	$\frac{\rho u l}{\mu}$

Lettres grecques

α	Absorptivité du matériau	
α_c	Angle transverse du dépôt de matière	degré
β	Coefficient d'expansion volumique	K^{-1}
β_{ext}	Coefficient d'atténuation relatif	m^{-1}
Γ	Fréquence de collision	Hz
Γ_S	Excès de concentration en surface à saturation	$mol.m^{-2}$
γ	Tension superficielle	$N.m^{-1}$
ΔH^0	Enthalpie standard d'absorption	$J.mol^{-1}$
Δh	Hauteur des dépôts après solidification	m
$\Delta\Omega_{fs}$	Volume d'un élément de l'interface liquide/gaz	m^3
ΔS_{fs}	Surface d'un élément de l'interface liquide/gaz	m^2
δ	Fonction échelon dépendant du temps	
ε	Emissivité	
ε_n	Coefficient de pénalisation normal	s^{-1}
ε_T	Taux de dissipation turbulente	$m^2.s^{-3}$
ζ	Grandeur aléatoire de distribution normale	
η_p	Rendement d'interaction du jet de poudre avec le bain liquide	
θ	Angle d'incidence par rapport à la normale à la surface	degré
θ_p	Position angulaire de la particule dans le repère de la buse	degré
κ	Courbure	m^{-1}

λ	Conductivité thermique	$W.m^{-1}.K^{-1}$
λ_0	Longueur d'onde du faisceau laser	m
μ	Viscosité dynamique	Pa.s
μ_{jet}	Diamètre moyen de la distribution granulométrique	m
ρ	Masse volumique	$kg.m^{-3}$
σ	Contrainte surfacique	$N.m^{-2}$
σ_{ext}	Section d'extinction	m^2
σ_{jet}	Ecart-type de la distribution granulométrique	m
$\overline{\overline{\tau}}$	Tenseur des contraintes visqueuses	$N.m^{-2}$
τ	Durée des pulses laser	s
ϕ	Fonction de distance à l'interface (méthode Level-Set)	
φ	Densité de flux de chaleur	$W.m^{-2}$
φ_p	Facteur de sphéricité des particules	
ψ	Coefficient multiplicateur estimé pour la vitesse des particules	

Indices

∞	Relatif à l'environnement gazeux
	Plan parallèle
$\perp$	Plan normal
β	Relatif au transus β pour l'alliage Ti-6Al-4V
air	Relatif à l'air
c	Valeur crête
conv	Relatif à la convection
e	Extérieur
eau	Relatif à l'eau
eq	Paramètre équivalent
f	Grandeur à la température de fusion
g	Relatif à la gravité
i	Intérieur
jet	Relatif au jet de poudre
L-S	Relatif à la méthode Level-Set
L	Liquidus
LG	Relatif à l'interface liquide/gaz
laser	Relatif au faisceau laser
max	Valeur maximale de la grandeur associée
$mesh_{1,2}$	Relatif aux vitesses de stabilisation du maillage
moy	Valeur moyenne de la grandeur associée
n	Composante normale de la grandeur associée
p	Relatif aux particules
ray	relatif au rayonnement
ref	Valeur de référence de la grandeur associée
S	Solidus
sample	Relatif à l'échantillon à caractériser
T	Relatif à la turbulence
t	Composante tangentielle de la grandeur associée
VOF	Relatif à la méthode Volume Of Fluid

Lettres latines

$\vec{F}$	Force volumique	$N.m^{-3}$
$\vec{n}$	Vecteur unitaire normal à la surface	
$\vec{U}$	Valeur moyenne du champ de vitesse	$m.s^{-1}$

$\vec{u}$	Champ de vitesse	$m.s^{-1}$
$\vec{u}'$	Valeur fluctuante du champ de vitesse	$m.s^{-1}$
$\vec{x}$	Vecteur position	m
A_c	Surface de la section du dépôt	m^2
A_g	Constante liée au coefficient thermocapillaire du métal pur	$N.m^{-1}.K^{-1}$
A_m	Surface de la section de refusion	m^2
A_p	Section efficace des particules de poudre	m^2
a	Diffusivité thermique	$m^2.s^{-1}$
$a_{0,1,2}$	Coefficients de sensibilité des paramètres du plan d'expériences	
a_k	activité de l'espère k	
att	Coefficient d'atténuation	
b	Paramètre de l'équation de Kozeny-Carman	
C_D	Coefficient de couplage entre les particules et le gaz	
c_p	Chaleur massique à pression constante	$J.kg^{-1}.K^{-1}$
c_p^*	Chaleur massique équivalente à pression constante	$J.kg^{-1}.K^{-1}$
D	Taux de dilution du bain liquide dans le substrat	
$D_{f\beta}$	Fonction de distribution de la chaleur latente	K^{-1}
D_c	Duty cycle	
D_{sample}	Epaisseur de l'échantillon à caractériser	m
D_m	Débit massique de poudre – paramètre opératoire	$g.min^{-1}$
D_V	Débit volumique de gaz	$L.min^{-1}$
d	Diamètre	m
d_S	Espacement interdendritique	m
E	Energie linéique	$J.m^{-2}$
ep	Epaisseur du rouleau périphérique dans le bain liquide	m
F	Terme de vitesse lié au déplacement d'une interface	$m.s^{-1}$
f_l	Fraction liquide	
f_{pulse}	Fréquence des pulses laser	Hz
G	Gain d'amplification du signal infrarouge	
H	Enthalpie	$J.kg^{-1}$
H_0	Hauteur totale de la zone fondue	m
h_c	Coefficient d'échange convectif	$W.m^{-2}.K^{-1}$
I	Matrice identité	
k	Indice de réfraction complexe du matériau	
k_T	Energie cinétique turbulente	$m^2.s^{-2}$
k_l	Constante fonction de l'entropie de ségrégation	
$k_{n,\tau}$	Composante normale et tangentielle du coefficient de restitution	
L	Chaleur latente	$J.kg^{-1}$
L_0	Longueur de la zone fondue	m
L_e	Longueur d'évaluation de Rt et Wt	m
L_{ref}	Longueur initiale de l'échantillon	m
L_T	Longueur de turbulence	m
l_{ref}	Longueur de référence	m
l_z	Distance d'interaction laser/particules	m
M_S	Surface spécifique volumique des dendrites	m^2
m	Masse	kg
N	Concentration des particules dans le jet de poudre	m^{-1}
N_{laser}	Coefficient de distribution de l'intensité énergétique	
N_{jet}	Coefficient de distribution du débit massique de poudre	
n	Indice de réfraction réel du matériau	
P_{jet}	Distribution du débit massique de poudre	$kg.m^{-2}.s^{-1}$
P_{laser}	Puissance du faisceau laser – paramètre opératoire	W
P_k	Terme de production d'énergie cinétique turbulente	$W.m^{-3}$

p	Pression	Pa
Q_{pulse}	Energie de l'impulsion laser	J
Q_{ext}	Efficacité d'extinction	
R	Réflectivité du matériau	
$R_{1,2}$	Rayons de courbure principaux de l'interface	m
r	Rayon	m
Rt	Microrugosité maximale	m
S_{buse}	Section annulaire en sortie de buse	m^2
S_P	Terme source lié à l'apport de matière (méthode Level-Set)	
S_{plan}	Source de chaleur volumique	$W.m^{-3}$
T	Température	K
t_0	Durée totale du cycle en régime pulsé	s
t	Temps	s
V	Vitesse	$m.s^{-1}$
V_S	Vitesse de défilement – paramètre opératoire	$m.s^{-1}$
V_{th}	Vitesse théorique des particules en sortie de buse	$m.s^{-1}$
w	Epaisseur du substrat	m
w_0	Rayon du faisceau laser au plan focal	m
Wt	Amplitude maximale des ondulations	m
X	Fréquence du diamètre des particules	
X_0	Position longitudinale de la buse au cours du temps	m
$X_{1,2}$	Paramètres du plan d'expériences	
$z_{1,2}$	Distance de TC1 et TC2 par rapport au sommet du barreau	m
z_r	Distance de Rayleigh	m

Introduction générale

Depuis une vingtaine d'années, les technologies additives par laser sont en plein essor et contribuent à développer les possibilités de fabrication. D'une grande flexibilité dans leur mise en œuvre, ces procédés permettent potentiellement de générer des formes métalliques complexes pleinement densifiées. Le challenge de ces technologies est de parvenir à fabriquer des pièces de qualité équivalente à celles obtenues avec les procédés conventionnels que sont le moulage, l'usinage ou le forgeage. L'analyse comparative concerne essentiellement les propriétés mécaniques d'emploi en service, la précision des cotes, les défauts (porosités, hétérogénéités chimiques, microstructure) et enfin l'état de surface final. La technologie FDPL, pour Fabrication Directe par Projection Laser (en anglais LDMD – Laser Direct Metal Deposition) fait partie de ces procédés. C'est une extension des procédés de réparation qui consiste à générer une nouvelle pièce à partir d'une géométrie déjà existante. La construction s'effectue en projetant un jet de particules métalliques en direction d'un bain de métal liquide obtenu par fusion laser du substrat. Les particules sont convoyées par un gaz porteur et convergent par l'action d'une buse de projection coaxiale. Le déplacement relatif de la buse par rapport au substrat permet de déposer la matière par voie liquide et la solidification consécutive au refroidissement donne un cordon de matière avec une bonne liaison métallurgique. La coïncidence de l'axe de la buse avec celui du faisceau laser confère un caractère omnidirectionnel à ce dispositif.

Avant de pouvoir être fabriquée, chaque pièce doit être modélisée par CAO. La géométrie virtuelle est alors découpée en tranches selon une direction adaptée à la forme de l'objet. La construction à proprement parler réside dans la reproduction et la superposition de ces plans de coupe les uns à la suite des autres. Le déplacement est piloté par une commande numérique afin de venir balayer l'intégralité de la surface de chaque plan. Une fois la pièce achevée, il est le plus souvent nécessaire de recourir à un usinage de celle-ci. Deux raisons à cela :

- La géométrie de la pièce n'est pas encore conforme au cahier des charges. C'est le cas lorsque l'opération de FDPL est une étape intermédiaire du processus de mise en œuvre et qu'un usinage doit finir de mettre en forme l'objet.
- La surface de la pièce présente des irrégularités qui ne permettent pas de retrouver une qualité équivalente aux procédés conventionnels.

La première raison évoquée est initialement prévue dans les étapes de fabrication, puisqu'il est admis que la pièce n'est pas encore aboutie. La seconde est plus problématique et il devient nécessaire de mieux maîtriser le processus de fabrication en lui-même afin de minimiser au mieux ces irrégularités de surface. Cet état de surface final tire son origine de deux phénomènes : (1) la surface est ponctuée de grains de poudre non incorporés au bain liquide ou partiellement fondus par le faisceau laser et tombés sur une surface solide, et (2) les surfaces latérales montrent des ondulations périodiques que l'on doit à la superposition des dépôts et dont la forme arrondie est directement dépendante des phénomènes liés à la mécanique des fluides. Les mécanismes à l'origine de ces deux phénomènes n'ont peu, voire pas été étudiés. En atteste le peu de travaux de la littérature qui discutent de l'état de surface final des pièces en FDPL, encore moins ceux qui l'explique. Il apparaît dès lors indispensable de mieux comprendre les mécanismes complexes qui sont en jeu et responsables de cet état de surface dégradé. La finalité, ensuite, est d'obtenir des pièces fonctionnelles dès la fin du processus de fabrication additive. Cette limite est un frein au développement et à l'industrialisation de cette technique de fabrication.

Le projet ANR ASPECT (Amélioration des états de Surface de Pièces obtenues en fabrication dirECTe par laser) se propose d'étudier les causes multiples responsables du mauvais état des surfaces finales et d'apporter des solutions en vue de l'améliorer. Ce travail passe par une meilleure compréhension des mécanismes à l'origine des états de surface obtenus en FDPL et la mise en relation des paramètres opératoires avec ceux-ci. Ce projet repose sur une collaboration étroite entre le laboratoire CNRS PIMM (Procédés et Ingénierie en Mécanique et Matériaux) des Arts & Métiers à Paris (ParisTech) et le laboratoire LIMATB (Laboratoire d'Ingénierie des MATériaux de Bretagne) de l'université de Bretagne-Sud à Lorient (UEB). Le laboratoire PIMM est responsable des expériences menées dans le cadre du projet ASPECT, faisant l'objet de la thèse de doctorat de Myriam Gharbi (Gharbi, 2013). Le laboratoire LIMATB a, quant à lui, la responsabilité du développement des modèles numériques dédiés au projet, ce qui fait l'objet de ce manuscrit. Cette collaboration repose sur une interaction forte entre les deux laboratoires, et qui a donné lieu à de nombreux échanges (réunions et rapports d'avancement, séjours de courtes périodes…). Ces échanges sont importants et nécessaires. En effet, les modèles numériques reposent le plus possible sur des considérations physiques, tant sur les phénomènes pris en compte que sur les conditions expérimentales. Il est alors nécessaire d'avoir le maximum d'informations sur les conditions expérimentales pour que les modèles numériques soient les plus prédictifs possibles. Leur utilisation peut alors être orientée pour mieux comprendre ce qui est observé expérimentalement.

Les études menées dans le cadre du projet, portent sur deux matériaux métalliques présentant un réel intérêt pour l'industrie : un alliage de titane Ti-6Al-4V et un acier inoxydable 316L. Le projet ASPECT s'est néanmoins principalement concentré sur l'alliage Ti-6Al-4V.

Ce manuscrit se compose de six chapitres.

Le premier chapitre présente les phénomènes physiques mis en jeu lors du procédé de Fabrication Directe par Projection Laser (FDPL), l'influence des paramètres opératoires sur l'état de surface final des pièces obtenues et la modélisation numérique du procédé. Tout d'abord, le principe de la fabrication FDPL est présenté. Un état de l'art expérimental permet de préciser l'influence des paramètres opératoires sur les caractéristiques du bain liquide, puis sur l'état de surface de ces pièces. Ensuite, une description des phénomènes physiques induits par le procédé est faite. Cette description introduit un état de l'art sur la modélisation numérique du procédé FDPL. Les principaux modèles associés au jet de poudre et au substrat y sont décrits. Cette analyse bibliographique permet, ainsi, de définir les principales caractéristiques des modèles présentés au cours de cette thèse.

Le deuxième chapitre est consacré aux contextes expérimentaux dans lesquels s'insère cette étude numérique. Les dispositifs expérimentaux et moyens d'analyse sont présentés. La première expérience est spécifiquement dédiée à un modèle numérique et a vocation à apporter les éléments nécessaires à la validation du modèle. L'expérience consiste à fondre par une impulsion laser l'extrémité d'un barreau métallique. La deuxième manipulation présentée est le banc dont dispose le laboratoire PIMM pour étudier le procédé FDPL. Les données relatives au faisceau laser (distance focale, distribution énergétiques, puissance transmise…) et au jet de poudre (géométrie de la buse, granulométrie, distribution du débit massique, vitesse des particules) sont des informations qui sont évaluées pour renseigner au mieux les modèles numériques.

Les propriétés thermophysiques des deux matériaux de l'étude (alliage de titane Ti-6Al-4V et acier inoxydable 316L) font l'objet d'un état de l'art complété par un travail de caractérisation expérimentale mené au sein du laboratoire LIMATB. Celui-ci dispose d'un banc de dilatométrie, d'un diffusivimètre laser et d'un appareil de calorimétrie à balayage différentiel permettant une caractérisation des matériaux à haute température.

Le troisième chapitre présente le modèle de fusion locale par impulsion laser d'un barreau métallique sans apport de matière. L'objectif est triple puisque le modèle auto-consistant doit répondre à différents besoins : valider la physique prise en compte et son implémentation, valider les propriétés thermophysiques retenues à l'issue du chapitre 2, évaluer l'influence des phénomènes thermiques et hydrodynamiques intervenant au cours de la fusion. Les aspects de validation reposent sur la comparaison de données expérimentales avec les résultats numériques (mesures de température par thermocouples, images obtenues par caméra rapide de la forme de la surface libre à différents instants, macrographies post mortem des échantillons) et les incertitudes expérimentales et numériques sont évaluées. Une approche 2D axisymétrique est retenue dans le cas de cette étude.

La fusion locale du barreau par le laser, de même que le procédé FDPL, font intervenir un problème de surface libre où des effets de tension superficielle prennent place et déforment cette surface. Ce type de conditions aux limites ne faisant pas partie des options disponibles par défaut dans le code utilisé, il est nécessaire de développer une formulation faible de la tension superficielle afin de l'implémenter sous forme de contrainte sur les frontières appropriées. La validation de cette expression fait l'objet d'une étude spécifique.

Dans le quatrième chapitre, un modèle 3D de jet de poudre est présenté et permet de déterminer la distribution des particules dans l'écoulement gazeux ainsi que l'interaction du jet de poudre avec le faisceau laser. Les différentes équations mathématiques du problème sont détaillées. Le profil de distribution des particules dans le jet et la position du plan focal sont comparés à des données expérimentales. Il y est discuté de l'influence de plusieurs paramètres tels que : la nature du matériau, la nature du gaz vecteur, la taille des particules, la puissance et la distribution d'intensité du faisceau laser. La finalité de ce modèle prédictif est de définir les conditions aux limites du modèle du bain liquide.

Le cinquième chapitre est spécifiquement dédié à la modélisation du dépôt de matière sur un substrat mince avec le procédé FDPL. Un modèle thermohydraulique auto-consistant avec apport de matière est présenté pour calculer les champs de température et de vitesse dans le substrat ainsi que la hauteur des dépôts en fonction des paramètres opératoires primaires (puissance laser, vitesse de défilement, débit massique de poudre). Un modèle 2D longitudinal donne la morphologie de la zone fondue pour une configuration donnée, pour être ensuite comparée à des données expérimentales obtenues par caméra rapide. Ensuite, un modèle 2D transversal permet de calculer l'amplitude des ondulations latérales après plusieurs dépôts. Le modèle longitudinal est utilisé pour étudier les effets thermiques consécutifs à un dépôt multicouche. De plus, des paramètres opératoires tels que le temps de pause entre chaque couche ou la stratégie de déplacement de la buse par rapport au substrat sont discutés. Le modèle de fusion du barreau métallique présenté au chapitre 3 est repris et modifié pour tenir compte d'un apport de matière. L'influence des propriétés hydrodynamiques sur l'état de surface final y est alors discutée. L'ensemble des calculs est réalisé dans des repères 2D en raison des temps de résolution relativement courts et donc propices aux études paramétrées.

Le sixième chapitre montre la transposition du modèle du bain liquide à un cas 3D. Des analyses de sensibilité du modèle sont réalisées, en particulier sur les effets de la distribution énergétique du faisceau laser, de la nature du matériau, de la redistribution de l'énergie dans le bain par thermocapillarité. L'accent porte aussi sur les difficultés numériques rencontrées dans le développement de ce modèle.

Enfin, la conclusion de ce mémoire reprend les principaux résultats obtenus et ouvre sur les perspectives d'évolution des modèles numériques développés.

Chapitre 1

Etude bibliographique

Sommaire

1.1 Contexte / Objectifs

Les objectifs de ce chapitre sont de présenter les phénomènes physiques mis en jeu lors du procédé de Fabrication Directe par Projection Laser (FDPL) et l'influence des paramètres opératoires sur l'état de surface final des pièces obtenues Tout d'abord, le principe de la fabrication FDPL est présenté. Un état de l'art expérimental permet de préciser l'influence des paramètres opératoires sur les caractéristiques du bain liquide, puis sur l'état de surface de ces pièces. Ensuite, une description des phénomènes physiques induits par le procédé est réalisée. Cette description permet d'introduire l'état de l'art effectué plus particulièrement sur la modélisation numérique du procédé FDPL. Les principaux modèles associés au jet de poudre et au substrat et développés ces dernières années seront décrits. Cette analyse bibliographique permettra de définir les principales caractéristiques des modèles présentés au cours de cette thèse.

1.2 Présentation du procédé de Fabrication Directe par Projection Laser

1.2.1 Principe de fonctionnement du procédé

Les récents développements technologiques en prototypage rapide au cours de ces trente dernières années permettent aujourd'hui de fabriquer des pièces de formes complexes densifiées (Solid Freeform Fabrication) par fusion laser de poudres métalliques. Les procédés de SFF sont connus sous divers noms tels que : Directed Light Fabrication (DLF^{TM}), Laser Engineered Net Shaping (LENS^{TM}) et Direct Metal Deposition (DMD^{TM}) pour ne nommer qu'eux. Tous ces procédés font en fait référence à la Fabrication Directe par Projection Laser (FDPL) ou Direct Metal Laser Deposition (DMLD). La technique consiste à injecter un matériau d'apport dans un bain de métal en fusion obtenu au moyen d'une source laser mobile. La résultante de cet apport de matière et du déplacement du faisceau laser est la formation d'un cordon de matière solide et densifié. Les déplacements sont commandés numériquement afin de recomposer couche après couche la géométrie issue d'un modèle CAO (Conception Assistée par Ordinateur).

La pièce 3D dessinée est virtuellement découpée en tranches puis recomposée par le procédé en construisant et superposant, une à une, ces tranches. Cette technique est relativement rapide, totalement automatisée et très flexible. La grande innovation par rapport aux techniques plus conventionnelles (usinage, moulage, emboutissage) est que le procédé FDPL ne nécessite aucun outil spécifique pour réaliser un produit. Les avantages qui en découlent sont les suivants : réduction des coûts de maintenance, minimisation des chutes et déchets, réalisation de formes encore impossibles auparavant. De plus, le procédé FDPL permet de s'affranchir des coûts et temps de développement nécessaires à l'élaboration des outils spécifiques. Cela fait de la FDPL une technologie particulièrement adaptée à la production de petites séries et de pièces uniques.

Le procédé FDPL s'inspire directement du prototypage rapide avec comme objectif la fabrication d'objets directement opérationnels. Cette technologie est aussi employée pour réparer des pièces fissurées ou régénérer des parties manquantes. L'apport de matière en FDPL peut être effectué par un fil d'apport ou plus communément par injection de poudre. La poudre est généralement produite par atomisation par voie gazeuse ou liquide du métal en fusion, et la taille des particules obtenues est de quelques dizaines à plusieurs centaines de micronmètres. Le procédé FDPL réalisant l'apport de matière par injection de poudre nécessite l'utilisation d'un gaz porteur inerte (argon, azote, hélium) assurant par ailleurs une protection de la surface contre l'oxydation. L'écoulement de gaz est orienté en direction du bain liquide selon différentes configurations (apport de poudre coaxial ou latéral). Grâce à cette technique, il est alors possible de déposer une couche présentant une géométrie 3D complexe bien délimitée sur un substrat. Les objets simples, tels que des murs minces, peuvent être construits par dépôts successifs des couches les unes sur les autres (Figure 1.1a). Cette technique est également employée pour des applications de rechargement laser (« laser cladding » en anglais) où les dépôts sont appliqués à la surface du substrat, les uns à côté des autres et avec un taux de recouvrement adapté (Figure 1.1b). Enfin, une troisième configuration sans apport de matière, appelée refusion laser, consiste à traiter la surface du substrat pour en modifier les propriétés mécaniques et/ou métallurgiques (Figure 1.1c). L'état de l'art présenté ici pourra faire mention de travaux réalisés dans le cadre des procédés de rechargement et refusion, en raison des similitudes de ces procédés avec le procédé FDPL.

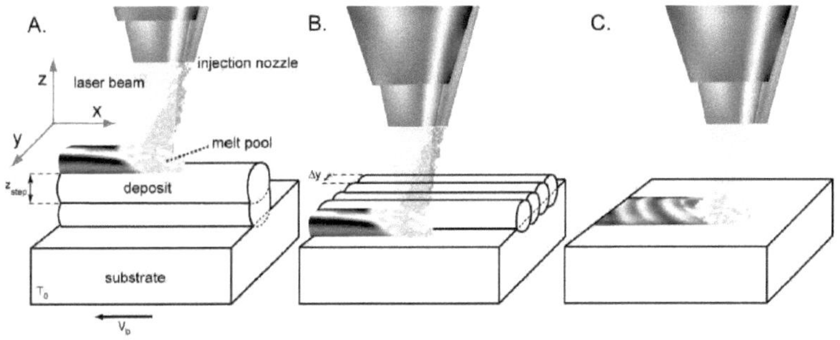

Figure 1.1 – Représentation schématique de trois procédés laser : (a) Fabrication Directe par Projection Laser avec apport latéral, (b) Rechargement laser avec apport latéral, (c) Refusion laser (Mokadem, 2004)

En utilisant une source laser comme apport d'énergie, l'échauffement et la fusion sont très localisés et la zone thermiquement affectée est de faible taille. Les types de laser que l'on rencontre pour ce procédé sont principalement les lasers $C0_2$, Nd:YAG, et dans une moindre mesure, les lasers à diode. Appliqué à la FDPL, le laser permet une bonne cohésion du métal d'apport avec le substrat avec une faible dilution et des distorsions minimes, la dilution caractérisant le taux de refusion du substrat par rapport à la quantité de matière déposée. Par ailleurs, la petite dimension du faisceau laser permet un haut degré de précision dans le contrôle du bain liquide. Enfin, les procédés laser ont l'avantage de présenter une très faible porosité et peu d'imperfections, sous condition de ne pas former de capillaire de vapeur dans le bain liquide.

L'apport de matière peut se faire de différentes manières : apport latéral monojet, apport latéral multijet, apport coaxial. Ce dernier, illustré sur la Figure 1.2, est le plus largement répandu car il confère au procédé un caractère omnidirectionnel ainsi qu'un haut rendement d'interaction avec le substrat. Dans cette configuration, la poudre est délivrée à travers une buse coaxiale avec le faisceau laser. Au cours du trajet entre la buse et le bain liquide, les particules de poudre interagissent avec le faisceau laser. Cela a pour conséquence d'augmenter leur température et éventuellement de les faire fondre. L'énergie ainsi perdue par le faisceau laser est en partie restituée à la zone fondue lors de l'injection des particules dans le bain liquide. La distribution énergétique à la surface du substrat est néanmoins modifiée par le phénomène d'atténuation dû à la présence du nuage de poudre qui peut réfléchir ou absorber une partie de l'énergie. L'énergie arrivant à la surface du substrat crée un bain de métal liquide dont le volume augmente avec les particules reçues.

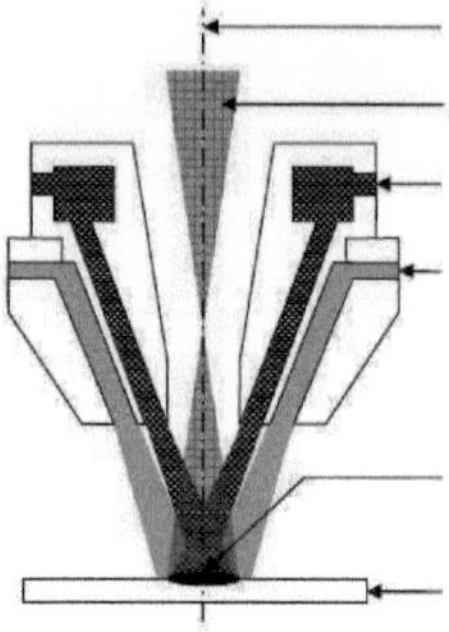

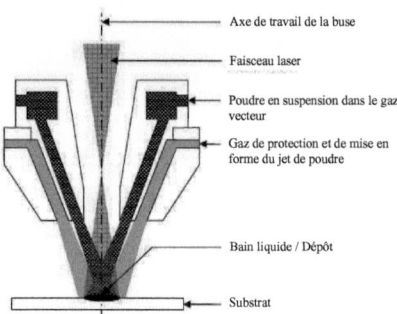

Figure 1.2 – Apport de matière coaxiale en FDPL (Von Wielligh, 2008)

Les procédés continus avec buse coaxiale présentent généralement trois flux gazeux. Outre le gaz vecteur des particules de poudre, un écoulement est assuré au centre de la buse. Son rôle est de protéger le dispositif optique des éventuels ricochets de particules et des vapeurs métalliques. L'intensité de ce flux gazeux permet également de jouer sur la position du plan focal du jet de poudre. Enfin, l'écoulement périphérique permet de renforcer la protection gazeuse contre l'oxydation et aussi de limiter l'expansion du jet de poudre. L'écoulement des particules est alors mieux confiné, ce qui augmente la concentration locale en particules et le rendement d'interaction avec le bain liquide.

La solidification s'effectue grâce à la diffusion rapide de la chaleur dans le substrat, à une vitesse qui dépend des paramètres opératoires et matériaux. Parmi ces paramètres, les principaux sont les suivants : la puissance du laser, la vitesse de déplacement par rapport au substrat, les distances focales (laser et poudre), le débit de poudre et les caractéristiques du matériau. D'autres paramètres tels que les différents débits de gaz, la position relative du faisceau laser par rapport au jet de poudre, la granulométrie des particules de poudre, la distribution énergétique du faisceau laser ainsi que sa polarisation peuvent également être des paramètres critiques dans le cadre de l'optimisation d'un procédé. Les cinétiques rapides de refroidissement confèrent au matériau une distribution relativement homogène des éléments et une microstructure fine.

La Figure 1.3 montre deux exemples de pièces que permet de fabriquer le procédé FDPL. Ce procédé autorise une grande liberté dans la forme des objets fabriqués. Cela tient au fait que la construction s'effectue à partir d'une géométrie virtuelle qui est recomposée couche par couche. Cette flexibilité n'a pas d'égal parmi les procédés de fabrication conventionnels que sont l'usinage, le forgeage et le moulage. Cela étant, cette technologie prometteuse présente certains inconvénients, auxquels il faut faire face pour rendre le procédé FDPL pleinement opérationnel. Cela concerne, notamment, l'état de surface. En effet, la surface des objets ainsi conçus présente des irrégularités comme le montre la Figure 1.3. La superposition des dépôts est à l'origine d'ondulations périodiques sur la surface latérale de la pièce fabriquée. La Figure 1.4 illustre ce phénomène en présentant une coupe transversale schématique d'un mur mince fabriqué avec le procédé FDPL. Typiquement, l'amplitude des ondulations peut varier de l'ordre de 50 à 500 μm selon les paramètres opératoires (Gharbi, 2013). En plus de ces ondulations latérales, les surfaces présentent une rugosité que l'on doit aux particules de poudre ayant adhéré avec la géométrie en construction, comme le fait apparaître la vue détaillée de la Figure 1.4. A titre indicatif, les états de surface obtenus en usinage à grande vitesse sont caractérisés par des ondulations d'amplitude de quelques microns pour les aciers (Fallböhmer et al., 2000).

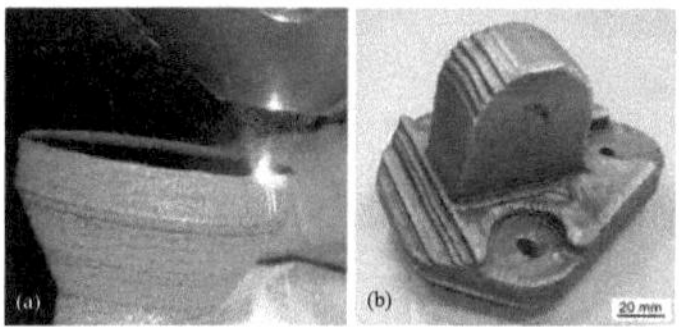

Figure 1.3 – Applications du procédé FDPL : (a) objet gradé en acier inoxydable 316L/Stellite® 6 ; (b) pièce fabriquée en alliage de titane Ti-6Al-4V (Kovalev et al., 2010)

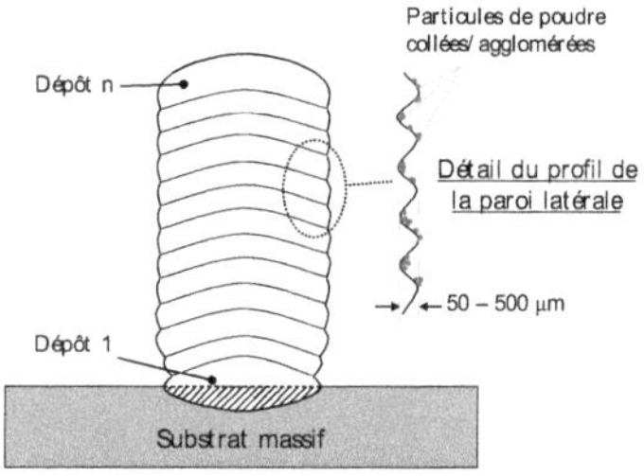

Figure 1.4 – Schéma en coupe d'un mur mince obtenu par FDPL

Afin de proposer des pièces de qualité équivalente, les objets obtenus par FDPL sont rectifiés. Cette étape, pourtant nécessaire, nuit à la rentabilité économique de ce procédé de fabrication. Par ailleurs, et bien que les contributions scientifiques récentes aient considéré les principaux aspects du procédé FDPL, il apparaît une lacune dans la compréhension des phénomènes physiques locaux en jeu au niveau du bain liquide et de son interaction avec le jet de poudre. C'est dans ce contexte que s'inscrit le projet ANR ASPECT dont l'enjeu majeur est de mieux comprendre les mécanismes à l'origine de cet état de surface dégradé. Afin d'atteindre cet objectif, un état de l'art a d'abord été mené sur les travaux expérimentaux visant à étudier l'influence des paramètres opératoires du procédé FDPL sur l'état de surface final des pièces construites. Ces différents travaux mettent en avant les difficultés liées aux fortes interactions entre le faisceau laser, le jet de poudre et le bain liquide.

1.2.2 Revue de l'influence des paramètres opératoires

Une description précise et complète du procédé de FDPL n'est pas aisée compte tenu de la diversité des paramètres opératoires, des phénomènes physiques en jeu et des interactions entre chacun des systèmes physiques (De Oliveira et al., 2005). Les phénomènes physiques incluent les transferts de masse et de chaleur, l'hydrodynamique du bain liquide avec l'existence d'une surface libre ou encore les transformations métallurgiques pour ne citer qu'eux. Les interactions vont avoir lieu entre le faisceau laser et le jet de poudre, le faisceau laser et le substrat, le jet de poudre et le substrat. Dans le cadre de cette thèse, nous nous attacherons plus particulièrement aux paramètres ayant une influence sur les caractéristiques géométriques et l'état de surface des pièces conçues par le procédé FDPL. Compte tenu de ces objectifs, les aspects métallurgiques et contraintes résiduelles ne seront pas abordés dans cet état de l'art. Le lecteur intéressé pourra néanmoins se référer aux travaux de (Labudovic et al., 2003), (Ghosh and Choi, 2005) (Alimardani et al., 2007), (Alimardani et al., 2010) pour les aspects mécaniques et (Malinov et al., 2001), (Kelly and Kampe, 2004), (Guo et al., 2005), (Bontha et al., 2006), (Da Costa Teixeira et al., 2008), (Foroozmehr and Kovacevic, 2009), (Kumar and Roy, 2009) pour les aspects métallurgiques.

Nous recensons sur le Tableau 1.1 l'ensemble des paramètres opératoires en FDPL ainsi que leurs conséquences. Les interactions ne sont pas identifiées mais cet inventaire, en partie basé sur les travaux de (Schneider, 1998), regroupe les observables qui sont généralement étudiés pour identifier les effets des paramètres opératoires. Au cours de cet état de l'art, nous nous limiterons aux paramètres opératoires ayant un effet sur la géométrie du bain fondu et sur l'état de surface. Cette analyse permettra d'orienter les études paramétrées menées à l'aide des modèles numériques développés au cours de cette thèse.

Paramètres d'entrée

Source laser
- Longueur d'onde
- Puissance moyenne
- Régime de fonctionnement (continu ou pulsé)
- Forme des pulses laser
- Mode TEM
- Distance focale
- Diamètre du faisceau laser
- Polarisation

Alimentation en poudre
- Débit de poudre
- Pression du gaz vecteur
- Débit du gaz vecteur

Dispositif de déplacement
- Vitesse relative
- Stratégie de balayage
- Temps de pause entre chaque dépôt

Buse coaxiale
- Angle d'injection
- Section de passage
- Distance de travail
- Distance du plan focal par rapport à la buse
- Diamètre du plan focal

Particules de poudre
- Propriétés thermophysiques, métallurgiques et optiques
- Taille et forme
- Température

Substrat
- Propriétés thermophysiques, métallurgiques et optiques
- Géométrie et tension de surface
- Température

Macrostructure
- Largeur du dépôt
- Hauteur du dépôt
- Profondeur de pénétration
- Angle du dépôt
- Profondeur de la ZAT
- Largeur de la ZAT
- Porosité
- Dilution

Microstructure
- Taille de grain
- Profil de dureté
- Fissuration

État de surface
- Ondulation
- Rugosité

Contraintes résiduelles

Adhésion

Rendement de poudre

Paramètres de sortie

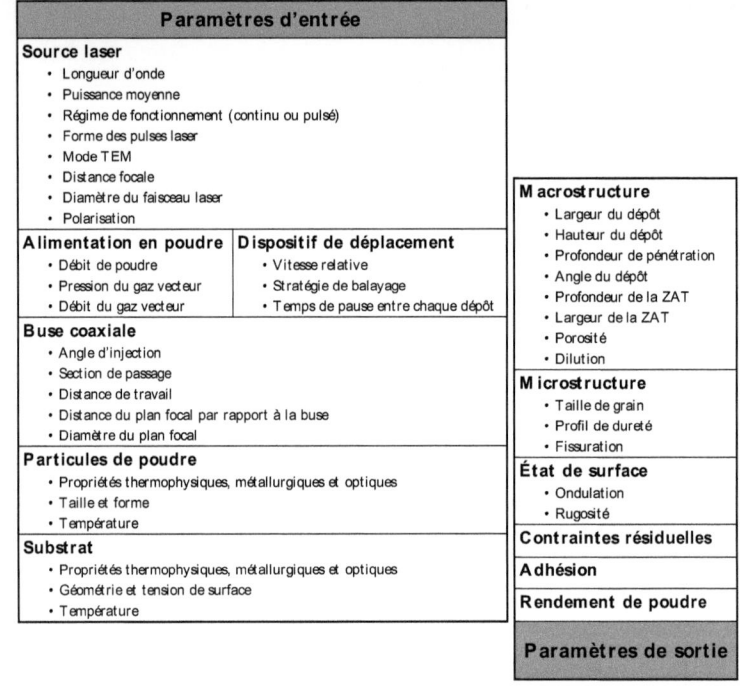

Tableau 1.1 – Paramètres opératoires et leur influence sur les paramètres de sortie

1.2.2.1 Influence des paramètres opératoires sur la hauteur du dépôt

La hauteur du cordon déposé dépend essentiellement de la surface d'interaction entre le bain liquide et le jet de poudre. Cette surface d'interaction conditionne, en effet, la quantité de matière réellement apportée au bain liquide. La hauteur de dépôt est d'autant plus importante que le débit massique est grand. Elle augmente également avec une puissance laser élevée et une faible vitesse de déplacement, puisque ces deux paramètres contribuent à l'augmentation de la taille du bain en surface et donc à une meilleure interaction entre le bain liquide et le jet de poudre. Pour un substrat horizontal, (El Cheikh et al., 2012) montrent une dépendance entre la hauteur déposée et les paramètres opératoires que sont la puissance laser, la vitesse de défilement et le débit massique de poudre. La Figure 1.5a montre la loi empirique obtenue pour le cas d'une poudre en acier inoxydable 316L déposée sur un substrat en acier bas carbone. Ces résultats font ressortir la prépondérance du rapport du débit massique D_m sur la vitesse de déplacement V_S, c'est-à-dire la masse linéique. La puissance laser apparaît comme un paramètre moins influent, ce qui est également en accord avec les observations (De Oliveira et al., 2005). Ces derniers obtiennent une relation linéaire entre le paramètre D_m/V_S et la hauteur de dépôt pour une puissance laser donnée. Les expériences sont ici réalisées à partir d'une poudre à base de Nickel déposée sur un substrat en acier faiblement allié. (Felde et al., 2002) proposent une loi fonction de

$\sqrt{P_{laser} D_m} / V_S$. Cette loi est établie à partir d'une étude statistique portant sur le recouvrement de surface d'un acier bas carbone par une poudre à base de cobalt Stellite® 6. Ces relations restent cependant des lois empiriques dépendant fortement des conditions opératoires.

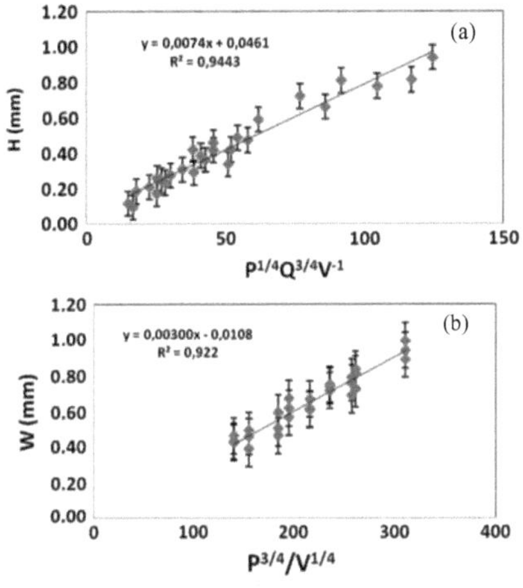

Figure 1.5 – Influence des paramètres opératoires sur (a) la hauteur H et (b) la largeur W du dépôt avec ici P la puissance laser, Q le débit massique de poudre et V la vitesse d'avance (El Cheikh et al., 2012)

1.2.2.2 Influence des paramètres opératoires sur la largeur du dépôt

La largeur du bain fondu dépend de la puissance laser et de la vitesse d'avance. Le rapport entre ces deux termes définit l'énergie linéique. Cette grandeur caractérise la quantité d'énergie déposée par unité de longueur, en $J.m^{-1}$. Certains auteurs introduisent un paramètre supplémentaire qui est le diamètre du faisceau laser pour rendre compte du dépôt d'énergie sur une surface donnée, en $J.m^{-2}$. La Figure 1.5b illustre la dépendance de la largeur du dépôt en fonction de la puissance laser et de la vitesse de déplacement, obtenue par (El Cheikh et al., 2012).

Par ailleurs, (De Oliveira et al., 2005) proposent, quant à eux, une loi de la forme $P_{laser} / \sqrt{V_S}$ pour rendre compte de la largeur du bain fondu. L'étude est réalisée à partir d'une poudre en alliage de base nickel chrome E19 déposée sur un substrat en acier faiblement allié C45. Les différences observées au niveau des coefficients de puissance peuvent s'expliquer par le fait que les matériaux utilisés au cours des deux études ne sont pas les mêmes. Les différences de distribution du jet de poudre et de débit massique peuvent aussi expliquer ces écarts.

1.2.2.3 Influence des paramètres opératoires sur les autres caractéristiques géométriques

D'autres grandeurs caractéristiques de la géométrie du dépôt ont été étudiées en fonction des paramètres opératoires. Les caractéristiques des lois proposées par (de Oliveira et al., 2005) et (El Cheikh et al., 2012) pour relier ces grandeurs géométriques aux paramètres opératoires sont résumées dans le Tableau 1.2. Certaines de ces grandeurs géométriques sont illustrées sur la Figure 1.6. Cette figure est un schéma en coupe d'un dépôt sur substrat massif, c'est-à-dire de dimension nettement supérieure à celle du cordon de matière déposée. Le paramètre A_c

représente la section du dépôt sur le substrat et le paramètre A_m est lié à la section fondue dans le substrat. Enfin, l'angle α_c est un indicateur de la courbure transversale du cordon.

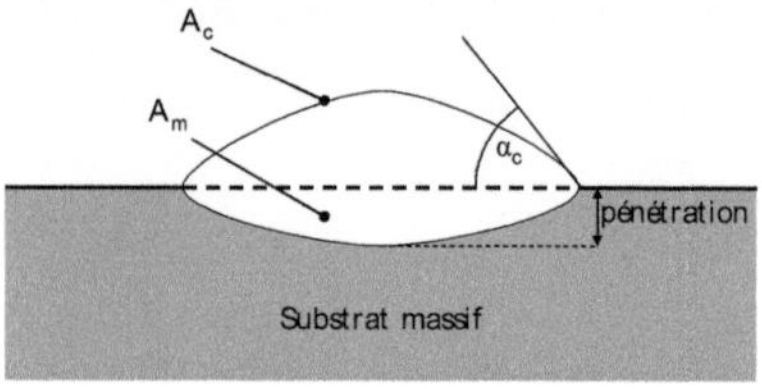

Figure 1.6 – Illustration des grandeurs présentées dans le Tableau 1.2

Grandeurs	(De Oliveira et al., 2005)	(El Cheikh et al., 2012)
Section du cordon A_c	$\left(\sqrt{P_{laser}}\, D_m\right)/V_S$	$\left(P_{laser}\, D_m\right)/V_S^{3/2}$
Section refondue A_m	$P_{laser}/\left(D_m V_S\right)^{1/3}$	$\ln\left(P_{laser}^{4/5}/D_m^{1/4}\right)$
Rendement poudre Pe	$P_{laser}\sqrt{D_m/V_S}$	$P_{laser}^{3/4}/\left(D_m^{1/3}\sqrt{V_S}\right)$
Angle du cordon α_c	V_S/D_m	-
Dilution $D=A_c/(A_c+A_m)$	$\sqrt{(P_{laser}V_S)/D_m}$	-
Profondeur de pénétration	-	$\ln\left[\left(P_{laser}^2 V_S^{1/4}\right)/D_m^{1/4}\right]$

Tableau 1.2 – Relations empiriques entre les caractéristiques géométriques et les paramètres opératoires

L'évolution de la profondeur du bain fondu en fonction de la vitesse de défilement, donnée par (Fathi et al., 2006) est présentée sur la Figure 1.7. Ces résultats sont obtenus pour une puissance laser Nd:YAG pulsé de 360 W et un débit massique de 2 $g.min^{-1}$ à partir d'une poudre d'acier inoxydable 303L. Pour les faibles vitesses, on observe une augmentation rapide de la profondeur du bain avec la vitesse. Du fait de la faible vitesse, le bain liquide très large reçoit une grande quantité de matière, qui a pour effet de bloquer la diffusion de la chaleur dans le substrat favorisant ainsi une profondeur de bain importante. Ce phénomène s'inverse à partir d'une vitesse critique. Au-delà de cette vitesse critique, le temps d'interaction entre le faisceau laser et la surface du bain devient très court, la quantité d'énergie apportée est alors insuffisante pour augmenter la profondeur du bain fondu.

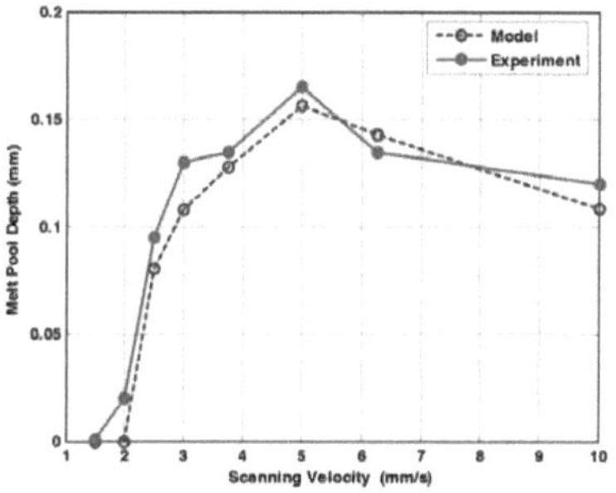

Figure 1.7 – Profondeur du bain fondu fonction de la vitesse de déplacement (Fathi et al., 2006)

Le modèle numérique proposé par (Fathi et al., 2006) rend également compte de ce comportement, bien qu'il s'agisse d'un modèle purement thermique. Cela nous indique que ce phénomène n'est pas dû aux effets hydrodynamiques mais bien aux transferts de chaleur couplés à l'apport de matière. De plus, Shah et al. ont montré expérimentalement qu'à puissance et vitesse constantes, l'augmentation du débit massique accroît la longueur du bain liquide et réduit sa profondeur ; la surface du bain quant à elle augmente (Shah et al., 2010).

L'influence des paramètres opératoires sur la géométrie du dépôt a été étudiée pour différents matériaux, différentes techniques d'apport de matière, différents procédés. Cependant, la majorité de ces études portent sur un dépôt unique et sur un substrat plat. Il n'est pas fait mention de l'évolution de la géométrie du bain fondu au fur et à mesure de la superposition des couches. Or, il a été montré que cette superposition induit de nouveaux phénomènes qui, en fonction des paramètres opératoires, peuvent aboutir à un état de surface dégradé en Fabrication Directe par Projection Laser (Alimardani et al., 2012).

1.2.3 Evaluation de l'état de surface final

Comme nous l'avons vu précédemment, un des inconvénients du procédé FDPL réside dans l'état de surface obtenu après fabrication. La Figure 1.8 est une illustration qui permet d'expliquer ce que représente chacun des paramètres de surface mesurés. Pour cela, nous définissons la surface type d'un mur mince obtenu avec le procédé FDPL (Figure 1.8a). La mesure du profil de cette surface type est faite à l'aide d'un profilomètre (Figure 1.8b). A ce stade, les données mesurées ne permettent pas de dissocier l'état de surface lié aux ondulations de celui lié aux particules collées. Il faut alors définir une longueur d'évaluation L_e qui correspond à la longueur de l'échantillon utilisée pour déterminer les paramètres liés à l'état de surface. Une distance de coupure permet de distinguer l'état de surface macroscopique de l'état de surface microscopique. Le premier paramètre utilisé pour définir l'état de surface est Wt. Il mesure l'amplitude maximale des ondulations sur la distance L_e (Figure 1.8c). Le second paramètre est la rugosité Rt et mesure la hauteur maximale des agglomérats de particules à la surface (Figure 1.8d). La clef d'une bonne mesure est de définir une longueur d'évaluation L_e adaptée à l'échelle du paramètre à quantifier.

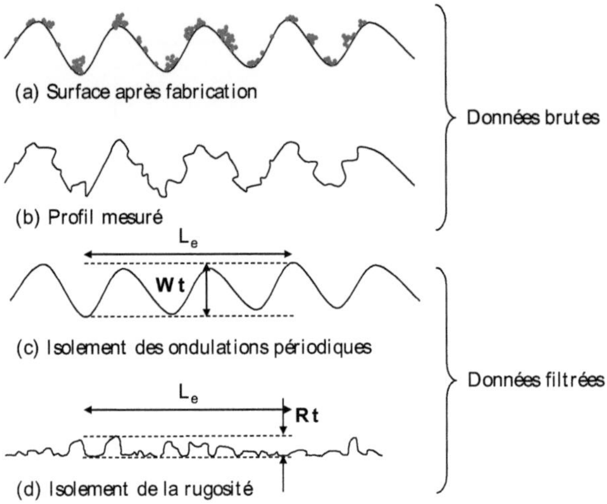

Figure 1.8 – Illustration des paramètres mesurés pour quantifier l'état de surface des murs minces obtenus par FDPL

1.2.4 Effets des paramètres opératoires sur l'état de surface

Les modèles numériques développés au cours de cette thèse s'attacheront plus particulièrement à prédire le paramètre d'ondulations Wt. Cet état de l'art se limite donc majoritairement aux travaux relatifs à ce paramètre. Il sera néanmoins possible de trouver un état de l'art plus complet portant également sur la rugosité dans la thèse de Myriam Gharbi (Gharbi, 2013). Nous présentons dans ce qui suit, les travaux visant à établir un lien entre les différents paramètres opératoires du procédé FDPL et l'état de surface final des pièces fabriquées.

A ce jour, très peu d'études ont porté sur l'étude de l'état de surface en vue de comprendre et d'expliquer les mécanismes et phénomènes impliqués. Plusieurs observations ont cependant été réalisées. (Yakovlev et al., 2005) ont travaillé sur la construction de murs minces à partir d'une poudre composée d'acier 316L et de Stellite® 6 sur un substrat en acier 304L. Les auteurs expliquent que la relation entre la puissance laser P_{laser}, la vitesse d'avance V_s et le débit massique de poudre forment une combinaison dont dépendra l'état de surface de l'objet fabriqué, sans toutefois donner plus d'informations. Les paramètres mis en avant sont le débit massique de poudre et l'énergie linéique ou énergie spécifique définie par :

$$E_{laser} = \frac{P_{laser}}{d_{laser} V_S} \tag{1.1}$$

où d_{laser} est le diamètre du faisceau laser.

D'autre part, la position du plan focal du faisceau laser par rapport au substrat est aussi un paramètre à prendre en compte. Si le plan focal est au dessus du substrat, celui-ci est alors irradié par un faisceau divergent. Dans cette configuration, les protubérances verticales seront exposées à une intensité laser plus importante que les cavités. Avec un procédé tel que la FDPL, une densité de puissance élevée conduit à une augmentation du débit de matière absorbée. Dès lors, la différence entre les protubérances et les cavités est accrue. Au contraire, lorsque le plan focal est en dessous de la surface du substrat, les protubérances reçoivent une intensité laser inférieure à celle des cavités, et la différence de hauteur entre les deux est alors lissée (Yakovlev et al., 2005).

Par ailleurs, l'état de surface dépend également du type de laser utilisé. (Yakovlev et al., 2005) ont comparé les résultats obtenus avec un laser CO_2 (λ_0 = 10,6 μm) en régime continu et un laser Nd:YAG (λ_0 = 1,06 μm) en régime pulsé, la puissance laser moyenne étant de 300 W. Bien que le faisceau soit de meilleure qualité avec le laser CO_2, les meilleurs états de surface ont été obtenus avec le laser Nd:YAG du fait de sa plus grande absorption (meilleure refusion). Le régime pulsé permet également de limiter la quantité de particules partiellement fondues en vol, les particules non fondues rebondissant sur le substrat plutôt que de s'y coller. D'autres paramètres opératoires sont également discutés par ces mêmes auteurs. Ainsi du fait de la diversité des tailles de particules, il y a toujours une fluctuation dans le débit massique de poudre. Si la distance de travail n'est pas optimisée, les particules arrivent dans le bain liquide avec des températures différentes (plusieurs centaines de degré Celsius parfois). Cette hétérogénéité perturbe localement la température de surface et mène à une fluctuation des dimensions de la zone fondue ainsi que de son interaction avec le jet de poudre. La géométrie finale en est alors dégradée.

L'influence de la position du plan focal du jet de poudre par rapport au substrat a été étudiée par (Pi et al., 2011) ainsi que (Zhu et al., 2012). Leurs résultats montrent que l'état de surface final est bien meilleur lorsque le plan focal du jet de poudre est positionné sous la surface du substrat, ce que confirment également (Yakovlev et al., 2005). Cela montre la capacité du système à auto-réguler la hauteur déposée lorsque le plan de focal du jet de poudre est situé au-delà de la distance de travail. Plus particulièrement, (Pi et al., 2011) et (Zhu et al., 2012) ont réalisé des géométries simples à partir d'une poudre d'acier 316L sur un substrat de même composition avec un laser Nd:YAG. (Pi et al., 2011) expliquent que les principaux défauts de surface sont dus à l'inégale répartition de la chaleur dans la pièce et que cela peut être lissé en appliquant une stratégie de déplacement avec une vitesse variable pour les dépôts côte à côte. Lorsque les dépôts sont superposés, l'état de surface est optimisé pour un point de départ de la buse aléatoire plutôt que fixe. L'analyse expérimentale et numérique de (Zhu et al., 2012) montre qu'en plus de positionner le plan focal du jet de poudre sous la surface, placer le plan focal du faisceau laser au-dessus améliore l'auto-régulation de la hauteur du dépôt, ce qui est contradictoire avec les résultats de (Yakovlev et al., 2005). Alors que (Zhu et al., 2012) discute uniquement de la variation du diamètre du faisceau laser à la surface du substrat selon la hauteur de celui-ci, (Yakovlev et al., 2005) raisonnent sur la variation de densité d'énergie.

(Alimardani et al., 2012) ont étudié l'influence de la vitesse de déplacement sur l'état de surface final de murs de faible épaisseur obtenus à partir d'une poudre en acier inoxydable type 316L. Les clichés macrographiques mettent en évidence une nette amélioration de l'état de surface lorsque la vitesse augmente (Figure 1.9a). L'épaisseur du mur devient également plus régulière et plus faible avec une vitesse de déplacement élevée (Figure 1.9b). Notons que pour ces essais, le débit massique de poudre est identique alors que la puissance laser est ajustée selon la vitesse de défilement.

(a)

(b)

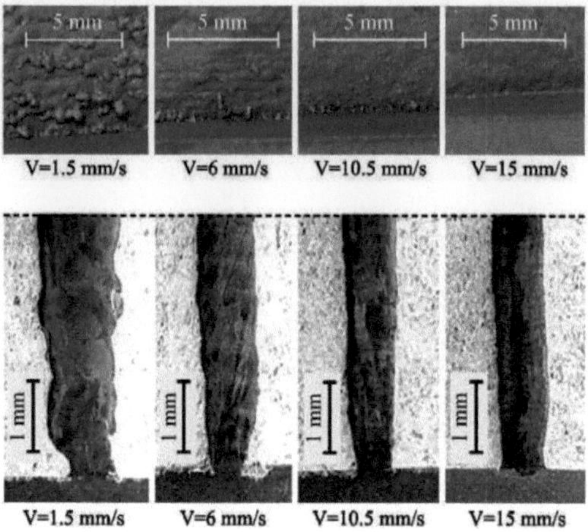

Figure 1.9 – Amélioration de l'état de surface des murs avec l'augmentation de la vitesse de déplacement : (a) vue longitudinale, (b) coupe transverse (Alimardani et al., 2012)

(Kulkarni and Dutta, 1996) puis (Majhi et al., 1999) ont publié des travaux traitant des stratégies d'optimisation de la géométrie des pièces obtenues par techniques additives, et il apparaît que la réduction de la hauteur individuelle des couches le permet. La raison est qu'une faible hauteur déposée permet de réduire l'effet « escalier » qui apparaît lors de la superposition des couches les unes sur les autres.

Alors que la vitesse augmente, il est cependant nécessaire de maintenir un certain niveau de température pour atteindre la température de changement de phase et maintenir cet état de fusion. La puissance laser est donc augmentée avec la vitesse de déplacement pour satisfaire cette condition. A travers ces différentes constatations, (Alimardani et al., 2012) montrent qu'une puissance laser et une vitesse de déplacement élevées, combinées à un faible débit de matière, sont les clefs d'un état de surface de qualité. Cette étude reste néanmoins qualitative, l'évolution de l'état de surface n'est pas mesurée et ne permet pas une analyse plus approfondie des mécanismes en jeu.

Hoadley et al. ont également observé que durant une opération de refusion par laser, la surface présente une rugosité caractéristique derrière le bain liquide lorsque la vitesse d'avance est faible (0,2 $m.s^{-1}$) (Hoadley et al., 1991). Ceci est le résultat combiné de l'avancée du front de solidification et de l'instabilité du bain liquide. Les auteurs expliquent avoir obtenu une surface plus lisse avec une vitesse d'avance plus importante. Dans le cadre du rechargement laser, cette instabilité est amplifiée par un apport de matière aléatoire au cours du temps et la perturbation des gradients thermiques en surface affecte la stabilité de l'écoulement thermocapillaire (Syed et al., 2005).

(Liu and Li, 2004) ont mis en place un système de contrôle en temps réel d'une caractéristique géométrique du bain liquide. La boucle de régulation fait une acquisition en continu sur la hauteur du dépôt, la distance de travail et le volume du bain liquide, pour piloter la vitesse de déplacement ainsi que la distance de travail. L'utilisation de cette boucle de contrôle en temps réel a permis d'améliorer significativement l'état de surface des murs minces fabriqués par dépôts successifs, comme le montre la Figure 1.10.

Figure 1.10 – Etat de surface du murs minces obtenus par FDPL : sans boucle de contrôle (à gauche); avec boucle de contrôle (à droite) (Liu and Li, 2004)

(Mazumder et al., 2000) ont également mené des travaux sur la fabrication additive en « boucle fermée ». L'étude a porté sur la mise en forme de cylindres creux par superposition. En établissant une boucle de contrôle dans le but de limiter la hauteur du dépôt, la morphologie de la pièce est nettement plus homogène (Figure 1.11a) et contribue donc à améliorer l'état de surface final. L'utilité de la boucle de contrôle est de limiter la hauteur déposée. Cela permet de faire apparaître un résultat très important puisqu'il montre que les ondulations latérales augmentent avec la hauteur du dépôt (Figure 1.11b).

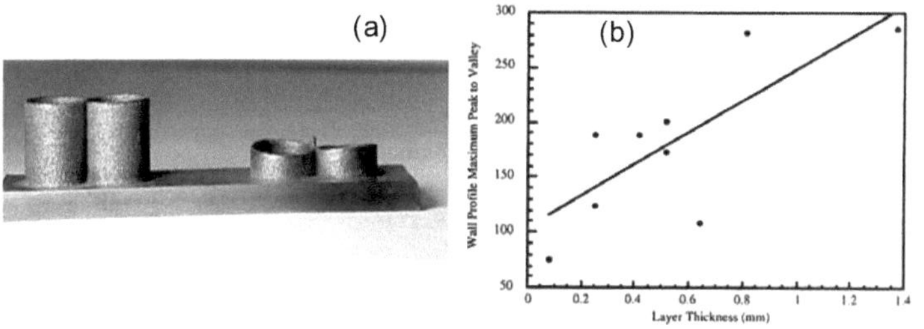

Figure 1.11 – (a) Exemple de fabrication additive avec contrôle de la hauteur : (à gauche) sans contrôle ; (à droite) avec contrôle (Mazumder et al., 2000) ; (b) Evolution de l'amplitude des ondulations en fonction de l'épaisseur du dépôt (Mazumder et al., 1999)

Un autre facteur influant sur l'état de surface final, et qui a très peu été discuté jusqu'à présent, concerne les particules de poudre. Au cours de leur trajet entre la sortie de la buse et le substrat, celles-ci interagissent avec le faisceau laser. On distingue trois principaux types de particules : celles qui tombent dans la zone fondue et contribuent à construire la géométrie, celles qui tombent à côté du substrat et que l'on considère comme perdues, et enfin celles qui tombent sur le substrat mais pas dans le bain liquide. Si la particule est solide, elle ricoche et est perdue. Si la particule est partiellement voire totalement fondue, elle est susceptible de se coller au substrat et ainsi générer une rugosité sur la surface de la pièce. L'autre origine de cette rugosité vient des particules de poudre qui ont atteint la zone fondue mais n'ont pas fondu immédiatement. En fonction du temps d'existence de la particule à l'état solide et de la vitesse d'écoulement en surface, il est possible de retrouver la particule solide en périphérie de la zone fondue (Picasso and Hoadley, 1994). Cela contribue aussi à la rugosité observée en surface des pièces obtenues en FDPL (Figure 1.12).

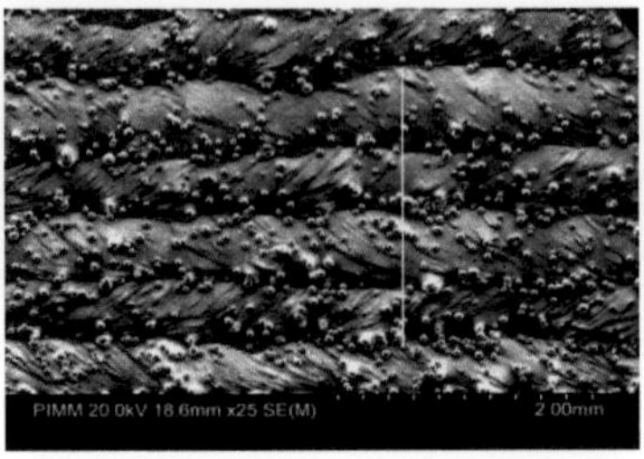

Figure 1.12 – Particules collées à la surface du substrat et responsables de la rugosité (donnée PIMM)

(Tan et al., 2012) ont montré qu'il est possible de réduire la rugosité liée aux particules agglomérées en augmentant la vitesse de ces particules. A faible vitesse, il est plus facile pour une particule d'adhérer à la surface du substrat. L'augmentation de la vitesse des particules est possible en travaillant avec un débit de gaz porteur plus élevé. A noter que, dans ce travail, l'amélioration de l'état de surface est basée sur une observation directe du dépôt d'une couche sur un substrat et non par une mesure précise de la rugosité. (Pinkerton and Li, 2005) ont remarqué que la rugosité de la surface augmente avec la masse linéique D_m/V_S, donc pour un fort débit massique et une vitesse de déplacement faible.

Récemment, les travaux de (Shah et al., 2010) ont montré que l'utilisation d'un régime laser pulsé est également un facteur améliorant la rugosité moyenne de la surface, ce qui corrobore les propos de (Yakovlev et al., 2005). Ces observations ont porté sur un dépôt de poudre d'Inconel® 718 à partir d'un substrat d'alliage en titane Ti-6Al-4V. L'étude expérimentale de (Shah et al., 2010) discute de plus de la fluctuation du bain liquide en fonction du régime de la source laser, du débit massique de poudre D_m et de la vitesse du gaz vecteur. Les rugosités les plus faibles sont obtenues avec un régime pulsé ainsi que des débits élevés pour la poudre et le gaz vecteur. Cela a pour effet d'augmenter la fluctuation du bain liquide dont la longueur et la profondeur de pénétration sont accrues. Ces fluctuations sont d'autant plus importantes que le bain liquide est grand.

En résumé

Cet état de l'art a d'abord porté sur l'effet des paramètres opératoires sur la géométrie du bain liquide obtenue par FDPL. L'ensemble des effets observés peut se résumer ainsi :

- La hauteur du dépôt est principalement pilotée par le débit massique de poudre D_m et la vitesse de déplacement V_S. Cette hauteur augmente avec la masse linéique D_m/V_S.
- La largeur, la longueur et la profondeur du bain liquide dépendent de la puissance laser P_{laser} et de la vitesse d'avance V_S. Ces trois paramètres géométriques augmentent avec l'énergie linéique P_{laser}/V_S, que l'on peut également exprimer sous la forme $P_{laser}/(d_{laser}\ V_S)$.

Il en ressort que la puissance laser P_{laser}, la vitesse de déplacement V_S et le débit massique de poudre D_m sont les trois principaux paramètres à agir sur la géométrie du bain liquide. Par ailleurs, il est désormais possible d'établir un lien entre les paramètres opératoires et l'état de surface :

- Une réduction du débit massique D_m réduit la hauteur des dépôts et permet alors de réduire le paramètre d'ondulations Wt.
- La réduction de hauteur du dépôt est possible en augmentant la vitesse de déplacement V_S. Toutefois, cette augmentation de la vitesse doit être accompagnée d'une augmentation de la puissance laser P_{laser} afin de garantir un même niveau de température et une géométrie de zone fondue comparable.

Les ondulations latérales sont donc réduites pour une forte puissance laser, un déplacement rapide et un faible débit de poudre. De surcroît, la faible masse linéique D_m/V_S est favorable à une réduction de la rugosité Rt. La puissance laser importante, quant à elle, maintient une taille de bain liquide suffisante pour que l'agitation du bain assure un brassage et une fusion complète des particules de poudre. Cela contribue à réduire le paramètre Rt.

Parmi les autres observations déduites de cette revue bibliographique, nous pouvons également ajouter que :

- L'utilisation d'un régime pulsé est préconisée pour obtenir un état de surface de qualité. La fusion des particules est moindre du fait de l'intermittence de la source, ce qui réduit le risque de collage sur le substrat solide. Les fluctuations du bain sont plus importantes, ce qui conduit à un meilleur brassage, un bain plus long et plus profond.
- Un laser Nd:YAG doit être privilégié à un laser CO_2 en raison de sa meilleure interaction avec les surfaces métalliques. A puissance égale, la zone fondue est plus importante.
- Il est possible de mettre en place une auto-régulation du bain en positionnant le plan focal du jet de poudre sous la surface du substrat. Cet auto-contrôle du bain est accru lorsque le faisceau laser est défocalisé avec un plan focal sous la surface du substrat. Cela permet d'auto-adapter l'intensité énergétique en fonction du relief.

Cette première partie de l'étude bibliographique a présenté le procédé sur lequel porte notre étude et la problématique associée. La suite de ce chapitre va porter sur la description et la modélisation des phénomènes physiques impliqués dans la Fabrication Directe par Projection Laser. L'accent sera mis sur les modèles permettant de prédire les formes de bain fondu ainsi que l'état de surface.

1.3 Description physique du procédé FDPL

Le procédé de Fabrication Directe par Projection Laser implique de nombreuses interactions entre le faisceau laser, le jet de poudre et le substrat, ce qui complique le développement de modèles numériques. En effet, même si une grande partie de la puissance du laser atteint la surface du substrat, une certaine fraction est absorbée par les particules de poudre, ce qui contribue à leur échauffement ainsi qu'à l'atténuation du faisceau laser. De plus, seule une partie des particules est absorbée par le bain fondu, alors que les autres adhèrent au substrat solide ou ricochent. Un autre phénomène complexe est la variation de l'absorptivité du substrat avec la forme de la surface libre en interaction. Cette forme est le résultat de la contribution de l'apport de matière et de l'hydrodynamique du bain fondu (vitesse en surface, phénomènes de tension de surface).

Cette description non exhaustive des interactions laisse entrevoir les couplages intimes entre les différents phénomènes. Il est alors nécessaire de bien préciser ces couplages pour en comprendre l'influence sur le système.

1.3.1 Description de l'apport de chaleur

1.3.1.1 Généralités sur les faisceaux lasers

Un faisceau laser est composé d'ondes électromagnétiques cohérentes issues d'un résonateur constitué de deux miroirs contenant un milieu actif, généralement solide (cas du laser Nd:YAG) ou gazeux (ex : laser CO_2). La fréquence des ondes émises dépend de la nature du milieu excité. Le laser est également constitué d'une source de pompage qui permet d'exciter le milieu actif. Lorsque cette source fournit de l'énergie en permanence au milieu actif, on obtient un rayon laser continu à la sortie, Dans le cas contraire, on parlera de régime pulsé. Le faisceau laser ainsi créé est focalisé à l'aide de lentilles et amené sur la surface du matériau à traiter à l'aide de miroirs ou de fibres optiques.

Au sein du résonateur, il existe une quantité d'ondes stationnaires qui se distinguent par leur phase et amplitude. Le faisceau est constitué de ces ondes stationnaires qui ont chacune une répartition énergétique spécifique sur le faisceau. Ces répartitions énergétiques de base reçoivent le nom de modes TEM (Transverse Electro Magnetic). Cette répartition TEM est caractérisée par deux nombres naturels qui concordent avec leur nombre de transitions zéro des ondes stationnaires (où l'intensité est nulle). Le mode fondamental TEM_{00} correspond à une distribution gaussienne. La représentation de la distribution de densité énergétique pour les premiers ordres du mode TEM_{nm} est donnée par la Figure 1.13.

L'équation (1.2) permet d'exprimer, dans le cas d'un mode TEM_{00}, la distribution circulaire de la densité de flux de chaleur φ_{laser} dans le plan transverse à la direction de propagation z.

$$\varphi_{laser}(r,z) = \frac{2P_{laser}}{\pi r_{laser}^2(z)} \exp\left(-2\frac{r^2}{r_{laser}^2(z)}\right) \tag{1.2}$$

avec P_{laser} la puissance laser, r la distance radiale et $r_{laser}(z)$ le diamètre du faisceau. Celui-ci, du fait de la divergence du faisceau laser hors de la cavité, évolue selon z et s'exprime par :

$$r_{laser}(z) = w_0\sqrt{1+\left(\frac{z}{z_R}\right)^2} \tag{1.3}$$

Cette expression fait apparaître les quantités w_0 et z_R qui sont respectivement le diamètre minimum du faisceau au plan focal (Figure 1.13) et la distance de Rayleigh définie par :

$$z_R = \frac{\pi w_0^2}{\lambda_0} \tag{1.4}$$

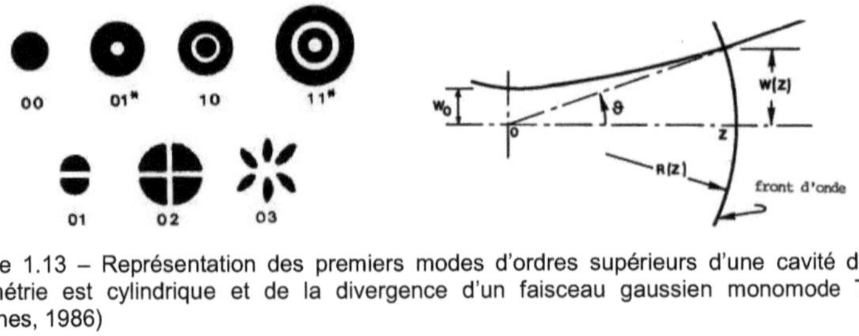

Figure 1.13 – Représentation des premiers modes d'ordres supérieurs d'une cavité dont la géométrie est cylindrique et de la divergence d'un faisceau gaussien monomode TEM_{00} (Vannes, 1986)

1.3.1.2 Distribution énergétique

La forme du faisceau laser va conditionner le choix de la source de chaleur à considérer dans les modèles numériques. On trouve dans la littérature principalement deux méthodes pour modéliser cet apport de chaleur :

- Imposition de la température dans le bain liquide. Cette approche est assez simple à mettre en œuvre et est bien adaptée aux modèles avec apport de matière par activation de cellules. Cependant, elle sous-estime l'apport d'énergie (Hamide, 2008) et c'est pourquoi cette méthode est déconseillée (Kerrouault, 2000),
- Imposition d'un flux de chaleur surfacique ou volumique. Ce flux fait apparaître la puissance nominale et le rendement d'interaction. La distribution de ce flux est liée au type de source de chaleur et à la nature de l'interaction entre la source et la matière.

Dans le cadre d'un procédé additif par laser, il est d'usage de considérer la source de chaleur comme étant surfacique. En effet, les densités énergétiques utilisées sont relativement faibles, par comparaison à celles utilisées en soudage laser. Il n'y a donc pas présence de capillaire de vapeur. La distribution énergétique est représentée par un modèle analytique où l'on suppose un profil gaussien. La formulation la plus classique est celle définie par l'équation (1.2) (Alimardani et al., 2007; Han et al., 2004; Kong and Kovacevic, 2010; Picasso and Hoadley, 1994; Qi et al., 2006; Wen and Shin, 2010). Ce modèle ne correspond pas systématiquement à la distribution réelle, comme on peut le voir à l'aide d'un analyseur calorimétrique. (Touvrey-Xhaard, 2006) et (Peyre et al., 2008) ont respectivement utilisé une loi super-gaussienne et sphérique pour mieux décrire la distribution observée expérimentalement.

(Kumar et al., 2008) utilisent dans leur modèle numérique une distribution d'énergie mixte qui correspond au mélange des modes fondamentaux TEM_{00} et TEM_{01}. Cette formulation donne un profil relativement plat sur l'axe (Figure 1.14). Dans un article plus récent, ils montrent que cette distribution mixte conduit à une largeur de zone fondue plus importante et une hauteur de dépôt plus faible par comparaison avec une source gaussienne (Kumar et al., 2012). L'étude est appliquée au cas d'un dépôt d'Inconel® 625 sur un substrat en acier 316L. Ce type de distribution semble donc intéressant dans le cas du procédé FDPL, puisque nous avons vu que l'état de surface est amélioré lorsque les hauteurs de dépôts sont faibles.

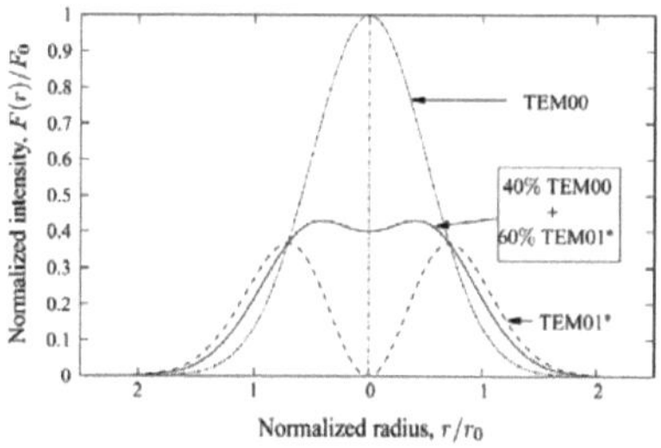

Figure 1.14 – Profils de distribution d'énergie : modes fondamentaux et modes mixtes (Kumar et al., 2008)

On parle aussi de distribution gaussienne annulaire en raison de la forme du profil. Il est intéressant de noter que le mode fondamental TEM_{00} présente l'intensité locale la plus élevée comparée à un mode fondamental d'ordre supérieur ou à un ordre mixte.

Une distribution d'énergie gaussienne se manifeste lorsque le faisceau laser est défocalisé par rapport au plan d'interaction avec le substrat (Touvrey-Xhaard, 2006). Lorsque le plan focal du faisceau laser est positionné à proximité du substrat, la distribution énergétique est proche d'un plateau, c'est-à-dire homogène en intensité (El Cheikh et al., 2012). Le faisceau peut être considéré comme parallèle.

1.3.1.3 Régime de la source laser

La grande majorité des modèles de la littérature traitent de cas où la source d'énergie fonctionne de manière continue. Quelques résultats expérimentaux portent sur l'influence du régime de la source laser sur les propriétés de la pièce fabriquée en FDPL (Pinkerton and Li, 2003; Shah et al., 2010).

On peut noter que peu de modèles numériques utilisent une source laser en régime pulsé (Fathi et al., 2006; Toyserkani et al., 2004), bien que nous ayons vu précédemment l'intérêt de ce régime pour améliorer l'état de surface. Dans un tel régime, la source laser est caractérisée par une puissance moyenne P_m fonction de l'énergie Q_{pulse} associée à chaque pulse et de la fréquence f_{pulse} des pulses :

$$P_m = Q_{pulse}\, f_{pulse} \tag{1.5}$$

Cette puissance moyenne peut aussi être exprimée à partir de la puissance crête programmée pour chaque pulse et pondérée par un paramètre D_c appelé duty cycle (Shah et al., 2010). Il s'agit du ratio entre la durée d'une impulsion τ rapportée à la durée du cycle t_0. L'expression (1.5) peut alors s'écrire :

$$P_m = P_c\, D_c = P_c \frac{\tau}{t_0} \tag{1.6}$$

avec P_c la puissance crête. Une valeur de D_c faible se traduit par une forte discontinuité dans l'apport de chaleur alors qu'une valeur de 1 correspond à un régime continu.

Aucun de ces travaux ne présente de résultats numériques quant à l'influence des paramètres Q_{pulse} et f_{pulse} sur le bain liquide (évolution des champs de température et de vitesse, pulsation de la zone fondue) et les équations de Navier-Stokes ne sont pas résolues dans le bain liquide. Il n'est alors pas possible d'étudier numériquement l'impact de la pulsation de la source de chaleur sur les écoulements induits par thermocapillarité, comme cela a été le cas pour le soudage laser (He et al., 2003; Roy et al., 2006).

1.3.1.4 Atténuation du faisceau par le jet de poudre

Le faisceau laser avant d'intercepter la surface du substrat doit traverser un nuage de poudre, qui a pour effet d'atténuer son intensité. Pour prendre en compte cette atténuation, de nombreux auteurs se sont basés sur la loi de Beer-Lambert (Jouvard et al., 1997; Lemoine et al., 1993; Lin, 1999a; Qi et al., 2006). Cette loi établit une relation entre l'absorption d'une espèce en solution à une longueur d'onde donnée, la concentration de l'espèce étudiée et la longueur du trajet parcouru par la lumière dans la solution. Cette loi n'est valable qu'à la condition que la lumière soit monochromatique (ce qui est le cas du faisceau laser) et que la concentration de l'espèce soit relativement faible.

Considérons un rayonnement électromagnétique de longueur d'onde λ_0 traversant un milieu transparent. L'intensité φ de ce rayonnement subit une diminution exponentielle en fonction de la distance parcourue et de la densité des espèces absorbantes dans ce milieu.

$$\varphi(x,y,z) = \varphi(x,y,0)\exp\left(-N(x,y,z)\sigma_{ext} l_z\right) \tag{1.7}$$

avec $\varphi(x,y,z)$ l'intensité atténuée, $N(x,y,z)$ la concentration volumique en particules, σ_{ext} la section d'extinction et l_z la distance sur laquelle se fait l'atténuation.

Cette loi exprime donc l'atténuation en considérant la proportion de la surface efficace totale des particules par rapport à la section du faisceau laser. Le coefficient d'extinction traduit le fait que l'énergie interceptée par une particule ne soit pas systématiquement proportionnelle à la surface qu'elle occulte. Cela dépend fortement de la taille des particules ainsi que de la longueur d'onde du faisceau laser.

Certains auteurs utilisent directement une approximation de premier ordre de cette loi (Picasso and Hoadley, 1994; Toyserkani et al., 2004) :

$$\varphi(x,y,z) = \varphi(x,y,0)\frac{3D_m(x,y,z)}{2\pi r_p r_{jet}\rho_p V_p \sin\theta} \tag{1.8}$$

avec D_m le débit massique de poudre, r_p le rayon des particules, r_{jet} le rayon du jet de poudre, ρ_p la masse volumique des particules, V_p la vitesse des particules, θ l'angle d'inclinaison du jet de poudre par rapport à l'axe du laser.

Les termes N et l_z de l'expression (1.7) peuvent être obtenus à partir des expressions suivantes :

$$N = \frac{3D_m(x,y,z)}{4\pi^2 r_p^3 r_{jet}^2 \rho_p V_p} \tag{1.9}$$

$$l_z \cong \frac{2r_{jet}}{\sin\theta} \tag{1.10}$$

A partir du coefficient d'extinction $\sigma_{ext} = Q_{ext}\pi r_p^2$ et des équations (1.9) et (1.10), l'équation (1.7) devient :

$$\varphi(x,y,z) \;=\; \varphi(x,y,0)\exp\left(-N\frac{3Q_{ext}D_m(x,y,z)}{2\pi r_p r_{jet}\rho_p V_p \sin\theta}\right) \tag{1.11}$$

Le terme Q_{ext} représente l'efficacité d'extinction. Pour un facteur exponentiel faible et $Q_{ext} = 1$, l'équation (1.8) est équivalente à l'équation (1.7). Cette approximation a été validée expérimentalement pour les faibles débits de poudre mais l'expression (1.8) tend à surestimer le phénomène d'atténuation pour des débits supérieurs à 10 $g.min^{-1}$ (Frenk et al., 1997).

(Schneider, 1998) a réalisé une étude paramétrique pour déterminer la puissance transmise et estimer le coefficient d'extinction optique en fonction de la puissance laser, du débit massique de poudre et du diamètre du faisceau. L'auteur part du postulat que l'évolution de l'intensité laser dans un nuage de particules peut être décrite par une loi de Beer-Lambert exprimée ici sous la forme $\varphi(x,y,z) = \varphi(x,y,0)\exp(-\beta_{ext} f_s l_z)$, avec f_s la fraction volumique de particules ($0<f_s<1$), β_{ext} un coefficient d'atténuation relatif et l_z la distance parcourue par le faisceau laser à travers le nuage de poudre. (Kastler, 1952) propose une théorie pour calculer l'atténuation de la lumière dans un nuage composé de fines gouttes d'eau. Cette théorie est basée sur une équation d'ondes de lumière et trouve une analogie avec l'atténuation d'un faisceau laser par des particules de poudre. Sous la condition que $(2\pi r_p/\lambda_0)<100$, β_{ext} peut être exprimé par $3R/2r_p$ avec R la réflectivité et r_p le rayon de la particule. Cette expression a été utilisée dans différents travaux et donne des résultats satisfaisants (Jouvard et al., 1997; Lemoine et al., 1993). A titre indicatif, le Tableau 1.3 donne les atténuations calculées par (Qi et al., 2006) à l'aide de l'équation (1.7). Le faisceau laser perd entre 7 % et 22 % de sa puissance, et l'énergie reçue par les particules est suffisante pour porter leur température au-delà de leur point de fusion sur un rayon de 0,2 mm par rapport à l'axe de la buse (résultats donnés pour une atténuation de 7 %). Cela montre la nécessité de tenir compte de ces phénomènes pour établir une description réaliste du procédé FDPL.

Cas	LPD (mm)	PFR ($g.min^{-1}$)	LAP (%)
1	7	6	7,38
2	10	6	13,59
3	7	12	21,54

Tableau 1.3 – Atténuation moyenne du faisceau laser LAP fonction de la distance d'interaction LPD et du débit massique de poudre PFR (P_{laser} = 500 W, V_p = 1 $m.s^{-1}$, r_p = 75 μm, poudre et substrat : acier bas carbone) (Qi et al., 2006)

1.3.1.5 Absorption du faisceau par le substrat

Le faisceau laser, après avoir traversé le nuage de poudre, intercepte la surface du substrat. Cette interaction faisceau/matière dépend de la longueur d'onde du laser et de la densité de puissance. L'absorptivité caractérise la partie de l'énergie du faisceau laser absorbée à la surface du matériau. Cette propriété va dépendre de plusieurs facteurs. Les rugosités de surface sont le siège de réflexions diffuses et entraînent localement des phénomènes de piégeage de la lumière. Il s'ensuit une augmentation globale de l'absorptivité dans la zone irradiée. Les oxydes ou autres impuretés peuvent être présents à la surface de la zone irradiée et induire une hausse d'absorptivité. Aussi, l'absorptivité d'un métal dépend de la température. En effet, le transfert d'énergie entre les photons et le réseau cristallin se fait par les phonons, et la fréquence de collision Γ augmente avec la température. Cela a pour conséquence d'augmenter l'absorption α du métal. Enfin, la polarisation du faisceau laser est également un facteur influent sur l'absorption de l'énergie du laser par le substrat.

Pour une polarisation circulaire du rayonnement incident, l'absorptivité d'une surface plane peut être décrite comme étant la moyenne de sa composante normale $\alpha_\perp$ et de sa composante parallèle α . Celles-ci sont données par les formules de Fresnel dans le cas où $n^2+k^2 >> 1$, ces coefficients étant respectivement les indices de réfraction réel et complexe du matériau (cette inéquation est toujours vérifiée pour les longueurs d'onde supérieures à 0,5 μm). L'absorptivité est maximum lorsque l'angle d'incidence est égal à l'angle de Brewster. Les équations donnant l'évolution de l'absorption en fonction de l'angle d'incidence et de la polarisation sont de la forme (Dausinger and Shen, 1993) :

$$\alpha_\perp = \frac{4n \cos\theta}{\left(n^2+k^2\right)\cos^2\theta + 2n \cos\theta + 1} \qquad (1.12)$$

$$\alpha = \frac{4n \cos\theta}{n^2+k^2+\cos^2\theta + 2n \cos\theta} \qquad (1.13)$$

La Figure 1.15 est une représentation graphique des formules de Fresnel appliquée au fer pur à température ambiante. On peut y voir une diminution de l'absorption en surface avec l'angle d'incidence θ pour la composante normale. Ce n'est pas le cas de la composante parallèle qui au contraire croît avec l'angle θ, jusqu'à atteindre un maximum avant de chuter très rapidement à une valeur nulle. L'augmentation globale de l'absorption pour les rayonnements de courte longueur d'onde se constate aussi sur cette Figure 1.15. La dépendance des indices n et k avec la longueur d'onde λ_0 permet de rendre compte de ce dernier phénomène.

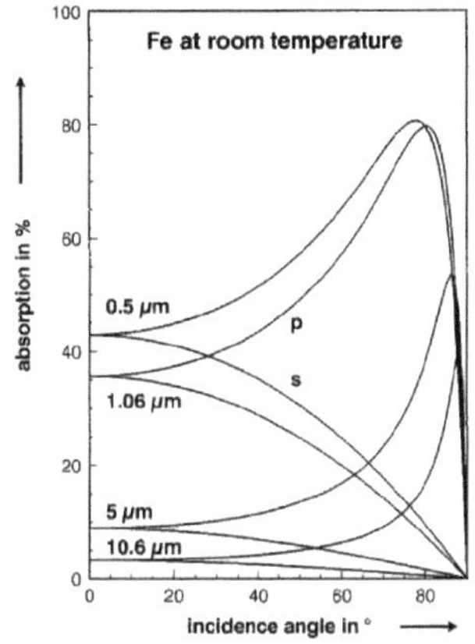

Figure 1.15 – Evolution de l'absorptivité du fer pur à température ambiante en fonction de la longueur d'onde, de la polarisation et de l'angle d'incidence du rayonnement (p désigne la polarisation parallèle au plan d'incidence et s la polarisation perpendiculaire) (Dausinger and Shen, 1993)

La polarisation du faisceau laser peut devenir critique dans certaines applications. (Garashchuk et al., 1986) ont montré expérimentalement que l'orientation parallèle du plan d'oscillation du champ électrique selon la direction d'avance du faisceau permet d'augmenter d'un facteur 1,7 la profondeur de pénétration par rapport au cas d'une orientation perpendiculaire du plan d'oscillation.

1.3.2 Description de l'apport de matière

1.3.2.1 Interaction du jet de poudre avec le substrat

L'apport de matière dans le bain liquide est assuré par l'écoulement confiné de la poudre. La quantité de poudre déposée et la hauteur du cordon résultant sont pleinement dépendantes de l'interaction entre le jet de poudre et la surface libre du bain liquide. Il s'agit de la surface commune du jet de poudre avec le bain liquide et celle-ci peut alors être interprétée comme étant un facteur de forme. La distribution du jet de poudre au niveau de cette zone d'interaction détermine alors la quantité de matière disponible. Cependant, seule une fraction de cette poudre contribuera à l'accroissement du dépôt. Cela dépend principalement de l'incidence des particules par rapport à la surface, de leur vitesse d'impact, de la taille des particules, de leur température et de celle du substrat, des propriétés rhéologiques de la phase liquide et de la phase gazeuse,... (Yarin, 2006). Nous ne considérons ici que les particules qui participent à la formation du dépôt. En dehors de la zone d'interaction avec la zone fondue, les particules solides ricochent et les particules fondues, même partiellement, adhèrent au substrat. Elles sont alors responsables de la rugosité observée en FDPL, comme vu précédemment.

1.3.2.2 Quantité de matière reçue et forme du dépôt

La quantité de poudre arrivant à la surface du bain fondu va conditionner la forme du dépôt. Nous avons vu au paragraphe 1.2.2 que la quantité de matière reçue par le substrat dépend de la puissance laser P_{laser}, de la vitesse de déplacement V_S et du débit massique de poudre D_m. La hauteur du bain fondu dépend alors du débit massique de poudre mais aussi de la structure du jet de poudre imposée par les écoulements gazeux, de la position de la buse par rapport au substrat et de la vitesse de défilement. La hauteur du dépôt peut se calculer à partir d'un bilan de masse au niveau de la surface d'interaction entre la zone fondue et le jet de poudre. Deux méthodes se distinguent dans le calcul de cette hauteur.

Dans le cas où seul le problème de transfert de chaleur est traité, le déplacement de l'interface est calculé à partir du temps d'interaction entre la surface du bain liquide et le jet de poudre. Dans de rares cas, il est supposé que l'intégralité du jet de poudre participe à la construction du dépôt, comme le font (Kumar and Roy, 2009). La majorité des modèles tient compte de la distribution du débit massique dans le jet de poudre pour leurs calculs (Alimardani et al., 2007; Kumar et al., 2012; Peyre et al., 2008). La distribution peut être supposée ou issue d'une caractérisation. Cette première méthode a l'inconvénient de découpler le problème thermique du problème de l'apport de matière. De plus, la forme du dépôt résulte de la superposition de blocs élémentaires et néglige la forme réelle de la surface du bain imposée par la tension superficielle.

Des modèles plus complets incluent la résolution des équations de la mécanique des fluides en plus de l'équation de la chaleur, le déplacement de l'interface pouvant être traité de deux manières différentes. L'apport de matière peut être géré à travers l'équation de conservation de la masse à laquelle est ajoutée un terme source (Kumar and Roy, 2009; Wen and Shin, 2010). La vitesse de déplacement de l'interface est alors une conséquence du problème de mécanique des fluides. L'apport de matière peut également être découplé du calcul hydrodynamique et la vitesse de déplacement de l'interface liée à cet apport est alors imposée comme condition aux limites (Han et al., 2004; Kong and Kovacevic, 2010). Bien que plus simple à implémenter et à résoudre, cette seconde méthode présente une approche moins physique du problème de l'apport de matière.

1.3.2.3 Méthodes numériques

Une grande variété de techniques permettant la prise en compte d'interfaces mobiles en présence d'écoulements existe, chacune avec ses avantages et ses inconvénients. Ces techniques peuvent être classées en deux grandes catégories : les méthodes à maillage fixe et les méthodes à maillage mobile. Elles sont ici présentées avec leurs principales caractéristiques, sur la base de la revue bibliographique de (Rabier, 2003). Nous n'aborderons ici que les méthodes Volume Of Fluid (VOF) et Level-Set, qui apparaissent plus généralement dans la bibliographie liée à la modélisation du procédé FDPL, et la méthode ALE (Arbitrary Lagrangian-Eulerian), utilisée dans ce travail.

1.3.2.3.1 Méthode utilisant un maillage fixe

Cette méthode est basée sur une description eulérienne du problème de l'écoulement à interfaces mobiles. Chaque nœud est associé à une position géométrique de l'espace, fixe au cours du temps. Les particules fluides passent au travers des différents éléments constituant le maillage. Dans cette approche, l'interface est le plus souvent reconstruite à partir de la position de marqueurs transportés par l'écoulement. Ainsi, on peut résoudre l'écoulement sur tout le domaine de calcul contenant deux fluides non miscibles séparés par une interface de discontinuité. On qualifie ces méthodes de méthodes à deux fluides (Figure 1.16). Dans le cas du procédé FDPL, les deux fluides seront constitués du métal liquide et de la phase gazeuse au dessus du bain. Dans la plupart des travaux publiés, les particules de poudre présentes dans le milieu gazeux ne sont pas représentées explicitement. L'apport de matière induit par le jet de poudre n'est traité qu'au travers d'une condition au niveau de l'interface.

La plus connue et la plus utilisée des méthodes basées sur une approche à maillage fixe est la méthode VOF (Volume Of Fluid) de (Hirt and Nichols, 1981). Elle s'appuie sur une fonction scalaire F_{VOF} discontinue qui vaut 1 en tout point occupé par le fluide A et 0 en tout point occupé par le fluide B. La littérature est très abondante concernant les applications utilisant la méthode VOF. On peut notamment citer (Otto and Schmidt, 2010) qui proposent un modèle universel pour la modélisation des procédés laser ou encore (Ibarra-Medina et al., 2011) qui sont sans doute les premiers à avoir fait un modèle unifié poudre/laser/substrat de rechargement laser.

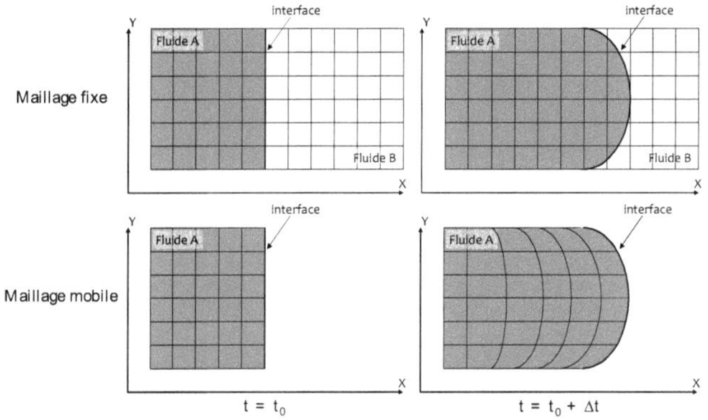

Figure 1.16 – Schéma du principe de suivi d'interface pour un maillage fixe et un maillage mobile à deux instants différents (Rabier, 2003)

Mentionnons également une autre méthode à maillage fixe, la méthode Level-Set, décrite par (Osher and Sethian, 1988). Elle est basée sur l'utilisation d'une fonction Φ définissant la distance à l'interface. L'évolution de cette fonction est dictée par une équation de transport (équation (1.14)). Cette méthode a été adaptée pour simuler les procédés additifs. On peut citer (Kong and Kovacevic, 2010) qui étudient le comportement d'un bain liquide obtenu par injection sous forme de poudre d'un acier de type H13 sur un substrat en acier AISI 4140. L'influence de la puissance laser est mise en évidence en effectuant trois dépôts successifs avec trois valeurs différentes dans un repère 2D. (Qi et al., 2006) puis (Wen and Shin, 2010) ont également utilisé la méthode Level-Set pour modéliser le dépôt 3D d'un cordon de matière sur un substrat massif avec différentes gammes de paramètres opératoires. Dans ces différents travaux, l'apport de matière est décrit à l'aide d'un terme supplémentaire dans la vitesse de transport $F_{L\text{-}S}$ de sorte que dans l'équation (1.15), la vitesse de l'interface englobe la vitesse du fluide $\vec{u}$ et la vitesse liée à l'apport de matière F_p.

$$\frac{\partial \phi}{\partial t} + F_{L\text{-}S} \left|\nabla \phi\right| = 0 \tag{1.14}$$

$$\begin{aligned} F_{L\text{-}S} &= F_p + \vec{n} \cdot \vec{u} \\ F_p &= N(r)\, V_p \, \frac{4}{3} \pi \, r_p^3 \end{aligned} \tag{1.15}$$

avec N(r) la concentration volumique de particules, V_p la vitesse de ces particules et r_p leur rayon.

Cette formulation a été modifiée par (Wen and Shin, 2010) afin d'améliorer la conservation de la masse, ainsi que la stabilité numérique. A partir de l'équation de continuité, l'équation de transport peut, en effet, se réécrire sous la forme :

$$\frac{\partial (\rho \phi)}{\partial t} + \nabla \cdot (\rho \vec{u} \phi) = -\rho F_p \left|\nabla \phi\right| + S_p \phi \tag{1.16}$$

où S_p est liée à la vitesse à laquelle la phase gazeuse est remplacée par la poudre.

Une approche différente a cependant été retenue par (Han et al., 2004), qui transportent la fonction Level-Set uniquement par le champ de vitesse. En effet, les particules de poudre sont ici explicitement représentées dans la phase gazeuse afin de simuler leur chute dans le bain et par conséquent les perturbations générées au niveau de l'écoulement. La position d'entrée des particules dans le domaine de calcul est définie aléatoirement mais de façon à satisfaire une distribution gaussienne pour le jet de poudre.

L'approche eulérienne présente de nombreux avantages. Elle permet de considérer des topologies d'interfaces complexes. Elle offre de plus la possibilité de traiter des phénomènes physiques impliquant l'interface, tels que la coalescence, les ruptures d'interfaces. Néanmoins, elle présente un inconvénient non négligeable qui est de devoir modéliser l'ensemble des phases en présence. Dans le contexte de la FDPL, il s'agit du substrat solide, du bain liquide et de la phase gazeuse avec les particules de poudre. L'approche de (Han et al., 2004) paraît difficilement applicable pour traiter l'ensemble des particules du jet de poudre, puisque cela impliquerait un maillage très raffiné et donc des temps de calcul considérables. De plus, la modélisation de l'écoulement gazeux peut nécessiter des outils numériques différents de ceux utilisés pour l'écoulement du bain liquide (équation de turbulence pour les écoulements aérauliques, existence de vapeurs métalliques selon l'intensité laser). Pour toutes ces raisons, ces méthodes apparaissent peu adaptées à la modélisation du procédé FDPL, en particulier, lorsqu'on s'intéresse à la prédiction de l'état de surface généré par la superposition de plusieurs couches de matière. Une autre approche intéressante pour modéliser l'évolution de la géométrie du bain fondu au cours du procédé FDPL réside dans la méthode ALE.

1.3.2.3.2 Méthode utilisant un maillage mobile

Cette méthode est basée sur l'utilisation d'un maillage mobile partiellement indépendant des particules de fluide. Le maillage est globalement lagrangien, au sens où il est nécessaire que sa frontière suive la surface du domaine occupé par le fluide, tout en laissant une liberté quant au déplacement des nœuds internes (Figure 1.16). Cela se caractérise par une dissociation entre la vitesse de la matière et la vitesse du maillage. Cette dernière est calculée de manière à minimiser la déformation du maillage et limiter la dégénérescence des éléments.

Cette méthodologie combine les meilleurs aspects des approches lagrangienne et eulérienne. Une grande précision quant à la description de l'évolution de l'interface mobile est donnée par l'aspect lagrangien. On conserve une qualité du maillage satisfaisante en annulant le déplacement de certains nœuds, aspect eulérien de la méthodologie. Néanmoins, dans le cas où les déformations du maillage sont importantes, il peut être nécessaire de recourir à des techniques de remaillage.

La description initiale de la méthodologie ALE est due à (Hirt et al., 1974). Le modèle présenté s'appuie sur la méthode des différences finies. Dans le cadre de la méthode des éléments finis et concernant la simulation des écoulements incompressibles à surface libre, le premier travail est celui de (Hughes et al., 1981) qui décrit l'application d'un modèle ALE à l'étude de la propagation d'ondes à la surface d'un fluide. Le remplissage d'un moule et le retrait après solidification d'un lingot ont été modélisés avec la méthode ALE par (Bellet and Fachinotti, 2004). La méthode ALE a également été employée pour réaliser le suivi de l'interface liquide vapeur au cours du soudage laser par (Médale et al., 2008). La description explicite de l'interface présente dans ce cas un avantage certain pour l'application des conditions aux limites (flux de chaleur, tension superficielle) comparé à une description eulérienne où la position de l'interface est implicite et les conditions aux limites à l'interface sont définies dans un volume. Précisons enfin que la méthode ALE a déjà été utilisée pour modéliser des procédés de soudage avec apport de matière (Hamide, 2008; Le Guen, 2010), mais pas encore au procédé FDPL, à notre connaissance.

1.3.3 Description du bain liquide

Après avoir traité les aspects liés à l'apport de chaleur et de matière, nous abordons ici les phénomènes physiques au sein du bain liquide. Au cours du procédé de FDPL, le bain liquide est le siège d'écoulements dus à la convection naturelle, du fait des gradients de masse volumique, et aux effets thermocapillaires, du fait des variations de tension superficielle. Ces derniers sont dus d'une part aux gradients thermiques mais aussi à la présence d'éléments tensioactifs et d'oxydes. Un autre phénomène responsable de l'écoulement dans la zone fondue est le transfert de la quantité de mouvement des particules de poudre dans le bain liquide. Dans un autre registre, les écoulements des gaz porteur et protecteur provoquent un cisaillement tangentiel de la surface libre et une déformation de celle-ci du fait de la pression dynamique. Il résulte de la combinaison de ces moteurs un écoulement hydrodynamique qui modifie la distribution de l'énergie apportée par le laser. La forme du bain fondu associée à la solidification rapide du bain fige la géométrie du dépôt. La forme obtenue après solidification est, en partie, due à la tension superficielle, elle dépend également de l'intensité des différents mécanismes en jeu.

1.3.3.1 La force de flottabilité

Lors de la solidification/fusion, certains éléments d'alliages migrent de la partie liquide vers la partie solide et inversement. Cette redistribution chimique entre liquide et solide entraîne des mouvements convectifs d'origine solutale, qui ont toutefois une importance faible, voire négligeable. En ce qui concerne la convection dite naturelle, il s'agit de mouvements causés par la variation de masse volumique, combiné à l'action du champ de pesanteur. Ces mouvements correspondent aux forces de flottabilité $F_{Boussinsq}$ dont l'expression est :

$$\vec{F}_{Bous\sin esq} = \rho_f \left[1 - \beta_f \left(T - T_f\right)\right] \vec{g} \tag{1.17}$$

avec ρ_f la masse volumique du fluide à la température T_f, g l'accélération de la pesanteur et β_f le coefficient d'expansion volumique du fluide. La variation de masse volumique dépend des gradients de température T et des gradients de concentration en espèces chimiques dans le bain fondu. Les mouvements dus aux forces de flottabilité ont généralement une influence minime (quelques millimètres par seconde) sur la dynamique du bain fondu (Kumar and Roy, 2009).

1.3.3.2 La force de tension superficielle et l'effet Marangoni

Il s'agit d'une énergie libre de surface d'un liquide, qui s'oppose aux modifications de surface. Elle participe à l'équilibre des forces de pression agissant sur le liquide, provenant des interactions moléculaires et du milieu extérieur. Au sein du même milieu, une molécule subit des forces de nature électrostatique de la même manière par chacune de ces voisines. Par contre, à l'interface de deux milieux non miscibles, elle est beaucoup plus attirée par les molécules qui constituent l'un des deux milieux. L'énergie de liaison est donc différente à l'intérieur du milieu et à l'interface. Cette énergie surfacique, qui doit être dépensée pour que le système reste à l'équilibre tend à minimiser l'interface des deux milieux. Cette énergie étant proportionnelle à l'aire de l'interface, elle s'exprime via le coefficient de tension superficielle γ, en $J.m^{-2}$ ou $N.m^{-1}$.

Laplace a montré en 1805 qu'il existait un saut de pression de part et d'autre de l'interface et que ce saut était directement lié à la courbure de l'interface. Il donne la loi suivante :

$$\Delta p = p_2 - p_1 = \gamma\left(\frac{1}{R_1}+\frac{1}{R_2}\right) \tag{1.18}$$

où p_1 et p_2 sont les pressions de part et d'autre de l'interface et R_1 et R_2 les rayons de courbure principaux sur l'interface locale.

Sur une surface libre, il peut exister un gradient de tension superficielle qui engendre des mouvements de convection. Ce phénomène fait référence à l'effet Marangoni. Cet écoulement est le résultat de la migration de particules des régions à faible tension superficielle vers une région à forte tension superficielle. Ces gradients ont deux origines connues :

- la présence d'un gradient de température en surface,
- l'existence d'un gradient de concentration issu d'une hétérogénéité dans la distribution des solutés dans le liquide.

Dans le cas de la fabrication additive par laser, il existe un fort gradient de température sur la surface du bain. En effet, cette température peut varier de la température de vaporisation au centre du bain à la température de fusion en périphérie. La variation du coefficient de tension superficielle avec la température est caractérisée par le coefficient thermocapillaire $\partial\gamma/\partial T$. Selon le signe de ce coefficient, la forme du bain fondu est très variable comme l'illustre la Figure 1.17.

Figure 1.17 - Influence du gradient de tension superficielle sur les écoulements du bain fondu (Zhao, 2011)

On peut remarquer que, pour un coefficient thermocapillaire négatif, le bain résultant aura tendance à s'élargir. En revanche, lorsqu'il est positif, la pénétration sera plus importante et la largeur du bain plus faible. La majorité des métaux purs présente une tension superficielle qui diminue avec la température, leur coefficient thermocapillaire est alors négatif. Un soluté dont la tension superficielle est inférieure à celle du solvant est dit tensioactif. S'il migre en surface, il va modifier la valeur de la tension superficielle et donc modifier sa dérivée par rapport à la température pour qu'elle devienne par exemple positive. Cependant, cet effet tensioactif peut s'inverser au-delà d'une certaine température et donc modifier le signe du coefficient thermocapillaire. (Sahoo et al., 1988) ont proposé une loi donnant le coefficient de tension superficielle en fonction de la température et de la composition, valable pour un mélange binaire (Sahoo et al., 1988) :

$$\gamma(T,a_k) = \gamma_f - A_g\left(T - T_f\right) - RT\Gamma_s \ln\left[1 + k_l a_k \exp\left(-\frac{\Delta H^0}{RT}\right)\right] \tag{1.19}$$

où γ_f est la tension superficielle du métal pur à sa température de fusion T_f, A_g est une constante dépendant du matériau, T est la température de surface, R la constante des gaz parfaits, Γ_S l'excès de concentration en soluté une fois la surface saturée, k_l un paramètre fonction de l'entropie de ségrégation, a_k l'activité de l'espèce k dans la solution et ΔH^0 est l'enthalpie standard d'absorption. Le changement de signe de $\partial\gamma/\partial T$ conduit à une inversion des courants thermocapillaires pour une température supérieure à la température critique T_C et modifie la forme du bain fondu (la valeur de T_C augmente avec a_k).

Pour le cas des aciers, l'évolution de la tension superficielle avec la température est un point critique, en particulier du fait de la présence d'éléments tensioactifs tels que le soufre, l'oxygène ou encore le chrome. Alors que le fer pur présente une évolution linéaire décroissante de la tension superficielle avec la température (coefficient thermocapillaire constant négatif), la tension superficielle des mélanges binaires Fe-S et Fe-O a la particularité d'avoir une évolution parabolique qui croît initialement avant de passer par un point d'inflexion et de diminuer dans le domaine des hautes températures (Figure 1.18). Le coefficient thermocapillaire initialement positif devient négatif avec la montée en température (Figure 1.19). Ce phénomène intervient à une température critique qui dépend de l'activité des espèces chimiques tensioactives en surface.

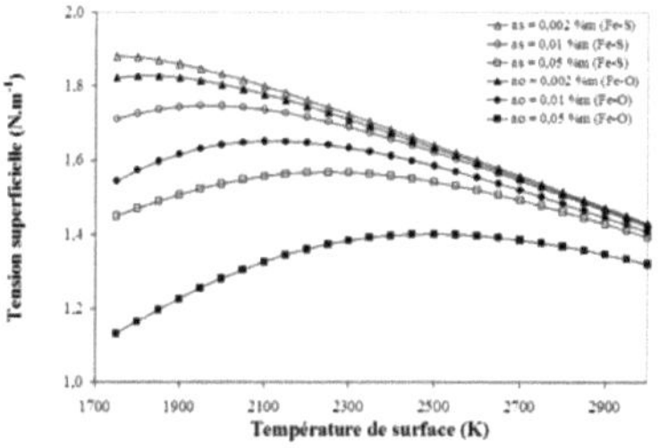

Figure 1.18 – Tension superficielle des mélanges binaires Fe-S et Fe-O fonction de la température selon (Sahoo et al., 1988)

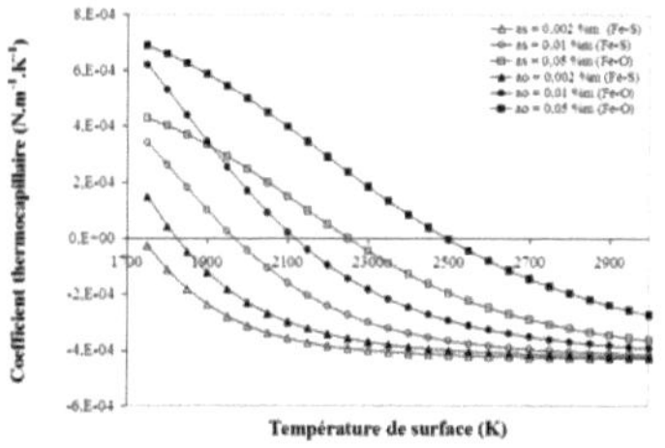

Figure 1.19 – Coefficient thermocapillaire des mélanges binaires Fe-S et Fe-O fonction de la température selon (Sahoo et al., 1988)

Certains modèles de la littérature simplifient l'équation (1.19) en ne tenant pas compte de la concentration du soluté en surface. On associe alors une relation linéaire entre la tension superficielle et la température du liquide par :

$$\gamma(T) = \gamma_f + \frac{\partial \gamma}{\partial T}\left(T - T_f\right) \qquad (1.20)$$

(Mishra et al., 2008) ont pu montrer que les gradients de concentration du soluté à la surface du bain fondu sont relativement faibles alors que les forts gradients de concentration sont observés aux bords. D'autre part, le brassage intense du métal liquide du fait de la convection thermocapillaire tend fortement à homogénéiser la concentration du soluté.

1.3.3.3 Force de cisaillement aérodynamique et pression de radiation laser

Le cisaillement aérodynamique provient du passage du gaz de protection à la surface du bain. Il crée des courants centrifuges qui tendent à élargir le bain fondu. L'intensité de cet effet est fonction de la nature du gaz, de son débit et de la géométrie de la buse. Dans les travaux publiés, il est généralement négligé en raison des faibles débits utilisés en FDPL.

La pression de radiation aussi appelée pression de rayonnement est la force exercée sur une surface exposée à un rayonnement électromagnétique. Elle a pour origine le transfert d'impulsion du photon lors de sa réflexion sur un corps. Cependant l'intensité de cette force est extrêmement faible comparé aux autres forces en jeu et il est admis que son influence est négligeable (Dumord, 1996).

1.3.3.4 Quantité de mouvement des particules de poudre

L'introduction des particules de poudre dans le bain fondu est à l'origine d'un mouvement de convection qui tend à accroître la profondeur de pénétration. C'est ce qu'ont pu montrer (Han et al., 2004) en modélisant explicitement la chute des particules dans le bain liquide. L'effet est d'autant plus important que la taille des particules et leur vitesse d'impact sont élevées.

Dans le cas du rechargement laser, (Kumar and Roy, 2009) prennent en compte l'action des particules de poudre dans les équations de Navier-Stokes à travers un terme source volumique actif uniquement pour les cellules ayant une surface commune avec la frontière libre. Ce terme source s'écrit :

$$\vec{F}_p = \frac{D_m}{\Sigma \Delta S_{fs}} \frac{\Delta S_{fs}}{\Delta \Omega_{fs}} \left(\vec{u}_p - \vec{u} \right) \quad (1.21)$$

où ΔS_{fs} et $\Delta\Omega_{fs}$ sont respectivement la surface et le volume d'un élément de la frontière libre, $\vec{u}$ est le vecteur vitesse du fluide et $\vec{u}_p$ le vecteur vitesse des grains de poudre à la surface du bain liquide. La décélération des grains de poudre est supposée se faire sur l'épaisseur de l'élément de frontière.

En résumé

Cet état de l'art a montré les différents modèles physiques utilisés dans la littérature pour décrire les principaux phénomènes physiques intervenant en fabrication additive. La finalité de ces modèles, une fois couplés, est d'être capable de prédire la forme des dépôts après solidification et les ondulations latérales. Les couplages entre le substrat, le faisceau laser et le jet de poudre en font un modèle fortement multiphysique qui doit être en mesure de rendre compte de l'effet de ces trois systèmes sur les dépôts formés. Voici une liste qui reprend les principaux aspects de ce modèle physique :

- **La fusion locale du substrat par le faisceau laser** : L'intensité reçue est décrite par un terme surfacique qui, outre la distribution énergétique, dépend de l'absorptivité, de l'atténuation par le nuage de poudre, ainsi que de l'angle entre la normale de la surface du bain et l'incidence du faisceau laser. La chaleur absorbée est diffusée par convection et conduction dans l'ensemble du substrat. Les échanges avec l'environnement s'opèrent par convection et rayonnement.
- **La surface libre du bain liquide :** Elle est le siège de phénomènes de tension superficielle à l'origine de la forme de cette interface et d'écoulements par thermocapillarité. D'autres phénomènes tels que la flottabilité ou le cisaillement de la surface du bain par le gaz de protection contribuent également à la convection dans le bain liquide.
- **L'apport de matière :** Il dépend de la distribution du débit massique à la surface du bain. Dans un modèle thermohydraulique, le grossissement du bain peut être géré dans le bain liquide (ajout d'un terme source à l'équation de continuité) ou à la surface du bain (approche découplée où la déformation résulte d'une condition aux limites).

La Figure 1.20 illustre ce modèle complet en dissociant les phénomènes thermiques des phénomènes hydrodynamiques.

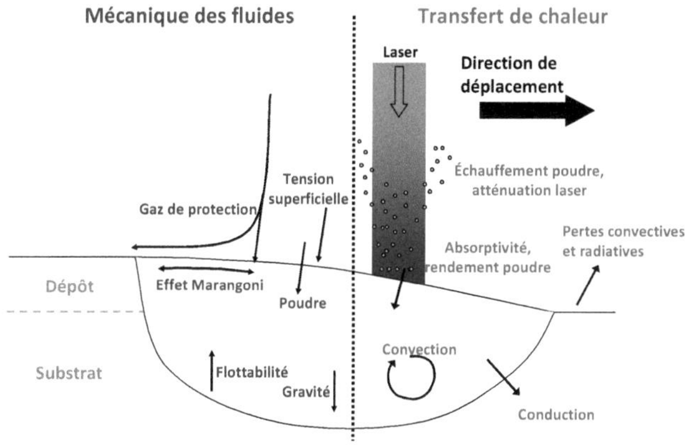

Figure 1.20 – Modèle physique retenu pour la modélisation du procédé FDPL

1.4 Revue des modèles numériques de la littérature

Les différents phénomènes physiques décrits précédemment ont donné lieu à divers modèles numériques ou analytiques afin de simuler le procédé FDPL. Parmi les modèles disponibles dans la littérature, on distingue ceux qui s'attachent uniquement aux phénomènes au sein du bain fondu et ceux qui traitent plus particulièrement du jet de poudre. Les travaux les plus récents couplent ces deux approches afin de proposer des modèles décrivant complètement le procédé FDPL. Nous détaillons dans ce qui suit ces différentes approches.

1.4.1 Modèles du jet de poudre

Les modèles relatifs au jet de poudre ont pour objectifs de prédire la trajectoire des différentes particules de poudre ainsi que leur échauffement sous l'action du faisceau laser. Il est ainsi possible de déterminer la forme du jet, la position du plan focal et la distribution massique de poudre. Ces modèles tiennent compte, en général, du débit à l'entrée de la buse des gaz porteur, périphérique et central. La géométrie de la buse coaxiale est également un paramètre important puisqu'elle joue un rôle sur la focalisation du jet de poudre. Ces modèles peuvent, de plus, inclure l'interaction des particules avec le faisceau laser, qui est responsable de l'atténuation de l'intensité énergétique du faisceau et de l'échauffement de la poudre. L'ensemble des informations fournies par de tels modèles peut, ensuite, servir à définir les conditions aux limites des modèles traitant plus particulièrement le bain fondu.

La littérature fait état de différents modèles analytiques (Fu et al., 2002; Kovaleva and Kovalev, 2011; Lemoine et al., 1993; Liu et al., 2005; Neto and Vilar, 2002; Partes, 2009; Pinkerton, 2007; Tabernero et al., 2012; Yang, 2009) et numériques (Ibarra-Medina and Pinkerton, 2010; Kovalev et al., 2010; Li et al., 2007; Lin and Steen, 1998; Pan and Liou, 2005; Tabernero et al., 2010; Wen et al., 2009; Zekovic et al., 2007; Zhu et al., 2011). Des comparaisons avec des données expérimentales peuvent également valider ces modèles, comme nous l'avons illustré sur la Figure 1.21. Ces modèles ont permis d'affiner la compréhension des phénomènes physiques et des interactions.

Les premières études menées sur le jet de poudre ont permis de caractériser la distribution en particules de l'écoulement par mesure optique. (Lin, 1999a) a caractérisé expérimentalement la structure du jet de poudre sous le plan focal et mis en évidence une distribution radiale de type gaussienne. La géométrie conique de la buse confère à l'écoulement de particules une structure qui se décompose en trois zones (Figure 1.21). Entre la sortie de la buse et le plan de focalisation (a), le jet de poudre présente une structure annulaire. Les particules convergent ensuite en direction du plan focal. La position de ce plan focal par rapport à la buse dépend de différents paramètres : les débits de gaz, la taille des particules et l'angle imposé par les cônes de la buse (Von Wielligh, 2008). Vient ensuite le plan de consolidation où le flux de particules converge (b). C'est dans ce domaine que la concentration en particules est maximale, la plage de ce domaine correspond à la distance de travail qui optimise le rendement d'interaction entre le jet de poudre et la zone fondue. La distribution de particules dans ce plan présente une allure gaussienne. Dans la troisième zone, le flux de particules est divergent (c).

(a) 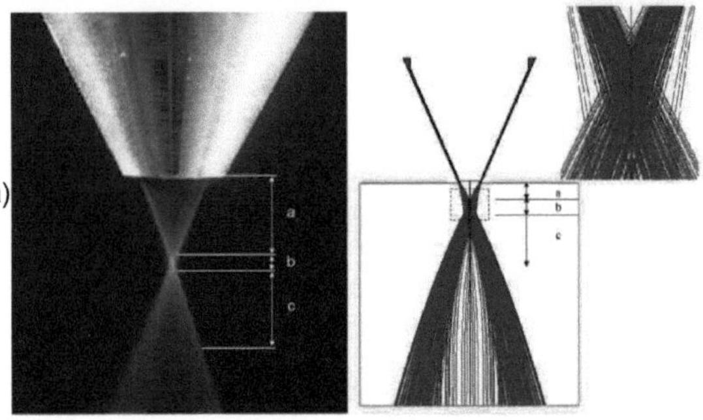 (b)

Figure 1.21 – Ecoulement des particules de poudre dans une buse coaxiale : (a) résultat expérimental (Kovaleva and Kovalev, 2011) ; (b) résultat numérique (Wen et al., 2009)

Les buses dites à haut rendement sont conçues pour donner un diamètre focal très petit et donc une interaction maximale avec le substrat. La vitesse des particules est alors élevée et les grains conservent une trajectoire rectiligne de part et d'autre du plan focal (Pinkerton, 2007). Les buses conventionnelles permettent un écoulement de particules moins structuré du fait des plus faibles vitesses et de l'influence plus marquée du champ de pesanteur. Alors que les buses à haut rendement donnent une section annulaire après le plan focal, l'écoulement des particules issues d'une buse conventionnelle reste relativement unifié (Pinkerton and Li, 2004).

1.4.1.1 Les modèles analytiques

L'utilisation de modèles analytiques implique de poser différentes hypothèses simplificatrices dont voici une liste non exhaustive (Liu et al., 2005; Pinkerton, 2007) :

- l'écoulement est considéré quasi-stationnaire avec une vitesse en sortie de buse constante ;
- la poudre et le gaz vecteur ont la même vitesse en sortie de buse ;
- les effets de traînée et de pesanteur sont négligés ;
- le rayon des particules est identique et constant ;
- les effets de masque/ombrage par rapport au faisceau laser ainsi que les collisions et les échanges radiatifs entre particules sont négligés ;
- l'atténuation du faisceau laser par une particule est proportionnelle à la surface projetée de la particule ;
- les particules de poudre sont isothermes (nombre de Biot Bi << 1 (Lemoine et al., 1993))

Les hypothèses utilisées pour simplifier le problème initial sont parfois très fortes mais cette approche propose une alternative aux calculs numériques d'écoulement 3D. Les ressources nécessaires aux calculs analytiques sont relativement modérées, ce qui en font des outils intéressants pour évaluer l'influence des paramètres opératoires sur les phénomènes intervenant au cours de l'interaction entre le nuage de poudre et le faisceau laser.

1.4.1.1.1 Concentration en particules du jet de poudre

Le développement des modèles analytiques a montré que la position du point focal du jet de poudre est dépendante de la géométrie de la buse (Lin, 2000) et des différents débits de gaz (Lin, 1999a). La forme des particules est un facteur très influent qui a un impact direct sur la concentration calculée par les modèles analytiques (Pan and Liou, 2005). L'originalité de l'approche adoptée par ces auteurs est d'utiliser un modèle stochastique pour rendre compte des collisions et des frictions entre particules d'une part, et entre les particules et les parois de la buse, d'autre part. Un des points intéressants de ce modèle est justement de s'intéresser aux interactions fluide/particule, particule/particule et buse/particule, en considérant des particules non sphériques. Les résultats numériques montrent que les modèles sphériques sous-estiment la dispersion des particules et surestiment donc la concentration des particules solides dans l'écoulement. La géométrie de la buse est montrée comme étant également un facteur important dans la structure du jet de poudre.

Les modèles analytiques les plus complets permettent de déterminer la structure du jet de poudre ainsi que sa concentration en particules en tout point. (Pinkerton, 2007) propose un modèle permettant de calculer la concentration en particules du jet de poudre ainsi que l'atténuation du laser en tout point sous la buse. Les résultats indiquent que l'atténuation du faisceau laser par le flux de particules a lieu principalement après le plan de consolidation (Figure 1.22), mais surtout que cette atténuation n'est pas nulle avant ce plan. Ceci est un point important car la majorité des modèles de la littérature propose des valeurs d'atténuation après le plan de consolidation. Or dans le cas du procédé de FDPL, le plan focal du jet de poudre est généralement situé au niveau du substrat, idéalement en dessous (§ 1.2.4), et le calcul de l'atténuation au-delà de cette distance focale présente peu d'intérêt. Le modèle analytique prend en considération la géométrie de la buse et les différents débits de gaz et de matière. Les particules ont cependant comme origine une source ponctuelle (Figure 1.22), comme l'ont considéré (Neto and Vilar, 2002) et (Partes, 2009). D'autres auteurs ont, par contre, envisagé une source de section annulaire (Yang, 2009) ou assimilé le jet de poudre à un cylindre de rayon constant (Picasso et al., 1994). L'approche de (Pinkerton, 2007) est cependant plus physique car les données du modèle sont directement issues des paramètres opératoires. Le profil des distributions calculées en différents plans du jet de poudre avec les modèles analytiques sont en accord avec les mesures de concentration faites pour des conditions expérimentales comparables (Pinkerton and Li, 2004; Vetter et al., 1994; Zekovic et al., 2007).

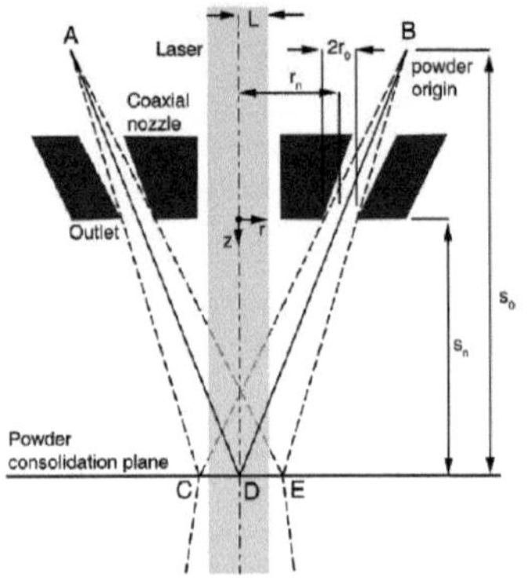

Figure 1.22 – Trajectoire suivie par les particules en sortie de la buse coaxiale (Pinkerton, 2007)

La validation des modèles au moyen de données expérimentales est en effet une étape indispensable pour juger de la pertinence de ces modèles. Il s'agit donc d'évaluer la distribution du jet de poudre pour connaître la quantité de matière reçue et par conséquent la hauteur déposée. En se basant sur les interactions entre le nuage de particules et la lumière (théorie de Mie), (Lin, 1999a) propose un protocole afin d'évaluer la concentration du jet de poudre en particules solides ainsi que sa distribution. La concentration est mesurée à l'aide d'une caméra CCD désaxée par rapport à l'axe d'un faisceau lumineux éclairant le jet de poudre. La distribution est, quant à elle, caractérisée par une photodiode placée en face d'un laser, le jet de poudre étant entre les deux. Cette technique nécessite toutefois une phase de calibration des capteurs. Théoriquement, l'atténuation peut être exprimée par la loi de Beer-Lambert qui relie l'absorption de la lumière aux propriétés du milieu qu'elle traverse (§ 1.3.1.4). La calibration permet d'évaluer les propriétés optiques du nuage telles que le coefficient d'extinction.

1.4.1.1.2 Atténuation et température des particules

(Lin, 1999a) décrit l'évolution de la vitesse d'une particule dans un fluide en mouvement en résolvant analytiquement une équation différentielle. L'accélération du grain de poudre est calculée à partir des forces d'entraînement et de pesanteur. L'évolution en température de ce grain tient compte de l'apport d'énergie par une source laser et des échanges convectifs avec la phase gazeuse. Bien que le modèle pose certaines hypothèses pour simplifier les interactions entre le fluide et la particule solide, il permet de mettre en évidence l'influence sur la température de la puissance laser, de la vitesse du grain de poudre et de la taille de la particule. L'augmentation de la puissance laser augmente la quantité d'énergie reçue, ce qui a pour effet d'accroître la température. A l'inverse, l'augmentation de la vitesse du grain de poudre réduit la température car le temps d'interaction est alors plus faible. Enfin la taille du grain de poudre est aussi un paramètre important à prendre en compte dans le processus d'échauffement. En effet, elle définit la quantité de matière à chauffer et la section efficace susceptible d'interagir avec le faisceau laser. A énergie équivalente, l'élévation de température des gros grains est moins importante que celle des grains de petite taille. Ce modèle a évolué par la suite pour prendre en compte le phénomène de vaporisation dans les bilans de masse et de chaleur pour une particule (Liu and Lin, 2003). La vitesse des fines particules tend vers la vitesse du fluide, ce qui réduit le temps d'interaction avec le faisceau laser et par conséquent, l'échauffement. En revanche, les fines particules sont plus facilement sujettes à la perte de masse par vaporisation, ce qui dégrade le rendement matière du procédé. Il est donc nécessaire de porter attention à l'intensité énergétique du faisceau laser en fonction de la granulométrie des poudres et du débit du gaz vecteur.

(Kovaleva and Kovalev, 2011) ont pris en compte l'accélération des particules liée à la pression de recul exercée sur les grains de poudre durant le processus de vaporisation. Pour des particules d'un diamètre de 45 μm et une densité énergétique de 10^9 $W.m^{-2}$, les particules peuvent atteindre une vitesse de 210 $m.s^{-1}$. A ces vitesses, l'influence du gaz sur les grains de poudre est négligeable et le déplacement s'effectue en ligne droite en direction du substrat. L'apport de matière est alors extrêmement local et améliore la focalisation du jet de poudre. L'autre point important est que la perte de masse occasionnée par le phénomène d'évaporation est minime.

Le modèle analytique de jet de poudre proposé par (Pinkerton, 2007) permet également d'évaluer la température des particules en calculant l'atténuation, et cela en tenant compte de leur trajectoire par rapport au faisceau laser et du temps d'interaction. Il montre comment évolue la température des poudres au fur et à mesure de leur interaction avec le laser.

Bien que les températures obtenues analytiquement aient pour vocation à être intégrées au bilan thermique du bain en fusion, la validité en est rarement discutée. Il est pourtant possible de mesurer ces températures : (Lin, 1999b) propose pour cela d'utiliser un détecteur infrarouge calibré à l'aide d'un filament de tungstène chauffé dont on connaît les propriétés thermiques et électriques.

(Liu et al., 2005) proposent un modèle analytique afin de calculer dans un premier temps, la distribution du jet de poudre issu d'une buse coaxiale et, dans un second temps, l'atténuation du faisceau laser par le nuage de particules. Cette atténuation théorique est comparée à des mesures expérimentales obtenues par un fluxmètre, pour différents débits de poudre et différentes distances d'interaction. Les résultats obtenus analytiquement sont très cohérents avec les données expérimentales. Cependant, les comparaisons sont réalisées pour des distances de travail comprises entre 22 et 42 mm, ce qui est loin des conditions que l'on retrouve en FDPL. La validité du modèle n'est pas démontrée pour une distance de travail équivalente à la position du plan focal du jet de poudre. D'autre part, ce modèle fait l'hypothèse que la distribution du jet de poudre est gaussienne en sortie de la buse coaxiale, ce qui en réalité n'est pas le cas. (Peyre et al., 2008) ont également réalisé des mesures d'atténuation pour valider leur modèle de jet de poudre. Cela a permis de montrer une augmentation linéaire de l'atténuation avec le débit massique de poudre. La température des particules est d'autant plus élevée que la granulométrie est faible.

Les modèles analytiques ont permis de discuter assez tôt de l'effet des différents paramètres opératoires sur la concentration en particules du nuage de poudre et sa température. Ces paramètres sont la géométrie de la buse, les différents débits volumiques de gaz, le débit massique de poudre, la granulométrie des particules, la puissance laser et la distribution d'intensité dans le faisceau. Toutefois, l'écoulement autour du substrat et la présence même de celui-ci ne sont pas pris en compte dans les modèles analytiques. La trajectoire des particules est pourtant conditionnée par le flux de gaz, qui sera modifié du fait de la présence d'un obstacle, comparé à un écoulement libre. De plus, le gaz peut subir de fortes variations de vitesse entre la sortie de buse et le substrat, phénomène non pris en compte par ces modèles analytiques.

1.4.1.2 Les modèles numériques

Les modèles numériques permettent de décrire plus précisément les différents écoulements de gaz ainsi que les diverses interactions. Ils améliorent ainsi la prédiction de la distribution du jet de poudre (Lin, 2000; Pan and Liou, 2005; Zekovic et al., 2007), de la température des poudres (Ibarra-Medina and Pinkerton, 2010; Wen et al., 2009) et de l'atténuation du faisceau laser (Ibarra-Medina and Pinkerton, 2010; Tabernero et al., 2012). Dans ces différents travaux, l'écoulement de gaz est traité de manière eulérienne alors que la trajectoire des particules et leur échauffement sont abordés avec une approche lagrangienne. La température des particules est supposée uniforme en raison de leur faible taille (§ 1.4.1.1).

1.4.1.2.1 Trajectoire des particules

Contrairement aux modèles analytiques, la vitesse des particules n'est plus supposée identique à celle du gaz dans le cas des approches numériques. Elle est en effet calculée à partir d'un bilan de forces comprenant les forces de pesanteur et les forces d'entraînement exercées par le gaz. Celles-ci font intervenir, entre autre, un coefficient de traînée et le nombre de Reynolds qui est calculé à partir de la vitesse relative entre la particule et le gaz. La vitesse du gaz est quant à elle obtenue à l'aide des équations de conservation de la masse et de la quantité de mouvement résolues au sein de la buse et en sortie. Dans la majorité des travaux, l'écoulement est décrit à l'aide d'un modèle de turbulence. C'est, par exemple, la démarche adoptée par (Lin, 2000) pour l'étude de la concentration en particules d'un jet de poudre issu d'une buse coaxiale. Il s'agit d'une configuration 2D axisymétrique utilisant le modèle de turbulence standard k-ε basé sur les travaux de (Hinze, 1986). L'interaction entre la phase gazeuse et les particules est à sens unique (couplage faible), c'est-à-dire que l'écoulement gazeux agit sur la poudre à travers les forces visqueuses mais les particules ne perturbent pas l'écoulement du gaz. La trajectoire des particules est calculée à partir des forces exercées par le gaz et la pesanteur, dans une description lagrangienne. Le travail de (Lin, 2000) a permis de montrer l'influence de la géométrie de la buse sur la structure du jet de poudre. Il a également montré qu'une augmentation des débits de gaz diminue la concentration locale de poudre sans altérer le profil de cette concentration.

(Zekovic et al., 2007) a étendu cette approche à un modèle 3D appliqué à un procédé avec quatre buses latérales symétriques. Il s'agit de modéliser à l'aide du code commercial Fluent® l'écoulement de la poudre d'un acier H13 convoyée par de l'argon. Comme précédemment, le jet de poudre est supposé ne pas avoir d'influence sur l'écoulement de gaz, en raison d'une fraction volumique de poudre dans la phase gazeuse inférieure à 10 %. Les conditions aux limites au niveau des parois sont traitées à l'aide d'une fonction de paroi afin de gérer la transition entre la paroi et l'écoulement pleinement turbulent. Les auteurs comparent, entre autre, l'action du jet de poudre sur deux types de substrat : un substrat mince et un substrat massif (surface plane infinie). Le bain liquide est modélisé en définissant une fonction de paroi capable de dévier l'écoulement gazeux tout en laissant passer les particules. Leurs résultats montrent que la présence du bain liquide diminue de manière significative la concentration locale du jet de poudre (Figure 1.23), pour un substrat plat et large comme pour un substrat mince. De plus, la proximité du substrat augmente les probabilités de contact avec les particules ricochant sur le substrat. L'utilisation d'un substrat mince permet toutefois de minimiser ce phénomène. Les auteurs en déduisent par ailleurs qu'un plus grand nombre de particules se retrouveront collées sur les faces latérales du substrat mince. Enfin, ils établissent que la fenêtre du plan focal du jet de poudre est la distance optimale pour obtenir des conditions stables au niveau de la zone fondue, et donc une pièce de bonne qualité.

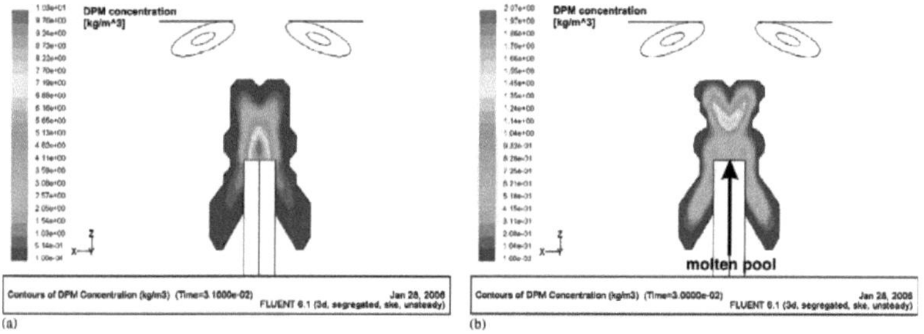

Figure 1.23 – Influence du substrat mince sur la concentration volumique en particules : (a) sans bain fondu ; (b) avec bain fondu (Zekovic et al., 2007)

(Wen et al., 2009) ont modélisé avec le code commercial Fluent® l'écoulement 2D axisymétrique d'une poudre de Stellite® dans un flux d'argon. Une caractéristique intéressante de ce modèle est la prise en compte de la distribution granulométrique des poudres et de leur non sphéricité. Les résultats (Figure 1.24 et Figure 1.25) montrent qu'avant le plan de consolidation du jet de poudre, le nuage de poudre présente une structure annulaire qui converge vers le plan focal (Figure 1.24a). Dès la sortie de la buse, le nuage tend à se disperser, ce qui peut être attribué à la pesanteur mais surtout à la différence de trajectoire entre chaque particule, en raison des collisions multiples avec les parois de la buse. Au niveau du plan focal, la concentration en particules présente une distribution gaussienne (Figure 1.24b). La concentration maximale en poudre est atteinte sur l'axe et décroît avec l'éloignement de la buse (Figure 1.24c). Ces résultats sont en accord avec les observations expérimentales mais n'ont pas fait l'objet d'une comparaison précise.

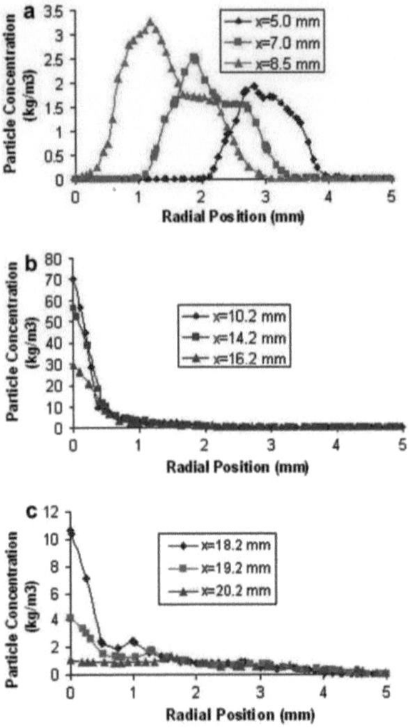

Figure 1.24 – Profil de concentration calculé à trois positions caractéristiques d'un écoulement coaxial : (a) avant le plan focal ; (b) au plan focal ; (c) après le plan focal (Wen et al., 2009)

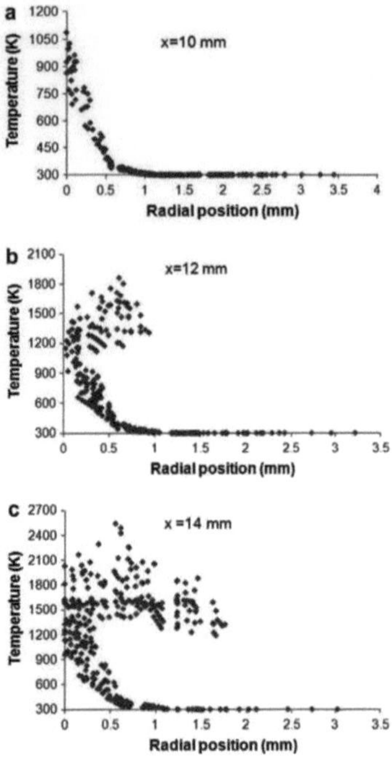

Figure 1.25 – Profil de température des particules de poudre calculé à différentes distances de la sortie de la buse : (a) 10 mm ; (b) 12 mm ; (c) 14 mm (Wen et al., 2009)

Un modèle plus complet développé à l'aide du code Fluent® est proposé par (Tabernero et al., 2010). Un effort est porté sur une description très précise de la buse et des conduites d'amenée de poudre, comme on peut le voir sur la Figure 1.26. Les résultats du modèle sont en accord avec les mesures de distribution du jet de poudre en différents plans le long de l'axe de la buse. La technique utilisée consiste, pour un plan donné, à effectuer des mesures de masse à l'aide de creusets de diamètre intérieur croissant. Ces mesures ont permis de valider la structure annulaire du jet de poudre avant le plan focal et la structure gaussienne après convergence du flux de particules.

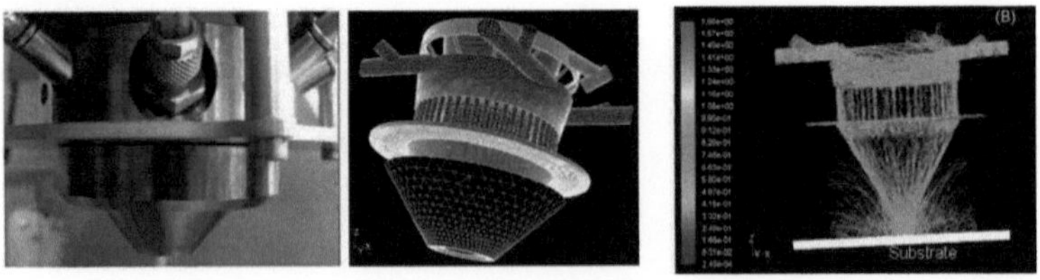

Figure 1.26 – Maillage de la buse et vitesse des particules (Tabernero et al., 2010)

1.4.1.2.1.1 Rebonds avec les parois de la buse

L'ensemble des modèles numériques de jet de poudre prend en compte le rebond des particules avec les parois de la buse. Celui-ci affecte, en effet, la trajectoire des particules après impact. Différents types de collision entre les particules et les parois internes de la buse peuvent être envisagés, comme un choc élastique ou non élastique. (Kovalev et al., 2010) rappellent la loi d'interaction d'une particule avec une surface solide. Celle-ci intègre le coefficient de restitution des composantes normale $v_{pn}=(\vec{v}_p \cdot \vec{n})$ et tangentielle $v_{pt}=(\vec{v}_p \cdot \vec{\tau})$ de la vitesse. Si l'indice 1 correspond à la particule avant rebond et l'indice 2 à la particule après rebond, alors $(v_{pn})_2=-k_n(v_{pn})_1$ et $(v_{pt})_2=k_n(v_{pt})_1$. Pour $k_{n,\tau}\approx 1$, la collision de la particule avec la paroi est supposée élastique et l'angle de réflexion de la particule est égal à son angle d'incidence par rapport à la paroi. Une valeur de $k_{n,\tau} << 1$ caractérise une collision de type non élastique et l'angle après rebond est réduit. Le calcul du coefficient de restitution est obtenu à l'aide de relations semi-empiriques (Vittal and Tabakoff, 1987). Il apparaît d'après (Kovalev et al., 2010) que des collisions de type non-élastique réduisent la dispersion du jet de poudre en sortie de buse. La trajectoire des particules est alors plus rectiligne et le plan focal est abaissé. Toutefois, aucune comparaison n'est faite avec des valeurs expérimentales, il n'est donc pas possible de conclure quant à la pertinence d'un modèle élastique ou non-élastique pour caractériser la collision des particules solides avec les parois internes de la buse. (Sommerfeld and Huber, 1999) ont apporté une contribution non négligeable concernant les phénomènes de collision de particules sur une paroi. Ils ont mis en évidence l'influence de la rugosité de la paroi et de la non sphéricité des particules sur le processus de collision d'une part, et sur les propriétés de rebond de la particule d'autre part. Ces modèles physiques ont été utilisés dans les travaux de (Pan et al., 2006) pour modéliser un système d'alimentation en poudre par gravité en l'absence de gaz porteur. Ils s'appuient sur les travaux de (Tanaka and Tsuji, 1991) qui ont montré que le fait de ne pas prendre en compte la forme de la particule ainsi que la rugosité de la paroi surestime l'interaction des particules avec les parois de la buse, ce qui minimise la dispersion du jet de poudre.

Les travaux de (Ibarra-Medina and Pinkerton, 2010) réalisés à l'aide du code commercial CFD-ACE+® montrent que les particules de poudre, en subissant de nombreuses collisions avec les parois de la buse, ont une influence directe sur la position et le diamètre du plan focal. La buse étudiée comporte quatre arrivées de poudre. Il en résulte une forme du jet de poudre présentant une section annulaire avec une concentration en particules plus importante en quatre zones de la section, qui correspondent à la position d'injection de la poudre. La comparaison avec des données expérimentales indique que le modèle est cohérent jusqu'au plan focal et montre ensuite une divergence entre les mesures. Il est toutefois fait mention que la technique par mesure optique, utilisée dans ce cas, surévalue la concentration volumique du fait des réflexions diffuses.

1.4.1.2.1.2 Coefficient de traînée

(Kovalev et al., 2010) ont fait une synthèse bibliographique des différentes expressions utilisées pour le coefficient de traînée C_D en fonction du nombre de Reynolds Re. En particulier, ils donnent une expression tenant compte d'un facteur de forme φ_p pour décrire la non sphéricité des particules. Ce facteur exprime le rapport entre la section d'une particule sphérique sur la section de la particule réelle, à volume égal. Cette loi indique que le coefficient de traînée C_D augmente lorsque le facteur de forme φ_p diminue. Les particules d'acier inoxydable utilisées dans cette étude sont produites par atomisation à l'eau et présentent une forme irrégulière. L'étude granulométrique a montré que les particules de diamètre inférieur à 38 μm ont un facteur de forme proche de 1 (donc quasiment sphérique) alors que les particules de diamètre supérieur à 38 μm ont un facteur de forme inférieur à 0,6.

1.4.1.2.2 Interaction avec le faisceau laser

Dans le modèle 2D axisymétrique vu précédemment, (Wen et al., 2009) ont également étudié l'échauffement des particules au cours de leur interaction avec le faisceau laser. Les auteurs supposent une distribution gaussienne de l'intensité du laser en tenant compte de la divergence du faisceau dans la direction de propagation. Un débit de poudre de 3 g.min^{-1} est simulé. Le nuage de poudre est alors très dilué permettant de négliger l'effet d'atténuation du faisceau laser par les particules. La température de chaque particule va alors dépendre de l'évolution de sa trajectoire par rapport au faisceau laser, tout en subissant des échanges par convection et rayonnement avec l'environnement. La chaleur latente de fusion est également prise en compte. La Figure 1.25 montre la distribution de température dans le jet de poudre calculée par (Wen et al., 2009) au niveau du plan focal à x = 10 mm de la buse (Figure 1.25a), puis en dessous du plan focal à x = 12 mm (Figure 1.25b) et à x = 14 mm (Figure 1.25a). On peut observer que la température des particules est très dépendante de leur trajectoire et du temps d'interaction avec le laser, comme illustré sur la Figure 1.27. Au niveau du plan focal, le profil de température est relativement gaussien en raison de la trajectoire convergente des particules. En dessous du plan focal, les particules subissent un échauffement plus important du fait d'un temps plus grand. Des mesures de vitesse moyenne et de température moyenne ont été effectuées par caméra thermique. Ces mesures indiquent qu'en dessous du plan focal, les vitesses sont de l'ordre de 1,2 m.s^{-1} et les températures comprises entre 1800 K et 1500 K. La température des particules diminue ensuite avec l'éloignement de la buse, ce que l'on doit aux échanges par convection et rayonnement. Aucune comparaison expérimentale n'est faite au niveau du plan focal du jet de poudre.

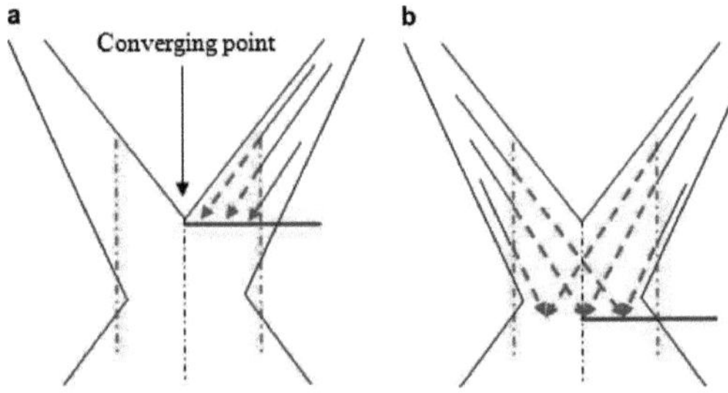

Figure 1.27 – Schéma illustrant les mécanismes d'échauffement des particules : (a) x = 10 mm, (b) x = 14 mm (Wen et al., 2009)

L'échauffement des particules a également été étudié par (Ibarra-Medina and Pinkerton, 2010). Leur modèle indique qu'augmenter la puissance du faisceau laser accroît la température moyenne des particules, tout comme une diminution de la taille des grains. Une caméra thermique confirme les résultats du modèle mais sans donner de référence absolue pour la température. Ce modèle néglige par ailleurs l'atténuation du faisceau laser.

(Tabernero et al., 2012) ont proposé récemment un modèle permettant de calculer l'atténuation du faisceau laser par le nuage de poudre. Ce modèle est basé sur l'effet de masque qui utilise la surface projetée des particules. Par contre, l'effet de masque entre particules est négligé en raison du faible débit de poudre. L'atténuation est alors supposée proportionnelle au rapport entre la surface projetée des particules et la surface de la zone d'interaction. De plus, cette atténuation est également proportionnelle au temps d'interaction entre les particules et le faisceau laser. La surface projetée des particules est déduite de la concentration calculée par le modèle présenté dans (Tabernero et al., 2010). Les résultats du modèle sont validés à l'aide d'un dispositif expérimental qui consiste à mesurer la puissance du faisceau laser après que celui-ci ait interagi avec la poudre sur une distance donnée. Il est ainsi montré que l'atténuation est plus importante pour les particules de petites tailles. Ce résultat est également confirmé par les travaux de (Jouvard et al., 1997).

Les deux travaux cités précédemment ((Ibarra-Medina and Pinkerton, 2010) et (Tabernero et al., 2010)) présentent les modèles les plus complets de jet de poudre allant jusqu'au couplage avec des modèles de bain fondu afin de simuler la géométrie d'un dépôt. Ces modèles de bain fondu sont abordés dans les paragraphes suivants.

1.4.2 Modélisation thermique appliquée au procédé FDPL

Cette partie vise à montrer l'évolution des différents modèles développés ces dernières décennies en vue de simuler les bains liquides formés lors des procédés additifs. Les premiers modèles se sont d'abord limités aux phénomènes thermiques afin de déterminer l'évolution du champ de température lors du dépôt de matière. (Hoadley and Rappaz, 1992) ont proposé un modèle 2D conductif basé sur la méthode des éléments finis pour étudier un procédé de rechargement laser. La poudre est apportée par une buse latérale amont et le substrat est fondu avec un laser CO_2. Le problème est formulé dans un repère mobile qui impose la vitesse de l'interface en tenant compte de l'apport de poudre. La forme de la surface est ici décrite par un arc de cercle. La courbure de l'interface est calculée à partir d'une procédure itérative de sorte que les positions du front de fusion à l'avant et à l'arrière de la source laser coïncident avec le premier point où la tangente à la surface est nulle, ce qu'illustre la Figure 1.28 en X_S = -1,54 mm.

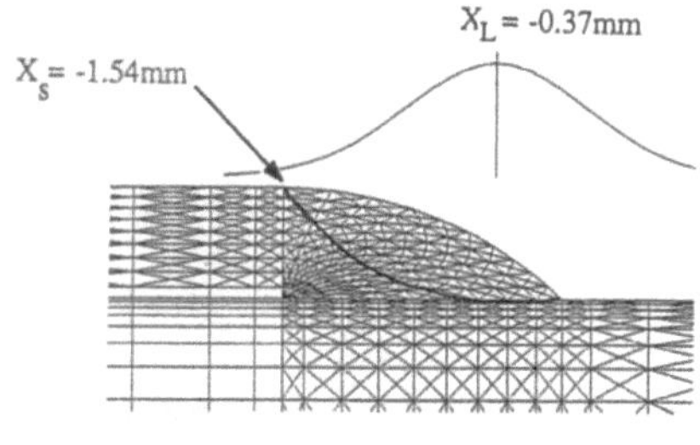

Figure 1.28 – Déformation du maillage et position du front de fusion après itération (Hoadley and Rappaz, 1992)

Les auteurs considèrent ici que la poudre est entièrement distribuée dans le bain liquide. L'énergie échangée entre le bain fondu et les particules est prise en compte au niveau de l'équation de la chaleur et non comme condition à la surface du bain. Ce terme utilise la température des poudres évaluée en fonction de leur vitesse, de leur rayon, de la puissance et du diamètre du faisceau laser, de la distance d'interaction, et enfin des propriétés thermophysiques des particules. Ces premiers résultats ont permis de montrer une augmentation de la hauteur du dépôt avec l'énergie linéique P_{laser}/V_S. Une diminution de la taille de la tâche du faisceau contribue également à augmenter la hauteur du dépôt mais diminue la longueur du bain liquide. Il est aussi mentionné que les faibles vitesses d'avance augmentent le temps nécessaire à l'établissement du régime quasi-stationnaire du fait de la diffusion de la chaleur en amont de la source laser.

(Picasso et al., 1994) proposent un modèle analytique 3D pour déterminer la vitesse d'avance et le débit de poudre, connaissant la puissance du laser, les diamètres du faisceau laser et du jet de poudre et la hauteur souhaitée du dépôt. Une première étape du calcul consiste à évaluer la puissance reçue par le substrat en tenant compte de l'atténuation du faisceau laser. Cette puissance est alors utilisée dans le modèle 3D pour fondre le substrat. Pour ce modèle, la poudre est supposée déjà déposée sur le substrat. Bien que les paramètres opératoires ainsi identifiés soient en bon accord avec les observations expérimentales, des écarts sont cependant observés sur les formes de bain fondu.

(Jouvard et al., 1997) utilisent également un modèle analytique pour calculer la température du substrat après projection de poudres métalliques. Un effort est porté sur l'évaluation de l'énergie absorbée par les particules et celle apportée au substrat par le laser, ainsi que l'atténuation du faisceau laser par le nuage de poudre. Celle-ci est déterminée à l'aide de la loi de Beer-Lambert. Ils ont ainsi mis en évidence deux seuils de puissance : le premier correspond à la puissance minimale P_{fs} nécessaire pour faire fondre le substrat et le second est la puissance minimale P_{fp} pour faire fondre la poudre (Figure 1.29).

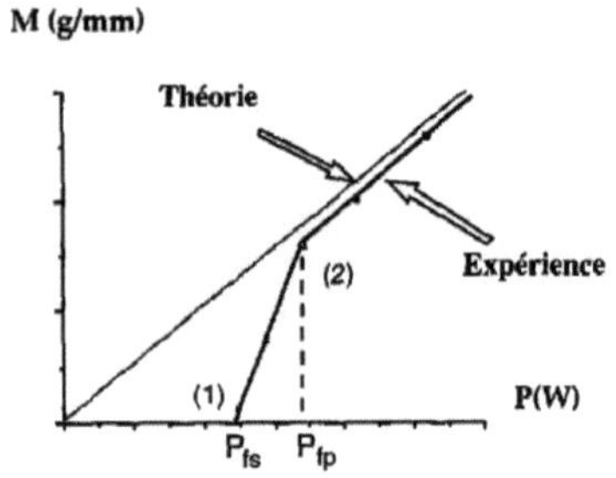

Figure 1.29 – Illustration des seuils de puissance pour parvenir à la fusion du substrat et de la poudre (Jouvard et al., 1997)

Ces approches analytiques restent cependant très limitées en terme notamment de géométrie ou de propriétés matériaux. Ce constat a conduit (Toyserkani et al., 2003) à proposer un modèle 3D utilisant la méthode des éléments finis pour prendre en compte la dépendance des propriétés avec la température et la chaleur latente de fusion. Le modèle est alors capable de prédire, au cours d'une opération de rechargement laser, la géométrie 3D du cordon de matière au cours du temps en fonction des paramètres opératoires (puissance, vitesse, débit). La principale hypothèse de ce modèle est le découplage entre le jet de poudre et le substrat. En reprenant le modèle d'atténuation proposé par (Picasso et al., 1994), les limites du bain liquide sont établies. La hauteur du dépôt est calculée à l'aide de la distribution du jet de poudre à la surface du bain et du temps d'interaction (équation (1.22)) :

$$\Delta h = \frac{D_m \, \Delta t}{\pi \, r_{jet}^2 \, \rho_p} \tag{1.22}$$

Les principaux résultats obtenus avec ce modèle numérique montrent que l'augmentation du débit conduit à accroître la hauteur du dépôt tout en réduisant l'énergie reçue par le substrat. Mais cette hauteur diminue lorsque la vitesse augmente. Enfin, un débit de poudre trop élevé génère une atténuation qui peut aller jusqu'à la non fusion du substrat. Ce modèle numérique a aussi permis d'étudier l'effet de la source laser en régime pulsé (Toyserkani et al., 2004). Le constat est que la qualité du dépôt est accrue en augmentant l'énergie des pulses et/ou leur fréquence.

Des expériences ont été réalisées et montrent quatre types de régime selon la fréquence et l'énergie des pulses : (1) absence de fusion et aucun dépôt n'est formé, (2) formation d'un dépôt sur le substrat mais peu voire pas d'accroche avec le substrat, (3) présence de rugosités et de porosités, (4) bonne adhésion et surface lisse. Le modèle thermique permet de retrouver ces quatre régimes et les hauteurs calculées des dépôts sont conformes à 15% aux valeurs expérimentales.

Plus récemment, (Kumar et al., 2012) ont prédit la géométrie d'un dépôt d'Inconel® 625 sur un substrat en acier 316L avec un modèle 2D dans le plan transversal. Ils utilisent un maillage fixe sur lequel un premier calcul thermique est réalisé afin d'identifier l'excès d'enthalpie par rapport à la température de fusion de tous les nœuds au sein du bain fondu. Cette énergie est alors utilisée pour déterminer la hauteur locale du dépôt en fonction également de la distribution spatiale de la poudre et de la vitesse de défilement (Figure 1.30). Ce modèle est utilisé pour comparer le profil transverse du dépôt en fonction de la vitesse de défilement et de la distribution énergétique du faisceau laser représentée précédemment sur la (Figure 1.14). Il est ainsi montré que l'augmentation de la vitesse d'avance réduit les temps d'interaction et diminue la masse linéique et l'énergie linéique : les dépôts sont alors moins larges et moins hauts. De même, la distribution mixte (TEM_{00} et TEM_{01}) conduit à des dépôts de faible épaisseur, mais plus larges. Ces résultats sont confirmés par des résultats expérimentaux.

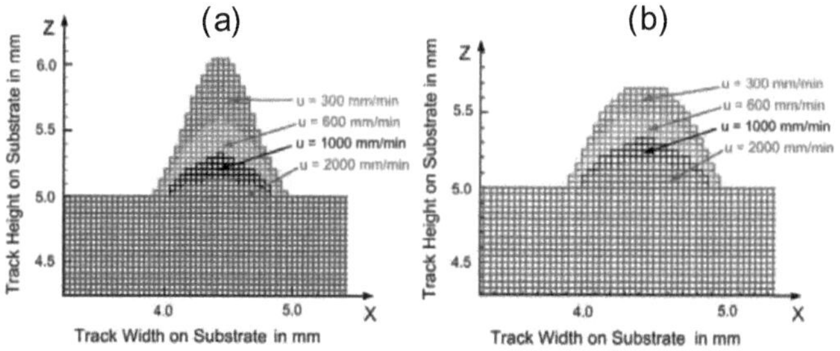

Figure 1.30 – Effet de la distribution énergétique du faisceau laser sur la section du dépôt en fonction de la vitesse d'avance : (a) distribution gaussienne (b) distribution mixte (Kumar et al., 2012)

(El Cheikh et al., 2012) ont travaillé spécifiquement sur l'acier inoxydable 316L en rechargement laser coaxial. Cette contribution se démarque des précédentes car il s'agit de prédire la forme du dépôt à partir de lois empiriques établies à l'aide d'un plan d'expériences. Ces lois permettent d'estimer la largeur et la hauteur du dépôt ainsi que la pénétration dans le substrat en fonction de la puissance laser, de la vitesse d'avance et du débit massique de poudre. Le profil du dépôt est alors reconstruit à partir d'un arc de cercle (Figure 1.31). Par contre, comme dans le cas de (Kumar et al., 2012), cette approche ne donne que le profil transverse du dépôt.

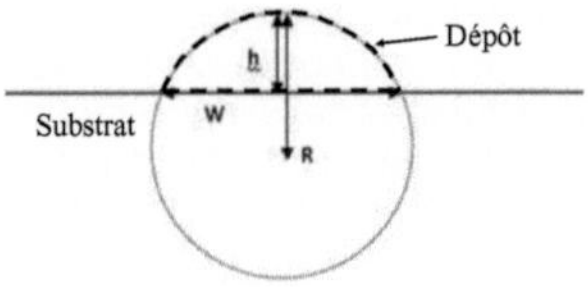

Figure 1.31 – Modèle circulaire permettant de décrire la section d'un dépôt sur substrat massif (El Cheikh et al., 2012)

Tous ces modèles restent, cependant appliqués au rechargement laser qui ne traitent que le dépôt d'une couche. Le dépôt multicouche a néanmoins été abordé par (Alimardani et al., 2007) à l'aide d'un modèle thermique 3D couplé à un modèle mécanique utilisant le code commercial COMSOL Multiphysics®. Afin de prédire la géométrie des couches déposées, un premier calcul est effectué pour déterminer les limites du bain fondu. La prise en compte de l'apport de matière est alors introduite en écrivant la conservation de la masse. La nouvelle géométrie du modèle 3D est alors actualisée. Une conductivité thermique artificielle est utilisée afin de rendre compte des effets hydrodynamiques sur le champ de température. Ce dernier est validé à l'aide de mesures par thermocouples. Ce modèle permet ainsi de mettre en évidence l'accumulation de chaleur dans le substrat au fur et à mesure du dépôt successif des couches. Cette accumulation entraîne une augmentation des tailles de bain et par conséquent un meilleur rendement du jet de poudre avec le substrat. La morphologie des dépôts multicouches calculée par le modèle est également comparée avec l'expérience (Figure 1.32). La faible concordance des résultats, en particulier aux extrémités du mur, nous montre les limites d'un tel modèle, qui néglige les aspects hydrodynamiques et la tension superficielle.

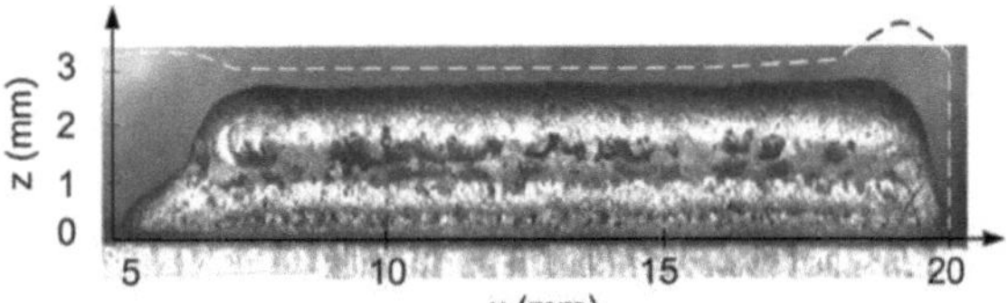

Figure 1.32 – Comparaison des profils de mur entre modèle et expérience (Alimardani et al., 2007)

Le dépôt multicouche a également été étudié par (Peyre et al., 2008) qui prédisent à l'aide d'un modèle 3D thermique l'élargissement du mur sur les premières couches et une stabilisation de l'épaisseur vers la troisième couche. Ce modèle, développé avec le logiciel Comsol Multiphysics® comporte une première étape qui consiste à obtenir les dimensions du bain liquide à partir d'une solution quasi-stationnaire du champ de température (Figure 1.33a). La hauteur locale du dépôt est alors calculée avec l'équation (1.22), et dépend de la distribution locale du débit massique et de la surface d'interaction entre le bain liquide et le jet de poudre. La quantité de matière reçue localement est sommée afin d'obtenir une hauteur de dépôt moyenne. La largeur de la couche suivante est ensuite ajustée afin que le nouveau bain liquide coïncide avec la nouvelle épaisseur. Les résultats du modèle sont validés expérimentalement et montrent que la hauteur déposée est relativement stable d'une couche à une autre et que la puissance laser augmente la largeur du bain mais n'a pas d'effet significatif sur la hauteur du dépôt. Ce premier modèle est ensuite utilisé pour définir la géométrie d'un modèle 3D transitoire afin d'étudier les effets thermiques dans un mur mince lors du dépôt de vingt couches d'alliage de titane Ti-6Al-4V (Figure 1.33b). Une approche eulérienne est retenue et la géométrie initiale correspond à l'état final de la fabrication : la source de chaleur est volumique et la transition entre la phase gazeuse et le métal est gérée par une fonction de type échelon appliquée à la conductivité thermique. Cette technique est plus réaliste physiquement car elle traite le problème de manière continue, et non étape par étape comme avec l'activation d'éléments ou l'approche découplée de (Alimardani et al., 2007).

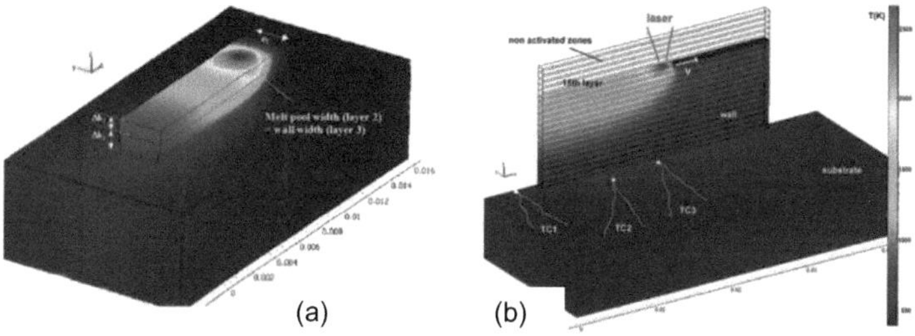

Figure 1.33 – (a)Solution quasistationnaire du champ de température pour évaluer l'épaisseur du substrat et (b) solution transitoire du champ de température pour étudier les effets thermiques dans la paroi en construction (Peyre et al., 2008)

L'approche purement thermique montre cependant ses limites. C'est le cas notamment, lorsqu'on s'intéresse à la microstructure. Les travaux de (Manvatkar et al., 2011) et de (Ahsan and Pinkerton, 2011) indiquent que ces modèles thermiques tendent à prédire des vitesses de refroidissement trop importantes. Il en résulte une microstructure plus fine que celle observée expérimentalement. Cet écart est attribué à la non prise en compte de la mécanique des fluides qui affecte de façon significative les champs de température. Les modèles thermiques tentent néanmoins de prendre en compte les effets de la mécanique des fluides en modifiant la conductivité thermique du métal liquide λ_L, comme proposé par (Lampa et al., 1997). Cette approche a également été utilisée par (Toyserkani et al., 2003) avec $\lambda_{eq} = 2\,\lambda_L$, (Peyre et al., 2008) avec $\lambda_{eq} = 3\,\lambda_L$ ou encore (Safdar et al., 2013) qui proposent une conductivité équivalente anisotrope pour reproduire les effets de la convection thermocapillaire ($\lambda_{eq}^x = \lambda_{eq}^z = \lambda_L$; $\lambda_{eq}^y = 5\,\lambda_L$). Néanmoins, ces approches peuvent difficilement être adaptées à l'étude de l'amélioration de l'état de surface des pièces conçues par FDPL. Il paraît, en effet, difficile de faire abstraction des effets de la tension superficielle, responsables des formes arrondies du dépôt. De même, les phénomènes hydrodynamiques jouent un rôle non négligeable dans la redistribution de la matière déposée en surface par le jet de poudre et par conséquent affectent la morphologie des dépôts successifs. Cet état de l'art s'est donc étendu aux travaux relatifs aux modèles thermohydrauliques appliqués au procédé FDPL.

1.4.3 Modélisation thermohydraulique appliquée au procédé FDPL

Une des limites importantes de ces modèles purement conductifs est de ne pas pouvoir prédire la forme des dépôts sans faire d'hypothèses sur celle-ci. Les techniques les plus répandues consistent à imposer la forme de la surface libre (De Deus and Mazumder, 1996; Hoadley and Rappaz, 1992; Picasso et al., 1994) ou surtout à considérer le grossissement du bain comme étant la superposition de plusieurs petits volumes élémentaires (Brückner et al., 2007; Manvatkar et al., 2011; Neela and De, 2009; Peyre et al., 2008; Toyserkani et al., 2003). L'ensemble des effets hydrodynamiques est alors négligé. Or l'absence de convection dans le bain liquide surestime le niveau de température. De plus, la non prise en compte de la surface libre ne permet pas de considérer les phénomènes de tension superficielle pourtant essentiels quant à la forme du dépôt de matière après solidification. Les effets capillaires ont comme conséquence de régulariser la forme de l'interface en lissant la surface malgré l'apport de matière en différents points de cette surface. Aussi, les gradients thermiques induisent un effet Marangoni dans l'ensemble du bain liquide par cisaillement tangentiel de la surface. La dynamique de cette interface est alors gouvernée par l'écoulement dans le bain liquide, les effets de tension superficielle, l'apport de matière ainsi que l'écoulement de gaz périphérique. Il est alors nécessaire de calculer le champ de vitesse dans le bain liquide. Cette partie du chapitre s'attache à établir une revue des principaux modèles thermohydrauliques appliqués aux procédés laser avec apport de matière par poudre coaxiale.

La première simulation thermohydraulique de référence appliquée aux procédés additifs porte sur un traitement laser de surface avec rechargement (Picasso and Hoadley, 1994) et constitue une évolution du modèle thermique de (Hoadley and Rappaz, 1992). La position de l'interface solide/liquide est déterminée par résolution du problème de Stefan, de sorte que le problème thermique est formulé à l'aide de deux équations de diffusion/convection : la première pour la phase liquide et la seconde pour la phase solide. Elles sont couplées par une condition d'égalité des flux de chaleur à l'interface. Les auteurs soulignent que la méthode des éléments finis employée ici est naturellement adaptée à ce genre de problème du fait de la formulation faible. La résolution du problème est découplée : à chaque calcul des nouveaux champs de température et de vitesse, la position de l'interface est mise à jour. Cette procédure est répétée jusqu'à convergence des solutions. Les résultats 2D en régime stationnaire montrent une déformation significative de l'interface avec l'effet Marangoni (Figure 1.34), mais les différences entre les modèles thermiques et thermohydrauliques se réduisent avec l'augmentation de la vitesse d'avance. Les auteurs mentionnent par ailleurs l'influence de la poudre sur l'écoulement dans le bain liquide et sur la déformation de l'interface mais cette remarque est faite à partir d'une vitesse de poudre de 6 m.s^{-1}, ce qui semble être un cas extrême.

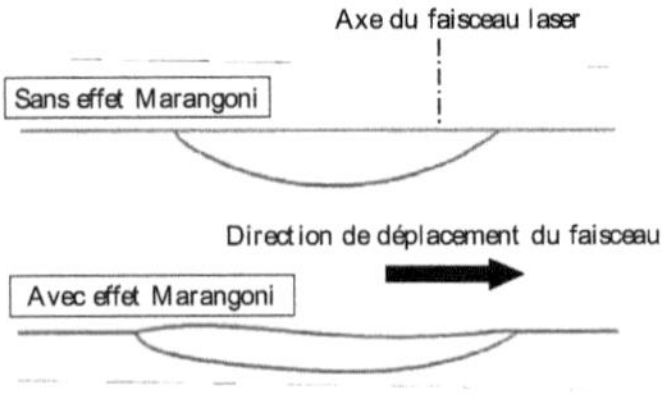

Figure 1.34 – Déformation de la surface libre en présence de convection thermocapillaire (Picasso and Hoadley, 1994)

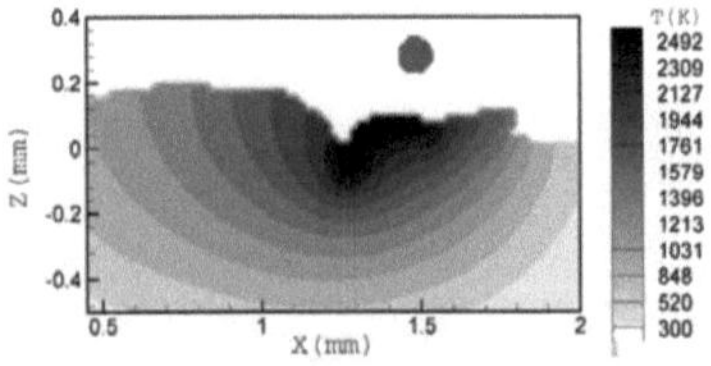

Figure 1.35 – Champ de température lors de l'injection de poudre (Han et al., 2004)

Par la suite, (Han et al., 2004) proposent un modèle de rechargement laser d'un substrat d'acier 304L avec une poudre de même nature, modèle dans lequel la méthode Level-Set est retenue pour suivre la position de l'interface liquide/gaz en raison de sa robustesse aux grandes déformations. La particularité de ce modèle réside dans la modélisation explicite des particules (Figure 1.35), leur quantité de mouvement étant ainsi prise en compte directement. L'énergie apportée par le laser à l'interface liquide/gaz tient compte de l'atténuation qui est calculée sur la base des travaux de (Frenk et al., 1997). La température des particules est supposée uniforme et calculée à l'aide du modèle analytique de (Jouvard et al., 1997). Les équations de Navier-Stokes sont résolues par différences finies dans les trois phases solide, liquide et gazeuse, une condition de Darcy étant utilisée pour annuler la vitesse dans la zone solide. La vitesse initiale des particules est de 0,5 $m.s^{-1}$ et leur rayon est de 50 μm. La position d'entrée de ces particules dans le domaine de calcul est définie aléatoirement, tout en satisfaisant une distribution gaussienne pour le jet de poudre. Le modèle numérique montre que les particules de poudre perturbent significativement la surface qui est en perpétuelle oscillation. La quantité de mouvement apportée par les particules induit des écoulements complexes dans le bain liquide, au point d'avoir plus d'influence que l'effet Marangoni. Cette conclusion est cependant à relativiser, puisque les calculs sont effectués avec une vitesse d'avance de 0,76 $m.min^{-1}$ qui minimise les effets thermocapillaires, comme l'ont fait remarquer (Picasso and Hoadley, 1994). Par la suite, (Choi et al., 2005) ont mis en évidence, sur la base de ce modèle numérique, une gamme de puissance qui optimise la qualité du dépôt. En dehors de cette gamme optimale, la puissance laser est soit insuffisante pour parvenir à la fusion du matériau, soit trop forte et l'intensité de la convection thermocapillaire est telle que les fluctuations de la surface libre dégradent l'homogénéité du dépôt de matière.

(Qi et al., 2006) ont étendu le modèle numérique précédent à un cas 3D où le suivi de l'interface repose sur la méthode Level-Set. Le plan de référence, c'est-à-dire la surface du substrat, est maillé avec des éléments de 5 μm sous le faisceau laser et 50 μm par ailleurs. De part et d'autre de ce plan de référence, les éléments du maillage ont une taille de 20 μm. Cela montre les exigences d'un calcul thermohydraulique 3D pour assurer la convergence du modèle et la précision des grandeurs calculées. Par ailleurs, un coefficient de sous-relaxation de 0,7 est appliqué pour éviter au maximum tout problème de divergence et le pas de temps est bridé afin d'éviter tout déplacement supérieur à la taille des éléments (source de dégénérescence du maillage). La Figure 1.36 compare la forme des dépôts pour des puissances laser de 500 et 600 W, la vitesse d'avance et le débit massique de poudre étant identiques (données non communiquées). L'augmentation de la puissance laser augmente les dimensions du bain liquide et modifie également les gradients thermiques en surface et les fluctuations du bain liquide qui sont plus importantes. Cela illustre indéniablement que l'effet Marangoni peut avoir un effet majeur sur la géométrie du dépôt de matière, d'où la nécessité de tenir compte de ce mécanisme pour prédire l'état de surface final des pièces en FDPL. A noter que les résultats du modèle ont montré un bon accord avec les mesures de longueur du bain par caméra rapide et de hauteur du dépôt après solidification.

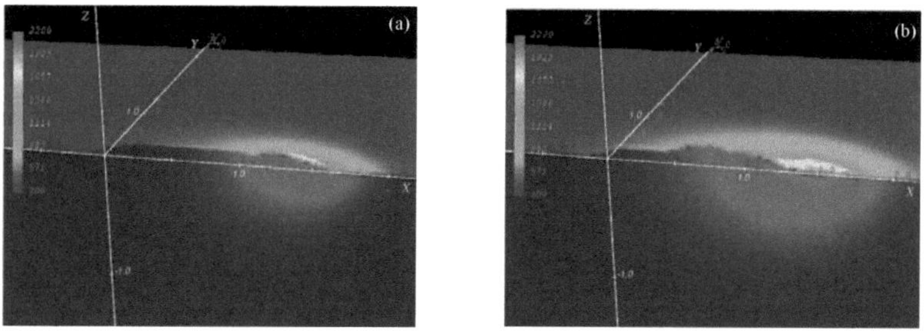

Figure 1.36 – Champ de température et forme du dépôt à t = 120 ms calculés pour deux puissances laser : (a) 500 W et (b) 600 W (Qi et al., 2006)

Un modèle 3D analogue a été proposé par (He and Mazumder, 2007) pour simuler le dépôt de deux couches l'une à côté de l'autre. Ce modèle intègre également le calcul de la concentration de carbone dans un substrat en acier H13. Les effets convectifs semblent être les principaux moteurs du transport des espèces chimiques. Les auteurs soulignent cependant les incertitudes liées aux propriétés thermophysiques du matériau pour les hautes températures, le modèle actuel considérant des propriétés différentes et constantes pour chaque phase (aucune information n'est donnée sur les propriétés thermophysiques de la phase gazeuse).

(Kumar and Roy, 2009) proposent un modèle thermohydraulique 3D afin d'étudier l'influence de la convection dans le bain liquide et de la vitesse d'avance lors du rechargement laser sur un substrat massif. Les propriétés de la poudre et du substrat sont supposées constantes et égales à celles du fer. La distribution énergétique du faisceau laser a déjà été précisée (Figure 1.14). Les équations sont écrites dans le repère de la source afin de limiter les temps de calcul. Contrairement aux travaux précédents qui utilisaient une méthode de type Level-Set ou VOF, la géométrie du dépôt est ici déduite de l'équilibre statique des forces s'exerçant sur la surface libre, ce qui signifie que l'écoulement au sein du bain n'a pas d'influence sur la position de la surface libre. Cette méthode a l'avantage de réduire les temps de calcul, mais ne permet pas d'étudier la forme dynamique du bain. Par ailleurs, il est fait l'hypothèse que toute la poudre arrivant à la surface du bain participe à la construction du dépôt, ce qui revient à négliger le facteur de forme lié aux surfaces d'interaction. La quantité de mouvement induite par l'apport de matière est traitée à l'aide d'un terme source dans les équations de Navier-Stokes. L'un des résultats importants de ce travail est de confirmer le rôle négligeable de la convection naturelle sur le champ de vitesse dans le bain liquide ce qui, pour la fabrication additive, n'avait jamais été discutée auparavant ni démontrée. L'influence de l'effet Marangoni est quant à elle très marquée, en particulier selon le signe du coefficient thermocapillaire. La dilution, qui représente le rapport entre la profondeur de pénétration du bain liquide dans le substrat sur la hauteur total du bain, est bien plus importante lorsque le coefficient thermocapillaire est positif du fait de la profondeur du bain, la hauteur du dépôt ne semblant pas vraiment affectée.

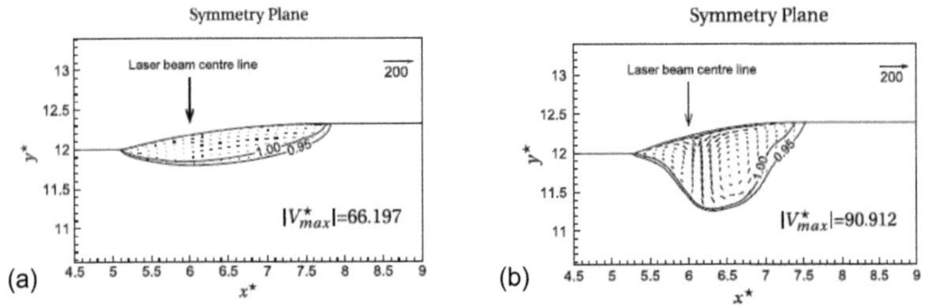

Figure 1.37 – Vue longitudinale du bain liquide pour un coefficient thermocapillaire négatif (a) et positif (b) (Kumar and Roy, 2009)

Très peu de calculs thermohydrauliques ont traité les dépôts multicouches. Nous avons déjà cité les travaux de (He et al., 2010) qui ont modélisé deux dépôts juxtaposés et se chevauchant. (Kong and Kovacevic, 2010) ont modélisé la fabrication d'un mur mince 2D constitué de trois couches. La buse effectue des va-et-vient continus, sans temps de pause entre chaque dépôt. Les calculs sont réalisés à l'aide du logiciel Comsol Multiphysics® et utilisent un maillage non uniforme adaptatif pour optimiser les temps de calcul et à la fois garantir la convergence du problème numérique. Le suivi de l'interface est traité avec la méthode Level-Set. De même qu'(Alimardani et al., 2007), le modèle numérique montre un pic de température de plusieurs centaines de degrés Celsius à chaque extrémité du substrat (point de rebroussement) qui s'explique par l'accumulation de chaleur. Il en résulte une augmentation de la profondeur du bain aux extrémités mais la formation des bosses n'est pas discutée par les auteurs.

(Wen and Shin, 2011) sont les seuls à proposer une simulation 3D thermohydraulique multicouche. Il s'agit ici de modéliser une matrice composite obtenue par injection de particules de carbure de titane TiC et d'acier inoxydable 316L dans un bain liquide d'acier 1018, afin d'améliorer les propriétés mécaniques du substrat. Les précédents modèles faisaient l'hypothèse que les particules injectées avaient la même vitesse que le métal liquide et que ces dernières fondaient instantanément au contact de la surface. Ici les particules de TiC n'atteignent pas leur point de fusion (T_f = 3338 K) au même moment que les particules d'acier 316L et les contraintes de cisaillement des particules solides dans le fluide sont alors prises en compte à travers un terme supplémentaire dans les équations de Navier-Stokes appliquées au bain liquide (la poudre d'acier 316L est supposée fondre instantanément au contact de la surface du bain). Les particules dans le bain liquide sont traitées comme une phase continue dont on calcule la fraction massique. Cette équation de transport tient compte de l'accélération des particules par le fluide, de la force d'Archimède et des forces de Van der Waals entre les particules. La Figure 1.38 montre l'évolution du champ de température et de la fraction volumique des particules au cours du dépôt de la troisième couche. La distribution homogène du TiC dans le substrat est due aux effets thermocapillaires qui intensifient le brassage du bain liquide (en l'absence de ce mécanisme, il y aurait un phénomène de sédimentation).

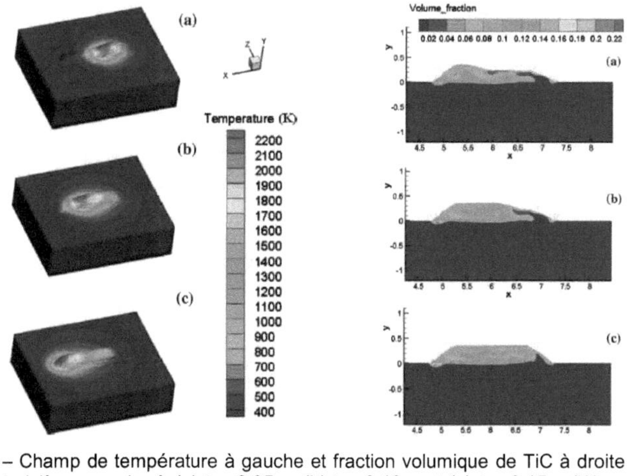

Figure 1.38 – Champ de température à gauche et fraction volumique de TiC à droite durant le dépôt de la troisième couche à (a) t = 0,05 s, (b) t = 0,10 s et (c) t = 0,15 s (Wen and Shin, 2011)

Ce travail montre qu'il est possible de modéliser un procédé additif en tenant compte de la majeure partie des phénomènes physiques qui pilotent la fabrication du dépôt. Bien que l'objectif du travail de (Wen and Shin, 2011) ne soit pas de prédire l'état de surface du mur, la connaissance des mécanismes en jeu et leur implémentation dans les modèles numériques semblent bien maîtrisées, comme l'atteste l'évolution des modèles numériques présentés dans cet état de l'art. Les limites actuelles semblent principalement liées aux ressources informatiques nécessaires à la résolution de tels modèles multiphysiques avec des temps de calcul raisonnables. Les gradients thermiques locaux peuvent atteindre des amplitudes de 600 $K.mm^{-1}$ (Ye et al., 2006) avec des vitesses de refroidissement de 2500 $K.s^{-1}$ (Wang et al., 2008) et des vitesses dans le bain liquide supérieures à 1 $m.s^{-1}$ (He et al., 2010). Cela nécessite des maillages très denses qui pénalisent les temps de calcul. Les aspects temps de calcul et ressources sont rarement abordés, alors que justement, ils limitent le nombre de cas étudiés (Kumar and Roy, 2009). Les modèles thermohydrauliques 3D les plus complets ont été implémentés dans des codes commerciaux comme Fluent® (Wen and Shin, 2011) et CFD-ACE+® (Ibarra-Medina and Pinkerton, 2010), tous basés sur la méthode des volumes finis. Le code open source OpenFOAM® est également basé sur la méthode des volumes finis et a montré un potentiel très intéressant quant à la modélisation des procédés laser tels que la découpe, le soudage ou le perçage (Otto and Schmidt, 2010).

1.5 Conclusion du chapitre 1

Ce chapitre présente le procédé de Fabrication Directe par Projection Laser et les mécanismes qui conduisent à la formation d'un dépôt de matière à la surface d'un substrat. Les différents paramètres opératoires du procédé sont listés, avec plus de détails sur l'influence des paramètres primaires que sont la puissance laser P_{laser}, la vitesse d'avance V_S et le débit massique de poudre D_m. Leurs effets sur la morphologie du bain liquide sont mis en évidence au travers d'une revue des résultats expérimentaux disponibles dans la littérature. Cette revue bibliographique a également mis en évidence l'effet de ces paramètres opératoires primaires sur l'état de surface final des pièces fabriquées. Il apparaît en effet que cet état de surface est de meilleure qualité pour des faibles hauteurs de matière déposée à chaque couche. Cela est possible en réduisant le débit massique de poudre et en augmentant la vitesse de déplacement. Cette augmentation de vitesse réduit l'énergie linéique apportée et doit alors être compensée par une augmentation de la puissance laser afin de maintenir une taille de bain suffisante.

Cet état de l'art se poursuit par la description des phénomènes physiques intervenant en FDPL. Les différentes approches utilisées pour modéliser l'apport de chaleur induit par le faisceau laser, l'apport de matière dû au jet de poudre ainsi que les phénomènes hydrodynamiques au sein du bain liquide sont évoqués. Il s'en suit une revue bibliographique des modèles thermiques d'une part et thermohydrauliques d'autre part, pour montrer les avancées réalisées au cours des vingt dernières années dans la simulation du procédé étudié. Il apparaît que pour calculer de manière prédictive la forme des dépôts en fonction des paramètres opératoires et des propriétés matériau, il est indispensable de tenir compte des aspects hydrodynamiques dans la zone fondue. Cela justifie notre démarche qui est de développer un modèle numérique thermohydraulique pour prédire la forme des dépôts en FDPL car cette forme dépend directement de la phénoménologie du bain liquide. Cet état de l'art révèle également un manque de travaux relatifs à l'étude des phénomènes responsables de l'état de surface. A notre connaissance, très peu de modèles numériques ont porté sur la prédiction des ondulations qui apparaissent au cours de ce procédé multicouche. Les rares modèles capables de traiter la superposition de plusieurs dépôts se donnent en général la géométrie des couches ou utilisent un bilan de masse simplifié sans prendre en compte les phénomènes de tension superficielle. Ce constat justifie pleinement notre démarche qui consistera donc à développer différents modèles en vue de mieux comprendre les phénomènes responsables de l'état de surface. Afin de prédire les ondulations au cours du procédé FDPL, la méthode ALE est retenue pour suivre la déformation du bain liquide sous l'effet de l'apport de matière et de la tension superficielle. Elle permet une description précise de l'interface sans être contraint de calculer l'écoulement gazeux et l'évolution des particules de poudre.

Chapitre 2

Contexte expérimental

Sommaire

2.1 Contexte / Objectifs

Dans le cadre de cette thèse, différents modèles numériques ont été développés afin d'atteindre les objectifs fixés par le projet ANR ASPECT. Ainsi, en vue de mieux comprendre les mécanismes responsables de l'état de surface des pièces conçues par Fabrication Directe par Projection Laser, des modèles spécifiques ont porté sur l'analyse du bain liquide ainsi que sur le jet de poudre. Il a été nécessaire de connaître certaines caractéristiques pour définir les paramètres d'entrée de chacun des modèles. Par ailleurs, pour valider ces modèles, différentes observations expérimentales ont été réalisées au sein du laboratoire PIMM, également partenaire du projet ANR.

Dans le cas du modèle du jet de poudre, les paramètres expérimentaux d'entrée concernent la géométrie de la buse, la granulométrie des poudres et les différents débits de poudre et de gaz. Les mesures de distribution massique de poudre, de la vitesse des particules et de la forme du jet vont permettre une confrontation avec les résultats numériques issus du modèle de jet de poudre. Concernant l'analyse des bains fondus, plusieurs études thermohydrauliques ont été développées. Une première étude a porté sur la fusion d'un barreau à l'aide d'une source laser. Cette configuration a l'avantage de présenter une symétrie de révolution et a permis de valider la déformation du bain fondu sous l'action des forces de tension superficielle. Cette validation a nécessité le développement d'expériences spécifiques développées dans le cadre de la thèse de doctorat de Myriam Gharbi au sein du laboratoire PIMM

(Gharbi, 2013). Trois observables ont permis de comparer les résultats expérimentaux et numériques : des mesures de températures par thermocouples (type K) à proximité de la zone fondue, un suivi dynamique de la forme de la surface libre par caméra rapide, et enfin une analyse macrographique des échantillons post mortem pour relever la position maximale et la forme du front de fusion. Cette première étude a été étendue à des études 2D, puis 3D avec apport de matière. Les modèles développés ont également fait l'objet de confrontation avec les observations réalisées par le laboratoire PIMM. Les moyens expérimentaux mis en œuvre seront rapidement décrits dans ce chapitre, plus de détails sont disponibles dans (Gharbi, 2013).

Les différents modèles thermohydrauliques développés au cours de cette thèse ont nécessité la connaissance des propriétés thermophysiques des matériaux en phase solide et en phase liquide. Ces paramètres ont fait l'objet d'un état de l'art complété par un travail de caractérisation expérimentale mené au sein du laboratoire LIMATB. Celui-ci dispose d'un banc de dilatométrie, d'un diffusivimètre laser et d'un appareil de calorimétrie à balayage différentiel permettant une caractérisation des matériaux à haute température.

Nous présentons dans ce chapitre les différents moyens expérimentaux utilisés dans le cadre du projet ANR ASPECT qui ont été nécessaires à l'élaboration des différents modèles réalisés au cours de cette thèse ainsi que leur validation. Bien que le projet ANR ASPECT porte sur deux matériaux métalliques que sont l'alliage de titane Ti-6Al-4V et l'acier inoxydable 316L, nous nous focaliserons principalement sur l'alliage de titane Ti-6Al-4V.

2.2 Fusion d'un barreau sans apport de matière

Cette expérience consiste à fondre l'extrémité d'un barreau cylindrique métallique à l'aide d'un faisceau laser, comme présenté sur la Figure 2.1. L'extrémité du barreau au cours de la fusion va prendre une forme arrondie sous l'effet de la tension de surface. Cette configuration fait donc intervenir un problème thermique avec changement de phase couplé à un problème de mécanique des fluides en présence d'une surface libre. Ces phénomènes physiques sont également présents au cours du procédé de Fabrication Directe par Projection Laser. Cette étape préliminaire a donc pour objectif de fournir des données expérimentales afin de valider la modélisation de cette expérience. Cette validation concerne la mise en données d'un modèle thermohydraulique avec surface libre et le choix des propriétés thermophysiques retenues. Les critères de validation portent sur l'évolution des températures mesurées au voisinage du bain liquide par thermocouples, l'évolution de la forme de la goutte au cours de la fusion obtenue par caméra rapide et sur la position maximale du front de fusion mesurée à l'aide de macrographies.

Le laser utilisé est le même que celui utilisé dans le cadre du procédé FDPL et sera décrit plus loin. Pour ces expériences, le plan focal du faisceau coïncide avec la position initiale de la surface du barreau, la distribution d'énergie est alors homogène sur une tache laser de 1,3 mm de diamètre. Cette étude porte sur des barreaux d'alliage de titane Ti-6Al-4V de diamètre 1,4 mm et des barreaux d'acier inoxydable 316L de diamètre 1,2 mm. La longueur des barreaux est de 25 mm pour les deux matériaux. Les essais portent sur quatre niveaux de puissance : 172 W, 215 W, 268 W et 320 W. La durée de l'impulsion laser est respectivement de 300 ms, 200 ms, 200 ms et 150 ms. Un souffle d'argon est mis en place afin de faire face aux problèmes d'oxydation. Les échantillons sont positionnés à l'intérieur d'un tube transparent pour confiner l'écoulement d'argon tout en laissant l'échantillon visible pour les observations par caméra rapide (Figure 2.1).

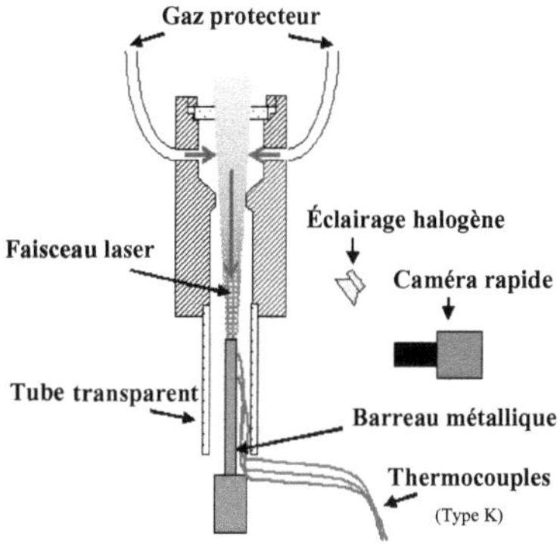

Figure 2.1 – Dispositif expérimental mis en place pour la fusion locale d'un barreau métallique (données PIMM)

2.2.1 Grandeurs observables

Dans cette partie va être développée l'ensemble des moyens expérimentaux mis en œuvre par le laboratoire PIMM dans le cadre du projet ANR. Certains résultats d'expérience ont été mis en commun avec le laboratoire LIMATB pour apporter des éléments nécessaires à la validation des modèles numériques développés.

2.2.1.1 Instrumentation en thermocouples

Chacun des échantillons est instrumenté en surface avec deux thermocouples de type K soudés par décharge capacitive (Figure 2.2). Une campagne d'essais préliminaires a été menée pour définir les positions z_1 et z_2 optimales afin d'être au plus près du bain liquide sans risquer de détruire le thermocouple. Ces positions sont répertoriées dans le Tableau 2.1.

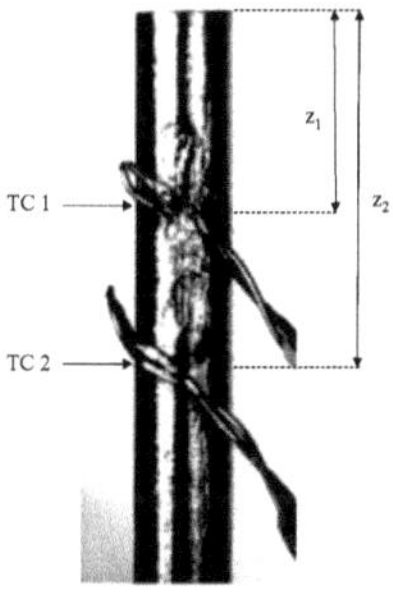

Figure 2.2 - Instrumentation en surface avec des thermocouples type K de diamètre 125 μm (données PIMM)

	Alliage Ti-6Al-4V		Acier 316L	
	z_1 (mm)	z_2 (mm)	z_1 (mm)	z_2 (mm)
172 W	2,37	4,05	2,75	4,63
215 W	1,95	3,93	2,63	4,16
268 W	2,37	4,32	2,52	3,6
320 W	2,63	4	3	4,17

Tableau 2.1 – Positions z_1 et z_2 des thermocouples TC1 et TC2 par rapport au sommet du barreau, en fonction du matériau et de la puissance laser

2.2.1.2 Suivi de la surface libre par caméra rapide

En complément de ces mesures par thermocouples, une caméra rapide PHOTRON Ultima 1024 de 1 kHz et un capteur CCD (Charge Couple Device) sont utilisés pour recueillir des informations sur la forme du bain liquide. Cela nécessite toutefois un éclairage intense pour accentuer les contrastes car la sensibilité des capteurs de la caméra rapide décroît avec l'augmentation de la fréquence d'acquisition. Cet éclairage est assuré par deux spots halogènes orientés à 45° de part et d'autre de l'axe de la caméra, à environ 6 cm du barreau. Un filtre de type KG3 permet de protéger le capteur du rayonnement infrarouge. La technique d'observation par caméra rapide permet de déterminer avec précision l'évolution de la fusion du barreau, comme le montre les images de la Figure 2.3. Les coordonnées relatives du profil de la goutte de métal liquide sont extraites à l'aide du logiciel Plot Digitizer®. L'échelle de référence est établie à partir du diamètre et de la hauteur initiale du barreau. A partir de ces relevés de coordonnées, il est possible de comparer le profil expérimental du bain avec le profil calculé par le modèle numérique 2D axisymétrique présenté dans le chapitre 3.

La caméra rapide est également un outil qui permet d'observer les mouvements de convection. La présence d'impuretés à la surface du bain ou d'oxydes, comme sur les images de la Figure 2.3, met en évidence l'orientation des écoulements de surface. Ce sont donc des indicateurs précieux sur la convection thermocapillaire liée à l'effet Marangoni. Par ailleurs, ce dispositif a permis d'observer la formation de panaches provenant du bain liquide. Alors que les panaches sombres ont comme origine la combustion d'impuretés, d'oxydes ou de graisses, les panaches lumineux sont vraisemblablement des vapeurs métalliques. Cela est d'autant plus justifié que ces volutes blanches n'apparaissent qu'avec les fortes puissances laser et au niveau de la zone d'interaction avec le laser.

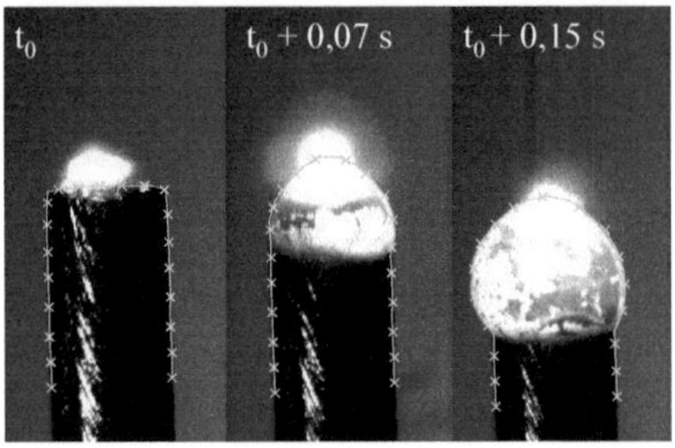

Figure 2.3 – Images illustrant la fusion d'un barreau d'acier 316L de t_0 à t_0 + 0,15 s et identification du profil à l'aide de Plot Digitizer®. (puissance laser : 320 W ; durée : 150 ms, données PIMM)

2.2.1.3 Analyse macrographique des échantillons

Le dernier critère de comparaison porte sur la position maximale du front de fusion. La localisation de cette discontinuité dépend à la fois des phénomènes thermiques et hydrodynamiques. C'est donc une source d'information complexe à interpréter puisque couplée. Après solidification, les échantillons sont tout d'abord enrobés à chaud dans une résine sous pression, puis refroidis à l'eau. Les blocs ainsi constitués sont dans un premier temps polis au grain grossier afin de rapidement atteindre le cœur du barreau, puis aux grains fins dans un second temps. Un polissage avec une suspension colloïdale sur un feutre permet enfin d'obtenir une surface plane et propre. Une attaque chimique est nécessaire pour révéler la démarcation entre la zone fondue et le reste du barreau (Figure 2.4). Pour l'attaque chimique des échantillons de l'alliage Ti-6Al-4V, la zone fondue est révélée en utilisant un réactif de Kroll (base aqueuse avec 5 % d'acide nitrique et 2 % d'acide fluorhydrique). Pour le cas de l'acier 316L, il est fait usage d'un réactif de Béchet-Beaujard (base aqueuse sursaturée en acide picrique). De la même manière que pour le suivi de la surface libre, le profil du front de fusion est mesuré en relevant ses coordonnées cartésiennes, l'échelle de référence étant le diamètre du barreau. La détermination de ce profil permet de vérifier l'axisymétrie de la fusion par rapport à l'axe longitudinal du barreau.

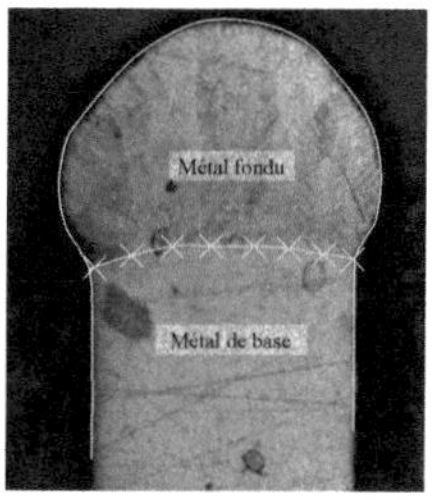

Figure 2.4 – Cliché macrographique d'un barreau d'alliage de titane Ti-6Al-4V après attaque chimique au réactif de Kroll (données PIMM)

Les différentes valeurs expérimentales obtenues dans le cadre de la fusion du barreau seront comparées aux résultats numériques au cours du chapitre 3.

2.3 Dépôt sur substrat mince

Les modèles développés pour la Fabrication Directe par Projection Laser ont également fait l'objet d'une validation expérimentale. Cette validation a porté sur la comparaison des tailles et formes de bain liquide ainsi que sur celle de l'état de surface. Nous présentons dans ce qui suit le dispositif utilisé par le laboratoire PIMM pour construire des murs minces (Figure 2.5). Cette géométrie a été retenue pour sa simplicité et sa rapidité de mise en œuvre. Les murs sont construits à partir d'une commande numérique Limoges Précision® qui pilote dans le plan horizontal (x,y) une table sur laquelle repose le substrat ; la buse de projection est déplacée selon l'axe vertical. Le déclenchement des tirs laser et l'activation de la projection de poudre sont également pilotés par le programme de commande. La construction des murs fait appel à différentes données d'entrées qui sont les suivantes :

- La distance de déplacement selon x : 40 mm
- Le sens de déplacement : aller-retour
- L'incrément Δz entre chaque couche : hauteur déposée
- Le temps de pause entre chaque couche pour éviter les échauffements excessifs aux points de rebroussement : 10 s
- Le nombre de couches à superposer : ~50

Les murs ont été construits sur la base d'un substrat mince. L'épaisseur du substrat utilisé pour les expériences de FDPL est de 2 mm. Les pertes par conduction sont ainsi minimisées et la reproductibilité des dépôts est atteinte vers la troisième ou quatrième couche. Il est également plus aisé de faire des coupes métallographiques avec un substrat mince.

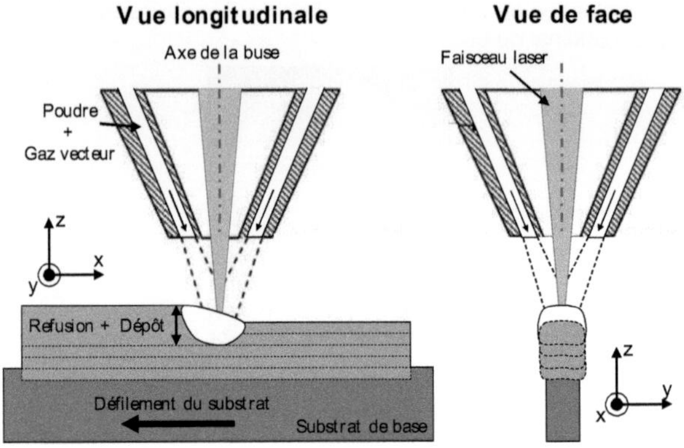

Figure 2.5 – Principe de la fabrication d'un mur sur substrat mince par FDPL

Les expériences réalisées à l'aide de cette plate-forme ont pour objectif d'étudier l'effet des paramètres opératoires primaires sur la géométrie des murs. Ces paramètres sont la puissance laser P_{laser}, la vitesse longitudinale de déplacement V_S ainsi que le débit massique de poudre D_m. La gamme des différents paramètres est regroupée dans le Tableau 2.2.

P_{laser} (W)	V_S (m.min^{-1})	D_m (g.min^{-1})
320 – 400 – 500	0,1 – 0,2 – 0,4	1 – 2 – 3

Tableau 2.2 – Liste des paramètres opératoires primaires pour l'étude du dépôt sur substrat mince

L'un des enjeux de cette étude est dans un premier temps d'établir des corrélations entre les paramètres opératoires primaires et la morphologie du bain liquide (longueur de bain L_0, hauteur du bain H_0 et hauteur du dépôt Δh – Figure 2.6). Dans un second temps, la morphologie du bain liquide sera reliée à l'état de surface final des pièces fabriquées.

2.3.1 Observation du bain liquide par caméra rapide

L'utilisation de caméras rapides va permettre d'observer avec précision le bain liquide. Il s'agit d'une caméra rapide Photron® FastCam MC2. Elle est équipée d'un capteur CMOS (Complementary Metal Oxides Silicon) afin de travailler à des fréquences d'acquisition de plusieurs kHz. L'éclairage intense est indispensable car bien qu'un capteur CMOS soit dix à cent fois plus rapide qu'un capteur CCD, il est aussi trois à dix fois moins sensible. Un filtre de type KG3 permet de protéger le capteur du rayonnement infrarouge. La Figure 2.6 montre une image capturée durant le dépôt de poudre d'alliage Ti-6Al-4V sur un substrat mince avec une puissance laser de 500 W, une vitesse d'avance de 0,2 m.min^{-1} et un débit massique de 2 g.min^{-1}. La longueur du bain liquide L_0 est de 3,3 mm et sa hauteur H_0 est de 1,72 mm. Le dépôt Δh quant à lui mesure 0,45 mm.

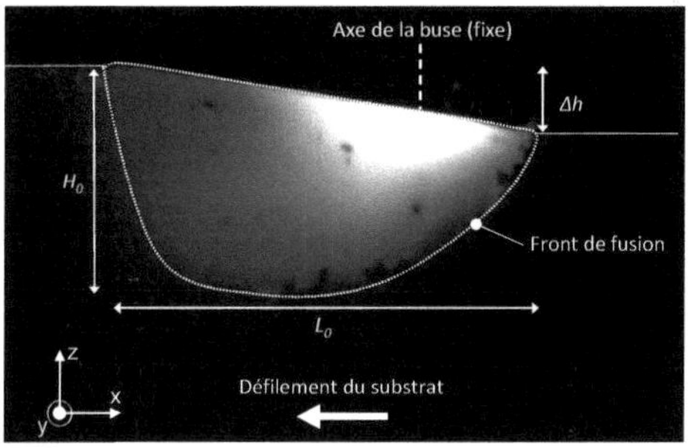

Figure 2.6 – Vue latérale du bain liquide d'un alliage Ti-6Al-4V obtenu avec les paramètres opératoires suivants : P_{laser} = 500 W ; V_S = 0,2 m.min^{-1} ; D_m = 2 g.min^{-1} (données PIMM)

L'état de surface des pièces fabriquées a par la suite été mesuré afin de relier son évolution avec la morphologie du bain liquide obtenue en fonction des paramètres opératoires.

2.3.2 Quantification de l'état de surface

Pour caractériser l'état de surface final des pièces fabriquées par FDPL, il convient de distinguer deux paramètres indépendants: (1) la rugosité Rt qui est causée par les particules non fondues, ou partiellement, présentes sur les surfaces latérales et (2) les ondulations périodiques Wt du fait des phénomènes de tension superficielle et de la superposition des dépôts. Le laboratoire PIMM dispose de différents appareils pour accéder à ces grandeurs :

- Un microscope optique pour visualiser l'aspect de surface global.
- Un microscope électronique à balayage Hitachi® 4802 II équipé d'un canon à émission de champ afin de permettre une description locale plus fine des surfaces.
- Un profilomètre Vecco® Dektak 150 pour mesurer les variations du profil sur chaque mur.

La Figure 2.7 montre la cartographie 3D du relief d'un mur, sur une surface de 2,5 x 2,5 mm^2. On peut tout d'abord distinguer la superposition des différentes couches, de bas en haut avec une épaisseur de dépôt Δh estimée ici à 0,5 mm. Il apparaît que le profil ne se répète pas d'une couche à l'autre. Ces irrégularités trouvent leur origine dans les agglomérats observés ainsi que dans les stries de solidification. La ligne verticale en pointillés correspond au profil de la Figure 2.8. Les données brutes correspondent à la courbe noire. Un filtre a permis de dissocier le profil lié aux ondulations (paramètre de premier ordre) du profil lié aux agglomérats de particules (paramètre de second ordre). La valeur du paramètre de premier ordre, appelé Wt, correspond à la distance maximale entre le creux et le sommet des sillons. Le paramètre de second ordre Rt représente la rugosité totale, à différencier de la rugosité arithmétique Ra. Plusieurs essais ont permis d'aboutir à une longueur d'onde de coupure optimale de 90 μm. Au dessus de cette valeur, la variation du profil est due aux ondulations, ce que représente la courbe rouge de la Figure 2.8. Bien que l'amplitude des ondulations de la courbe rouge soit variable, leur espacement selon z est régulier car la hauteur des dépôts est à peu près identique pour chaque couche. En dessous de 90 μm, il s'agit des agglomérats (courbe verte).

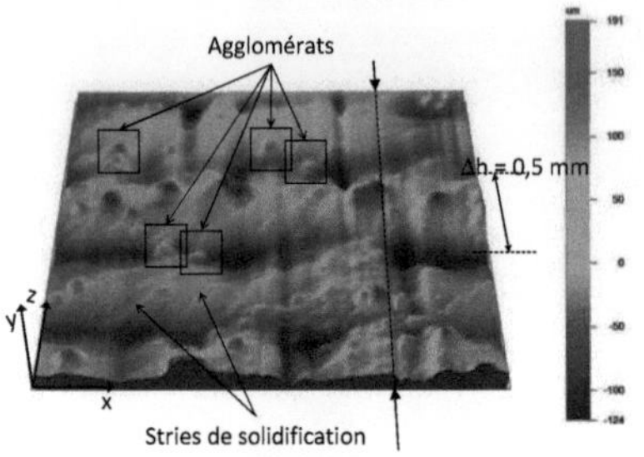

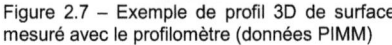

Figure 2.7 – Exemple de profil 3D de surface mesuré avec le profilomètre (données PIMM)

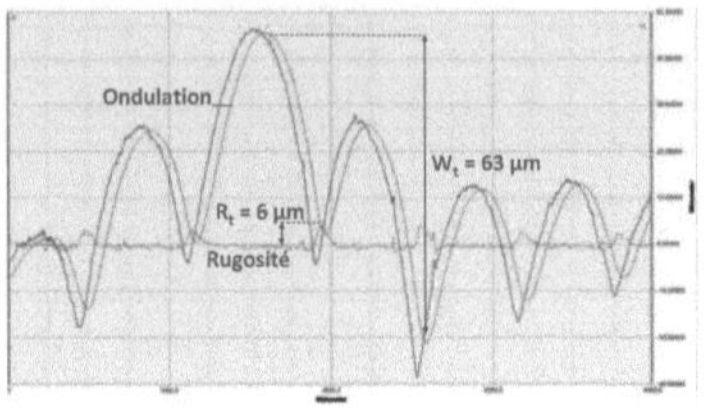

Figure 2.8 – Détail sur une ligne en pointillés du profil 3D de surface (Figure 2.7) (données PIMM)

L'étude numérique menée par le laboratoire LIMATB nécessite de connaître au mieux les conditions dans lesquelles se déroulent les expériences. Hormis les propriétés thermophysiques des matériaux pour lesquelles nous discuterons par la suite, il s'agit essentiellement de justifier les conditions aux limites définies dans les modèles. C'est la raison pour laquelle la distribution énergétique du faisceau laser ainsi que la distribution massique de poudre ont été caractérisées par le laboratoire PIMM. Les moyens expérimentaux utilisés sont présentés dans les paragraphes suivants.

2.4 Laser Yb-YAG Trudisk® 10002 (10 kW)

Le laser Yb:YAG (Ytterbium-doped Yttrium Aluminium Garnet) utilisé par le laboratoire PIMM possède une longueur d'onde d'émission dans le proche infrarouge (λ_0 = 1,03 µm) et une large bande d'absorption de 18 nm à 940 nm. Le milieu actif est un solide : un grenat d'yttrium et d'aluminium ($Y_3Al_5O_{12}$) dopé par des ions trivalents de terre rare, l'ytterbium Yb^{3+}. Le rayonnement laser résulte de l'excitation d'un cristal de Yb:YAG par un dispositif de pompage (pulsé ou continu). L'un des principaux avantages du laser Yb:YAG est la capacité de transmettre le faisceau d'énergie à travers une fibre optique, ce qui rend l'usage de ce type de laser très flexible. La longueur d'onde du laser, dix fois inférieure à celle d'un laser CO_2, fait que le laser Yb:YAG est particulièrement adapté aux surfaces fortement réfléchissantes telles que les surfaces métalliques et son interaction avec les vapeurs métalliques est minime (Emmelmann, 2000).

2.4.1 Dispositif optique

Le faisceau laser en sortie de la cavité est dirigé vers la tête optique à l'aide d'une fibre optique d'un diamètre de 400 µm. Le faisceau sortant de la fibre est divergent, c'est pourquoi une lentille de collimation d'une distance focale de 200 mm est utilisée afin de paralléliser les rayons (Figure 2.9). Enfin, une lentille de focalisation permet la concentration du faisceau laser. La succession de ces deux lentilles permet de conserver un faisceau parallèle sur toute une distance et sans pertes, ce que ne permet pas la fibre optique. La longueur focale de la lentille de focalisation est également de 200 mm, ce qui permet d'obtenir un faisceau laser de 400 µm de diamètre au plan focal du faisceau laser.

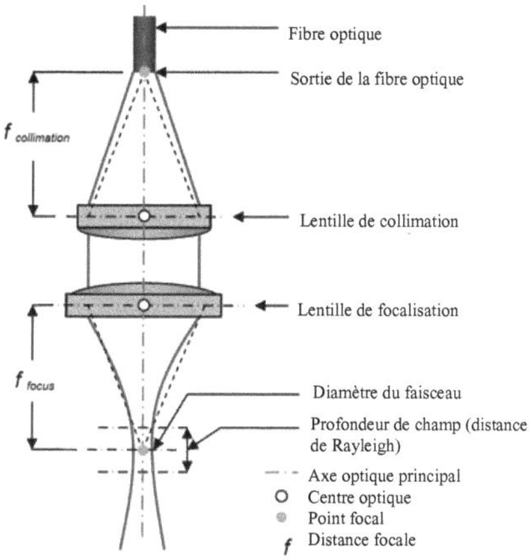

Figure 2.9 – Dispositif de collimation et de focalisation du faisceau laser en sortie de fibre optique (Von Wielligh, 2008)

2.4.2 Caractérisation du faisceau laser

Le faisceau laser a été caractérisé afin de déterminer le profil de distribution de l'intensité laser I_{laser} à la surface du substrat. En sortie de la fibre optique et au plan focal, le faisceau laser présente une distribution homogène (aussi appelé « top-hat »), qu'il est possible de décrire mathématiquement par l'équation (2.1). En dehors de ces positions spécifiques, la distribution d'intensité est de type gaussien. La décroissance radiale de l'intensité s'exprime avec l'équation (2.2).

$$I_{laser}(r) = \frac{P_{laser}}{\pi\, r_{laser}^2} \quad si \ \left(r^2 \leq r_{laser}^2\right) \tag{2.1}$$

$$I_{laser}(r) = \frac{N_{laser}\, P_{laser}}{\pi r_{laser}^2} \exp\left(-N_{laser}\frac{r^2}{r_{laser}^2}\right) \tag{2.2}$$

P_{laser} est la puissance du faisceau laser, r_{laser} est le rayon du faisceau et N_{laser} est un paramètre de distribution à déterminer expérimentalement. L'analyse du faisceau et la mesure de l'intensité du faisceau ont été réalisées par le laboratoire PIMM avec un analyseur Precitec®. Le profil de l'enveloppe du faisceau est déterminé en établissant une limite de coupure à 86,5 % de l'intensité maximale mesurée, soit e^{-2}. Le rayon r_{laser} mesuré au plan focal est de 198 μm, valeur cohérente à la vue du rayon de la fibre optique (200 μm). La distance de Rayleigh z_R est de 2,76 mm. Il est admis que le faisceau laser est parallèle dans l'intervalle [$-z_R$; z_R] centré sur le plan focal.

L'intensité du faisceau laser a été mesurée à 7,63 mm du plan focal, ce qui correspond à la position de la surface du substrat lors des essais de FDPL. A cette distance, le faisceau présente un rayon r_{laser} de 0,64 mm. La Figure 2.10 présente le profil d'intensité dans le faisceau à 7,63 mm du plan focal, avec une puissance de 500 W. Le profil analytique est déterminé à l'aide de l'équation (2.2). En considérant r_{laser} comme étant l'écart-type de la fonction, le meilleur accord entre expérience et modèle est obtenu pour un paramètre de distribution N_{laser} = 5. Cette valeur sera prise pour l'ensemble des puissances laser.

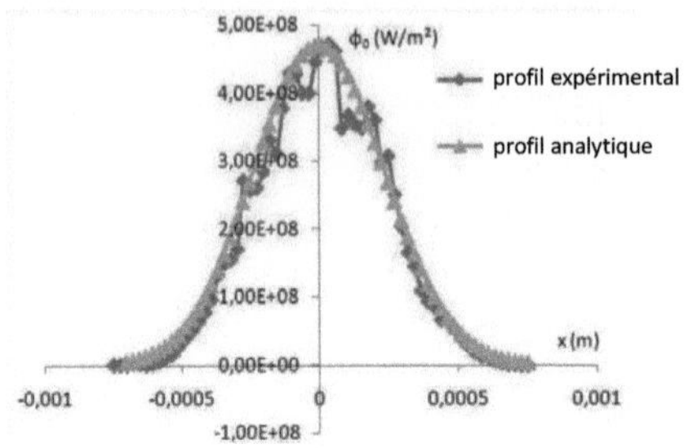

Figure 2.10 – Distribution de l'intensité d'un faisceau laser de 500 W à 7,63 mm du plan focal (données PIMM)

Enfin une étude calorimétrique, également réalisée au laboratoire PIMM, a permis d'évaluer la perte de puissance liée au chemin optique. Des mesures ont été faites sur une gamme allant de 320 W à 1000 W. Il apparaît que 94,2 % de la puissance de consigne est réellement transmise, ce qui représente 5,8 % de pertes.

Ces différents paramètres ont donc été utilisés pour décrire la source de chaleur des modèles numériques. Un autre paramètre important pour la simulation numérique concerne les caractéristiques du jet de poudre.

2.5 Jet de poudre

Deux poudres métalliques ont été étudiées dans le cadre de ce projet. Il s'agit d'une poudre d'alliage de titane Ti-6Al-4V (Figure 2.11a) et d'une poudre d'acier inoxydable 316L (Figure 2.11b). Elles sont constituées toutes deux de particules de forme sphérique, avec une granulométrie de [45-75 µm]. Les deux types de poudre sont fournis par la société TLS® Technik GmbH & Co.

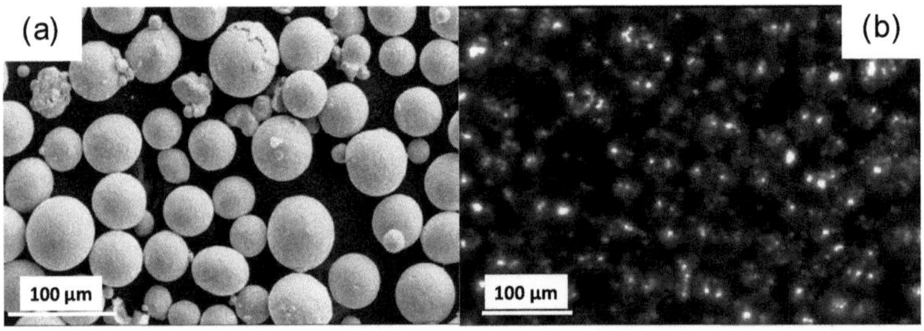

Figure 2.11 – Clichés MEB des poudres : (a) alliage de titane Ti-6Al-4V ; (b) acier inoxydable 316L (données PIMM)

2.5.1 L'alimentation en poudre

L'alimentation en poudre utilisée par le laboratoire PIMM est une unité d'alimentation volumétrique TWIN 10-C de Sulzer Metco®, utilisant un disque rotatif. Ce type de dispositif est décrit plus en détails par (Von Wielligh, 2008). Un gaz vecteur est utilisé pour le convoyage des particules de poudre. Ce gaz, habituellement de l'argon, de l'hélium ou de l'azote, a aussi comme fonction d'assurer la protection du bain liquide des effets de l'oxydation. L'argon reste le gaz le plus couramment utilisé pour les applications laser du fait de sa neutralité chimique et de sa densité supérieure à celle de l'air. Il est par ailleurs plus économique que l'hélium. Une unité d'alimentation volumétrique à disque présente trois paramètres réglables : la vitesse de rotation du disque, le débit du gaz vecteur, et la pression du gaz vecteur qui est définie et fixée selon les spécifications du fournisseur. La vitesse de rotation du disque et le débit de gaz sont deux paramètres indépendants l'un de l'autre et fixés par l'utilisateur.

2.5.2 La buse d'injection

La buse est responsable de la forme et de l'orientation du flux de particules dirigé vers le métal liquide à la surface du substrat. C'est une pièce importante du système d'apport de poudre et la connaissance de l'angle d'inclinaison par rapport au faisceau laser, de la position du plan focal, du diamètre du jet de poudre au niveau de ce plan ainsi que de la vitesse de ces particules est cruciale. (Weisheit et al., 2001) précisent, par exemple, que l'angle au sommet est le facteur principal de la forme du cône formé par les particules. Ils indiquent également que le diamètre du jet de poudre au plan focal augmente avec la section de passage en sortie de buse ainsi qu'avec le débit massique de poudre mais diminue pour de petites particules. Les caractéristiques du jet de poudre vont, par ailleurs, impacter sur les interactions entre le faisceau laser, les particules de poudre, le gaz vecteur et le bain fondu.

Une buse coaxiale continue, appelée aussi buse coaxiale annulaire, permet de former un écoulement de poudre convergent puis divergent, autour et sur le même axe que le faisceau laser (Figure 2.12). La poudre arrive du séparateur en trois écoulements identiques. Chacun d'eux est introduit dans une chambre d'expansion unique à l'intérieur de la buse. Cette chambre d'expansion permet la formation d'un nuage de poudre homogène. Ce nuage est soufflé dans la section de passage disponible entre deux cônes tronqués situés autour du faisceau laser.

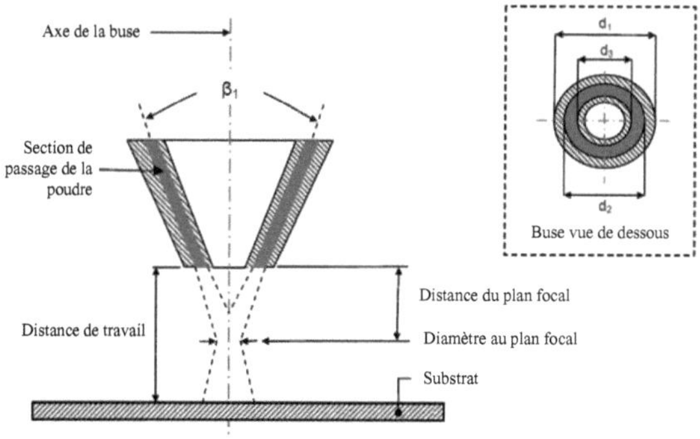

Figure 2.12 – Schéma simplifié d'une buse coaxiale continue (Weisheit et al., 2001)

Les cotes de la buse utilisée par le laboratoire PIMM ont servi à construire la géométrie du domaine de calcul pour le modèle du jet de poudre (Figure 2.13). Pour des raisons de confidentialité, l'intégralité des cotes n'est pas reportée.

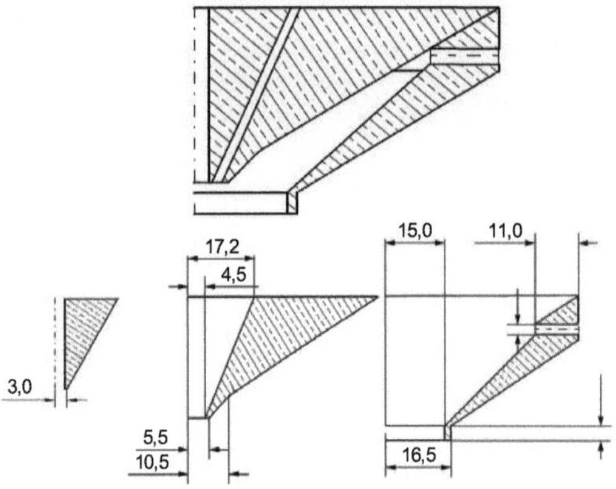

Figure 2.13 – Cotation partielle de la buse coaxiale utilisée dans le cadre du projet (données PIMM)

2.5.3 Granulométrie des poudres

La granulométrie des poudres est également un facteur important qui conditionne les caractéristiques du jet de poudre ainsi que l'atténuation du faisceau laser par le nuage de particules, comme nous avons pu le voir dans le chapitre bibliographique. Il s'agit donc d'une donnée qui devra être prise en compte dans le modèle de jet de poudre. La granulométrie des poudres est définie à travers une loi dont les paramètres ont été identifiés expérimentalement. Cette analyse granulométrique consiste à déterminer la taille d'un ensemble significatif et représentatif de particules, puis à représenter les résultats obtenus sous forme d'une distribution granulométrique. Dans une telle représentation, les particules sont réparties en classes granulométriques selon leur taille puis on affecte à chaque classe la fraction de particules lui correspondant (Figure 2.14). Il est d'usage d'utiliser une loi de distribution pour décrire la répartition granulométrique des particules. Alors que les techniques d'analyse statistiques des données granulométriques sont réduites à une information sur le diamètre moyen et l'écart-type, les lois de distribution utilisent un indicateur de la taille moyenne et de la dispersion autour de celui-ci. Les lois de distribution les plus couramment utilisées sont les lois normales, log-normales et Rosin-Rammler. Une analyse macrographique permet de déterminer la granulométrie des particules de poudre. L'étude est automatisée en post-traitant les images avec un logiciel de reconnaissance de formes et les résultats de cette étude sont regroupés dans la Figure 2.14.

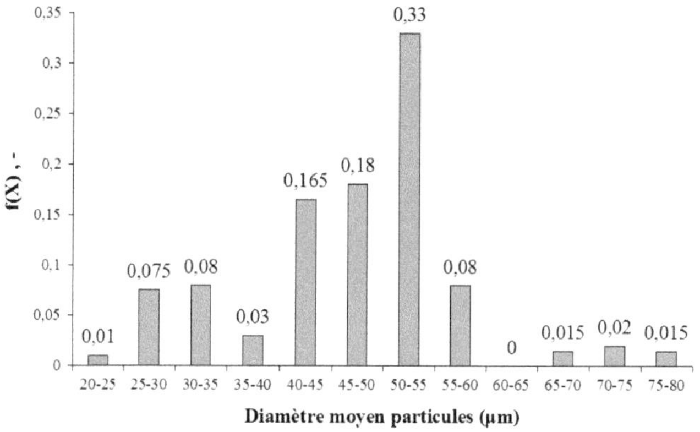

Figure 2.14 – Distribution de la fréquence des diamètres de particules obtenue sur un échantillon de poudre de Ti-6Al-4V (données PIMM)

Soit E(X) et V(X) l'espérance et la variance de X, X étant la fréquence des diamètres mesurés par analyse macrographique des poudres. La distribution granulométrie des particules de poudre peut alors être représentée par un modèle analytique, la variable aléatoire X admettant une densité de probabilité f(X). La granulométrie de l'échantillon de poudre d'alliage de titane Ti-6Al-4V mesurée par le laboratoire PIMM présente une espérance $E(X) = 47{,}13.10^{-6}$ m et une variance $V(X) = 10{,}95.10^{-11}$ m^2.

A partir des données fournies par le laboratoire PIMM, différents modèles de distribution granulométrique ont été comparés à la distribution mesurée. Le modèle retenu est celui qui présente la somme des écarts quadratiques la plus faible par rapport aux mesures de densité de probabilité fréquentielle et cumulée. En l'occurrence, il s'agit de la distribution normale. La distribution granulométrique des poudres d'alliage de titane Ti-6Al-4V et d'acier inoxydable 316L sera donc représentée par une distribution normale $f(\mu,\sigma^2)$ d'espérance $\mu_{jet} = 47{,}13.10^{-6}$ m et d'écart-type $\sigma_{jet} = 10{,}46.10^{-6}$ m. Plus de détails sur cette analyse granulométrique sont donnés en Annexe 1.

2.5.4 Caractérisation du jet de poudre

En complément de l'analyse granulométrique, le jet de poudre a également été caractérisé en terme de distribution massique des particules, qui est également une donnée essentielle pour les simulations numériques. Elle conditionne en effet, la quantité de matière apportée au bain fondu et par conséquent la géométrie du dépôt. De plus, elle influence l'interaction entre le faisceau laser et le substrat à travers le phénomène d'atténuation du faisceau laser et l'échauffement des particules. Les observations réalisées au laboratoire PIMM par caméra rapide mettent en évidence la convergence du jet de poudre et la localisation du plan focal par rapport à la sortie de la buse (Figure 2.15a). Pour l'alliage de titane, cette distance est de (5,6 ± 0,5) mm et le rayon du jet de poudre est de (2,2 ± 0,2) mm pour l'ensemble de la gamme des débits massiques étudiés. La concentration en particules est alors maximale à cette distance et représente une configuration optimale pour l'interaction avec le substrat. Cela permet donc de définir un intervalle sur la distance de travail à privilégier.

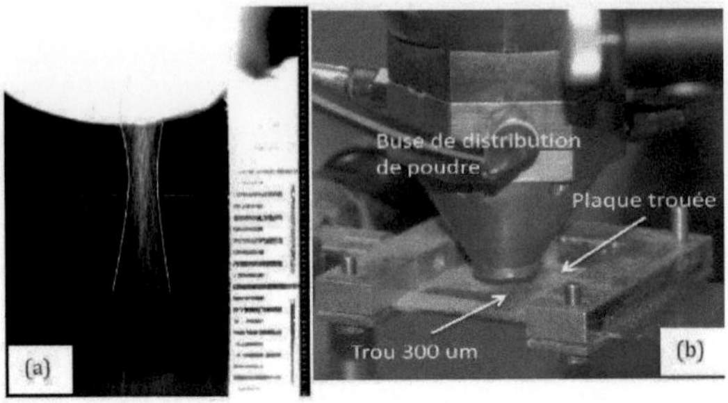

Figure 2.15 – (a) Capture de l'image du jet de poudre obtenu pour l'alliage Ti-6Al-4V à fort débit massique (débit gaz : 2 $L.min^{-1}$) ; (b) Dispositif mis au point pour la caractérisation du jet de poudre (données PIMM)

La distribution massique du jet de poudre est caractérisée en mesurant la masse de poudre reçue à travers une plaque percée d'un trou de 0,3 mm pendant un temps donné
(Figure 2.15b). Cette mesure est répétée en différents endroits du plan de la plaque, en balayant les axes x et y. Cette opération est faite à des distances selon z de 4 et 9 mm sous la buse. La superposition des profils obtenus sur les axes x et y permet de vérifier l'axisymétrie du jet de poudre. Le profil moyen peut être représenté analytiquement par une distribution gaussienne P_{jet} exprimé en $kg.m^{-2}.s^{-1}$ et de la forme :

$$P_{jet}(r) = \frac{N_{jet}\,D_m}{\pi\, r_{jet}^2} \exp\left(-N_{jet} \frac{r^2}{r_{jet}^2} \right) \tag{2.3}$$

où N_{jet} est un coefficient de constriction, D_m est le débit massique de poudre et r_{jet} le rayon du jet de poudre. La meilleure adéquation entre le profil expérimental moyen et la distribution donnée par l'équation (2.3) est obtenue pour $N_{jet} = 5$ et $r_{jet} = 2,2$ mm. Ces deux paramètres sont identiques à 4 mm et 9 mm de la sortie de la buse, et ne varient pas avec le débit massique de poudre dans la gamme étudiée.

2.5.5 Estimation de la vitesse des particules

Afin de pouvoir valider les vitesses des particules calculées par le modèle de jet de poudre, des mesures de vitesse en sortie de buse ont été réalisées par le laboratoire PIMM. La vitesse des particules en sortie de buse dépend notamment du gaz porteur (débit volumique, viscosité cinématique) et de la section de passage définie par la géométrie de la buse. Il est possible d'évaluer cette vitesse en mesurant la distance parcourue par une particule sur un intervalle de temps donné. Les caméras rapides permettent de relever la trace lumineuse laissée par les grains. La fréquence d'acquisition détermine le temps de prise.

La vitesse des particules est mesurée pour deux débits de gaz, les résultats sont reportés dans le Tableau 2.3. La vitesse mesurée des particules est également comparée à une vitesse de gaz théorique calculée en supposant un fluide incompressible et une conservation du débit volumique dans la buse. Cette vitesse théorique V_{th} est calculée à partir de l'expression $V_{th} = D_V/S_{buse}$, D_V étant le débit volumique de gaz en $m^3.s^{-1}$ et S_{buse} la section de passage annulaire en m^2. Cette section est calculée à partir des cotes données sur la Figure 2.13. Les vitesses calculées pour le gaz porteur sont cohérentes avec les vitesses des particules mesurées. Le calcul théorique pour le gaz porteur conduit à des vitesses supérieures à celles des particules. Cet écart est en partie accentué par le fait que la vitesse théorique est calculée à la sortie de la buse alors que la mesure est faite à 4 mm de celle-ci. Un calcul plus précis pour le gaz porteur sera présenté dans le chapitre 4. Les variations de vitesse de gaz et de particules au sein de l'écoulement seront également discutées.

Débit théorique du gaz porteur D_V ($L.min^{-1}$)	Vitesse théorique du gaz porteur V_{th} ($m.s^{-1}$)	Vitesse mesurée de la particule à 4 mm de la buse ($m.s^{-1}$)
4	1,9	1,6 ± 0,2
6	2,8	2,1 ± 0,1

Tableau 2.3 – Vitesse des particules de poudre de Ti-6Al-4V en sortie de buse (données PIMM)

Par ailleurs, l'ensemble des mesures effectuées a montré peu de variation de la vitesse des particules par rapport à leur diamètre et au débit massique de poudre. Précisons que les valeurs mesurées et présentées dans le Tableau 2.3 ont été obtenues pour un débit massique de 2 $g.min^{-1}$.

2.5.6 Evaluation du rendement entre le jet de poudre et le bain liquide

Le rendement d'interaction entre le jet de poudre et le bain liquide correspond au ratio de la quantité de matière reçue par la zone fondue, et qui contribue à la fabrication de la pièce, sur la quantité de matière totale projetée. Des mesures faites par le laboratoire PIMM ont montré que le rendement d'interaction poudre/substrat augmente avec la taille de la zone fondue et tend vers une valeur asymptotique, c'est-à-dire que l'augmentation de la taille du bain n'a plus d'effet sur le rendement matière. Ces mesures sont faites en mesurant la prise de masse du substrat après fabrication par rapport au débit massique de poudre et au temps de fabrication. L'augmentation du rendement d'interaction avec la taille du bain est liée à un facteur purement géométrique qui dépend du rapport des sections entre le bain liquide et le jet de poudre à la surface du substrat. Pourtant ce rendement n'est jamais de 100%, même lorsque le rapport des surfaces entre le jet de poudre et le bain liquide tend vers un. Il s'agit là d'un second facteur, lié à la nature même de l'interaction entre les particules et la surface (angle d'incidence et vitesse, énergies de surface...). L'évaporation en vol des particules n'est pas à exclure pour les cas de forte puissance laser. Les mesures ont été réalisées à différents débits massiques de poudre et n'ont pas montré d'influence sur le rendement. Les valeurs asymptotiques du rendement d'interaction sont de 80% pour l'alliage Ti-6Al-4V et 50% pour l'acier 316L. Elles sont introduites par la suite dans l'équation (2.3). Le facteur géométrique repose sur la taille et dépend directement des paramètres opératoires. C'est la raison pour laquelle ce facteur n'intervient explicitement pas dans l'équation (2.3).

2.6 Alliage de titane Ti-6Al-4V

2.6.1 Généralités sur l'alliage de titane Ti-6Al-4V

L'alliage considéré dans l'étude est le Ti-6Al-4V (ou TA6V), alliage largement étudié dans la littérature. Ses propriétés mécaniques mesurées à la température ambiante et données par (Delahay, 2004) sont un module d'Young E de 110 GPa, un coefficient de Poisson υ de 0,3, une limite d'élasticité à 0,02 % d'allongement ($R_{P0,02}$) de 960 MPa ainsi qu'une résistance maximale en traction R_m de 1090 MPa. Son excellente résistance à la corrosion en fait l'un des alliages les plus utilisés dans divers domaines d'application (industrie chimique, aéronautique, biomédicale...). Il s'agit en général de pièces forgées, usinées ou matricées. L'alliage est composé de 6% en poids d'aluminium, 4% en poids de vanadium, et d'éléments résiduels comme l'oxygène, l'hydrogène, l'azote, le carbone et le fer (Tableau 2.4).

Al	V	O	H	N	C	Fe	Ti
5,5-6,75	3,5-4,5	0,2	0,015	0,05	0,1	0,4	balance

Tableau 2.4 – Domaines de composition et valeurs maximales en éléments résiduels tolérées dans la composition chimique de l'alliage de titane Ti-6Al-4V (en pourcentage massique) (Robert et al., 2006)

La Figure 2.16 présente le diagramme de phase binaire du couple Ti-V, appliqué à l'alliage de titane Ti-6Al-4V. A température ambiante, l'alliage Ti-6Al-4V est biphasé α (HCP) + β (CC) avec un très faible pourcentage de phase β. Au cours du chauffage, il y a dissolution de la phase α, et la fraction de phase β augmente pour être égale à 1 aux températures supérieures à la température de transus β T_β. Cette température de l'ordre de 980-1000°C est fonction de la composition de l'alliage et est très sensible aux teneurs en éléments résiduels (Katzarov et al., 2002; Malinov et al., 2000; Reddy et al., 2006).

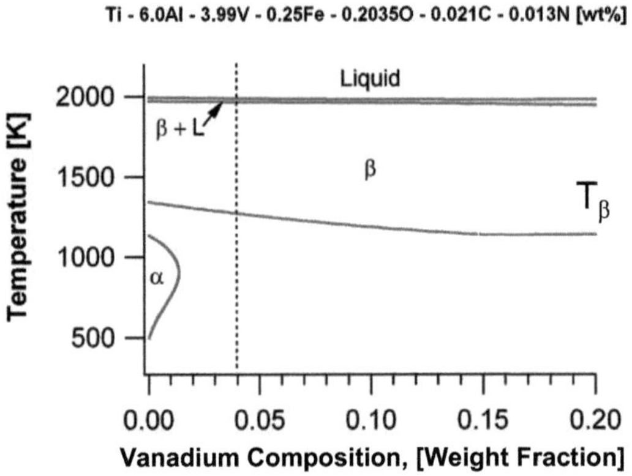

Figure 2.16 - Diagramme de phase binaire Ti-V(Kelly, 2004)

Au-delà de la température T_β, seule la phase β est présente. Elle est de structure cubique centrée. L'alliage de Ti-6Al-4V a une température de fusion qui se situe vers 1660°C et une température d'ébullition autour de 3285°C.

2.6.2 Caractérisation de l'alliage Ti-6Al-4V jusqu'à 1000°C

Les simulations numériques ont nécessité la connaissance des propriétés thermophysiques de l'alliage de titane Ti-6Al-4V en fonction de la température. Dans un premier temps, un état de l'art a donc été entrepris afin de recenser l'ensemble des données disponibles dans la littérature. En complément de cet état de l'art, une caractérisation réalisée sur des échantillons fournis par le laboratoire PIMM a été effectuée au sein du laboratoire LIMATB. Ce paragraphe s'attache à présenter les méthodes de caractérisations mises en œuvre afin de déterminer l'évolution des propriétés thermophysiques de l'alliage de titane Ti-6Al-4V entre la température ambiante et 1000°C. Il s'agit d'évaluer la masse volumique, la chaleur spécifique et la conductivité thermique. Ces données seront ensuite comparées à celles de la littérature et constitueront un critère quant aux propriétés thermophysiques retenues pour les modèles numériques.

Les échantillons proviennent d'un mur en alliage Ti-6Al-4V et obtenu après dépôt successif de plusieurs couches sur un substrat mince de titane pur. Chaque face du mur est rectifiée afin d'obtenir une surface plane d'épaisseur homogène. La plaquette fabriquée mesure 80 mm de long, 18 mm de haut et 1 mm d'épaisseur. Deux barreaux de dimension 30 x 5 x 1 mm sont découpés à la microtronçonneuse ainsi que deux barreaux de dimensions 15 x 5 x 1 mm et deux carrés de dimensions 10 x 10 x 1 mm. Ces dimensions correspondent à celles des porte-échantillons des différents dispositifs utilisés. Cela permet de constituer deux jeux d'échantillons pour les essais. Le premier sert pour la mise au point des essais alors que le deuxième pour les mesures à proprement parlées.

2.6.2.1 Diffusivité thermique de l'alliage Ti-6Al-4V

La diffusivité thermique caractérise la capacité d'un milieu à propager une variation de température d'un point à un autre. Cette propriété a été évaluée par méthode flash à l'aide du diffusivimètre Netzsch® LFA 457/2/G. Par cette méthode, le recto d'un échantillon est chauffé par une impulsion laser et l'augmentation de température résultante est mesurée à l'aide d'un détecteur infrarouge sur le verso. La courbe de montée en température mesurée dépend de la diffusivité thermique du matériau, de l'épaisseur de l'échantillon et du temps de demi-montée $t_{1/2}$. Des modèles mathématiques ont été établis afin de correspondre au mieux avec les courbes de montée en température expérimentales (prise en compte des pertes de chaleur, des effets de la durée de l'impulsion laser, de la dilatation du matériau,...). Ces modèles sont intégrés à la base de données du logiciel de post-traitement Proteus®. Pour chaque mesure, les paramètres du modèle mathématique sont automatiquement estimés. Connaissant l'épaisseur de l'échantillon, sa dilatation et le temps de demi-montée du modèle mathématique, il est possible de calculer la valeur de la diffusivité thermique.

Les essais sont réalisés à différents niveaux de température grâce à un four résistif. Après stabilisation à chaque palier, trois tirs sont effectués. L'augmentation de température sur le verso de l'échantillon est relativement faible et ne dépasse pas le degré Celsius. Compte tenu des niveaux de températures atteints, les mesures sont faites sous protection gazeuse à pression atmosphérique. Pour cela, l'enceinte du four est purgée au vide secondaire puis remplie d'argon et cette opération est réalisée trois fois.

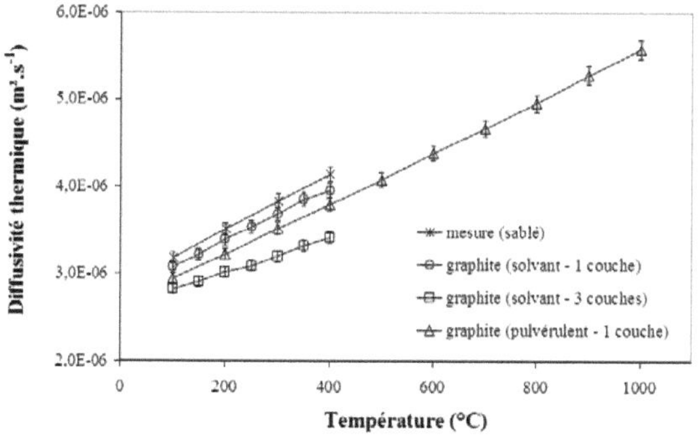

Figure 2.17– Diffusivité thermique de l'alliage Ti-6Al-4V obtenue par méthode flash

La quantité d'énergie absorbée et émise par l'échantillon dépend respectivement de son coefficient d'absorptivité et de l'émissivité. Il est important que l'échantillon reçoive le maximum d'énergie afin que l'élévation de température résultante soit significative et la moins bruitée possible. L'amélioration de ces propriétés optiques peut se faire en sablant ou en graphitant les surfaces à exposer. Différents traitements de surface ont été testés et les résultats expérimentaux montrent une augmentation linéaire de la diffusivité thermique avec la température, quel que soit le traitement (Figure 2.17). On note l'influence du nombre de couches de graphite sur la diffusivité thermique mesurée. Aussi fine qu'elle puisse l'être, l'épaisseur résultante après évaporation du solvant engendre une résistance thermique. L'augmentation de cette résistance thermique se traduit par une baisse de la diffusivité thermique estimée. Un graphite de type pulvérulent a été utilisé pour les mesures à hautes températures (le graphite avec solvant utilisé ici est limité à des températures inférieures à 500°C). A 400°C, la diffusivité thermique mesurée avec une couche de graphite pulvérulent est inférieure de 8% à la mesure de référence (surface sablée). La méthode utilisée pour caractériser la chaleur massique impose de graphiter les échantillons. C'est pourquoi nous avons retenu le revêtement le moins pénalisant pour minimiser les incertitudes et il s'agit du graphite pulvérulent. Aussi, cela permet d'améliorer la qualité du signal en sortie du capteur infrarouge en faisant abstraction des propriétés optiques sans introduire de trop fortes erreurs sur la diffusivité thermique mesurée. La diffusivité thermique de l'alliage Ti-6Al-4V entre 20°C et 1000°C peut être exprimée à l'aide de l'équation suivante :

$$a(T) = \left(2,92.10^{-9}T + 2,64.10^{-6}\right) \ \pm\ 2\% \qquad (2.4)$$

où la diffusivité thermique a est exprimée en $m^2.s^{-1}$ et T en degré Celsius. L'erreur relative appliquée à la diffusivité thermique tient compte de la reproductibilité des mesures mais surtout de l'incertitude sur l'épaisseur de l'échantillon qui est ici la principale source d'erreur sur la mesure.

2.6.2.2 Masse volumique de l'alliage Ti-6Al-4V

La première étape de la mesure de la masse volumique consiste à établir une première valeur à température ambiante. Pour cela, l'échantillon est pesé dans l'air et dans l'eau à l'aide d'une balance Mettler-Toledo® XS205 d'une précision de 10 µg. Le calcul de la masse volumique, donné par l'équation (2.5), est donc basé sur le principe de la poussée d'Archimède.

$$\rho_{Ti\text{-}6Al\text{-}4V}^{20°C} = \frac{m_{air}}{m_{air} - m_{eau}}\left(\rho_{eau} - \rho_{air}\right) + \rho_{air} \qquad (2.5)$$

avec m_{air} la masse mesurée dans l'air, m_{eau} la masse mesurée dans l'eau, ρ_{air} et ρ_{eau} les masses volumiques de l'air et de l'eau à température ambiante. Les six échantillons et les chutes obtenues après découpe sont utilisés trois fois. Cela permet d'établir une campagne de mesures avec différentes masses et différentes formes pour définir l'erreur de mesure. La valeur moyenne obtenue est de (4424 ± 55) $kg.m^{-3}$ pour une température ambiante T_0 de 20°C.

L'évolution de la masse volumique du matériau avec la température est obtenue avec un dilatomètre horizontal LINSEIS® L75-130 de type quasi-absolu et un four résistif, de la température ambiante jusqu'à 1000°C, à une vitesse de $20°C.min^{-1}$. La mesure du déplacement relatif du capteur en fonction de la température permet d'évaluer le coefficient de dilatation linéaire α de l'échantillon à partir de l'expression suivante :

$$\alpha = \frac{\Delta L}{L_{ref}\left(T - T_{ref}\right)} \qquad (2.6)$$

avec ΔL le déplacement relatif lié à la dilatation, L_{ref} la longueur initiale de l'échantillon à T_{ref} et T la température de l'échantillon. La mesure de température est effectuée à l'aide d'un thermocouple de type S logé au milieu de l'échantillon, dans un trou de rayon 0,3 mm et de profondeur 0,6 mm. En supposant un matériau isotrope, le coefficient de dilatation volumique β est relié de façon simple au coefficient de dilatation linéaire α par la relation $\beta = 3\alpha$. Il est alors possible de calculer l'évolution de la masse volumique avec la température comme représentée sur la Figure 2.18. Ce graphique correspond au cycle de montée et de descente en température. Les erreurs mesurées au début du cycle sont liées à la régulation de type Tout Ou Rien du four. L'hystérésis constatée à haute température est liée à une déformation de l'échantillon car celui-ci est contraint mécaniquement par la tige qui sert d'une part à maintenir l'échantillon et d'autre part à transmettre le déplacement lié à la dilatation vers le capteur. La déformation est très probablement due à la diffusion d'oxygène et/ou d'hydrogène au-delà de 600-700°C, qui dégrade significativement les propriétés mécaniques (les mesures sont pourtant effectuées sous vide d'air).

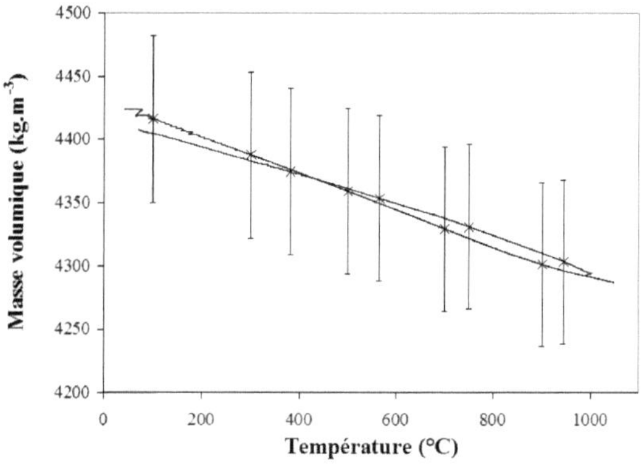

Figure 2.18 – Masse volumique de l'alliage Ti-6Al-4V de 20°C à 1000°C obtenue par mesure dilatométrique

Il faut porter attention aux dimensions de l'échantillon utilisé pour la mesure dilatométrique. Celui-ci ne doit pas être trop petit afin que la mesure de déplacement soit significative par rapport aux incertitudes de la chaîne d'acquisition. L'échantillon ne doit pas non plus être trop volumineux afin de garantir une homogénéité thermique dans le matériau tout au long de la montée en température. Le cas échéant, il est nécessaire de réduire la vitesse de chauffage pour que la chaleur ait le temps de diffuser dans le matériau. La masse volumique de l'alliage Ti-6Al-4V entre 20°C et 1000°C peut être exprimée à l'aide de l'équation suivante :

$$\rho(T) = \left(-0{,}1292T + 4423{,}2\right) \; \pm \; 1{,}5\% \qquad (2.7)$$

où la masse volumique ρ est exprimé en $kg.m^{-3}$ et température T en degré Celsius.

2.6.2.3 Chaleur massique de l'alliage Ti-6Al-4V

Le logiciel Proteus® est également un outil qui permet d'évaluer la chaleur massique d'un matériau à partir de deux mesures de diffusivité thermique. Il s'agit pour cela de comparer le signal mesuré avec celui d'un échantillon de référence, c'est-à-dire dont on connaît déjà la chaleur spécifique. Le calcul est fait à partir de l'expression suivante :

$$c_p^{sample}(T) = \frac{T_{ref}}{T_{sample}} \frac{Q_{sample}}{Q_{ref}} \frac{G_{sample}}{G_{ref}} \frac{\rho_{ref}}{\rho_{sample}} \frac{D_{ref}}{D_{sample}} \frac{d_{sample}^2}{d_{ref}^2} c_p^{ref}(T) \qquad (2.8)$$

avec T la température mesurée par le capteur infrarouge, Q l'énergie apportée par l'impulsion laser, G le gain appliqué pour amplifier le signal émis par le capteur infrarouge, ρ la masse volumique, D l'épaisseur de l'échantillon et d le diamètre d'ouverture de l'iris pour adapter la taille du faisceau à la surface de l'échantillon. Il est recommandé d'utiliser comme référence un matériau dont les propriétés thermophysiques sont proches de celles de l'échantillon à caractériser. Parmi les échantillons de référence disponibles, une pastille de Pyroceram® 9606 et une pastille d'Inconel® 600 ont été retenues. Par ailleurs, il est important que les matériaux de référence ne subissent pas de transformation métallurgique pendant la montée et descente en température. La chaleur latente associée à ces phénomènes induirait des erreurs sur le calcul de la chaleur massique. Pour s'assurer que les conditions expérimentales soient identiques lors de la mesure de diffusivité thermique, les mesures sont réalisées durant le même essai grâce à un support pouvant accueillir trois échantillons. Les tirs laser sont alors effectués les uns à la suite des autres pour chaque palier de température. Il est indispensable que l'ensemble des pastilles soit graphité afin que l'énergie reçue par l'échantillon et celle reçue par la référence soit la plus proche possible.

La Figure 2.19 regroupe les résultats obtenus en fonction du matériau de référence et du type de revêtement. La courbe de mesure par DSC nous sert de référence. Elle est obtenue à partir de mesures effectuées avec un appareil Netzsch® 204 F1 Phoenix. La vitesse de montée en température est programmée à 10 °C.min^{-1}, de la température ambiante jusqu'à 600°C (la température maximale étant 700°C). Le niveau de température à atteindre nécessite de placer l'échantillon de 64,12 mg dans un creuset en platine et sous protection gazeuse d'azote. La tendance globale est une augmentation de la chaleur massique avec la température. En représentant chacune des courbes par une fonction linéaire, la pente de ces droites semble relativement proche. Les écarts observés s'expliquent par une différence d'ordonnée à l'origine. Les meilleurs résultats sont obtenus avec l'Inconel 600® en comparaison avec les mesures de référence établies par DSC (Figure 2.19). De plus, les mesures effectuées avec le graphite pulvérulent permettent d'aller au-delà des limites en température de la DSC, ce qui montre l'intérêt de cette technique.

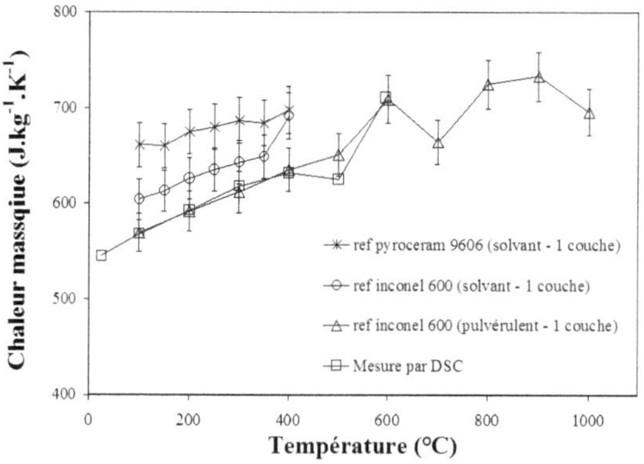

Figure 2.19 – Chaleur massique de l'alliage Ti-6Al-4V de 20°C à 1000°C, obtenue par méthode flash et par DSC

Le point de mesure à 1000°C est discutable puisqu'à cette température, la transformation de la phase α en phase β fait intervenir une chaleur latente qui réduit la diffusion de la chaleur à travers l'échantillon. En gardant l'hypothèse d'une évolution linéaire, la chaleur massique de l'alliage Ti-6Al-4V entre 20°C et 1000°C peut être exprimée à l'aide de l'équation suivante :

$$c_p(T) = (0{,}172T + 564) \ \pm\ 3{,}5\% \tag{2.9}$$

avec la chaleur massique c_p exprimée en $J.kg^{-1}.K^{-1}$ et la température T exprimée en degré Celsius.

2.6.2.4 Conductivité thermique de l'alliage Ti-6Al-4V

Etant donné que la masse volumique, la chaleur massique et la conductivité thermique permettent de définir la diffusivité thermique, il est possible de retrouver la conductivité thermique de l'alliage Ti-6Al-4V entre 20°C et 1000°C. Son expression est la suivante :

$$\lambda(T) = a(T)\rho(T)c_p(T) = (1{,}12.10^{-2}T + 6{,}17) \ \pm\ 7\% \tag{2.10}$$

avec λ la conductivité thermique exprimée en $W.m^{-1}.K^{-1}$ et T la température en degré Celsius.

2.6.3 Revue bibliographique des propriétés de l'alliage de titane Ti-6Al-4V

L'objectif de cette revue bibliographique est, d'une part de confronter les valeurs des mesures effectuées sur l'alliage de titane Ti-6Al-4V avec celles disponibles dans la littérature et d'autre part, de compléter ce jeu de données qui sera utilisé pour les modèles numériques. Cette revue concerne plus particulièrement les propriétés thermiques en phase solide et en phase liquide. Les propriétés hydrodynamiques du métal liquide sont également répertoriées. Cette étude fait ressortir la dispersion des informations d'une part, et met en avant les grandeurs pour lesquelles peu d'information est disponible d'autre part. La confrontation des différentes sources permet de justifier le jeu de données retenu par la suite dans les calculs numériques, la finalité étant de proposer un modèle prédictif.

Le Tableau 2.5 et le Tableau 2.6 répertorient les valeurs des différentes températures caractéristiques de l'alliage de titane (température de transus T_β, températures de solidus et liquidus, température de vaporisation) ainsi que les énergies latentes en jeu lors du changement de microstructures et des changements d'état. L'ensemble des valeurs montre une certaine homogénéité dans les températures et les chaleurs latentes. Hormis les erreurs intrinsèques à la mesure, la majeure partie des différences s'explique par le fait que les matériaux soient chimiquement différents, bien qu'ils répondent aux exigences de la norme qui définit l'alliage de titane Ti-6Al-4V. D'autre part, il ressort que plusieurs sources extrapolent les propriétés du titane pur à celles de l'alliage Ti-6Al-4V.

Les valeurs retenues pour les calculs apparaissent en caractère gras dans les tableaux et en traits épais dans les figures. Il s'agit de valeurs obtenues dans le cadre d'une étude visant spécifiquement à caractériser les propriétés thermophysiques de l'alliage (Boivineau et al., 2006) ou de valeurs recommandées (Mills, 2002). Il est à noter que la référence (Boivineau et al., 2006) est une des rares références présentant des mesures aussi bien en phase solide qu'en phase liquide réalisées sur l'alliage de titane.

Température	(Anca et al., 2009)	(Boivineau et al., 2006)	(Mills, 2002)	(Rai et al., 2009)	(Robert et al., 2006)	(Mishra and DebRoy, 2005)	(Kelly, 2004)
Transus T_β (K)	-	**1220**	1223	-	1273	-	1273
Solidus (K)	1877	**1873**	1877	1878	1923	1878	-
Liquidus (K)	1933	**1923**	1923	1928	1948	1928	-
Vaporisation (K)	-	-	**3533**	3315	3285	-	3600

Tableau 2.5 – Températures caractéristiques de l'alliage Ti-6Al-4V selon différentes sources de la littérature

Chaleur latente	(Anca et al., 2009)	(Boivineau et al., 2006)	(Mills, 2002)	(Jouvard et al., 2001)	(Maisonneuve et al., 2006)	(Médale et al., 2008)	(Peyre et al., 2008)	(Malinov et al., 2001)
Transus β ($J.kg^{-1}$)	-	**$67,8.10^3$**	48.10^3	-	-	-	-	27.10^3
Fusion ($J.kg^{-1}$)	$2,93.10^5$	**$2,9.10^5$**	$2,86.10^5$	$3,89.10^5$	$3,65.10^5$	4.10^5	$3,7.10^5$	-
Vaporisation ($J.kg^{-1}$)	-	-	**$9,83.10^6$**	$8,88.10^6$	-	$8,8.10^6$	-	-

Tableau 2.6 – Chaleurs latentes de l'alliage Ti-6Al-4V aux températures caractéristiques selon différentes sources de la littérature

Les Figure 2.20 à Figure 2.22 répertorient les valeurs respectives de la conductivité thermique, de la masse volumique et de la chaleur massique en fonction de la température. Ces figures incluent les valeurs obtenues à l'issue de la campagne de caractérisation effectuée par le laboratoire LIMATB sur les échantillons découpés dans les murs minces. Les courbes en trait noir sur les figures correspondent aux valeurs retenues pour les simulations numériques. On peut noter que les mesures réalisées au LIMATB pour la phase solide sont en bon accord avec les données de la littérature, en particulier avec celles de Mills, 2002 où l'écart moyen est de 0,3 % pour la masse volumique, 2,3 % pour la chaleur massique et 8,7 % pour la conductivité thermique. L'ordre de grandeur de ces écarts est tout à fait comparable aux erreurs liées à la mesure qui, rappelons-le, ont été évaluées à 1,5 % pour la masse volumique, 3,5 % pour la chaleur massique et 7 % pour la conductivité thermique. Ces très faibles écarts nous ont conduit à sélectionner les données de Mills pour les propriétés allant jusqu'à la température de fusion. Pour la phase liquide, les données de la littérature sont plus rares et présentent plus de disparités. Les données de (Boivineau et al., 2006) ont été retenues pour leur plus grande cohérence. Ces différentes propriétés seront utilisées dans les simulations lors de la résolution de l'équation de la chaleur pour le problème thermique.

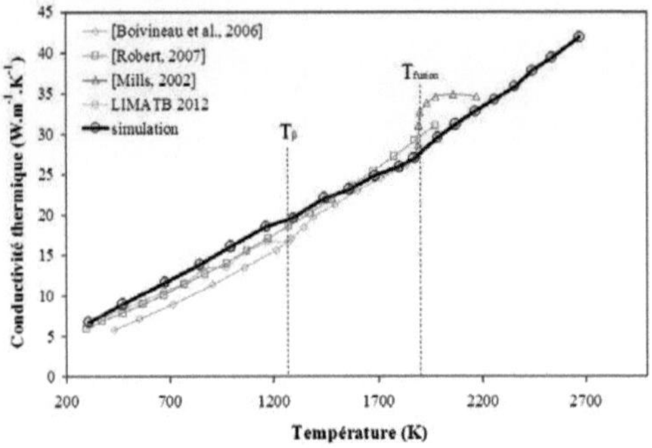

Figure 2.20 – Conductivité thermique de l'alliage Ti-6Al-4V fonction de la température selon la littérature et comparaison avec les mesures effectuées au LIMATB

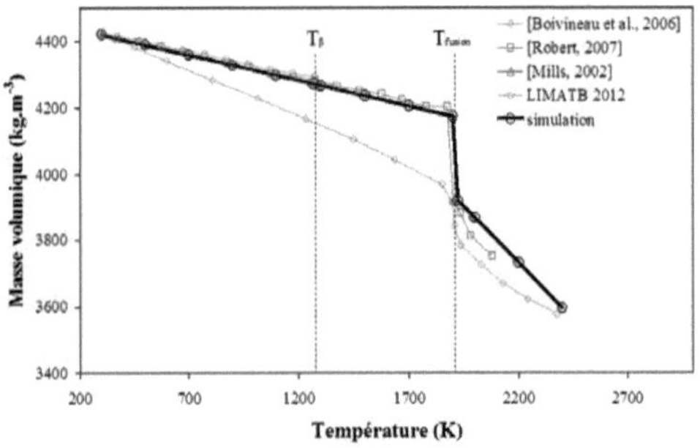

Figure 2.21 – masse volumique de l'alliage Ti-6Al-4V fonction de la température selon la littérature et comparaison avec les mesures effectuées au LIMATB

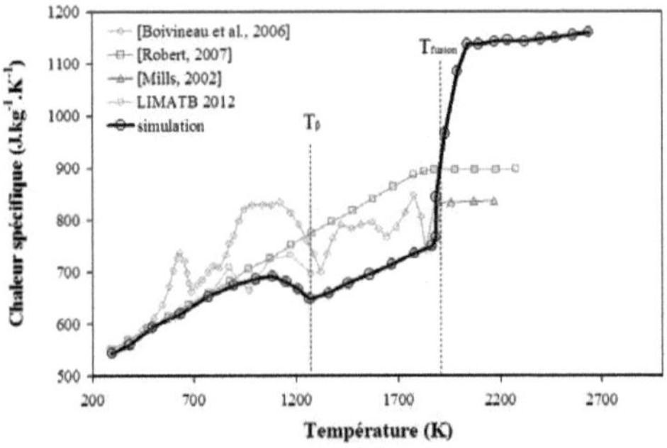

Figure 2.22 - Chaleur massique de l'alliage Ti-6Al-4V fonction de la température selon la littérature et comparaison avec les mesures effectuées au LIMATB

Les simulations numériques ont également nécessité la connaissance de la viscosité dynamique et de la tension superficielle de l'alliage de titane pour traiter les aspects hydrodynamiques au sein du bain fondu. Les données de la littérature sont assez rares. En effet, la mesure de ces deux propriétés pour un métal liquide est relativement complexe du fait du haut niveau de température que nécessite un dispositif spécifique. Il est également nécessaire de parfaitement protéger le métal liquide de toute pollution pour ne pas en modifier la composition chimique. L'alliage de titane Ti-6Al-4V en phase liquide est, en effet, très réactif : (Paradis et al., 2002) expliquent qu'une couche d'oxydant peut faire chuter la tension superficielle du titane jusqu'à 50 %. Des protocoles ont été développés dans ce but. (Schneider et al., 2002) ont par exemple, contourné ce problème en portant une faible quantité d'alliage de titane Ti-6Al-4V à son point de fusion par induction électromagnétique. Le champ magnétique permet de faire léviter la goutte de métal en fusion et évite toute pollution par contact avec le creuset. La gamme de température balayée est établie entre 1733 K et 2073 K. (Wunderlich et al., 2005) ont été jusqu'à réaliser des mesures au cours de vols paraboliques pour écarter l'effet de la gravité, toujours sur un alliage de titane Ti-6Al-4V. Les mesures sont faites au liquidus de l'alliage, établi ici à 1928 K. La technique consiste à faire vibrer la goutte de métal en fusion. Une acquisition par caméra rapide permet de mesurer les différentes harmoniques de fréquences, on peut alors en déduire la valeur de la tension superficielle et celle de la viscosité dynamique. Une mesure de température par caméra thermique calibrée renseigne sur la température de la goutte en lévitation (température supposée homogène). Cette méthode de mesure sans contact et sous ambiance protectrice d'argon ou d'hélium autorise la surfusion du liquide en réduisant les hétérogénéités à l'origine du processus de solidification. Cela explique les valeurs mesurées jusqu'à 200°C sous le point de fusion par (Schneider et al., 2002) et (Paradis et al., 2002). La surfusion mesurée par (Wunderlich et al., 2005) est en moyenne de 300 K avec des vitesses de refroidissement compris entre 25 $K.s^{-1}$ et 60 $K.s^{-1}$.

On note que (Wunderlich et al., 2005) ont effectué des mesures de viscosité dynamique sur l'alliage de titane Ti-6Al-4V et les valeurs sont reportées dans le Tableau 2.7 et la Figure 2.23. (Mills, 2002) est la seule référence à proposer des valeurs de viscosité dynamique pour les hautes températures. La validité de ces mesures est toutefois discutable puisqu'il s'agit uniquement de valeurs recommandées pour l'alliage de titane Ti-6Al-4V et ne reposent sur aucune mesure expérimentale. Quant aux valeurs données par (Paradis et al., 2002), elles correspondent à des mesures faites sur du titane pur. Le titane et ces alliages sont connus pour leur grande affinité chimique avec l'oxygène et cela a un effet sur la viscosité dynamique. Cependant il semblerait qu'à ce jour, aucune étude n'ait mesuré son effet sur les propriétés thermophysiques.

Peu d'informations sont disponibles sur l'évolution de la tension superficielle au-delà du point de fusion. Les trois courbes de la Figure 2.24 semblent pourtant montrer une évolution linéaire de cette grandeur avec la température. La tension superficielle décroît linéairement avec la température. Cette pente caractérise le coefficient thermocapillaire. Les valeurs de ce coefficient données par (Paradis et al., 2002), (Schneider et al., 2002) et (Wunderlich et al., 2005) dérivent directement de l'évolution de la tension superficielle avec la température. Les données expérimentales montrent une certaine hétérogénéité avec un facteur cinq entre les valeurs extrêmes. Dans un premier temps, une valeur de $-2,7.10^{-4}$ $N.m^{-1}.K^{-1}$ sera utilisée pour les calculs numériques et sera dans un second temps discutée lorsqu'il sera question de la validation du jeu de propriétés à l'aide de l'étude présentée dans le chapitre 3.

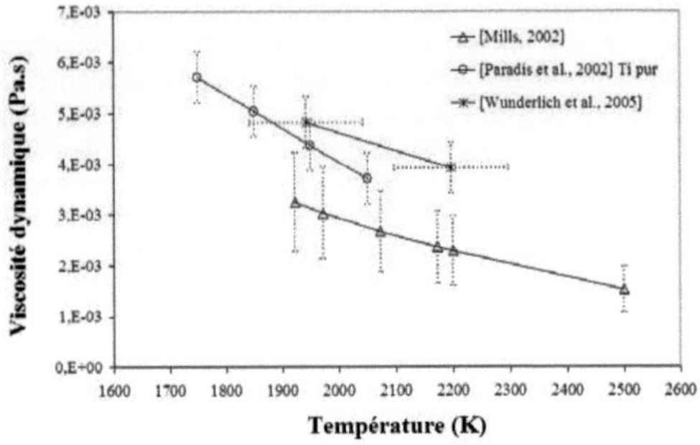

Figure 2.23 – Viscosité dynamique de l'alliage Ti-6Al-4V fonction de la température selon différentes sources de la littérature

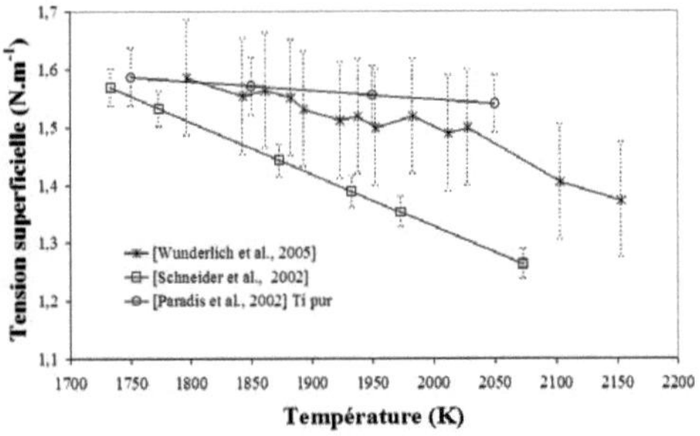

Figure 2.24 – Tension superficielle de l'alliage Ti-6Al-4V fonction de la température selon différentes sources de la littérature

	(Westerberg et al., 1998)	(Médale et al., 2008)	(Rai et al., 2009)	(Mishra and DebRoy, 2005)	(Meng, 2010)	(Wunderlich et al., 2005)	(Schneider et al., 2002)	(Paradis et al., 2002)
Viscosité dynamique à $T = T_L$ (Pa.s)	$3,2.10^{-3}$	$3,4.10^{-3}$	5.10^{-3}	$4,9.10^{-3}$	3.10^{-3}	$7,3\text{-}14,7.10^{-3}$	-	**$4,4.10^{-3}$**
Tension superficielle à $T = T_L$ ($N.m^{-1}$)	1,65	1,6	1,65	-	-	**1,52**	1,39	1,55
Coefficient thermocapillaire ($N.m^{-1}.K^{-1}$)	$-2,4.10^{-4}$	-4.10^{-4}	$-2,6.10^{-4}$	$-2,8.10^{-4}$	**$-2,7.10^{-4}$**	$-4,1.10^{-4}$	-9.10^{-4}	$-1,6.10^{-4}$

Tableau 2.7 – Valeurs de la viscosité dynamique, de la tension superficielle et du coefficient thermocapillaire de l'alliage Ti-6Al-4V selon différentes sources de la littérature

Enfin, les deux autres propriétés également à considérer dans les simulations numériques concernent l'émissivité et l'absorptivité. Elles conditionnent, en effet, les apports et les pertes de chaleur par rayonnement. La Figure 2.25 et le Tableau 2.8 montrent une grande disparité dans les valeurs d'émissivité de l'alliage de Ti-6Al-4V. Cela est probablement dû à l'influence de l'état de surface de l'échantillon sur lequel est réalisé la mesure de l'émissivité. Nous supposerons un facteur d'émissivité de 0,7. Le coefficient d'absorptivité quant à lui sera estimé à l'aide du modèle numérique présenté dans le chapitre 3. Les valeurs obtenues seront confrontées aux données de la littérature.

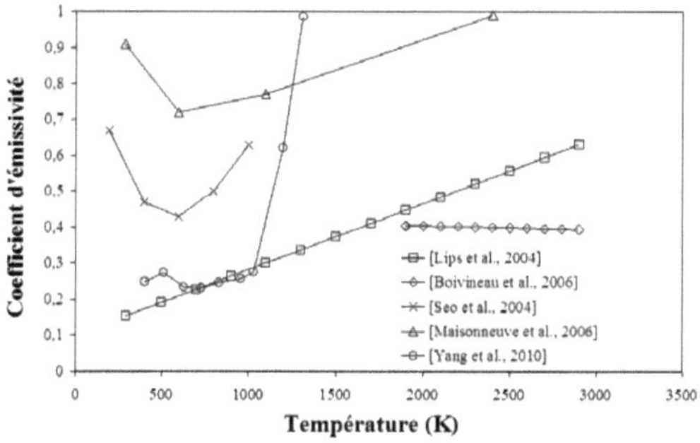

Figure 2.25 – Emissivité de l'alliage Ti-6Al-4V fonction de la température selon différentes sources de la littérature

	(Rai et al., 2009)	(Médale et al., 2008)	(Peyre et al., 2008)	(Westerberg et al., 1998)	(Jouvard et al., 2001)	(Mills, 2002)
Absorptivité	0,3	0,5	0,5	-	0,44	-
Emissivité	**0,7**	0,5	0,5	0,4	-	0,4

Tableau 2.8 – Coefficients d'absorptivité et d'émissivité de l'alliage Ti-6Al-4V selon différentes sources de la littérature

Les travaux de (Touvrey-Xhaard, 2006) ont en partie porté sur la décorrélation des facteurs influant sur l'interaction entre une source laser Nd:YAG et l'alliage de titane Ti-6Al-4V. Les résultats notables sont les suivants :

- l'absorptivité de l'alliage Ti-6Al-4V diminue avec la température en phase solide
- les surfaces oxydées sont plus absorbantes et ne présentent pas de diminution d'absorptivité avec la température (phénomène pourtant attendu du fait de la fusion des oxydes) ;
- les défauts de surface affectent l'absorptivité du matériau (cependant les écarts de résultats entre les différentes surfaces polies ne sont pas significatifs) ;
- l'absorptivité chute lors du changement de phase (ce qui s'explique par la rupture de l'arrangement cristallin qui entraîne la suppression complète des transitions interbandes).

Dans le cadre de la thèse de Touvrey-Xhaard, des mesures d'absorptivité ont été effectuées pour l'alliage de titane Ti-6Al-4V avec une source laser Nd:YAG de polarité circulaire. Les essais sont effectués à température ambiante sur une surface polie. Les différentes configurations ont permis de montrer la variation d'absorptivité en fonction de l'angle d'incidence du faisceau laser (Figure 2.26).

En dessous de 55° d'angle, l'absorptivité varie très peu puis passe par un maximum avant de tendre vers une valeur nulle. L'angle de Brewster, caractérisé par un pic d'absorptivité, a été mesuré à 75° d'incidence. Sous incidence normale, l'absorptivité de l'alliage Ti-6Al-4V solide est de 52% alors qu'elle est de 48% en phase liquide.

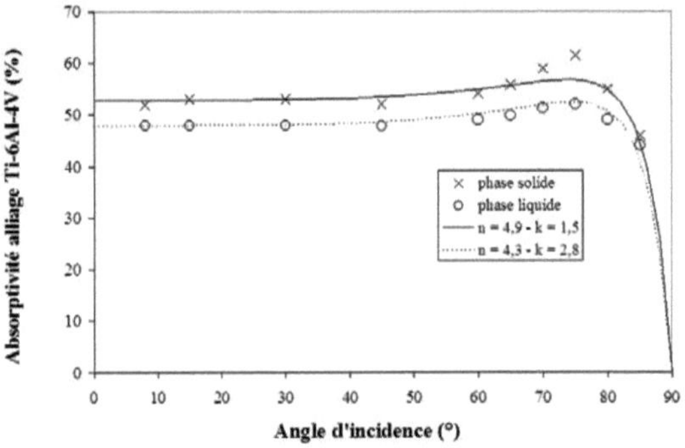

Figure 2.26 – Absorptivité de l'alliage de titane Ti-6Al-4V en fonction de l'angle d'incidence (Touvrey-Xhaard, 2006)

Les équations de Fresnel présentées au chapitre 1 donnent l'absorptivité d'un matériau en fonction des indices n et k du milieu. En considérant que l'absorptivité d'un rayonnement est la moyenne des composantes normale et parallèle, il est possible d'estimer la valeur des indices pour la phase solide et la phase liquide (Tableau 2.9). Ces paramètres ont été identifiés par méthode inverse à partir des données expérimentales de (Touvrey-Xhaard, 2006) avec un algorithme basé sur la méthode de Levenberg-Marquardt. Ces valeurs sont comparables à celles du titane pur pour lequel n = 3,38 et k = 3,33 avec une source laser Nd:YAG (Jouvard et al., 2001).

	Indice n	**Indice k**
Phase solide	4,9	1,5
Phase liquide	4,3	2,8

Tableau 2.9 – Indices de réfraction réel et imaginaire de l'alliage Ti-6Al-4V à l'état solide et liquide

Une étude analogue a également été menée sur le deuxième matériau retenu dans le cadre du projet ASPECT, à savoir l'acier inoxydable 316L. Ce matériau, étant beaucoup plus étudié que l'alliage de titane, a fait l'objet d'une étude moins poussée dans les travaux que nous présentons ici, aussi bien d'un point de vue numérique qu'expérimental. L'état de l'art relatif aux propriétés thermophysiques de l'acier 316L est présenté en Annexe 2.

Pour les deux matériaux de cette étude, nous supposerons que le chemin de solidification est connu et qu'il peut être représenté par une fonction échelon lissée, variant de 0 à 1 entre le solidus et le liquidus (cette hypothèse permet de s'affranchir du calcul du transport des solutés et donne directement la relation entre enthalpie et température). Des modèles de solidification plus réalistes existent toutefois dans la littérature (Bellet, 2005; Brown et al., 2002; Diao and Tsai, 1993; Doré et al., 2000) mais complexifie le problème initial, par exemple avec les phénomènes de macroségrégation et de microségrégation à l'interface liquide/solide.

2.7 Conclusion du chapitre 2

Ce chapitre a permis de présenter plus particulièrement les moyens expérimentaux mis en œuvre dans le cadre du projet ANR ASPECT et en vue de constituer une base de données pour les simulations numériques. Ces moyens ont été, pour une grande majorité, développés au sein du laboratoire PIMM, partenaire du projet ANR ASPECT et seront d'avantage détaillés dans la thèse de Myriam Gharbi (Gharbi, 2013). En fonction des différents modèles développés au cours de cette thèse, il a été nécessaire de recueillir des informations spécifiques. Ainsi, pour le modèle de jet de poudre, la connaissance précise de la géométrie de la buse, la granulométrie de la poudre, les débits de gaz et de poudre, les vitesses des particules et position du plan focal du jet permettra d'adapter au mieux le modèle et de mener des confrontations modèle et expérience. Cette démarche est indispensable si l'on souhaite rendre les modèles les plus prédictifs possibles. Les différents moyens expérimentaux ont également permis de caractériser la distribution énergétique du faisceau et la distribution massique du jet de poudre qui seront des données d'entrée essentielles pour les simulations numériques.

Une revue bibliographique des propriétés thermophysiques pour l'alliage de titane Ti-6Al-4V et l'acier inoxydable 316L a également été nécessaire en vue de constituer une base de données matériau pour les simulations. Cette étude a mis en évidence le manque de connaissance sur l'évolution de ces propriétés avec la température, et tout particulièrement en phase liquide. De plus, la comparaison des différentes sources de la littérature a montré une dispersion non négligeable quant à la valeur de certains de ces paramètres en fonction de la température. Ces différentes constations nous ont conduit à entreprendre une caractérisation des propriétés thermophysiques de l'alliage de titane Ti-6Al-4V de 20°C à 1000°C, en vue de mesurer la conductivité thermique λ, la masse volumique ρ et la chaleur massique c_p. Ces expériences menées au sein du laboratoire LIMATB en complément de l'étude bibliographique ont permis d'identifier les valeurs des propriétés retenues pour les différentes simulations numériques relatives au procédé de Fabrication Directe par Projection Laser, et l'ensemble de ces propriétés est rappelé en Annexe 3. Ces propriétés seront validées grâce à l'étude de la fusion locale par laser d'un barreau métallique (§ 2.2). Différentes grandeurs observables sont mesurées expérimentalement afin de les comparer avec les résultats numériques du modèle associé à cette expérience dont le chapitre suivant fait l'objet.

Chapitre 3

Modélisation 2D axisymétrique de la fusion d'un barreau métallique

Sommaire

3.1 Contexte / Objectifs

La modélisation des phénomènes physiques nécessite de définir les paramètres de chacune des équations utilisées afin de représenter au mieux la réalité. La capacité du modèle à prédire un résultat va alors dépendre de la physique prise en compte mais aussi de la pertinence du jeu de propriétés retenues. L'une des difficultés majeures dans la modélisation des écoulements hydrodynamiques des métaux liquides réside dans la connaissance des propriétés thermophysiques du matériau à haute température. Pour valider le modèle et les propriétés physiques retenues, il est intéressant de travailler sur un cas d'étude plus simple que le procédé FDPL. Ce chapitre présente donc l'étude de la fusion par laser d'un barreau cylindrique métallique vertical chauffé sur sa surface supérieure durant un temps donné. Durant la phase de chauffage, un bain liquide se développe à l'extrémité du barreau. Lorsque le bain atteint les bords du barreau, il prend la forme d'une goutte sous l'effet de la tension superficielle. Le dispositif expérimental relatif à cette expérience est présenté dans le chapitre 2.

Compte tenu de la géométrie simple du cas d'étude, l'approche 2D axisymétrique est retenue, l'étape suivante consistera à transposer cette mise en données au procédé FDPL.

Le modèle thermohydraulique axisymétrique présenté dans ce chapitre a été développé afin de répondre à différents besoins :

- Valider le modèle physique pris en compte ainsi que la mise en donnée.
- Valider le jeu de paramètres retenus à l'issue de l'étude présentée au chapitre 2 portant sur les propriétés thermophysiques.

- Evaluer l'influence des différents phénomènes intervenant au cours de la fusion du barreau.

Un dernier enjeu est de pouvoir réaliser ces développements numériques à l'aide du code commercial Comsol Multiphysics®, logiciel retenu pour le projet ANR ASPECT. Ainsi, dans le cadre de cette simulation, la fusion locale du barreau par le laser fait intervenir un problème de surface libre où des effets de tension superficielle prennent place et déforment la surface libre, comme dans le cas du procédé FDPL. Ce type de conditions aux limites ne faisant pas partie des options disponibles par défaut dans le code commercial, il est donc nécessaire de développer une formulation faible de la tension superficielle afin de l'implémenter sous forme de contrainte sur les frontières appropriées. La validation de cette expression a fait l'objet d'une étude spécifique (Annexe 4).

Enfin, la phase de validation est faite en comparant les résultats numériques du modèle thermohydraulique aux mesures réalisées par le laboratoire PIMM.

3.2 Phénomènes physiques

Le but de ce travail est d'étudier les phénomènes physiques thermohydrauliques lors de la fusion de la face supérieure du barreau soumise à une source laser ainsi que lors de sa solidification.

Dans une première phase, le barreau subit l'action du faisceau laser et voit sa surface supérieure fondre. Le temps d'irradiation est ajusté par rapport à la puissance laser, de sorte que le métal en fusion ne s'écoule pas le long du barreau. Cette quantité d'énergie dépendra de la puissance et de la longueur d'onde du rayonnement laser, des propriétés d'absorption de barreau et de l'angle d'incidence du rayonnement laser par rapport à la surface du barreau. Le bain fondu, ainsi créé, est délimité par deux frontières. La première frontière est l'interface entre la phase solide et la phase liquide (front de fusion ou de solidification) qui dépend des phénomènes de diffusion de chaleur à l'intérieur du bain fondu et du barreau (convection, conduction thermique). La seconde est la surface libre entre la phase gazeuse (l'environnement) et la phase liquide. La forme de cette seconde interface est conditionnée par les phénomènes de tension superficielle qui tendent à minimiser l'énergie de surface, et par la pesanteur qui tend à écraser la goutte de métal en fusion. Au sein du bain liquide, les phénomènes hydrodynamiques en action peuvent également induire des déformations de la surface libre. Deux mécanismes sont à l'origine de cet écoulement : l'effet Marangoni, ou thermocapillarité, et la convection gravitationnelle. Ces deux phénomènes sont donc à l'origine du champ de vitesse à l'intérieur de la zone fondue, ce qui influe fortement sur les flux de matière et d'énergie et donc sur la géométrie des bains de fusion. On comprend dès lors que la position du front de fusion soit dépendante des forces volumiques et superficielles. Un troisième mécanisme peut être source d'un écoulement dans la phase liquide : il s'agit de l'écoulement du gaz protecteur. En effet, afin de protéger le bain fondu de l'oxydation, l'échantillon est placé dans un flux de gaz chimiquement neutre. Dans notre cas, il s'agit d'un flux d'argon.

Dans une seconde phase, l'arrêt du laser amorce la phase de refroidissement du barreau. La chaleur continue à diffuser dans la matière et est évacuée sous forme de pertes par convection et rayonnement au niveau de l'ensemble de la surface du barreau. La proportion de phase liquide diminue jusqu'à solidification totale.

Après avoir rappelé les principaux phénomènes physiques qui interviennent au cours de la fusion et de la solidification d'un barreau métallique, nous présentons dans ce qui suit le modèle numérique permettant de prédire la position de la frontière libre et du front de fusion ainsi que les cinétiques de température en différents points. Les résultats du modèle seront comparés aux essais réalisés pour différents niveaux de puissance laser.

3.3 Description de la modélisation 2D axisymétrique

Une des premières difficultés pour simuler la fusion locale du barreau réside dans la gestion de la déformation de la surface du bain liquide sous l'effet de la tension de surface. La méthode numérique retenue dans le cadre de cette thèse est la méthode ALE, présentée brièvement dans le chapitre 1. Comme nous l'avons vu, cette méthode a été utilisée avec succès pour traiter les déformations de surface libre et permet de s'affranchir des écoulements dans la phase gazeuse, contrairement aux méthodes de type Level-Set ou VOF. De plus, cette méthode est déjà implémentée dans le code COMSOL Multiphysics®. Un premier travail a consisté à valider la mise en donnée du problème ALE avec prise en compte de la tension de surface. Cette validation pour des configurations 2D axisymétrique et 3D a été entreprise à partir de la solution analytique relative à une goutte oscillante (Annexe 4).

Après cette étape de validation, nous avons étendu ce modèle afin de simuler la fusion locale d'un barreau vertical soumis à une source laser. Dans ce cas, il est alors nécessaire de rajouter le problème de diffusion de la chaleur et la gestion du changement de phase solide/liquide. Cette interface solide-liquide sera traitée de manière eulérienne en utilisant une capacité calorifique équivalente et une condition de Darcy, qui seront détaillées plus loin. L'interface liquide-gaz est par contre représentée de façon lagrangienne à l'aide de la méthode ALE. L'ensemble des phénomènes physiques qui conditionnent la dynamique du bain liquide ainsi formé est représenté sur la Figure 3.1. Nous pouvons les regrouper en trois catégories :

Les paramètres liés à l'énergie :

- **La distribution spatiale de l'énergie dans le faisceau laser** : elle dépend du mode fondamental du laser ainsi que du dispositif optique utilisé. Dans notre cas, la distribution énergétique est homogène dans l'ensemble du faisceau laser, on parle de distribution « top-hat ».
- **L'absorptivité du matériau** : cette propriété est très importante puisque c'est d'elle dont va dépendre l'énergie réellement reçue par le barreau. Les pertes de chaleur ont lieu par convection et rayonnement.
- **L'intensité de la source laser** : au-delà d'un seuil, le phénomène d'évaporation peut avoir lieu. Nous chercherons à éviter son apparition car il perturbe fortement l'absorptivité et complexifie le modèle. Par ailleurs, l'intensité laser étant relativement faible (inférieure au $MW.cm^{-2}$), l'évaporation du métal liquide et la pression de recul qui en résulte sont négligées.
- **Les pertes de chaleur du bain** : ces pertes ont lieu par conduction dans la partie solide du barreau, et par convection et rayonnement au niveau de la surface.

Les paramètres agissant sur la convection dans le bain en fusion :

- **La flottabilité** : les gradients thermiques dans le bain induisent des variations de densité à l'origine de forces volumiques.
- **L'effet Marangoni :** la dépendance de la tension superficielle avec la température génère un cisaillement tangent en surface.
- **Le cisaillement du gaz** : du fait de sa viscosité, le gaz protecteur va générer un cisaillement au niveau de la frontière libre et participer ainsi à l'écoulement au sein du bain de fusion. La prise en compte de la pression exercée par le gaz de protection et des forces de cisaillement nécessite de modéliser l'écoulement du gaz protecteur autour de l'échantillon, ce qui est relativement coûteux en temps de calcul. En pratique, le débit de gaz étant relativement faible, cet effet ne sera pas pris en compte dans le modèle.

Enfin, les paramètres agissant sur la forme de la goutte de métal liquide :

- **La tension superficielle** : cette énergie de surface minimise la surface libre du volume de métal en fusion et est responsable de la forme sphérique de la goutte.
- **La pression du gaz** extérieur: l'écoulement de l'argon génère une pression sur la surface libre qui peut déformer celle-ci.
- **La pesanteur** : cette force volumique tend à écraser la goutte de métal liquide.

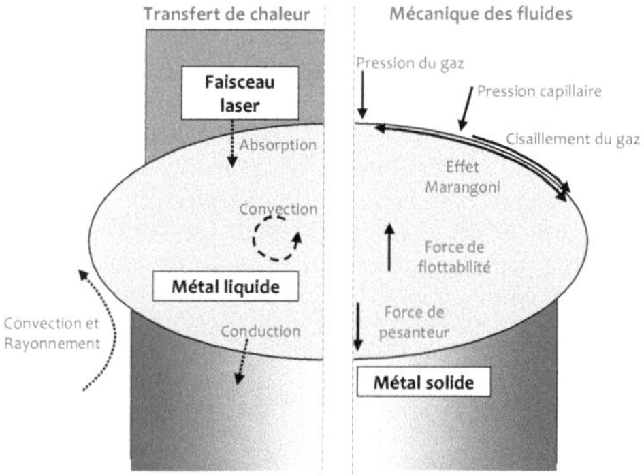

Figure 3.1 - Phénomènes physiques pris en compte pour la description des phénomènes thermiques
(à gauche) et hydrodynamiques (à droite)

3.3.1 Equations de conservation

Du fait de sa symétrie axiale de révolution, la géométrie du modèle se limitera à une représentation 2D axisymétrique. La distribution du champ de température T dans l'ensemble du domaine est déterminée par l'équation de la chaleur (3.1) :

$$\rho(T)c_p^*(T)\left[\frac{\partial T}{\partial t}+\vec{u}\cdot\vec{\nabla}T\right]=\vec{\nabla}\cdot\left(\lambda(T)\vec{\nabla}T\right) \quad (3.1)$$

avec ρ masse volumique, $\vec{u}$ le champ de vitesse dans le bain liquide calculé par l'équation (3.5), et enfin λ la conductivité thermique. L'énergie mise en jeu au cours du changement de phase est prise en compte au moyen de la méthode dite du c_p équivalent (c_p^*) (Reddy and Gartling, 2010) et cette chaleur massique équivalente est donnée par l'équation (3.2). Cette méthode accroît la chaleur massique sur un intervalle de température ΔT. La valeur de cet intervalle ne doit pas être trop faible afin que la singularité que représente le changement de phase ne soit pas trop forte. Il ne doit pas non plus être trop grand, auquel cas le modèle ne serait plus représentatif du phénomène de changement de phase. La répartition de la chaleur latente se fait au moyen de l'expression (3.3) :

$$c_p^*(T)=c_p(T)+L_f D_f(T) \quad (3.2)$$

$$D_f(T)=\frac{1}{\sqrt{\pi\,\Delta T^2}}\exp\left(-\frac{(T-T_f)^2}{\Delta T^2}\right) \quad (3.3)$$

$$D_f(T) = \frac{df_l}{dT} \tag{3.4}$$

avec L_f l'enthalpie de changement de phase du métal et T_f la température de fusion. Dans le cas d'un alliage, il est classiquement admis que T_f est la valeur moyenne entre T_L et T_S. ΔT est l'écart-type de la distribution. En utilisant $\Delta T=0,5(T_L-T_S)$, 63% de l'énergie de changement de phase est appliquée dans l'intervalle de température $[T_S,T_L]$, 98% lorsque $\Delta T=0,25(T_L-T_S)$ (Dal, 2011). Cependant, cela demande un maillage très raffiné dans la zone de changement de phase afin d'assurer la conservation de l'énergie et augmente significativement le temps de calcul. L'idéal est de considérer $D_f(T)$ comme étant la dérivée de la fraction liquide f_l (Figure 3.2a) par rapport à la température, donnée par l'équation (3.4). Cela garantit que la totalité de l'énergie associée au changement de phase est incluse dans l'intervalle de température $[T_S,T_L]$. Toutefois cette distribution présente une singularité aux bornes de l'intervalle (Figure 3.2b), que l'on ne retrouve pas avec l'équation (3.3) car $D_f(T)$ est alors défini sur l'infini. L'équation retenue est donc l'équation (3.3) avec un écart-type de $\Delta T=0,38(T_L-T_S)$ afin que le profil de distribution de l'énergie de changement de phase soit cohérent vis-à-vis de la fraction liquide tout en évitant la singularité introduite par l'utilisation de l'expression (3.4)

(a)

(b)

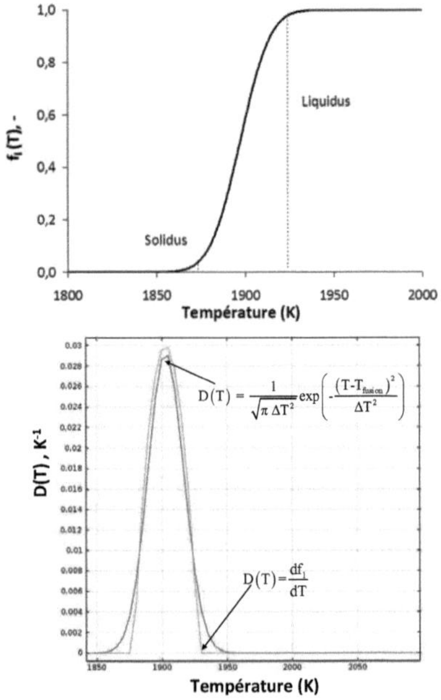

Figure 3.2 – (a) Evolution supposée de la fraction liquide f_l avec la température (b) Distribution de l'énergie de changement de phase - comparaison entre les équations (3.3) et (3.4) avec : T_S = 1873 K et T_L = 1923 K et $\Delta T=0,38(T_L-T_S)$

Le champ de vitesse dans le bain en fusion est calculé à partir des équations de Navier-Stokes (3.5) et de l'équation de continuité (3.6) exprimées pour un fluide newtonien incompressible dont l'écoulement est laminaire :

$$\rho_f\left[\frac{\partial\vec{u}}{\partial t}+\left(\vec{u}\cdot\vec{\nabla}\right)\vec{u}\right]=\vec{\nabla}\cdot\left[-pI+\mu(T)\left(\vec{\nabla}\cdot\vec{u}+\left(\vec{\nabla}\cdot\vec{u}\right)^T\right)\right]+\vec{F}_{Darcy}+\vec{F}_{Bous\sin esq} \quad (3.5)$$

$$\vec{\nabla}\cdot\vec{u}=0 \quad (3.6)$$

avec ρ_f la masse volumique de référence du liquide à la température T_f, $\vec{u}$ le champ de vitesse dans la zone fondue, p la pression, I la matrice identité, $\mu(T)$ la viscosité dynamique du métal liquide. $\vec{F}_{Darcy}$ est un terme de pénalisation permettant d'annuler le champ de vitesse dans la phase solide qui est donné par l'équation (3.7). Enfin, $\vec{F}_{Boussinesq}$ exprime les forces volumiques de flottabilité.

$$\vec{F}_{Darcy}=-\frac{\mu_f}{M_S}\frac{(1-f_l)^2}{\left(f_l^3+b\right)}\vec{u} \quad (3.7)$$

$$M_S=\frac{d_S^2}{180} \quad (3.8)$$

$$f_l=\begin{cases}0 & T\le T_S\\ f(T) & T_S<T\le T_L\\ 1 & T>T_L\end{cases} \quad (3.9)$$

Par analogie avec les écoulements en milieu poreux, l'équation (3.7) est une loi de Darcy basée sur l'approximation de Kozeny-Carman (Brent et al., 1988). Celle-ci donne l'évolution de la perméabilité du milieu considéré en fonction de la fraction liquide dans la zone pâteuse (équation (3.9) et Figure 3.2a)et fait intervenir la température du solidus T_S et du liquidus T_L. La variation de porosité dans la zone pâteuse est représentée par la fraction liquide f_l (équation (3.9)), une fonction échelon lissée d'ordre deux. En dehors de cette zone pâteuse, une fraction liquide nulle et égale à l'unité caractérisent respectivement la phase solide et la phase liquide. M_S est une surface spécifique volumique obtenue à partir de l'équation (3.8), fonction de l'espacement interdendritique. (Beckermann and Viskanta, 1988) proposent la valeur de $d_S = 10^{-4}$ m pour la solidification dendritique d'un alliage binaire, en supposant une forme conique de la dendrite. Cela correspond à une surface spécifique volumique de $5,56.10^{-11}$ m^2. Enfin μ_f représente la viscosité dynamique à la température T_0 et b correspond à un paramètre sans dimension qui permet d'éviter la division par zéro lorsque la fraction liquide est nulle. Nous retenons comme valeur $b = 10^{-3}$.

Le terme $\vec{F}_{Boussinesq}$ est basé sur les approximations de Boussinesq. Celui-ci a montré que, dans les équations de Navier-Stokes, la variation de masse volumique en fonction de la température a peu d'influence sur la solution de l'équation (3.5) à l'exception du terme de flottabilité puisqu'il est à l'origine des mouvements de convection naturelle. Cette approximation permet ainsi de considérer le fluide comme incompressible dans l'équation de continuité. La deuxième approximation de Boussinesq consiste à supposer que la masse volumique ρ varie linéairement avec la température, ce qui se traduit par l'expression (3.10) introduite dans l'équation (3.5) avec ρ_f la masse volumique à la température T_0. Classiquement, la température T_0 correspond à la température de fusion du matériau considéré. β_f est le coefficient d'expansion volumique du métal liquide.

$$\vec{F}_{Bous\sin esq}=\rho_f\left[1-\beta_f\left(T-T_f\right)\right]\vec{g} \quad (3.10)$$

Les calculs sont effectués à partir des propriétés thermophysiques validées pour l'alliage de titane Ti-6Al-4V et l'acier inoxydable qui sont rappelées en Annexe 3.

3.3.2 Géométrie

La géométrie du modèle est schématisée sur la Figure 3.3. La hauteur du barreau est de 25 mm et le diamètre varie en fonction du matériau : 1,2 mm pour l'acier 316L et 1,4 mm pour l'alliage Ti-6Al-4V. Cette géométrie est composée de deux domaines. Les équations de conservation de la quantité de mouvement, de conservation de la masse et celles du maillage mobile sont uniquement résolues dans le domaine ABCF, l'équation de conservation de l'énergie étant quand à elle résolue dans les deux domaines. Le domaine ABCF est dimensionné de façon à ce que la phase liquide y soit contenue tout au long du calcul. Ce découpage permet ainsi, d'une part de bien contrôler le raffinement du maillage dans chaque domaine et d'autre part, de limiter le nombre de degrés de liberté et donc les temps de calcul.

Rappelons que cette géométrie est associée à l'expérience de fusion laser présentée dans le chapitre 2, dont le but est de fournir des données expérimentales pour la validation de ce modèle numérique. Des échantillons de faibles dimensions et une symétrie de révolution ont donc été privilégiés afin de réduire les temps de calcul.

3.3.3 Conditions aux limites et conditions initiales

La Figure 3.3 récapitule toutes les conditions aux limites associées aux trois problèmes : transfert de chaleur, mécanique des fluides, déformation du maillage. Ces deux derniers problèmes ne sont résolus que dans le domaine ABCF.

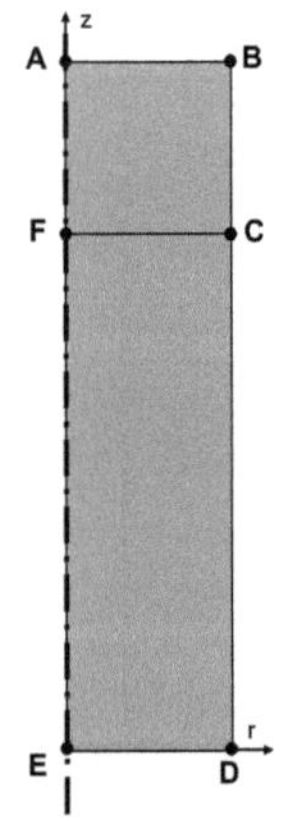

	Transfert de chaleur	Mécanique des fluides	ALE
AB	$-\vec{n}\cdot\left(-\lambda(T)\vec{\nabla}T\right) = \varphi_{laser} - \varphi_{conv} - \varphi_{ray}$	$\vec{u}\cdot\vec{n}=0$ $\sigma_n = -Pa - \gamma(T)\kappa$ $\sigma_t = \frac{\partial\gamma}{\partial T}\vec{\nabla}T\cdot\vec{t}$	$\vec{u}_{LG}\cdot\vec{n}=\vec{u}\cdot\vec{n}$
BC	$-\vec{n}\cdot\left(-\lambda(T)\vec{\nabla}T\right) = \varphi_{laser} - \varphi_{conv} - \varphi_{ray}$	$\vec{u}\cdot\vec{n}=0$ $\sigma_n = -Pa - \gamma(T)\kappa$ $\sigma_t = \frac{\partial\gamma}{\partial T}\vec{\nabla}T\cdot\vec{t}$	$\vec{u}_{LG}\cdot\vec{n}=\vec{u}\cdot\vec{n}$
CD	$-\vec{n}\cdot\left(-\lambda(T)\vec{\nabla}T\right) = \varphi_{laser} - \varphi_{conv}$	-	-
DE	$-\vec{n}\cdot\left(-\lambda(T)\vec{\nabla}T\right) = \varphi_{laser} - \varphi_{conv}$	-	-
EF	Axe de symétrie	-	-
FC	Continuité	$\vec{u}=0$	dz = 0
FA	Axe de symétrie	Axe de symétrie	dr = 0

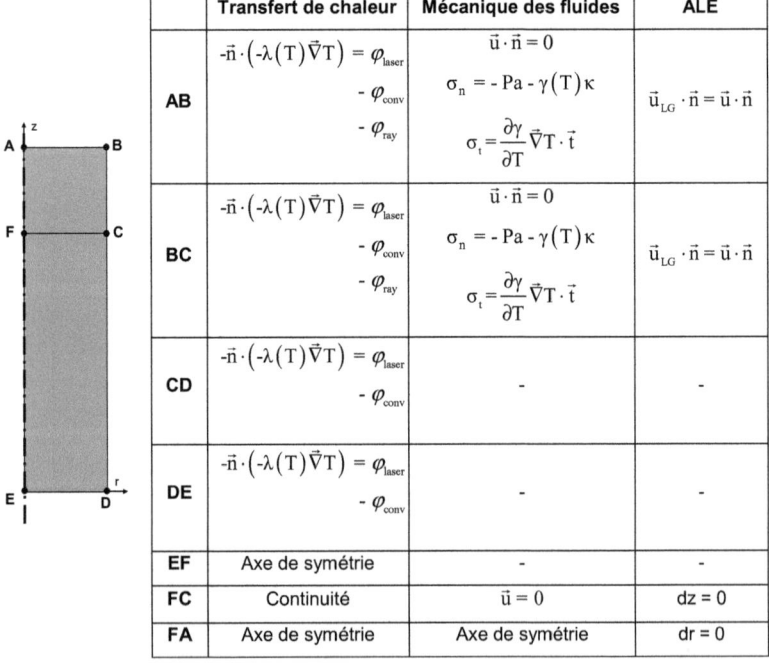

Figure 3.3 – Géométrie initiale du modèle numérique et conditions aux limites correspondantes

Pour le problème thermique, l'ensemble des frontières extérieures du domaine est soumis à des pertes convectives φ_{conv} et radiatives φ_{ray} avec l'environnement (équations (3.11) et (3.12)). Le coefficient d'échange convectif h_c est pris égal à 20 $W.m^{-2}.K^{-1}$, valeur supérieure à celle prise habituellement en convection naturelle, du fait de l'écoulement du gaz de protection autour du barreau. (Wang and Felicelli, 2006) ont par ailleurs montré que l'influence du coefficient d'échange convectif est modérée lorsque h_c est compris entre 1 et 100 $W.m^{-2}.K^{-1}$. Cette valeur sera rediscutée lors de l'étude de sensibilité (§ 3.4.2). La température ambiante T_∞ est de 293 K. σ_{SB} est la constante de Stefan-Boltzmann et ε l'émissivité prise égale à 0,7 pour l'alliage de titane (chapitre 2). Un terme supplémentaire φ_{laser} est appliqué au sommet du barreau puisqu'il est exposé à un rayonnement laser d'intensité homogène sur un rayon r_{laser} égal à 0,5 mm (identique pour toutes les puissances laser – équation (3.13)). Le paramètre $\delta(t)$ est égal à l'unité durant la période de chauffage, et nul en dehors.

$$\varphi_{conv} = h_c\left(T - T_\infty\right) \tag{3.11}$$

$$\varphi_{ray} = \varepsilon\sigma_{SB}\left(T^4 - T_\infty^4\right) \tag{3.12}$$

$$\varphi_{laser}\left(r,t\right) = \begin{cases} \cos(\theta)\dfrac{\alpha\, P_{laser}}{\pi\, r_{laser}^2}\delta(t) & r \le r_{laser} \\ 0 & r > r_{laser} \end{cases} \tag{3.13}$$

La surface libre est amenée à se déformer. De ce fait, l'inclinaison θ de la surface par rapport à l'incidence du laser aura pour conséquence de faire varier la surface projetée et donc l'intensité locale. Cette considération géométrique explique le terme $\cos(\theta)$ dans l'équation (3.13). α est l'absorptivité de la surface sous incidence normale. Nous pourrons constater par la suite que, sur la surface d'interaction entre le faisceau laser et la goutte de métal en fusion, l'angle θ n'excède jamais 45°. Or l'étude bibliographique a montré une faible influence de l'effet Brewster pour des angles inférieurs à 45° et une longueur d'onde de 1,06 μm, tant pour l'alliage de titane Ti-6Al-4V que pour l'acier inoxydable 316L, que nous assimilons au fer pur. C'est la raison pour laquelle il est raisonnable de négliger les effets de la polarisation du faisceau laser pour cette étude. Par ailleurs, la température initiale en tout point du barreau est nettement supérieure à T_∞, et de l'ordre de 200°C. En effet, l'utilisation d'une caméra rapide pour suivre la forme dynamique de la goutte de métal fondue nécessite un éclairage intense (la fréquence d'acquisition élevée occasionne une baisse de luminosité). Deux spots halogènes compensent ce phénomène mais sont également à l'origine d'un flux radiatif non négligeable qui échauffe le barreau métallique en l'espace de quelques minutes. La température initiale du barreau est alors prise comme étant la température mesurée par les thermocouples avant le début de l'expérience.

Concernant le problème de mécanique des fluides, outre la condition d'axisymétrie en r = 0, les limites du domaine sont définies comme étant des frontières ouvertes. Les forces de tension de surface agissent dans les directions normales et tangentes à la surface.
Les équations associées sont :

Dans le plan normal :

$$\sigma_n = -P_a - \gamma(T)\kappa \tag{3.14}$$

Dans les plans tangents :

$$\sigma_t = \frac{\partial \gamma}{\partial T} \vec{\nabla} T \cdot \vec{t} \qquad (3.15)$$

où P_a est la pression extérieure mais ce terme est supposé nul puisqu'il s'agit d'une valeur relative et non absolue (d'où la condition initiale p = 0), κ est la courbure de la surface et γ(T) exprime le coefficient de tension de surface. Ces contraintes sont directement implémentées sous forme de contributions faibles au niveau de la surface libre. Le champ de vitesse est nul à l'instant initial t = 0 s.

Pour le problème de déformation du maillage (problème ALE), la surface libre est déplacée selon une vitesse u_{LG} qui dépend directement du champ de vitesse dans le domaine de calcul. Pour l'axe de symétrie, seul le déplacement selon z est autorisé alors que pour la frontière horizontale, le déplacement est autorisé selon r uniquement.

La condition à la limite relative à la tension de surface a été introduite dans le logiciel COMSOL Multiphysics® sous forme de contrainte en utilisant une formulation faible (Carin, 2010). La mise en donnée a été validée en simulant l'amortissement des oscillations d'une goutte sphérique initialement déformée. Dans le cas de faibles amplitudes, il existe une solution analytique qui permet de décrire les oscillations en un point de la surface libre au cours du temps. La mise en données de la tension superficielle dans COMSOL Multiphysics® diffère que l'on soit dans un repère 2D axisymétrique ou 3D cartésien. C'est la raison pour laquelle la validation est faite pour ces deux cas. Cette validation est détaillée en Annexe 4 et nous ne présenterons ici que les résultats issus de la comparaison entre la solution numérique et la solution analytique dans un repère axisymétrique (Tableau 3.1) et dans un repère 3D cartésien (Tableau 3.2).

Dans les deux cas, le bon accord entre la solution numérique et la solution analytique nous permet de valider la mise en donnée de la tension superficielle en tant que condition aux limites d'un problème de surface libre.

	Valeur exacte	**Valeur numérique**	**Ecart relatif**
Période d'oscillation (μs)	369,9	372,3	+ 0,65 %
Pression relative finale (Pa)	1153,46	1153,44	< 0,002 %
Volume final (mm^3)	$4,247.10^{-3}$	$4,246.10^{-3}$	- 0,02 %

Tableau 3.1 – Comparaison des résultats de la solution analytique et du modèle numérique 2D axisymétrique

	Valeur exacte	**Valeur numérique**	**Ecart relatif**
Période d'oscillation (μs)	369,9	363,3	+ 1,78 %
Pression relative finale (Pa)	1153,46	1168	+ 1,26 %
Volume final (mm^3)	$4,247.10^{-3}$	$4,091.10^{-3}$	+ 3,84 %

Tableau 3.2 – Comparaison des résultats de la solution analytique et du modèle numérique 3D

3.3.4 Maillage

Une étude de convergence spatiale a permis de définir la taille des éléments correspondant à un meilleur compromis entre précision et temps de calcul. Les éléments des frontières ouvertes du domaine ABCF ont ainsi une taille maximale de 10 μm. Les frontières restantes sont automatiquement maillées en fonction des contraintes imposées par l'utilisateur. L'intérieur présente des mailles de dimension inférieure ou égale à 50 μm, avec un taux de croissance de 1,1 à partir des frontières ouvertes. Le domaine CDEF, quant à lui, est librement maillé (un raffinement n'est pas nécessaire car les gradients thermiques sont relativement peu importants) et notre intérêt porte essentiellement sur les phénomènes associés au domaine ABCF. Le maillage est illustré sur la Figure 3.4 et comporte 13544 éléments triangulaires. L'équation de la chaleur est discrétisée par des éléments linéaires. Le problème de mécanique des fluides est discrétisé par des éléments de type P_2-P_1. Pour le problème ALE, des éléments de type quadratique sont définis. Il s'agit ni plus ni moins des paramètres de discrétisation par défaut de COMSOL Multiphysics®.

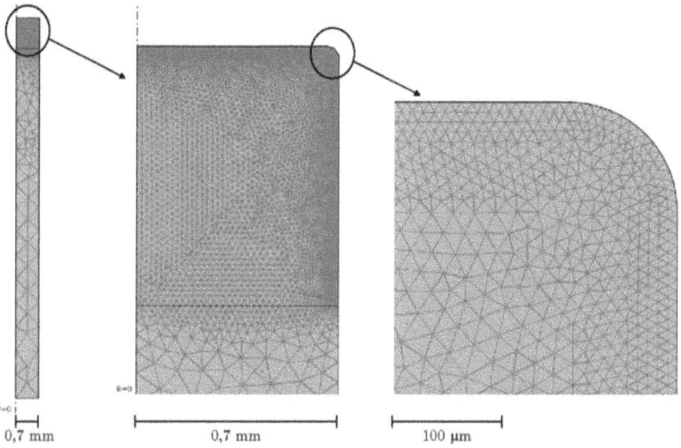

Figure 3.4 – Maillage du barreau en 2D axisymétrique – diamètre de 1,4 mm

3.3.5 Paramètres de résolution

La résolution du jeu d'équations est faite avec PARDISO comme solveur direct et α-généralisé comme solveur temporel. Les tolérances relatives et absolues sont respectivement fixées à 10^{-3} et 10^{-4} (les variables liées à la température, aux champs de vitesse et de pression ainsi qu'aux déplacements du maillage sont automatiquement adimensionnées). L'apparition de la phase liquide aux tous premiers instants représente une non linéarité très forte. Il a donc été nécessaire d'adapter certains paramètres de résolution pour « passer » ce cap de la fusion. Le facteur d'amortissement utilisé dans la méthode de Newton-Raphson est fixé à 1 et le jacobien de la matrice de sensibilité est actualisé à chaque pas de temps. Pour faciliter l'initialisation du calcul, le pas de temps initial est fixé à 10^{-6} s.

Les puissances laser et durées d'interaction font qu'au bout d'une demi-seconde de temps calculé, le barreau a localement fondu avant de se resolidifier entièrement. Aussi le pas de temps maximal est limité sur cette période à 0,5 s, ce qui facilite la convergence du calcul étant donné les fortes non linéarités. Cette limite de pas de temps est de 10^{-4} s pour les faibles puissances laser et de 10^{-5} s pour les plus fortes. Au-delà de cette période de 0,5 s, le barreau est complètement solidifié et la limite est alors remontée à 10^{-2} s.

L'ensemble des calculs présentés dans ce mémoire a été réalisé sur une station de calcul financée par le projet ANR. Ses caractéristiques sont les suivantes : biprocesseurs Intel® Xeon(R) CPU X5680 3,33 GHz, 96 Go de mémoire vive (DDR3), Linux 64 bits. Chacun des calculs est lancé avec un nombre spécifique de processeurs parallélisés à mémoire partagée (24 CPU au maximum). Les calculs présentés ci-après portent sur un temps de 8 s et sont accomplis en trois heures pour la plus faible puissance laser et avec quatre processeurs en parallèle. Pour les fortes puissances, la durée de calcul est de l'ordre de la journée.

3.4 Résultats numériques et discussions

La partie supérieure d'un barreau de Ti-6Al-4V est irradiée par un faisceau laser continu d'intensité uniforme (P_{laser} = 268 W, r_{laser} = 0,5 mm) pendant une durée de 200 ms. Le faisceau laser est supposé être focalisé sur la surface du barreau durant toute la durée de l'expérience ; le diamètre est alors constant selon z. La Figure 3.5 montre l'évolution des champs de vitesse et température au cours de la fusion et de la solidification du barreau, ainsi que la déformation de la surface du bain sous l'effet de la tension de surface. La convection à l'intérieur du bain liquide est responsable de la redistribution de l'énergie apportée par le faisceau laser et de l'homogénéisation des températures. Cette convection est essentiellement causée par l'effet Marangoni lié aux gradients de température à la surface ($\partial\gamma/\partial T$) = -2,7.$10^{-4}$ N.m^{-1}.K^{-1}). La variation de tension superficielle engendrant un cisaillement de la surface, le fluide est alors mis en mouvement du point chaud vers le point froid de la surface du liquide. Alors que la température maximale est atteinte au sommet du barreau, la vitesse est, quant à elle, maximale plutôt sur la périphérie et en dehors de la zone d'interaction avec le faisceau laser. La discontinuité de l'intensité laser en bord de faisceau est très violente pour le fluide, c'est à cet endroit que se trouvent les gradients thermiques les plus forts (Figure 3.6). La thermocapillarité en est d'autant plus intense et cela explique que les vitesses les plus importantes soient atteintes hors de la zone d'interaction avec le faisceau laser. Le transport de l'énergie favorise la fusion des bords du barreau par creusement. La fusion sur l'axe du barreau est quant à elle pilotée par une cellule de convection causée par l'écoulement en surface. L'intense convection thermocapillaire dans le bain liquide augmente ce creusement sur l'axe et le front de fusion présente alors un profil plus aplati. A titre indicatif, la température maximale à t = 200 ms est de 2733 K et la température moyenne dans le bain est de 2091 K. Quant à la vitesse, les valeurs maximale et moyenne sont respectivement de 1,62 m.s^{-1} et 0,34 m.s^{-1}. Le volume maximal du bain liquide est de 2,15 mm^3.

L'arrêt du faisceau laser interrompt le processus de fusion. Les gradients thermiques en surface, moteurs de l'effet Marangoni, diminuent très rapidement et les mouvements du fluide cessent alors. La chaleur emmagasinée dans le bain liquide diffuse dans le reste du barreau et le front de fusion remonte jusqu'à disparition de la phase liquide environ 100 ms après la coupure du laser. L'extrémité du barreau garde alors une forme arrondie, proche de celle du bain liquide obtenue à t = 200 ms. Le fluide en mouvement exerce une pression résultante qui provoque l'élévation du bain mais en contrepartie, le diamètre de la goutte est rétréci. Lorsque l'hydrodynamique du bain cesse, le bain liquide s'affaisse de 0,1 mm et oscille durant 20 ms avant de se stabiliser. La Figure 3.5 à t = 300 ms montre le maillage déformé après solidification. Cette forme sphérique est la conséquence directe de la tension superficielle dont l'action est de minimiser l'énergie de surface. A noter que pour ces calculs, aucune opération de remaillage n'est effectuée.

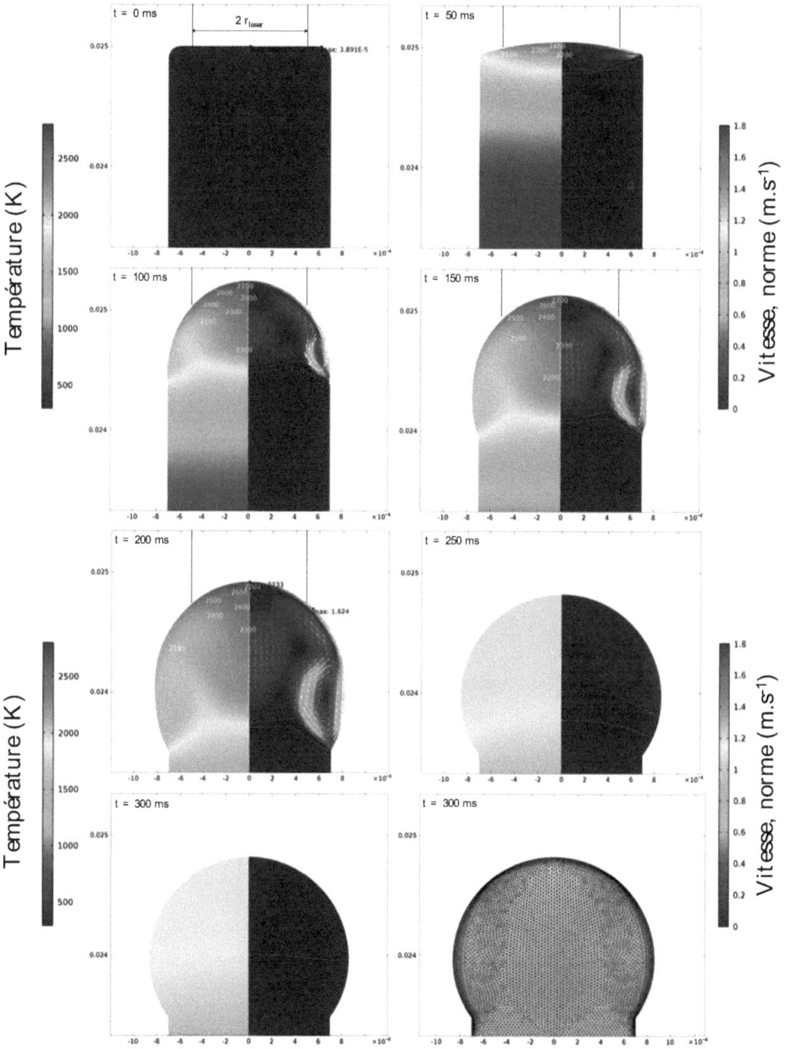

Figure 3.5 – Evolution du champ de température et du champ de vitesse dans le bain liquide d'un barreau de Ti-6Al-4V (puissance laser : 268 W – temps d'interaction : 200 ms)

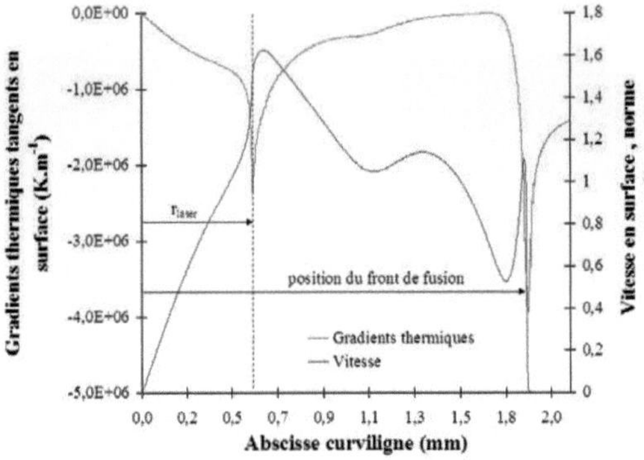

Figure 3.6 – Gradients thermiques tangents et vitesse en surface du bain liquide d'un barreau de
Ti-6Al-4V (P_{laser} = 268 W, r_{laser} = 0,5 mm, t = 200 ms)

Les résultats numériques ont été comparés aux données expérimentales. Celles-ci sont issues de mesures de température effectuées à l'aide de thermocouples soudés à la surface du barreau, d'images obtenues par caméra rapide et de macrographies (chapitre 2). Avant de présenter la comparaison entre les résultats de ce modèle et les mesures, nous nous sommes intéressés aux incertitudes liées à ces mesures.

3.4.1 Incertitudes et erreurs de mesures

3.4.1.1 Perturbation des thermocouples sur la mesure

La mesure de température par thermocouple joue sur la différence des propriétés thermoélectriques de deux matériaux. A la jonction de ces matériaux va apparaître une différence de potentiel proportionnelle à la température de la jonction. Il est alors possible d'évaluer la température de la jonction (soudure chaude) en mesurant la différence de potentiel par rapport à une référence (soudure froide). Cette dernière correspond à la force électromotrice (f.e.m.) mesurée à une température donnée. Cette technique permet de faire des mesures en surface comme des mesures intrusives, les fils étant relativement fins. Toutefois, il apparaît que cette méthode de mesure perturbe le champ de température dans les zones de forts gradients thermiques, par exemple à proximité d'un bain liquide (Dal, 2011). Pour une mesure intrusive, le perçage représente un obstacle au flux de chaleur. Il apparaît alors un point chaud. D'autre part, il est important d'assurer un bon contact entre la boule de thermocouple et le milieu dont on souhaite évaluer la température afin de minimiser la résistance de contact. Pour une mesure en surface, la présence d'un thermocouple peut provoquer un effet de pompage de la chaleur vers les fils. Alors que l'ensemble du domaine évacue la chaleur par convection et rayonnement, la zone de contact facilite le transfert de chaleur en jouant le rôle d'une ailette thermiquement parlant. C'est cet effet de pompage que nous étudions afin d'évaluer son influence sur la température mesurée expérimentalement, par rapport à la température calculée d'un modèle qui ne tient pas compte de la présence du thermocouple.

Considérons un barreau de Ti-6Al-4V de diamètre 1,4 mm, instrumenté en surface avec deux thermocouples de type K avec des fils de diamètre d_{fil} = 125 μm (Figure 3.7b). La jonction soudée est faite entre un fil de Chromel (λ = 19 $W.m^{-1}.K^{-1}$, ρ = 8730 $kg.m^{-3}$, c_p = 447 $J.kg^{-1}.K^{-1}$) et un fil d'Alumel (λ = 30 $W.m^{-1}.K^{-1}$, ρ = 8600 $kg.m^{-3}$, c_p = 522 $.kg^{-1}.K^{-1}$), chacun placé dans une gaine en Téflon® (λ = 0,25 $W.m^{-1}.K^{-1}$,

ρ = 2150 kg.m^{-3}, c_p = 1000 J.kg^{-1}.K^{-1}) de 300 µm de diamètre. Les fils sont supposés être dénudés sur les deux premiers centimètres. Le sommet du barreau est exposé pendant 200 ms à une source de chaleur homogène de puissance 268 W et de rayon 0,5 mm. Nous supposons que le système thermique échange par convection et rayonnement avec un environnement à température ambiante. L'absorptivité est fixée à 0,3. Le contact entre les fils et le barreau n'est pas considéré comme parfait, cela justifie l'introduction d'une résistance de contact thermique entre le barreau et le premier fil d'une part et entre les deux fils d'autre part. Un cas avec contact parfait sera donc comparé avec un cas où la résistance de contact thermique est de 10^{-6} m^2.K.W^{-1}, ce qui est une valeur relativement élevée compte tenu que les fils sont soudés par décharge capacitive.

La présence des fils du thermocouple enlève toute symétrie à la géométrie, c'est pourquoi il est nécessaire de travailler dans un repère 3D. Cependant, pour limiter les temps de calcul, le modèle se limite à un problème de transfert de chaleur par conduction, les écoulements dans le métal liquide ainsi que la déformation de la surface libre ne sont donc pas pris en compte dans ce modèle. Toutefois, la conductivité thermique du métal liquide est artificiellement augmentée d'un facteur deux pour rendre compte de l'homogénéisation de la température par la convection. Cela permet de retrouver une position du front de fusion comparable à celle obtenue avec le modèle thermohydraulique. La Figure 3.7a présente la géométrie du modèle thermique 3D, et correspond au barreau cylindrique instrumenté des deux thermocouples. La Figure 3.7b est un schéma en coupe du barreau cylindrique sur son axe longitudinal et le plan de coupe est perpendiculaire aux fils des thermocouples. Ce schéma fait apparaître la jonction entre les deux fils ainsi que celle avec le barreau cylindrique.

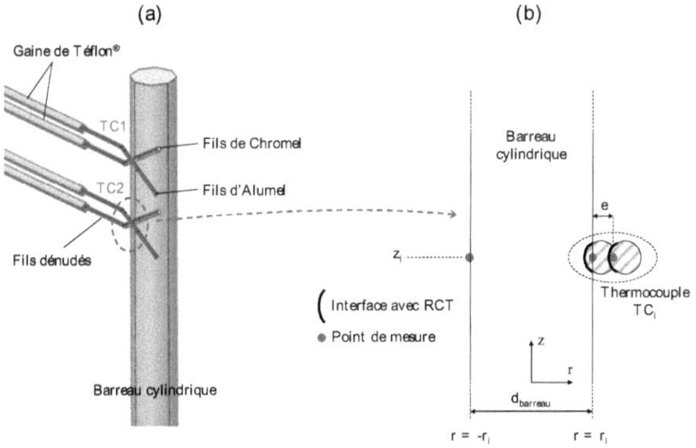

Figure 3.7 – (a) Géométrie 3D du modèle développé pour l'étude d'incertitude de mesure des thermocouples ; (b) Schéma de l'instrumentation

Afin d'évaluer l'erreur induite par la présence du thermocouple, nous avons comparé les températures obtenues en différents points de la surface. Pour une distance z_i par rapport au sommet du barreau, $T(-r_i,z_i)$ correspond à la température calculée sans thermocouple, $T(r_i,z_i)$ est la température calculée à la jonction entre le barreau et le premier thermocouple, enfin $T(r_i+e,z_i)$ correspond à la température calculée à la jonction entre les deux fils de thermocouple. Les indices 1 et 2 font référence à chacun des thermocouples que nous nommerons TC1 et TC2 par la suite.

Il apparaît sur la Figure 3.8 que pour TC1, l'erreur maximale de +319°C intervient durant la phase de chauffage rapide (+2500°C.s^{-1}). Cette erreur maximale est sensiblement moins élevée pour TC2 (+102°C), avec une vitesse de montée en température également plus faible (+420°C.s^{-1}). Notons que ce n'est pas lorsque la température maximale respective à chaque thermocouple est atteinte que la perturbation des thermocouples est la plus marquée : +114°C pour TC1 et +31°C pour TC2. C'est donc un effet transitoire imputable à l'inertie thermique des fils. Dès lors que la température diminue, la perturbation est de quelques dizaines de degrés. Par conséquent, la présence des thermocouples abaisse la température locale. Il est donc justifié et nécessaire de corriger les températures calculées. Celles-ci surestiment les températures mesurées en ne tenant pas compte des thermocouples.

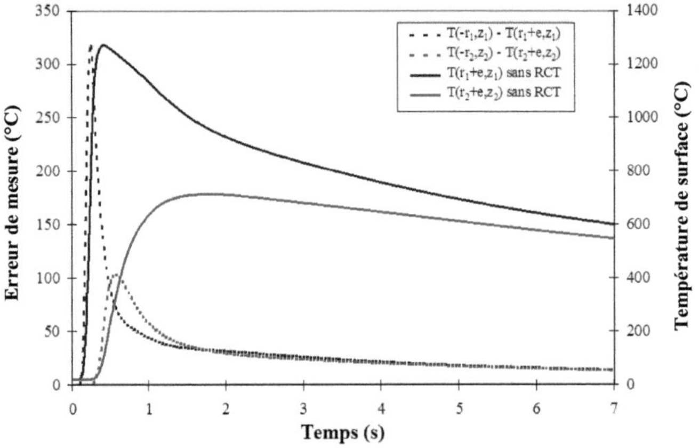

Figure 3.8 – Erreur de température entre le modèle 3D sans et avec thermocouples en fonction du temps, à z_1 = 2,37 mm et z_2 = 4,32 mm du sommet du barreau (RCT = 10^{-6} m^2.K.W^{-1})

3.4.1.2 Incertitude sur la résistance de contact thermique

Le barreau métallique est instrumenté en thermocouples par une technique de soudage par décharge capacitive. Cette technique consiste à appliquer une différence de potentiel sur l'empilement que représentent le barreau et les deux fils. La densité de courant échauffe localement les zones de contact jusqu'à atteindre la température de fusion des matériaux. La solidification assure la tenue mécanique de la soudure. La soudure idéale est celle qui assure une continuité métallique parfaite entre les trois domaines, sans porosité locale ni aspérités. La résistance de contact thermique (RCT) aux interfaces est alors nulle. L'application d'une résistance de contact à la jonction entre le barreau et le premier fil d'une part, et entre les deux fils d'autre part, nous permet de considérer un contact non parfait qui représente alors une barrière thermique au flux de chaleur. L'hypothèse d'une RCT de 10^{-6} m^2.K.W^{-1} est forte et surestime très probablement la RCT réelle aux interfaces, compte tenu de la technique d'instrumentation. La comparaison entre un calcul avec une RCT nulle et un autre avec une RCT de 10^{-6} m^2.K.W^{-1} permet de balayer l'ensemble des possibilités quant à la qualité des contacts aux interfaces. Les résultats sont cohérents puisque l'introduction d'une résistance de contact thermique s'oppose au passage du flux de chaleur, ce qui diminue les gradients thermiques. La température calculée avec RCT est donc plus importante que sans RCT, cela explique la valeur négative de l'erreur calculée (Figure 3.9). Comme pour le paragraphe précédent, l'écart maximal est atteinte durant la phase de montée en température pour chaque thermocouple et diminue par la suite. Durant la phase de refroidissement, les gradients thermiques se réduisent et le phénomène de résistance thermique est beaucoup moins marqué, indépendamment du niveau de température. La preuve en est que l'écart absolu devient inférieur à 5°C alors que les températures locales sont supérieures à 500°C.

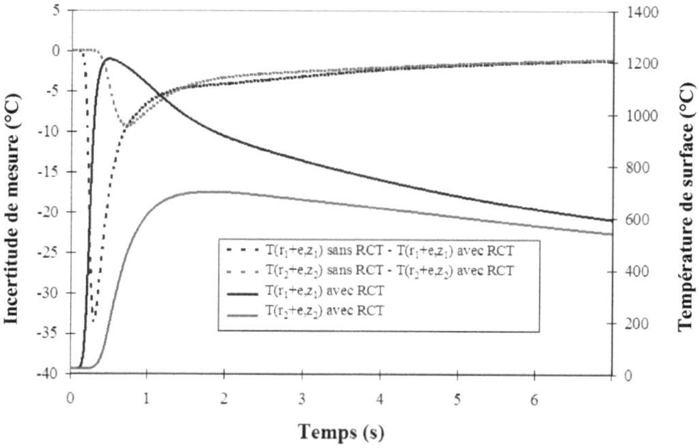

Figure 3.9 – Perturbation de la température à la jonction fil/fil en considérant un cas sans RCT et un cas avec RCT = 10^{-6} $m^2.K.W^{-1}$

3.4.1.3 Incertitude sur la position des thermocouples

Les fils du thermocouple sont fixés sur le barreau par décharge capacitive. Toutefois, la position mesurée par rapport au sommet du barreau n'est pas une valeur exacte. Comme il est possible de le voir sur la Figure 3.10a, le contact des fils se fait sur une surface et non de manière ponctuelle. L'implantation oblique des fils par rapport à l'axe longitudinal du barreau fait que cette surface de contact est alors étalée sur un intervalle d'environ ± 125 µm, correspondant approximativement au diamètre des fils et centré respectivement sur z_1 et z_2.

Les résultats de la Figure 3.10b comparent la température de la jonction fil/fil pour TC1 et TC2 à une distance (z_1+125 µm) et (z_2+125 µm) par rapport à la température de la jonction fil/fil pour TC1 et TC2 à une distance z_1 et z_2 (RCT nulle). Durant la phase de montée en température, la propagation du front de chaleur atteint dans un premier temps les thermocouples positionnés au plus proche du sommet du barreau. Cela explique l'écart mesuré de +142°C pour TC1 et +30°C pour TC2. Notons que l'écart est négatif dès lors que la température diminue. En effet, la température du barreau s'homogénéise rapidement dans la partie haute. Dès lors que la température des thermocouples diminue du fait des pertes de chaleur par convection et rayonnement, les effets de bord seront plus sensibles aux extrémités du barreau qu'au milieu. Cela explique pourquoi l'incertitude est négative, du fait de la plus grande surface spécifique par unité de volume, et que cette erreur est d'autant plus grande que le thermocouple est proche du sommet du barreau.

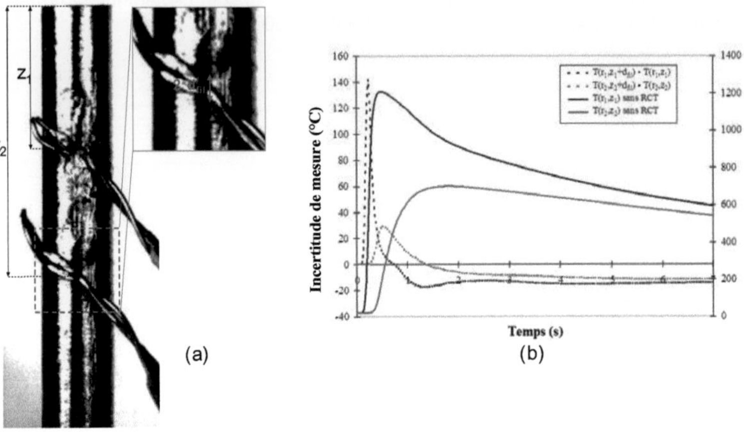

Figure 3.10 – (a) Instrumentation des thermocouples ; (b) Incertitude sur la température mesurée induite par l'incertitude de la position des thermocouples

Conclusions sur les erreurs et incertitudes de mesure par thermocouple

L'étude qui vient d'être présentée a permis de montrer comment des thermocouples, positionnées à proximité d'un bain liquide obtenu par impulsion laser, étaient en mesure de perturber la température de surface. Par leur simple présence, les fils constituent une direction de propagation de la chaleur et réduisent le niveau de température local. Aussi, et bien que les thermocouples soient soudés par décharge capacitive, l'interface entre le fil de Chromel et le fil d'Alumel d'une part, et entre le barreau et la boule du thermocouple d'autre part, sont le siège de résistances de contact thermique. Ces résistances s'opposent à la diffusion de chaleur à travers les fils et leur effet est de faire monter le niveau de température local. Enfin, une erreur sur la position des thermocouples par rapport au sommet du barreau est également une source d'erreur sur la température mesurée et peut autant la surestimer que la sous-estimer selon, que le thermocouple soit plus haut ou plus bas que prévu. Nous avons établi une correction ainsi qu'une barre d'incertitude sur les mesures de température effectuées par le laboratoire PIMM. Ces résultats sont regroupés dans le Tableau 3.3, en dissociant les erreurs pour le thermocouple proche du front de fusion (TC 1) de celles du thermocouple plus éloigné du bain liquide (TC 2).

Les calculs d'incertitude ont été réalisés pour des conditions opératoires données (P_{laser} = 268 W, r_{laser} = 0,5 mm, durée de chauffage = 200 ms), mais sont supposés applicables à tous les autres jeux de paramètres.

	TC 1	TC 2
Position théorique du thermocouple par rapport au sommet du barreau	2,37 mm	4,32 mm
Présence des thermocouples	-30°C	-30°C
Position des thermocouples	±15°C	±10°C
Effet de la RCT	±20°C	±5°C
Correction et barre d'erreur	(TC 1 – 30) ± 35°C	(TC 2 – 30) ± 15°C

Tableau 3.3 – Récapitulatif des erreurs et incertitudes sur la mesure de température de surface

3.4.1.4 Incertitude sur la forme de la surface libre

Afin de valider les formes de bain calculées par le modèle, des caméras rapides sont utilisées pour permettre le suivi dynamique de la frontière libre. L'usage de ce type de matériel nécessite d'utiliser un dispositif d'éclairage puissant car les fréquences d'acquisition sont très élevées (5 kHz). Dès lors que le bain liquide est suffisamment développé, la goutte oscille assez rapidement et présente alors des formes non sphériques. Sur la Figure 3.11, à t_0 + 2 ms, on observe une surface libre peu déformée par les mouvements du métal liquide, la figure à t_0 montre une dissymétrie radiale dans la forme de la goutte. La forme conique visible sur l'image à t_0 + 4 ms montre que l'agitation à l'intérieur du bain liquide déforme la surface. Ces oscillations peuvent trouver leur origine dans une propagation non homogène du front de fusion (rayonnement thermique des spots halogènes sur l'une des faces du barreau cylindrique), une distribution qui n'est pas parfaitement homogène de l'intensité de la source laser qui n'est pas parfaitementr homogène, conduisant à une variation des gradients thermiques en surface et donc de l'effet Marangoni, ou encore à la présence d'agents tensioactifs/impuretés qui vont également perturber la convection thermocapillaire. On peut également penser à des variations du débit du gaz de protection ou des effets liés à la turbulence (nombre de Reynolds Re max ≈ 5000 – régime transitoire).

L'incertitude sur le suivi dynamique de la surface libre est évaluée en relevant les différentes formes que peut prendre la surface libre à 2 ms d'intervalle, et cela sur 10 ms. La période durant laquelle est faite cette estimation doit être suffisamment courte pour que le déplacement du front de fusion soit minime, tout en permettant d'observer une diversité dans les formes de la goutte de métal liquide. La superposition des profils a permis d'établir un intervalle dans lequel la surface libre est susceptible de se trouver. Cette incertitude est estimée à ± 0,15 mm et permet de définir une barre d'erreur sur les mesures faites par caméra rapide. Rapporté à l'échelle du problème, cela représente 21 % du rayon du barreau, ce qui n'est pas négligeable. Cette incertitude tient également compte de l'erreur introduite par la méthode de détection de contour pour déterminer les coordonnées de la frontière libre.

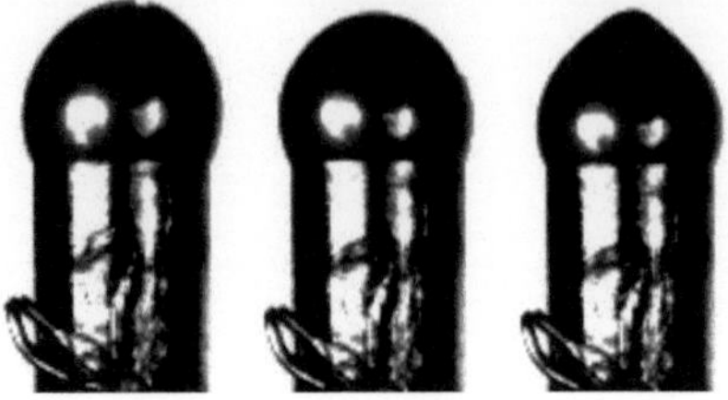

Figure 3.11 – Clichés pris à 2 ms d'intervalle au cours de la fusion d'un barreau de Ti-6Al-4V (172 W – 300 ms)

3.4.1.5 Incertitude sur les macrographies

Plusieurs mesures ont été faites pour une même macrographie et l'erreur moyenne de mesure est inférieure à 10 μm, ce qui est largement négligeable quant à la notion même de front de fusion. Rappelons que dans le cas d'un alliage, le changement de phase a lieu sur un intervalle de température correspondant aux températures de solidus et de liquidus. Il est alors difficile d'associer une de ces deux températures à la discontinuité observée sur les clichés macrographiques. C'est la raison pour laquelle la limite entre le métal de base et le métal ayant subi un changement de phase sera comparée aux isovaleurs du solidus et du liquidus calculées par le modèle numérique. Les mesures sur macrographie établissent un profil du front de fusion. Un changement de repère permet de définir ce profil par rapport à l'axe du barreau, et la superposition des courbes peut faire apparaître une dissymétrie. Cet écart observé donne une incertitude sur la position mesurée du front de fusion.

La solidification très rapide fait apparaître une structure métallurgique différente, ce qui est montré sur la Figure 3.12. Afin de comparer la position du front de fusion à t = 200 ms, il est nécessaire de poser deux hypothèses qui sont les suivantes : (1) la discontinuité observée sur le cliché correspond à la position du front de fusion, (2) l'avancée du front de fusion s'arrête dès lors que la source de chaleur est interrompue bien que la dynamique du bain ne soit pas arrêtée instantanément. Cette dernière hypothèse sera discutée dans le paragraphe 3.5.2.

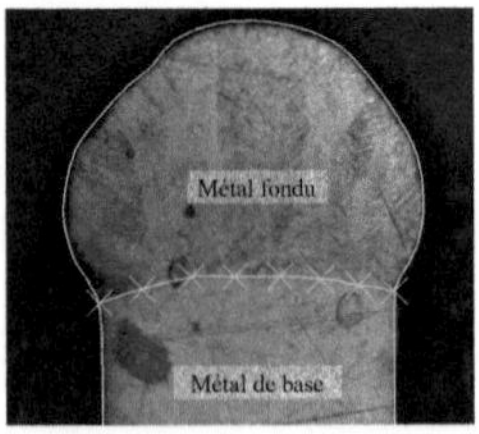

Figure 3.12 - Cliché macrographique d'un barreau d'alliage de titane Ti-6Al-4V de 1,4 mm de diamètre – P_{laser} = 268 W, durée impulsion = 200 ms (donnée PIMM)

3.4.2 Incertitudes sur le modèle numérique

L'analyse bibliographique a montré de grandes disparités entre les valeurs de propriétés thermophysiques selon les auteurs variant parfois de 50 %, voire plus, sur des paramètres comme la viscosité dynamique, le coefficient thermocapillaire ou encore l'émissivité. Une étude de sensibilité a donc été menée afin d'évaluer l'influence des propriétés du matériau sur la forme du bain fondu. Nous avons retenu comme grandeur observable trois points caractéristiques de la zone fondue (Figure 3.13) : la position maximale de l'interface liquide/gaz sur l'axe, la position minimale de l'isotherme de fusion sur l'axe et enfin la position de cette isotherme en périphérie. Les valeurs maximales de la température et de la vitesse sont relevées à l'arrêt du laser. Ces données sont comparées à des valeurs dites de référence issues d'un calcul réalisé avec des propriétés constantes. La procédure, illustrée pour le cas de la masse volumique, est la suivante :

- Les valeurs de la masse volumique du métal solide et du métal liquide sont augmentées de 25 % par rapport à leur valeur de référence.
- Les trois positions caractéristiques du bain liquide sont relevées ainsi que la température maximale et la vitesse maximale.
- L'effet de la masse volumique sur la zone fondue est alors quantifié en établissant un critère d'erreur sur la base de la norme L2. Les effets sur la température et la vitesse sont représentés par une erreur relative.

Les résultats de l'étude de sensibilité sur les propriétés thermophysiques sont présentés dans le Tableau 3.4. Ce tableau inclut également le résultat concernant la sensibilité de la solution au coefficient d'échange convectif h_c. Notre discussion portera essentiellement sur les valeurs de la norme-L2 supérieures à 0,1 mm et sur les erreurs relatives supérieures à 1%. Les valeurs inférieures peuvent être considérées comme étant peu significatives. Les calculs sont effectués pour un barreau cylindrique d'alliage Ti-6Al-4V de 1,4 mm de diamètre. La puissance laser est de 172 W et la durée d'impulsion est de 0,3 s.

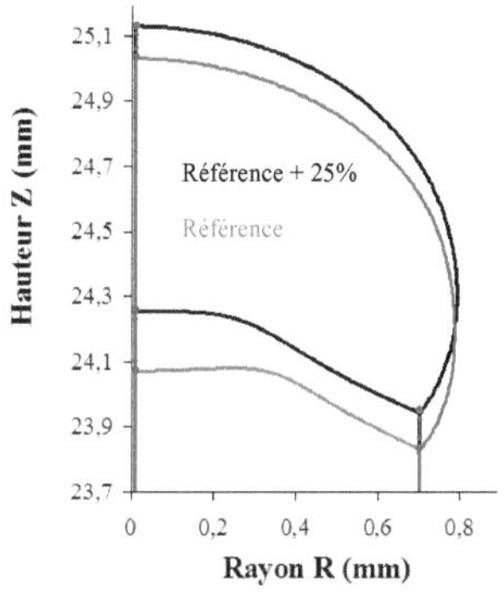

Figure 3.13 – Points caractéristiques pour évaluer l'effet sur le bain liquide d'une variation de +25% de la masse volumique à l'état solide

	Référence	Norme-L2 (mm)	Erreur relative sur T_{max} (%)	Erreur relative sur V_{max} (%)
Conductivité thermique (solide)	20 $W.m^{-1}.K^{-1}$	**0,210**	-0,09	0,07
Conductivité thermique (liquide)	40 $W.m^{-1}.K^{-1}$	0,016	**-1,97**	-0,08
Chaleur massique (solide)	550 $J.kg^{-1}.K^{-1}$	**0,374**	-0,18	0,01
Chaleur massique (liquide)	900 $J.kg^{-1}.K^{-1}$	0,028	**-2,83**	-0,11
Masse volumique (solide)	4400 $kg.m^{-3}$	**0,443**	-0,30	0,01
Masse volumique (liquide)	3600 $kg.m^{-3}$	0,072	**-1,30**	-0,15
Viscosité dynamique	4.10^{-3} Pa.s	0,062	-0,42	-0,14
Coefficient de tension superficielle	1,52 $N.m^{-1}$	0,006	-0,04	> 0,01
Coefficient thermocapillaire	$-2,7.10^{-4}$ $N.m^{-1}.K^{-1}$	0,021	**-2,44**	0,12
Coefficient d'absorptivité	0,35	**0,804**	**4,80**	0,17
Coefficient d'émissivité	0,7	0,097	**-1,35**	-0,07
Enthalpie de fusion	$2,9.10^{5}$ $J.kg^{-1}$	**0,103**	-0,06	> 0,01
Enthalpie de transus β	$67,8.10^{3}$ $J.kg^{-1}$	0,030	0,01	> 0,01
Coefficient d'échange par convection	30 $W.m^{-2}.K^{-1}$	0,027	> 0,01	> 0,01

Tableau 3.4 – Mesure de l'effet d'une variation de +25% des propriétés thermophysiques du modèle numérique sur la solution calculée

Les résultats montrent un effet marqué de la diffusivité thermique en phase solide et du coefficient d'absorptivité sur la forme du bain liquide. La température maximale calculée est quant à elle plutôt dépendante de la diffusivité thermique en phase liquide et de l'absorptivité en surface. Alors qu'une augmentation d'absorptivité augmente la température maximale, l'augmentation du coefficient thermocapillaire tend à la réduire du fait de l'augmentation de la vitesse en surface. Les effets observés sur la vitesse maximale sont relativement faibles. L'enthalpie de fusion influence également la forme du bain liquide et il est donc nécessaire d'en tenir compte. Les valeurs de la viscosité dynamique, du coefficient de tension superficielle, de l'émissivité n'ont que peu d'influence sur la forme du bain. Nous envisageons donc de définir ces paramètres comme constants en vue de faciliter la convergence du problème, mais cela nécessite néanmoins de trouver des valeurs optimales. Les résultats relatifs au coefficient d'échange convectif montrent peu de sensibilité à ce paramètre. Une trop grande incertitude sur la valeur de ce paramètre n'est donc pas vraiment dommageable sur la prédiction du modèle numérique.

On peut noter que le coefficient thermocapillaire ne semble pas avoir une influence significative sur la profondeur du bain liquide. Cependant, les variations envisagées ne sont que de 25%. Or, ce paramètre dépend fortement de la température et de la présence d'éléments tensioactifs. Il est par exemple admis que la forme des bains liquides d'aciers présentent une sensibilité certaine à la présence de soufre et d'oxygène en surface du bain liquide (Sahoo et al., 1988). La Figure 3.14 montre les formes de bain liquide obtenues pour trois valeurs du coefficient thermocapillaire. On peut alors observer que la position du front de fusion et celle de la surface libre sont peu dépendantes de l'amplitude du coefficient thermocapillaire mais nettement dépendantes de son signe. Pour un coefficient thermocapillaire négatif, les mouvements du fluide en surface se font du centre du bain vers la périphérie. Le métal liquide amène l'énergie sur les bords du barreau cylindrique, ce qui favorise le creusement latéral au détriment de la pénétration du bain sur l'axe. En multipliant par deux ce coefficient, la hauteur de zone fondue sur l'axe est réduite de 9 %, sans effet sur la position latérale du front de fusion, ni sur la forme de la surface libre (Figure 3.14). Cette variation de +100 % sur la valeur du coefficient thermocapillaire est cependant plus cohérente qu'une variation de +25 %, compte tenu que l'étude bibliographique a mis en évidence une grande disparité dans les valeurs données pour ce coefficient thermocapillaire de l'alliage Ti-6Al-4V, jusqu'à avoir un facteur dix entre les références citées. Pour un coefficient thermocapillaire positif, les mouvements du fluide en surface se font de la périphérie du bain vers son centre. On peut alors voir sur la Figure 3.14 que la hauteur de zone fondue sur l'axe est plus haute de 70 % par rapport à un coefficient thermocapillaire de signe négatif et de même amplitude. La position du front de fusion est plus basse de 0,44 mm sur l'axe mais plus haute de 0,16 mm sur le côté. La conclusion est que la sensibilité du modèle numérique au coefficient thermocapillaire est telle que le modèle ne permet pas d'estimer ce paramètre avec une précision relative inférieure à 100 % : un facteur deux sur la valeur du coefficient thermocapillaire de référence ne montre pas de changements significatifs sur la forme de la surface libre et la position du front de fusion (Figure 3.14). La multiplication pas deux du coefficient thermocapillaire a toutefois des conséquences sur le niveau thermique du bain puisque les températures maximale et moyenne de surface sont abaissées alors que les vitesses augmentent (Figure 3.14). Bien que la forme de la goutte et la position du front de fusion soient peu sensibles au coefficient thermocapillaire, d'autres grandeurs observables, comme la température ou la vitesse, peuvent être utilisées pour affiner la valeur du coefficient thermocapillaire retenue pour les simulations mais cela requiert des techniques de mesure spécifiques. On peut citer les travaux de (Muller et al., 2012) pour la mesure de température à la surface des bains liquides.

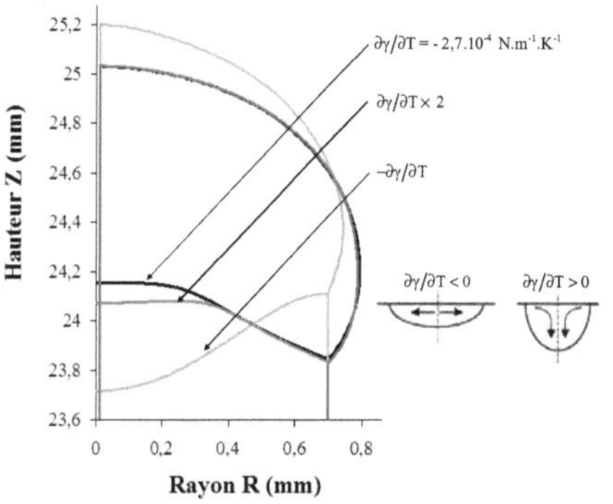

	T_{max} (K)	T_{moy} (K)	V_{max} ($m.s^{-1}$)	V_{moy} ($m.s^{-1}$)
$\partial\gamma/\partial T$	2465	2176	1,09	0,67
2 $\partial\gamma/\partial T$	2399	2146	1,61	0,97
$-\partial\gamma/\partial T$	2301	2015	1,37	0,48

Figure 3.14 –Effets de l'amplitude et du signe du coefficient thermocapillaire sur les niveaux de température et vitesse en surface, et la forme du bain liquide

L'étude de sensibilité a également permis de montrer qu'avec cette taille de bain (rayon de la goutte de l'ordre du millimètre), les forces volumiques agissant dans le bain liquide n'ont absolument aucune influence sur la forme de la surface libre d'une part, et la position et la forme du front de fusion d'autre part. Ces forces volumiques, correspondant à la pesanteur et à la flottabilité, seront alors négligées dans le modèle numérique 2D axisymétrique pour l'ensemble des calculs de cette étude. Ce résultat de l'absence d'effet de la pesanteur peut se justifier par un nombre de Bond Bo, qui caractérise l'effet de la pesanteur sur la tension superficielle, très inférieur à l'unité (équation(3.16)). Pour cette application numérique, nous considérons une goutte de métal liquide, de masse volumique ρ_{ref} = 3600 $kg.m^{-3}$ et de tension superficielle γ_{ref} = 1,5 $N.m^{-1}$. La longueur caractéristique correspond au rayon du barreau soit l_C = 0,7 mm. La valeur du nombre de Bond est alors de 0,012.

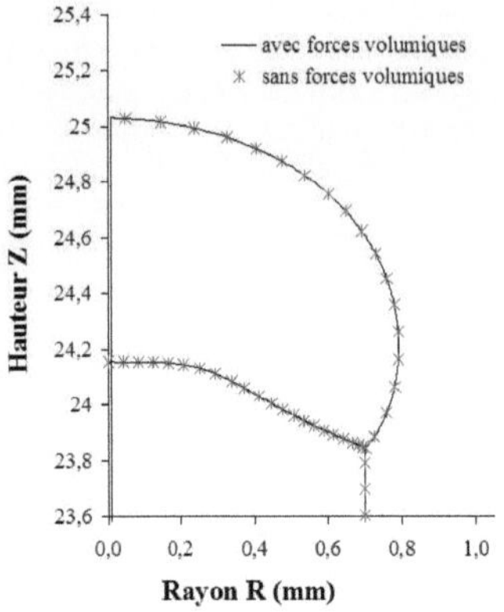

Figure 3.15 – Effet des forces volumiques sur le bain liquide

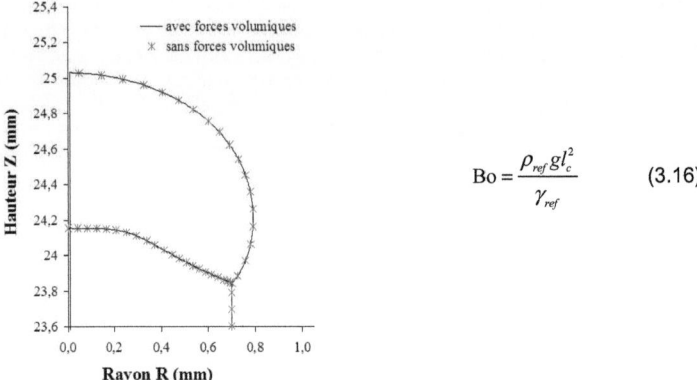

$$\mathrm{Bo} = \frac{\rho_{ref} g l_c^2}{\gamma_{ref}} \qquad (3.16)$$

L'absence d'effet des forces de flottabilité était un résultat attendu, suite à l'étude bibliographique (Kumar and Roy, 2009; Tanaka, 2004).

3.5 Comparaison entre modèle et expérience

L'analyse des erreurs de mesure nous a permis d'évaluer les barres d'incertitude, qui seront prises en compte pour la comparaison entre les résultats numériques et les données expérimentales. Cette comparaison consiste à (1) comparer les températures mesurées par thermocouple et les températures calculées, (2) comparer la forme de la goutte de métal fondu à différents instants, (3) comparer la position maximale du front de fusion. Les résultats présentés ont été obtenus pour un barreau de Ti-6Al-4V de diamètre 1,4 mm. La puissance laser est de 268 W et la durée d'interaction est de 200 ms. Les propriétés thermophysiques utilisées sont celles présentées dans le chapitre 2. Précisons par ailleurs que ces résultats ont été obtenus avec une absorptivité moyenne α évaluée à 0,35 et un coefficient thermocapillaire de $-2{,}7.10^{-4}$ $N.m^{-1}.K^{-1}$.

La phase de développement du modèle numérique a montré qu'il est indispensable dans notre cas de prendre une diffusivité thermique fonction de la température afin de prédire correctement la forme et le volume de la zone fondue. Les différentes propriétés thermophysiques proposées dans la littérature, et validées en partie suite à la caractérisation en phase solide (chapitre 2), ont été testées dans le modèle et pour chacune d'elles, le coefficient d'absorptivité et le coefficient thermocapillaire ont été ajustés au mieux afin de correspondre avec les données expérimentales (cinétiques de température, forme de la goutte à différents instants et position du front de fusion). Le coefficient d'absorptivité pilote directement la quantité d'énergie reçue par le barreau, donc le niveau thermique du barreau et la quantité de métal fondu, et c'est en comparant la température maximale atteinte pour chaque thermocouple et le volume apparent de la goutte que le coefficient d'absorptivité est estimé. Le coefficient thermocapillaire agit plutôt sur la forme du front de fusion, car sa position maximale dépend essentiellement de l'énergie reçue. Les macrographies sont donc une source d'informations nécessaire. Les valeurs estimées du coefficient d'absorptivité et du coefficient thermocapillaire sont ensuite confrontées à celles de la littérature pour juger de leur pertinence.

Cette étape de validation a été également effectuée pour différentes puissances laser moyennes, à savoir 172, 215 et 320 W pour des temps d'interactions respectifs de 300, 200 et 150 ms. Par ailleurs, les mêmes expériences ont été réalisées pour un barreau d'acier inoxydable de type 316L. L'ensemble des résultats est donné en Annexe 5.

3.5.1 Comparaison entre températures calculées et mesurées

La Figure 3.16 présente l'évolution des températures au cours du chauffage et du refroidissement du barreau pour deux points situés à la surface. On peut observer une rapide montée en température qui se poursuit après l'arrêt de la source laser, suivie d'un refroidissement plus lent. Du fait de la diffusion de la chaleur, le point situé plus bas subit des niveaux de température moins élevés et un pic de température retardé. On peut observer, par ailleurs, que, sur les huit premières secondes, les températures calculées par le modèle sont bien incluses dans les barres d'erreur expérimentales (présence et position des thermocouples, nature du contact thermique). Ce modèle permet donc de prédire un champ de température réaliste par rapport à l'expérience. Enfin bien que les incertitudes du modèle numérique aient été discutées dans le paragraphe 3.4.2, il n'est pas aisé pour autant de définir une incertitude numérique, compte tenu des effets couplés entre chaque paramètre. Nous considérons les résultats comme étant satisfaisant dès lors que la courbe des températures calculées est dans l'incertitude expérimentale. Ces comparaisons ont également été effectuées pour l'ensemble des puissances laser et sont données en Annexe 5.

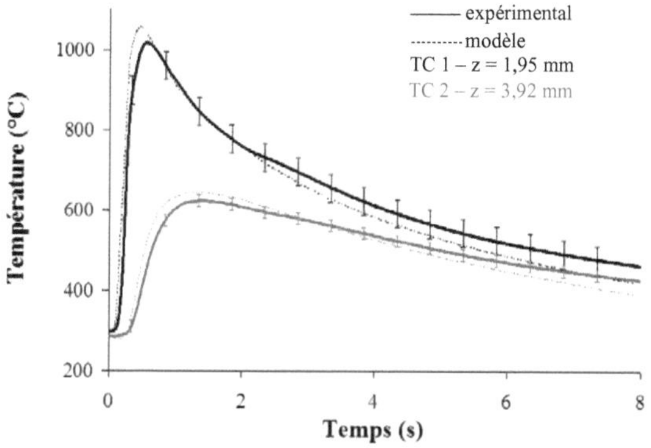

Figure 3.16 – Températures mesurées et calculées à la surface d'un barreau de Ti-6Al-4V pour une puissance laser de 268 W durant 200 ms

3.5.2 Comparaison de la forme du bain liquide

La Figure 3.17a présente une comparaison entre les formes extérieures du bain liquide obtenues par caméra rapide et les formes calculées par le modèle pour différents instants. Afin de mettre en évidence la dissymétrie de la goutte observée expérimentalement, le profil obtenu sur la moitié gauche est superposée sur celui de droite (les incertitudes expérimentales sur la position de la surface libre tant en hauteur qu'en rayon sont indiquées). La Figure 3.17b compare la forme extérieure du barreau au moment de l'arrêt du laser, à t = 200 ms, avec la forme après solidification à t = 8 s, ce qui correspond à la fin du calcul.

Au cours de la phase de chauffage, le front de fusion se propage le long du barreau et le volume de la goutte de métal liquide grossit alors. De l'instant initial à t = 100 ms, la comparaison n'est pas significative car le bain liquide n'est pas suffisamment développé et la forme de goutte n'est pas encore visible. Une fois que le front de fusion atteint le bord du barreau, les forces de tension superficielle ramènent le métal liquide vers le centre et provoquent sa remontée par rapport à l'instant initial. La propagation du front de fusion fait descendre la goutte tout en élargissant son rayon.

Les résultats obtenus sont très satisfaisants car l'évolution dynamique de la surface libre est une conséquence à la fois des phénomènes thermiques (avancée du front de fusion) et des phénomènes de tension superficielle (pression capillaire, effet Marangoni). Cela confirme la capacité du modèle à intégrer le couplage thermohydraulique avec surface libre.

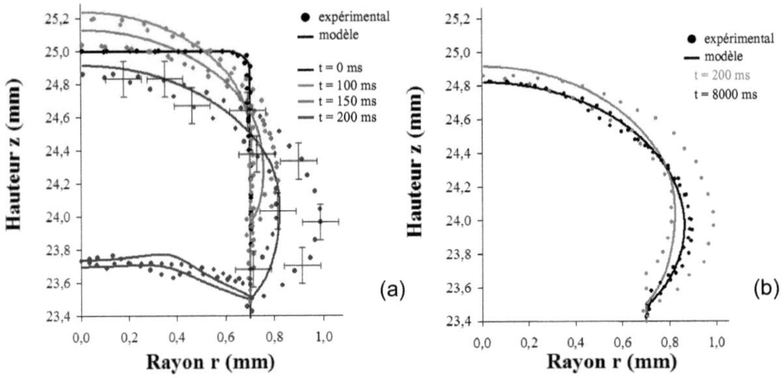

Figure 3.17 – (a) Comparaison de la forme de la surface libre à différent instants : t = 0 ms, t = 100 ms, t = 150 ms, t = 200 ms (arrêt du laser) ; (b) Comparaison de la forme de la goutte à t = 200 ms et à t = 8000 ms (alliage Ti-6Al-4V, P_{laser} = 268 W, r_{laser} = 0,5 mm)

La comparaison des valeurs expérimentales avec les résultats numériques est faite sur chacune des figures. A t = 200 ms, nous avons reporté de plus sur la Figure 3.17a les isothermes de solidus et liquidus qui, à l'issue de l'étude bibliographique du chapitre 2, sont respectivement évaluées à 1873 K et 1923 K. On peut observer un creusement plus prononcé en périphérie du barreau. Cela s'explique par la convection à l'intérieur du bain, principalement dû à l'effet Marangoni. Du fait des gradients de température à la surface du bain, un écoulement de type centripète s'établit (rappelons que le coefficient thermocapillaire de l'alliage Ti-6Al-4V est négatif). L'énergie apportée à la surface est alors redistribuée en périphérie et favorise ainsi la fusion du bord du barreau. La forme de ces isothermes est très similaire à celle du front de fusion et valide l'ordre de grandeur et le signe négatif du coefficient thermocapillaire. Les positions maximales mesurées et calculées du front de fusion sont très proches (Figure 3.17a), ce qui valide l'hypothèse que la propagation de cette interface cesse dès lors que le laser est arrêté.

La distance qui sépare le solidus du liquidus à t = 200 ms est obtenue grâce au modèle et l'écart mesuré sur l'axe de symétrie est de 45 μm. En moyenne, ce sont trois nœuds du maillage qui sont inclus dans l'épaisseur du front de fusion (le maillage est automatiquement généré avec des éléments tétraédriques d'une taille maximale de 30 μm, l'équation de la chaleur est discrétisée avec des éléments finis linéaires et la méthode de triangulation repose sur un algorithme de type avancée de front, particulièrement adapté aux problèmes à interface diffuse comme celui-ci). On retrouve à 85% la chaleur latente théoriquement appliquée dans la zone pâteuse avec la méthode du c_p équivalent (équation (3.3)). Cette valeur peut être améliorée en raffinant d'avantage le maillage, ce qui en contrepartie augmente les temps de calcul. Nous nous satisferons donc de ce résultat étant donné le besoin qui est le nôtre, à savoir disposer d'un calcul relativement rapide pour estimer le coefficient d'absorptivité et le coefficient thermocapillaire. Cette épaisseur du front de fusion est environ cinq fois supérieure à l'incertitude de mesure de la position du front à partir des macrographies (§ 3.4.1.5). Il n'est donc pas trop pénalisant de ne pas tenir compte de cette erreur de mesure, celle-ci étant incluse dans la zone pâteuse.

La Figure 3.17b montre la forme de la goutte à t = 200 ms et celle du barreau solidifié. Pour le premier cas, les valeurs expérimentales sont issues des images par caméra rapide. Pour le second cas, elles sont issues de la macrographie. En raison de la pression dynamique du fluide en mouvement à l'intérieur du bain liquide, la forme de goutte est différente entre les deux instants comparés et présente une forme plus allongée et aussi moins large. La dissymétrie de la goutte à t = 200 ms ne permet pas de valider cette observation avec les données expérimentales. Il est toutefois à noter qu'après solidification complète du barreau, les courbes expérimentales et numériques sont très similaires et apporte un argument supplémentaire à la validation du modèle et des propriétés thermophysiques.

La Figure 3.18 compare l'évolution du volume du barreau mesurée à partir des images obtenues par caméra rapide avec l'évolution calculée par le modèle 2D axisymétrique
(la mesure de volume est faite avec le logiciel Plot Digitizer® à partir des images). Pour cela, seule l'extrémité du barreau est utilisée pour cette étude et ne concerne que le volume initialement compris entre z = 22,65 mm et z = 25 mm. La mesure est répétée plusieurs fois pour chaque temps. L'incertitude moyenne sur le volume mesuré est alors estimée à 4%. La Figure 3.18 montre très nettement l'augmentation du volume mesuré lors de la phase de chauffage jusqu'à 0,2 s, suivi d'une diminution pendant le refroidissement. Cette évolution est principalement due au phénomène de dilatation. Pour le vérifier, la Figure 3.18 montre également une variation du volume au cours du temps évaluée à partir des coefficients de dilatation en phase solide et liquide supposés constants (Annexe 3) et en tenant compte du taux d'expansion pendant le changement de phase solide/liquide. Aux incertitudes près, les résultats numériques avec dilatation sont en accord avec la courbe expérimentale, ce qui montre bien que les variations de volume mesurées sont le fait des effets thermiques. Par contre, comme attendu, aucune évolution particulière n'est observée pour le volume calculé sans dilatation puisque le déplacement des nœuds du maillage ne prend pas en compte le phénomène de dilatation. L'erreur commise par le modèle est au maximum de 10% sur le volume (à t = 0,2 s), soit environ 3% sur le rayon. Cette erreur est donc incluse dans l'incertitude de mesure, ce qui ne remet pas en cause la validité des résultats. L'hypothèse d'incompressibilité reste acceptable dès lors que la quantité de métal liquide reste modérée. Pour une zone fondue plus grande, cette hypothèse devient discutable.

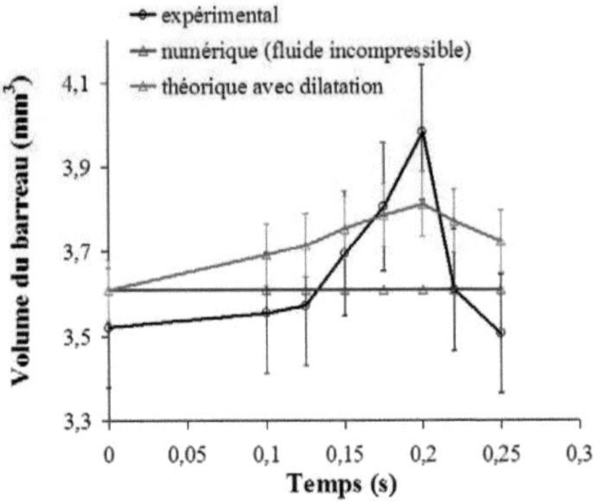

Figure 3.18 - Evolution du volume du barreau durant la phase de chauffage et de refroidissement (valeurs données pour z > 22,65 mm)

A titre indicatif, la variation relative du volume calculé par le modèle est inférieure à 0,0001%, autant dire quasi nulle. Cela permet toutefois de valider la conservation du volume.

3.6 Conclusion du chapitre 3

Dans ce troisième chapitre, nous avons présenté un modèle thermohydraulique 2D axisymétrique avec déformation de la surface libre, correspondant à la fusion par laser d'un barreau cylindrique, sans apport de matière, avec prise en compte des phénomènes de tension superficielle (tension superficielle et effet Marangoni). Les résultats du modèle numérique ont été comparés, pour quatre niveaux de puissance laser différents, avec des données expérimentales et portent sur : (1) les cinétiques de températures ponctuelles à la surface du barreau, (2) le suivi dynamique de la surface libre à différents instants de la fusion ainsi que (3) la position et la forme du front de fusion à la coupure du laser. Les températures sont mesurées à l'aide de thermocouples de type K, les images du processus de fusion sont obtenues par caméra rapide et la localisation du front de fusion est effectuée à partir des coupes macrographiques des échantillons post-mortem.

L'ensemble de ces données expérimentales a été indispensable pour valider les propriétés thermophysiques pour l'alliage de titane Ti-6Al-4V et l'acier inoxydable 316L (l'ensemble des résultats est présentés en Annexe 5). L'étude bibliographique du chapitre 2 a rendu compte d'une certaine disparité dans les propriétés thermophysiques proposées dans la littérature. Le modèle axisymétrique a permis de valider la valeur du coefficient d'absorptivité et du coefficient thermocapillaire pour les quatre puissances laser avec une seule et unique valeur pour chacun de ces paramètres. L'absorptivité moyenne de l'alliage de titane Ti-6Al-4V est estimée à α = 35% et le coefficient thermocapillaire moyen est $\partial\gamma/\partial T = -2{,}7.10^{-4}\ N.m^{-1}.K^{-1}$.

Les incertitudes sur les trois critères de comparaison ont été estimées (température de surface, forme de la goutte, position du front de fusion). Les erreurs commises en négligeant la présence des thermocouples ainsi que l'incertitude sur la position des thermocouples et les résistances de contact ont été estimées à l'aide d'un modèle thermique 3D. Les oscillations de la goutte de métal en fusion ont été observées et mesurées durant un laps de temps très court afin d'évaluer les positions probables de la surface libre à un instant donné. L'ensemble de ces incertitudes permet alors de définir l'intervalle dans lequel les résultats numériques sont jugés acceptables.

Enfin une étude de sensibilité a permis de mettre en évidence les propriétés thermophysiques ayant un rôle significatif sur la géométrie du bain liquide pour notre cas d'étude. La conductivité thermique, la masse volumique, la chaleur spécifique et le coefficient d'absorption ont pu être identifiés comme ayant un impact non négligeable. Compte tenu de l'évolution de ces grandeurs avec la température, il est nécessaire d'en tenir compte dans les modèles hormis pour le coefficient d'absorptivité qui peut être considéré comme constant. L'influence du signe du coefficient thermocapillaire est également discutée. Alors qu'un coefficient positif favorise la pénétration du bain sur l'axe, une valeur négative est responsable du creusement sur la périphérie du fait que le front de fusion atteint le bord du barreau. Par ailleurs, il a pu être montré que les forces volumiques agissant dans le bain liquide (gravité et flottabilité) n'ont pas d'influence sur la géométrie du bain et peuvent être négligées.

Par ailleurs, nous avons validé l'implémentation de la tension de surface comme condition aux limites dans le logiciel COMSOL Multiphysics®, cette dernière n'étant pas disponible par défaut. Cette étape de validation a été réalisée en comparant l'évolution transitoire des oscillations amorties d'une goutte initialement déformée avec une solution analytique. Le bon accord entre les résultats numériques et analytiques obtenus pour un modèle 2D axisymétrique et 3D a confirmé notre choix pour la méthode ALE afin d'assurer le suivi de la déformation du bain liquide. Cette démarche sera donc retenue dans le cadre du modèle de Fabrication Directe par Projection Laser.

Chapitre 4

Modélisation du jet de poudre coaxial

Sommaire

4.1 Contexte / Objectifs

Afin de prédire la morphologie des pièces conçues par Fabrication Directe par Projection Laser, il est nécessaire de caractériser d'abord l'apport de matière au niveau de la surface du bain fondu. Cet apport est réalisé en focalisant un jet de poudre dans le plan du substrat à l'aide d'une buse coaxiale. La position et le diamètre du jet de poudre au niveau du plan focal dépendent de plusieurs paramètres tels que la géométrie de la buse (angles des cônes), les débits de gaz (gaz axial, gaz vecteur et gaz périphérique) et enfin les propriétés des particules (granulométrie, masse volumique, forme). La position centrale du faisceau laser par rapport au flux convergent de particules induit une interaction plus ou moins forte selon la concentration volumique locale du jet de poudre. La trajectoire et la vitesse de chaque particule déterminent le temps durant lequel il y aura interaction avec le faisceau. En considérant la distribution spatiale de l'intensité du laser, il est alors possible de calculer l'évolution en température de chaque grain.

Afin de pouvoir étudier l'ensemble de ces phénomènes, un modèle 3D de jet de poudre a donc été développé à l'aide du code COMSOL Multiphysics® pour déterminer le flux de particules dans l'écoulement gazeux ainsi que l'interaction de ce flux avec le faisceau laser. Les différentes équations du modèle sont présentées. Il s'agira dans un premier temps de déterminer les champs de vitesse et de pression dans la buse et dans l'écoulement libre. Dans un second temps, cette solution stationnaire de l'écoulement permet de calculer la trajectoire des particules de poudre afin d'établir un profil de distribution du débit massique de particules. Ce profil est validé en le comparant à des données expérimentales. Enfin, la température de chaque particule est estimée pour établir le profil de température dans le jet de poudre. Il est discuté ici de l'influence de plusieurs paramètres tels que : la nature du matériau constitutif de la poudre, la nature du gaz vecteur, la taille des particules, la puissance et la distribution d'intensité du faisceau laser. Les données calculées par ce modèle permettront de définir les conditions aux limites du modèle de bain fondu présenté au chapitre 5.

4.1.1 Géométrie de la buse coaxiale

Comme nous l'avons vu dans l'étude bibliographique, le modèle de jet de poudre doit prendre en compte la géométrie exacte de la buse. Il s'agit ici d'une buse coaxiale composée de trois éléments en cuivre visibles sur la Figure 4.1. La partie supérieure est fixée en sortie de la tête du dispositif optique. L'espace central laisse passer le faisceau laser ainsi qu'un gaz de protection afin de protéger les composants optiques de toute remontée de particules ou vapeurs. Deux orifices latéraux décalés à 180° assurent l'arrivée de la poudre véhiculée par le gaz vecteur. Ce flux diphasique circule dans l'espacement parallèle et constant entre les cônes **1** et **2**. Le cône **1** est une pièce amovible qui est mise en place sur le filetage de la partie supérieure. Cela permet d'adapter la section de passage en fonction de la granulométrie des particules (et évite que les éventuels agglomérats n'obstruent le passage). Le troisième et dernier cône permet l'acheminement du gaz périphérique pour confiner l'écoulement central d'une part, et renforcer la protection gazeuse d'autre part. Cette géométrie a déjà été présentée au chapitre 2.

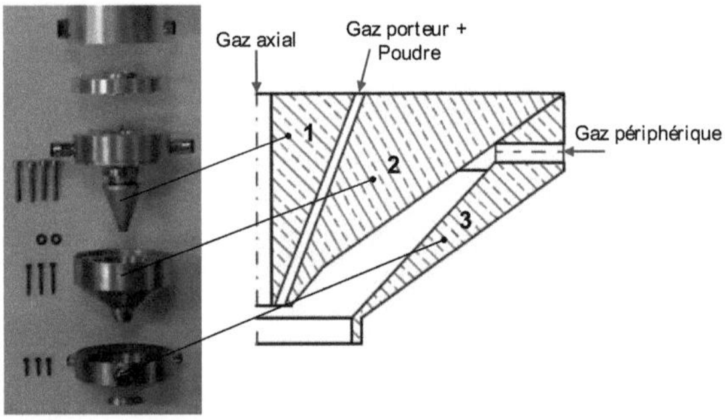

Figure 4.1 – Eléments de la buse coaxiale utilisée dans le cadre du projet ASPECT (donnée PIMM)

4.2 Hypothèses du modèle de jet de poudre

Ce modèle de jet de poudre comporte trois grandes étapes :

- le calcul de l'écoulement des gaz à l'intérieur de la buse et en sortie,
- le calcul de la trajectoire des particules au sein de cet écoulement,
- le calcul de l'échauffement des particules sous l'action du faisceau laser durant leur trajet buse / substrat.

Les hypothèses ayant servi à construire ce modèle sont présentées ici.

- **Hypothèses relatives à la phase gazeuse :**

La phase gazeuse est représentée par un milieu continu, ayant les propriétés de l'argon supposées constantes. Ce gaz est assimilé à un fluide faiblement compressible (nombre de Mach Ma<0,3), soumis à un écoulement turbulent modélisé à l'aide du modèle k-ε, comme il est supposé dans la majorité des travaux relatifs au jet de poudre. L'écoulement est de plus supposé stationnaire.

- **Hypothèses relatives à la trajectoire des particules :**

La trajectoire des particules est abordée à l'aide d'un modèle discret, permettant de suivre de manière lagrangienne le mouvement de chaque particule. Pour représenter la distribution de tailles des particules, une loi normale est choisie (chapitre 2). Par ailleurs, compte tenu des faibles débits massiques de poudre, la probabilité de collision entre particules est très faible, ce qui nous a conduit à négliger ce phénomène de dispersion par collision. En effet, en considérant un débit de poudre pour l'alliage Ti-6Al-4V à 3 $g.min^{-1}$ et un débit d'argon de 2 $L.min^{-1}$, la fraction volumique de poudre est inférieure à 0,1 %.

La trajectoire des particules est supposée dépendre uniquement de la force d'entraînement du gaz, des forces de pesanteur et des collisions avec les parois internes de la buse. Le rebond des particules sur la paroi sera supposé élastique. Les forces de portance par cisaillement ne seront pas considérées. Elles apparaissent plus particulièrement à la jonction de deux écoulements ou à la sortie de buse et ont pour effet de mettre en rotation les particules. De même, l'effet Magnus sera négligé. Cet effet apparaît lors des collisions avec la paroi, qui génère sous l'effet des frottements, une vitesse de rotation. Il en résulte une dissymétrie du champ de pression pouvant dévier la trajectoire de la particule. Ces forces sont généralement négligées dans les modèles de jet de poudre. La rugosité des parois est un autre paramètre également négligé, compte tenu de l'opération de polissage. Ce paramètre peut cependant affecter sensiblement le rebond des particules. L'ensemble de ces paramètres peut être pris en compte dans les modèles de jet de poudre en se basant sur les équations présentées par Sommerfeld (Sommerfeld, 2003). Il est toutefois admis que la force d'entraînement reste prédominante dans ce type d'écoulement (Konan N'Dri, 2007).

- **L'interaction entre gaz et particules :**

L'interaction entre le gaz et les particules est traitée à l'aide d'un couplage faible, ce qui signifie que les particules sont supposées ne pas avoir d'influence sur les champs de vitesse et de pression. Dans le cas d'un couplage fort, (Zekovic et al., 2007) présentent les équations pour tenir compte du transfert de quantité de mouvement des particules au fluide. Cela implique toutefois de calculer l'évolution des champs de vitesse et de pression ainsi que la trajectoire des particules à chaque instant, ce qui augmente les temps de calcul. De plus, comme nous l'avons vu, la fraction volumique de poudre est très faible. L'influence du jet de poudre sur l'écoulement de gaz n'est donc pas envisagée ici.

- **La température des particules de poudre :**

La température des particules est supposée uniforme en raison du faible nombre de Biot (Lemoine et al., 1993). Les propriétés thermophysiques des particules sont dépendantes de la température et incluent les chaleurs latentes de transformation solide/solide et solide/liquide. Les phénomènes d'évaporation ne sont pas envisagés, en raison des faibles densités énergétiques utilisées et d'un temps d'interaction avec le faisceau laser limité. Le phénomène de dilatation qui induit une variation de rayon des particules n'est pas considéré. En effet, comme nous l'avons vu au cours du chapitre 3, la variation de rayon ne devrait pas dépasser 2% sur une plage de température comprise entre 20°C et 2100°C.

De plus, les pertes thermiques subies par les particules lors des collisions sont négligées. Ceci se justifie par le faible temps d'interaction lors du contact, comparé au temps caractéristique de diffusion de la chaleur par conduction. En effet, (Yang, 2006) donne un temps d'interaction de l'ordre de 0,04 ms pour une vitesse de particule de 0,1 $m.s^{-1}$ et on peut estimer un temps de diffusion $d_p^2/4a$ = 0,09 ms pour une particule d'alliage Ti-6Al-4V à 1000°C de diamètre d_p = 50 µm et de diffusivité thermique $a = 7.10^{-6}$ $m^2.s^{-1}$. Cette hypothèse est d'autant plus justifiée qu'on peut s'attendre à des temps d'interaction encore plus courts, au vu des mesures de vitesse réalisées par le laboratoire PIMM (chapitre 2). Par ailleurs, l'effet de masque entre particules est négligé en raison de la très faible fraction volumique de poudre. Cet effet correspond à l'ombre des particules en amont se projetant sur les particules situées plus en dessous, limitant ainsi leur échauffement. De même, les échanges radiatifs entre particules ne sont pas considérés pour les mêmes raisons.

Compte tenu de ces hypothèses, nous décrivons, dans la suite, la modélisation de l'écoulement de gaz, puis celle de la trajectoire des particules et enfin la modélisation de l'échauffement des particules au sein du jet de poudre sous l'action du faisceau laser. L'ensemble de ces développements s'appuie principalement sur les travaux de (Zekovic et al., 2007), (Wen et al., 2009) et (Tabernero et al., 2010). A noter que le développement de ce modèle de jet de poudre a été réalisé à l'aide du nouveau module « Particle Tracing » de Comsol Multiphysics®, proposé fin 2011.

4.3 Modélisation de l'écoulement de gaz

La résolution numérique de l'écoulement diphasique va permettre de décrire les champs de vitesse et de pression à l'intérieur de la buse et dans la région comprise entre la sortie de la buse et du substrat. Cet écoulement dépendra des débits aux arrivées de gaz ainsi que de la position du substrat, ces paramètres étant difficiles à prendre en compte dans des modèles analytiques. Le comportement de la phase gazeuse est modélisé en résolvant les équations moyennées de Navier-Stokes avec un modèle standard de turbulence. Un écoulement turbulent implique que les grandeurs physiques fluctuent dans le temps et l'espace. Les équations de Navier-Stokes peuvent être utilisées pour simuler l'écoulement turbulent, mais cela requiert un grand nombre d'éléments de maillage pour être en mesure de rendre compte de la diversité des structures dans l'écoulement. Une alternative est de diviser l'écoulement en considérant, d'une part, les grandes échelles, c'est-à-dire l'écoulement moyen et les re-circulations macroscopiques par exemple qui dépendent plutôt de la géométrie, et d'autre part, les petites échelles comme les tourbillons microscopiques qui sont aléatoires. Les petites échelles sont alors modélisées à l'aide d'un modèle de turbulence qui sera numériquement moins lourd que la résolution de l'ensemble des échelles de l'écoulement. Il existe plusieurs modèles de turbulence qui impliquent différentes hypothèses sur les échelles non résolues. Nous avons choisi d'utiliser les équations de Navier-Stokes à Reynolds moyenné (RANS pour Reynolds-Averaged Navier-Stokes) qui ont fait leurs preuves pour ce type d'applications (Balu et al., 2012; Lin, 2000; Tabernero et al., 2012; Wen et al., 2009; Zekovic et al., 2007; Zhu et al., 2011).

4.3.1 Modélisation de la turbulence

La représentation du nombre de Reynolds moyen d'un écoulement turbulent décompose la grandeur u de l'écoulement, en l'occurrence une des composantes du vecteur vitesse, en une valeur moyenne U et une partie fluctuante u' de sorte que u = U + u'. La valeur moyenne peut varier dans le temps et l'espace. La Figure 4.2 illustre le principe de moyenne temporelle pour un écoulement turbulent instationnaire. L'écoulement non filtré présente une constante de temps Δt_1. Un filtre temporel Δt_2 est appliqué de sorte que $\Delta t_2 >> \Delta t_1$ et permet de faire apparaître la part fluctuante de la part moyenne U. Comme le champ de l'écoulement varie dans le temps sur une échelle temporelle supérieure à Δt_2, U est toujours dépendant du temps mais est plus lissé que la vitesse non filtrée u.

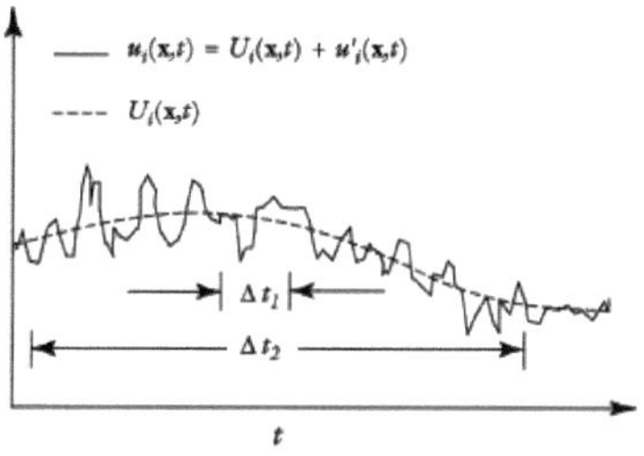

Figure 4.2 – La vitesse non filtrée u d'échelle de temps Δt_1 et la vitesse lissée U d'échelle de temps Δt_2 (Comsol Multiphysics, 2011)

La décomposition des champs en une part moyenne et une autre fluctuante donne une forme modifiée des équations de Navier-Stokes classiques :

$$\rho\left[\left(\vec{U}\cdot\vec{\nabla}\right)\vec{U}+\vec{\nabla}\cdot\overline{\left(\vec{u}'\otimes\vec{u}'\right)}\right]=\vec{\nabla}\cdot\left[-pI+\mu\left(\vec{\nabla}\cdot\vec{U}+\left(\vec{\nabla}\cdot\vec{U}\right)^T\right)-\frac{2}{3}\mu\left(\vec{\nabla}\cdot\vec{U}\right)I\right]+\vec{F} \qquad (4.1)$$

$$\vec{\nabla}\cdot\vec{U}=0 \qquad (4.2)$$

où $\vec{U}$ est le champ de vitesse moyen et $\otimes$ désigne le produit tensoriel. Le dernier terme du membre de gauche de cette équation représente l'interaction entre les vitesses fluctuantes et est appelé le tenseur des contraintes de Reynolds. Afin d'obtenir les caractéristiques moyennes de l'écoulement, il est alors nécessaire d'avoir des informations sur les structures de petite échelle. Ici il s'agit des corrélations entre les fluctuations. Plusieurs modèles permettent de rendre compte de ces interactions comme les modèles de type k-ε, RNG- k-ε, k-ω et RSM. Le modèle standard k-ε de Launder et Spalding (Launder and Spalding, 1974) sera retenu et présenté dans le cadre de cette étude.

Le modèle k-ε est probablement le modèle de turbulence le plus utilisé pour les applications industrielles. Celui-ci introduit deux équations additionnelles de transport, (4.6) et (4.7), et deux variables scalaires dépendantes : l'énergie cinétique turbulente k et le taux de dégradation de l'énergie turbulente ε. Ce modèle fait une hypothèse, généralement admise, que la nature de la turbulence est purement diffusive. Il convient alors de définir une viscosité tourbillonnante μ_T, plus communément appelée viscosité turbulente, qui dans le cas du modèle standard k-ε s'exprime sous la forme suivante :

$$\mu_T=\rho C_\mu\frac{k^2}{\varepsilon} \qquad (4.3)$$

où C_μ est un paramètre constant et ρ la masse volumique du fluide.

Les différentes équations de conservation du modèle RANS avec modélisation de la turbulence par le modèle standard k-ε et pour un fluide faiblement compressible (nombre de Mach Ma < 0,3) sont les suivantes :

- Conservation de la quantité de mouvement et de la masse :

$$\rho\left(\vec{U}\cdot\vec{\nabla}\right)\vec{U}=\vec{\nabla}\cdot\left[-PI+\left(\mu+\mu_T\right)\left(\vec{\nabla}\cdot\vec{U}+\left(\vec{\nabla}\cdot\vec{U}\right)^T\right)-\frac{2}{3}\left(\mu+\mu_T\right)\left(\vec{\nabla}\cdot\vec{U}\right)I-\frac{2}{3}\rho kI\right]+\vec{F}_V \qquad (4.4)$$

$$\vec{\nabla}\cdot\vec{U}=0 \qquad (4.5)$$

où $\vec{U}$ est le vecteur vitesse moyenné du gaz, P est la pression moyennée, I est la matrice identité, μ est la viscosité dynamique du gaz. $\vec{F}_V$ est un terme volumique qui permet de considérer l'accélération de la pesanteur ou encore l'effet des particules sur l'écoulement gazeux.

- Conservation de l'énergie cinétique turbulente :

$$\rho(\vec{U}\cdot\vec{\nabla})k = \vec{\nabla}\cdot\left[\left(\mu+\frac{\mu_T}{\sigma_k}\right)\vec{\nabla}k\right] + P_k - \rho\varepsilon \tag{4.6}$$

$$P_k = \mu_T\left[\vec{\nabla}\cdot\vec{U}:\left(\vec{\nabla}\cdot\vec{U}+(\vec{\nabla}\cdot\vec{U})^T\right)-\frac{2}{3}(\vec{\nabla}\cdot\vec{U})^2\right]-\frac{2}{3}\rho k\vec{\nabla}\cdot\vec{U} \tag{4.7}$$

où P_k désigne le terme de production de l'énergie cinétique turbulente et σ_k un paramètre constant.

- Conservation du taux de dégradation de l'énergie cinétique turbulente :

$$\rho(\vec{U}\cdot\vec{\nabla})\varepsilon = \vec{\nabla}\cdot\left[\left(\mu+\frac{\mu_T}{\sigma_\varepsilon}\right)\vec{\nabla}\varepsilon\right] + C_{\varepsilon_1}\frac{\varepsilon}{k}P_k - C_{\varepsilon_2}\frac{\varepsilon^2}{k} \tag{4.8}$$

où σ_ε, C_{ε_1} et C_{ε_2} sont des paramètres constants.

Il apparaît que les équations (4.3), (4.6) et (4.8) font appel à des coefficients permettant de fermer les équations afin de permettre la résolution des équations (4.6) et (4.8). La définition et l'origine de ces coefficients sont discutées par Wilcox (Wilcox, 1998). Les valeurs utilisées dans le cadre de cette étude sont données dans le Tableau 4.1. Une grandeur importante des modèles de turbulence est la longueur de turbulence L_T. Elle définit la frontière entre les phénomènes dits de grandes échelles, calculés par les équations (4.4) et (4.5), et les phénomènes de petites échelles, calculés par les équations (4.6) et (4.8). Pour l'écoulement considéré, l'hypothèse de (Pan et al., 2006) est retenue et la valeur de l'échelle de longueur turbulente est de 7% du diamètre de la buse.

Constantes	Valeurs
C_μ	0,09
$C_{\varepsilon 1}$	1,44
$C_{\varepsilon 2}$	1,92
σ_ε	1
σ_k	1,3

Tableau 4.1 – Paramètres de fermeture recommandés (Comsol Multiphysics, 2011)

4.3.2 Conditions aux limites et initiales du problème d'écoulement de gaz

Concernant le modèle d'écoulement de gaz, une vitesse est définie aux trois entrées de gaz et la valeur de cette vitesse est calculée à partir du débit volumique et de la section de passage. Les conditions aux limites relatives aux parois de la buse et au substrat sont définies à l'aide d'une loi de paroi. Cette loi présente une solution analytique afin de satisfaire aux conditions de conservation du problème d'écoulement turbulent qui présente d'importants gradients au contact des parois de la buse. Un écoulement sortant sans contrainte visqueuse est appliqué pour les frontières du volume sous la buse. Les plans de symétrie sur l'écoulement sont représentés par une condition de glissement.

Concernant les conditions initiales, on suppose un champ de vitesse et un champ de pression nuls dans l'ensemble du domaine. Afin de modéliser un écoulement dans des conditions proches des expériences réalisées, le débit du gaz protecteur axial est imposé à 0,1 $L.min^{-1}$, le débit du gaz vecteur est imposé à 2 $L.min^{-1}$ et le débit de gaz périphérique est de 10 $L.min^{-1}$. L'intensité turbulente en entrée est supposée être de 5% et la longueur turbulente L_T est 7 % du diamètre intérieur du cône 2 (Figure 4.1), soit 0,63 mm (Pan et al., 2006).

4.3.3 Maillage et type d'éléments d'interpolation

La précision de la solution du modèle numérique est directement liée à la discrétisation du domaine de calcul. Le choix du maillage a été défini ici à partir de l'évolution de la valeur maximale de chacune des variables de l'écoulement turbulent en fonction de la taille des éléments aux frontières et dans le domaine. Les grandeurs maximales observables sont la vitesse V_{max}, la pression p_{max}, l'énergie cinétique turbulente k_{max} et le taux de dégradation de l'énergie turbulente ε_{max}. Cette étude de convergence est réalisée uniquement sur le problème turbulent, puisque nous avons supposé un couplage faible avec le problème discret donnant la trajectoire des particules. Les résultats sont regroupés dans la Figure 4.3. Il apparaît un niveau de raffinement au-delà duquel la valeur maximale de chacune des variables calculées ne dépend quasiment plus du maillage (les valeurs sont réduites par rapport à la solution obtenue avec le maillage le plus raffiné). Cette limite correspond à un maillage dont les éléments ont une taille maximale de 500 μm sur les frontières et 1000 μm dans le domaine. Ces paramètres seront donc retenus pour l'ensemble des calculs présentés dans ce chapitre. Par ailleurs, une discrétisation spatiale de type P_1-P_1 a été choisie et la diffusion le long des lignes de courants ainsi que la diffusion transverse sont activées en laissant les paramètres par défaut. Ces paramètres permettent d'assurer une bonne stabilité numérique et la convergence des calculs.

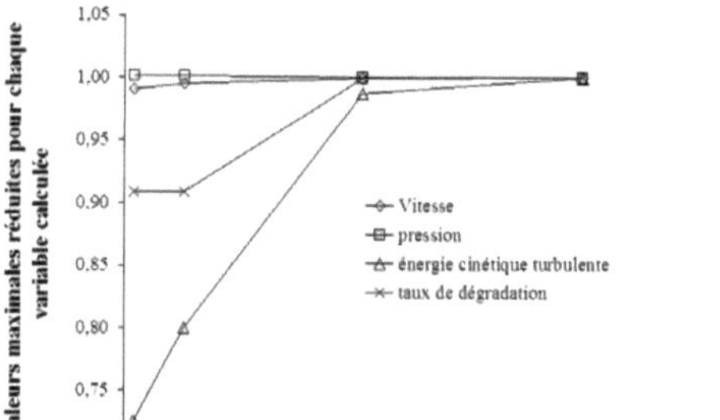

Figure 4.3 – Convergence de la solution en fonction du nombre d'éléments du maillage (pour chaque variable, la mise à l'échelle est effectuée par rapport à la solution obtenue avec le plus d'éléments)

4.4 Modélisation de la trajectoire des particules solides

4.4.1 Equation bilan

La trajectoire des particules est calculée à l'aide d'un bilan de forces établi pour chaque pas de temps. Le système d'équations permettant de décrire le mouvement de chaque particule s'écrit :

$$\frac{d\vec{x}_p}{dt} = \vec{u}_p \tag{4.9}$$

$$\frac{d\left(m_p\vec{u}_p\right)}{dt} = \vec{F}_D + \vec{F}_g \tag{4.10}$$

Ici $\vec{x}_p$ représente le vecteur position de la particule, $\vec{u}_p$ est le vecteur vitesse par translation, m_p est la masse de la particule. Les forces agissant sur la particule sont la force exercée par le gaz $\vec{F}_D$ et la poussée d'Archimède $\vec{F}_g$.

La force exercée par le gaz $\vec{F}_D$ constitue ici une force d'entraînement et non une force de traînée, puisque l'écoulement du gaz est orienté dans le même sens que la particule.
Son expression est cependant analogue à une force de traînée et s'exprime comme suit :

$$\vec{F}_D = \frac{18\mu}{\rho_p d_p^2} \frac{C_D \operatorname{Re}_p}{24} \left|\vec{u} - \vec{u}_p\right| \tag{4.11}$$

$$\operatorname{Re}_p = \frac{\rho d_p \left\|\vec{u} - \vec{u}_p\right\|}{\mu} \tag{4.12}$$

avec d_p le diamètre de la particule, C_D le coefficient de traînée. Re_p est le nombre de Reynolds de la particule, calculé à partir du différentiel de vitesse entre le gaz et la particule. Notons qu'ici le vecteur vitesse $\vec{u}$ est issu du modèle d'écoulement turbulent. Ce vecteur combine la vitesse moyenne $\vec{U}$ avec la vitesse fluctuante $\vec{u}'$ et tient compte de l'intensité de turbulence locale k comme le fait apparaître l'équation (4.13). La turbulence est en effet définie par une fluctuation aléatoire de distribution gaussienne. ζ, une grandeur aléatoire de distribution normale, est utilisée pour l'ensemble des dimensions de l'espace du fait que l'on suppose une turbulence isotrope.

$$u' = v' = w' = \zeta\sqrt{\frac{2k}{3}} \tag{4.13}$$

Plusieurs formulations ont été proposées pour définir le coefficient de traînée C_D, celui-ci dépendant du nombre de Reynolds de la particule. (Haider and Levenspiel, 1989) donnent l'expression (4.14) qui permet de prendre en considération la forme non sphérique des particules à l'aide d'un facteur de forme φ_p. Il représente le rapport de la surface extérieure s d'une sphère ayant le même volume que la particule sur la surface extérieure réelle S de la particule. La sphère présentant la plus petite surface extérieure pour un volume donné, le facteur de forme φ_p est toujours inférieur à l'unité pour une particule non sphérique.

$$C_D = \frac{24}{\operatorname{Re}_p}\left(1 + a_1 \operatorname{Re}_p^{a_2}\right) + \frac{a_3 \operatorname{Re}_p}{a_4 + \operatorname{Re}_p} \tag{4.15}$$

$$\begin{aligned} a_1 &= \exp\left(2,3288 - 6,4581\varphi_p + 2,4486\varphi_p^2\right) \\ a_2 &= 0,0964 + 0,5565\varphi_p \\ a_3 &= \exp\left(4,905 - 13,8944\varphi_p + 18,4222\varphi_p^2 - 10,2599\varphi_p^3\right) \\ a_4 &= \exp\left(1,4681 + 12,2584\varphi_p - 20,7322\varphi_p^2 - 15,8855\varphi_p^3\right) \end{aligned} \tag{4.16}$$

$$\varphi_p = \frac{s}{S} \tag{4.17}$$

La technique de mise en œuvre des particules par atomisation à l'air favorise la production de poudre relativement sphérique, comme nous avons pu l'observer sur les clichés photographiques du chapitre 2 (Figure 2.11). C'est la raison pour laquelle une valeur de 0,8 est retenue comme facteur de forme pour le calcul du coefficient de traînée. Cette hypothèse est basée sur les résultats et analyses de Pan et al. (Pan et al., 2006).

Le second terme à droite dans l'équation (4.10), $\vec{F}_g$, représente la résultante des forces de pesanteur et d'Archimède et s'exprime ainsi :

$$\vec{F}_g = m_p \frac{\left(\rho_p - \rho_{Ar}\right)}{\rho_p} \vec{g} \tag{4.18}$$

où m_p est la masse de la particule, $\vec{g}$ est l'accélération gravitationnelle, ρ_p et ρ_{Ar} sont respectivement les masses volumiques de la particule et de l'argon.

4.4.2 Injection des particules en entrée de buse

Les particules de poudre sont acheminées vers la buse à travers des tuyaux flexibles, un gaz est utilisé pour mettre en mouvement la poudre. L'injection est faite latéralement en amont et à différents points. Il est relativement cohérent de considérer qu'en chacun de ces points d'injection, le profil de distribution des particules est homogène et que leur vitesse est identique à celle du gaz (Ibarra-Medina and Pinkerton, 2010; Tabernero et al., 2010). Les modèles numériques de jet de poudre les plus complets considèrent la géométrie complète de la buse. (Tabernero et al., 2010) insistent sur la nécessité de disposer de l'ensemble de la géométrie pour que les résultats numériques puissent être prédictifs. La géométrie de la buse modélisée ici est simplifiée et c'est pourquoi il est nécessaire d'établir des hypothèses sur les conditions d'entrée des particules. La Figure 4.4 donne la géométrie du modèle 3D définie par les contours extérieurs de la buse ainsi qu'un domaine représentant l'espace entre la sortie de la buse et le substrat. Par ailleurs, la buse présente deux plans de symétrie $(\vec{x},\vec{z})$ et $(\vec{y},\vec{z})$, ce qui permet de diviser par quatre le domaine de calcul et ainsi réduire les temps de calcul. Les particules sont injectées au niveau de l'entrée n°2.

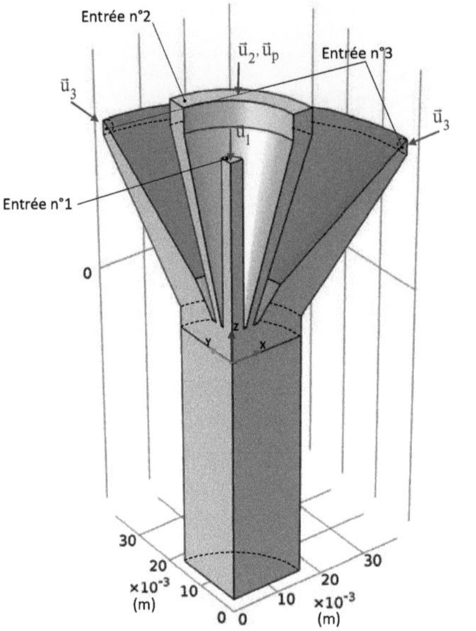

Figure 4.4 – Géométrie 3D du domaine de calcul représentant la buse coaxiale et la zone d'observation de l'écoulement libre

Pour simuler l'injection des particules dans la section d'entrée de la buse, trois paramètres sont nécessaires au modèle: la position des particules, leur vitesse et le nombre de particules. Ces trois paramètres doivent rendre compte du débit massique, celui-ci étant connu expérimentalement. Des fonctions aléatoires sont utilisées afin de mieux rendre compte des conditions expérimentales. Nous détaillons dans ce qui suit la démarche adoptée pour définir ces trois paramètres.

4.4.2.1 Position des particules en entrée

La position initiale des particules au niveau de la section d'entrée est décrite par une fonction aléatoire de distribution uniforme, disponible dans le logiciel COMSOL Multiphysics®. Cette fonction est utilisée pour définir une densité représentant la distribution spatiale des particules au niveau de la section d'entrée. La fonction aléatoire comporte trois arguments, liés respectivement aux dimensions d'espace x et y (pour un modèle 3D) et au temps t, ce qui permet de rendre la distribution des particules aléatoire en fonction du temps et de l'espace. Ces trois arguments sont définis sur un intervalle]0;1[, ce qui nous a conduit à poser :

$$x^* = \frac{1}{(r_e - r_i)}\left(\frac{x}{\cos\theta} - r_i\right) \quad ; \quad y^* = \frac{1}{(r_e - r_i)}\left(\frac{y}{\sin\theta} - r_i\right) \quad ; \quad t^* = \frac{t}{t_{ref}}$$
$$\theta = \tan^{-1}\left(\frac{y}{x}\right) \qquad (4.19)$$

avec r_e et r_i les rayons extérieur et intérieur de la section annulaire où sont introduites les particules dans le domaine de calcul, θ la position angulaire (Figure 4.5) qui dépend des coordonnées x et y, et enfin t_{ref} le temps durant lequel les particules sont introduites dans le domaine. La fonction aléatoire s'écrit alors dans COMSOL Multiphysics® $rn_1(x^*,y^*,t^*)$ et renvoie une valeur nécessairement comprise entre 0 et 1. Sa représentation graphique est donnée sur la Figure 4.6.

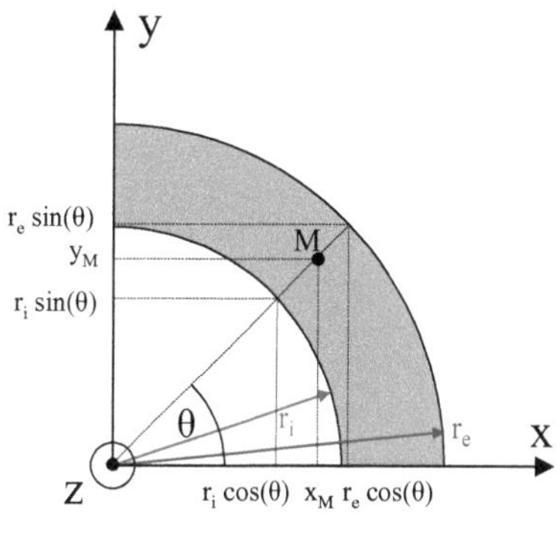

Figure 4.5 - Vue de dessus de l'entrée 2 de la buse où sont introduites les particules (Figure 4.4)

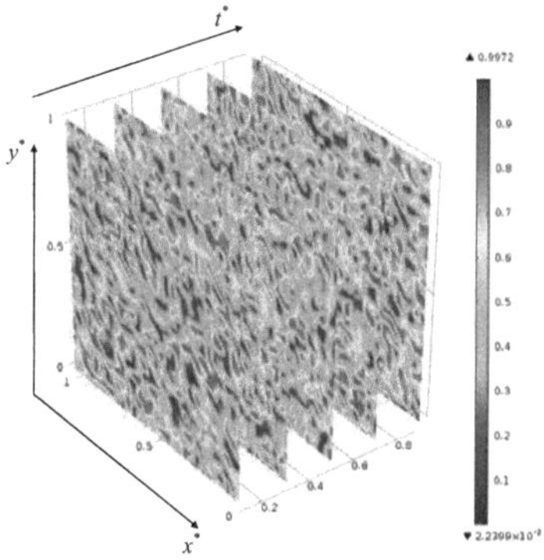

Figure 4.6 - Représentation en coupes successives de la fonction aléatoire $rn_1(x^*,y^*,t^*)$ qui définit la distribution des particules en entrée à partir d'une densité

4.4.2.2 Vitesse des particules en entrée

Les particules en entrée n'arrivent pas nécessairement toutes avec un vecteur vitesse identique à celui du gaz selon leur histoire (collisions notamment avec les parois). Nous avons donc introduit un terme aléatoire dans les composantes du vecteur vitesse de chaque particule. Si u_{px}, u_{py} et u_{pz} désignent les composantes du vecteur vitesse $\vec{u}_p$ d'une particule, alors :

$$\begin{aligned} u_{px} &= \psi|\vec{u}_2|\ rn_2\left(x^*,y^*,t^*\right) \\ u_{py} &= \psi|\vec{u}_2|\ rn_2\left(x^*,y^*,t^*\right) \\ u_{pz} &= -\psi|\vec{u}_2| \end{aligned} \tag{4.20}$$

avec $|\vec{u}_2|$ la vitesse du gaz au niveau de l'entrée n°2 de la buse (Figure 4.4). $rn_2(x^*,y^*,t^*)$ fait référence à une fonction aléatoire de distribution uniforme centrée en zéro sur un intervalle [-0,7;0,7]. La fonction aléatoire rn_2 donne un angle à la trajectoire de la particule par rapport à la normale de la surface où les particules entrent et cet angle est limité à 45° par les bornes de l'intervalle. ψ est un coefficient multiplicateur qui doit être ajusté. Une valeur proche de l'unité fait que les particules se déplacent à la même vitesse que le fluide, or l'objectif est justement de dissocier la trajectoire des particules de celle du gaz. A l'opposé, une valeur trop élevée fait que les particules interagissent de manière incohérente avec les parois de la buse. La configuration optimale a été obtenue avec $\psi = 4$. Pour un débit volumique de gaz porteur de 2 $L.min^{-1}$, la vitesse du gaz en entrée est de 0,087 $m.s^{-1}$ et celle des particules est en moyenne de 0,2 $m.s^{-1}$ et cette différence est justifiée par l'action de la gravité dans la partie haute de la buse. La vitesse des particules en sortie de buse n'est pas affectée par cette valeur de ψ mais leur distribution quant à elle est différente.

4.4.2.3 Nombre de particules en entrée

Le dernier point important sur la mise en donnée du modèle lagrangien des particules est le nombre de particules à lâcher. Le lâché de particules s'effectue à intervalles réguliers sur une période t_0. Le nombre de particules et la fréquence des lâchés sont directement liés au débit massique de poudre. Le nombre de particules introduites à chaque intervalle doit aussi tenir compte de la distribution granulométrique. Chaque particule se voit alors attribuer un diamètre qui définira sa masse m_p, dont vont dépendre les interactions avec le fluide gazeux et le faisceau laser. En considérant le débit massique en entrée, la distribution granulométrique et la masse volumique du matériau, il est possible de définir le nombre de particules à introduire à chaque instant. Après différents tests, il apparaît que l'introduction de particules par pas de 0,1 ms et durant 100 ms est suffisante pour obtenir des conditions quasi stationnaires en sortie de buse. Il s'agit d'un compromis obtenu par rapport aux temps de calcul : plus il y a de particules et plus le nombre de degrés de liberté est important. Le Tableau 4.2 donne notamment le nombre de particules pour chaque lâché à définir afin d'obtenir un débit massique de 1 $g.min^{-1}$, et ce pour les deux matériaux de l'étude.

	Ti-6Al-4V	316L
Masse volumique à 20°C ($kg.m^{-3}$)	4420	8000
Granulométrie (μm)	[45-75]	[45-75]
Nombre de particules à chaque lâché (valeur arrondie)	10	6

Tableau 4.2 – Nombre de particules à lâcher toutes les 0,1 ms durant 100 ms pour respecter un débit massique de 1 $g.min^{-1}$ en entrée

4.4.3 Collisions entre particules et parois

La position et la vitesse des particules en entrée sont définies par les équations (4.19) et (4.20). Chaque plan de symétrie de la buse est représenté par une condition de rebond de sorte que $\vec{u}_{p2} = \vec{u}_{p1} - 2\left(\vec{n}\cdot\vec{u}_{p1}\right)\cdot\vec{n}$, $\vec{u}_{p1}$ et $\vec{u}_{p2}$ étant les vecteurs vitesses avant et après rebond. Chaque paroi solide (buse, substrat) est également définie par une condition de rebond. La version 4.2a de COMSOL Multiphysics® ne permet pas d'accéder aux équations qui modélisent cette condition aux limites. C'est pourquoi nous ferons l'hypothèse d'un rebond de type élastique avec un coefficient de restitution égal à 1.

4.5 Modélisation de la température des particules

Le passage des particules de poudre au travers du faisceau laser provoque leur échauffement. En fonction de l'intensité du faisceau et de la trajectoire suivie par les particules, celles-ci peuvent atteindre la température de fusion, voire la température de vaporisation, si le temps d'interaction est suffisant. Cependant, le cas de la vaporisation n'est pas envisagé ici. Simultanément, l'écart de température entre chaque particule et la phase gazeuse donne lieu à des pertes de chaleur par convection et rayonnement. Compte tenu des hypothèses présentées au paragraphe 4.2, l'échauffement des particules est induit dans ce modèle uniquement par l'absorption du rayonnement électromagnétique issu du faisceau laser, d'une part, et par les pertes par convection et rayonnement avec le milieu gazeux, d'autre part.

La Figure 4.7 illustre les phénomènes thermiques impliqués lorsqu'une particule traverse le faisceau laser et subit un échauffement limité par les pertes par convection et rayonnement. Lors de sa trajectoire, la particule initialement à la température T_∞ se réchauffe progressivement pendant toute la durée de son interaction avec le faisceau laser et atteint une température T_p à la fin de cette interaction. En dehors de cette zone d'interaction, la particule se refroidit par convection et rayonnement jusqu'à ce qu'elle atteigne le bain liquide.

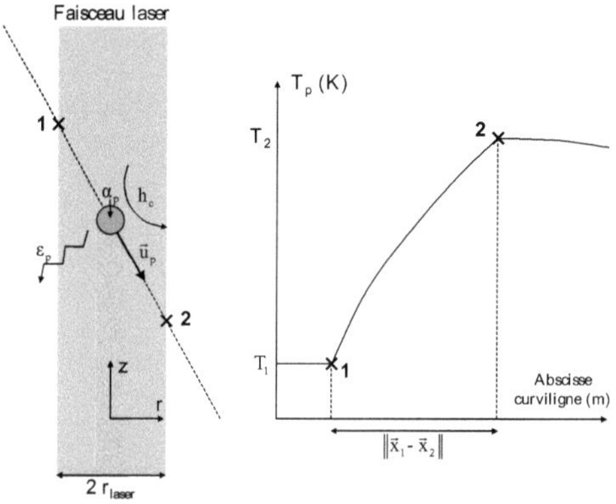

Figure 4.7 - Illustration des phénomènes thermiques agissant sur une particule interagissant avec le faisceau laser et évolution de la température de la particule le long de sa trajectoire (ligne pointillée)

En supposant que les particules ont une température uniforme, celle-ci peut être déterminée à partir de la méthode du gradient nul (résistance thermique interne négligeable), qui permet d'écrire, pour chaque particule :

$$m_p c_p^*(T_p)\frac{dT_p}{dt} = \alpha_p \varphi_{laser} \pi \frac{r_p^2}{\varphi_p} - \left[h_c \left(T_p - T_\infty\right) + \varepsilon_p \sigma_{SB} \left(T_p^4 - T_\infty^4\right) \right] 4\pi \frac{r_p^2}{\varphi_p} \qquad (4.21)$$

avec c_p^* la chaleur massique équivalente, T_∞ la température du milieu environnant, φ_{laser} l'intensité du faisceau laser incident à la surface de la particule, r_p le rayon de la particule, h_c le coefficient d'échange par convection avec la phase gazeuse, T_p la température de la particule, α_p et ε_p respectivement l'absorptivité et l'émissivité de la particule (valeurs identiques à celles utilisées au chapitre 3), et σ_{SB} la constante de Stefan-Boltzmann. La non sphéricité des particules est incluse dans le calcul de la section projetée et de la surface extérieure (facteur de forme φ_p = 0,8). La chaleur latente de fusion/solidification des particules est prise en compte dans le terme c_p^* et son expression a été présentée dans le chapitre 3. La valeur du coefficient d'échange par convection est calculée à partir de la formule de corrélation proposée par (Ranz and Marshall, 1952a, 1952b). Cette dernière permet de calculer le nombre de Nusselt Nu_p à partir des nombres de Reynolds Re_p et Prandtl Pr, et s'exprime de la manière suivante :

$$Nu_p = 2 + 0,6\,\mathrm{Re}_p^{1/2}\,\mathrm{Pr}^{1/3} \qquad (4.22)$$

Cette formule de corrélation établie pour un écoulement autour d'une sphère est valable pour $0 \le Re_p < 200$ et $0 \le Pr < 200$, ce qui est bien notre cas, puisque pour l'argon, le nombre de Reynolds est de l'ordre de 10 et le nombre de Prandtl de 0,63. Ce dernier compare la diffusivité de la quantité de mouvement par rapport à la diffusivité thermique pour rendre compte du mécanisme qui pilote le transfert de chaleur de la particule avec la phase gazeuse. A noter que pour calculer le nombre de Reynolds, la vitesse relative de la particule par rapport au gaz est obtenue à partir des deux modèles présentés précédemment, qui permettent de calculer la vitesse du gaz et des particules au sein de la buse et à la sortie. Enfin à titre indicatif, la valeur moyenne du coefficient d'échange par convection en sortie de buse est d'environ 600 $W.m^{-2}.K^{-1}$ pour les grosses particules et 1500 $W.m^{-2}.K^{-1}$ pour les plus petites.

Concernant la distribution énergétique du faisceau laser, deux distributions sont comparées, une distribution uniforme dite « top-hat » et une distribution gaussienne. Pour cette dernière, compte tenu de la distance entre la buse et le substrat, la focalisation du faisceau est prise en compte. Elle est décrite comme vu au chapitre 1 :

$$\varphi_{laser}(x,y,z) = N_{laser}\frac{P_{laser}}{\pi r_{laser}^2(z)}\exp\left(-N_{laser}\frac{(x^2+y^2)}{r_{laser}^2(z)}\right)$$
$$r_{laser}(z) = w_0\sqrt{1+\frac{z^2}{z_r^2}} \qquad (4.23)$$

avec N_{laser} = 5, w_0 = 0,2 mm et z_r = 2,67 mm (chapitre 2).

4.6 Paramètres de résolution

La première étape de la résolution consiste à résoudre le problème d'écoulement de gaz, à savoir les équations stationnaires de Navier-Stokes, d'une part, et de la turbulence, d'autre part, au moyen d'un solveur ségrégé. Pour chaque étape du solveur, le système linéaire est paramétré avec une tolérance relative de 10^{-3}, un facteur de sous-relaxation de 0,7 ainsi qu'une mise à jour du jacobien à chaque itération. Les équations sont résolues avec un solveur itératif GMRES multigrille géométrique à deux niveaux. Par défaut, COMSOL Multiphysics® adapte systématiquement le type de solveur et ses paramètres en fonction du problème à résoudre. L'ensemble du problème stationnaire représente 543048 degrés de liberté et est résolu en 1h30 avec quatre coeurs de calcul.

Le problème transitoire consiste à se servir des solutions stationnaires du champ de vitesse et du champ de l'intensité turbulente pour calculer la trajectoire et la température des particules. Le problème est résolu à l'aide du solveur PARDISO, associé au solveur α-généralisé, pour traiter l'aspect transitoire. Durant toute la période où les particules sont introduites dans le domaine de calcul, c'est-à-dire de t = 0 s à t = 0,1 s, le pas de temps est limité à 10^{-4} s afin de ne pas dépasser l'intervalle de temps entre chaque lâché de particules. Au-delà de cette période de 0,1 s, la limite du pas de temps est remontée à 10^{-3} s. Le calcul prend fin à t = 0,5 s, lorsque toutes les particules ont quitté le domaine de calcul. Pour un débit massique de 1 $g.min^{-1}$ et en considérant un alliage Ti-6Al-4V, dix particules sont lâchées tous les 10^{-4} s et durant 0,1 s, ce qui représente au total 10010 particules, soit 40040 degrés de liberté. Etant donné la représentation discrète des particules, le nombre de degrés de liberté ne dépend pas d'un maillage mais est directement proportionnel au nombre d'inconnues pour chaque particule. La résolution du problème transitoire est achevée au bout de 1h20.

4.7 Résultats issus du modèle de jet de poudre

4.7.1 Vitesse de l'écoulement gazeux et vitesse des particules

La présentation du modèle du jet de poudre a permis de montrer les phénomènes physiques pris en considération pour cette étude ainsi que la spécificité des conditions d'entrée des particules dans le domaine de calcul (vitesse, position, masse). Il est dès lors possible de calculer le champ de vitesse du gaz dans la buse et en sortie de buse. La Figure 4.8a est une représentation de la solution du champ de vitesse pour un débit axial de 0,1 $L.min^{-1}$, un débit porteur de 2 $L.min^{-1}$ et un débit périphérique de 10 $L.min^{-1}$.

Les propriétés thermophysiques du gaz sont celles de l'argon (Tableau 4.3). Il s'agit d'un écoulement libre où le fluide ne rencontre pas d'obstacle et les particules ne sont pas déviées. On observe tout d'abord une phase d'accélération du gaz dans la buse, du fait de la convergence des cônes. Il s'en suit une phase de décélération dès lors que le fluide n'est plus confiné dans la buse. Le flux de particules transportées par ce gaz est présenté en Figure 4.8b. Il s'agit de poudre en alliage Ti-6Al-4V avec un débit massique en entrée d'environ 1 g.min^{-1}, compte tenu de l'erreur faite en arrondissant le nombre de particules introduites à chaque lâché. La comparaison des deux figures montre que la vitesse des particules est proche de celle du gaz tout en restant inférieure. En sortie du cône de la buse en z = 0, la vitesse du fluide est maximale (1,22 m.s^{-1}) alors que la vitesse moyenne des particules est comprise entre 0,6 et 0,7 m.s^{-1}. Les particules de poudre atteignent leur vitesse maximale plus bas dans l'écoulement. La taille des particules est hétérogène et les différentes forces en action n'ont pas le même effet selon la masse de ces particules. La Figure 4.9 représente la vitesse des particules en fonction de leur masse à différents instants, dans un intervalle compris entre z = 0 mm et z = -4 mm.

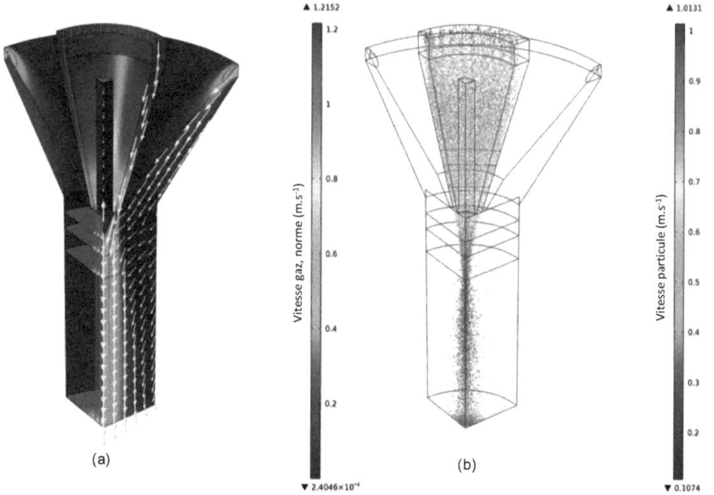

Figure 4.8 – (a) Champ de vitesse et lignes de courant de l'écoulement d'argon à 2 L.min^{-1} ; (b) Ecoulement du flux de particules à travers la buse coaxiale pour un débit massique de 1 g.min^{-1} : évolution de la vitesse des grains de Ti-6Al-4V

Le flux de particules est accéléré par l'écoulement gazeux et le champ de pesanteur jusqu'à atteindre une vitesse moyenne comprise entre 0,8 et 1 m.s^{-1}. Cette valeur est à mettre en relation avec la vitesse du fluide dans le jet libre. Sur l'axe z, la vitesse du gaz est de 0,6 à 0,8 m.s^{-1} (Figure 4.8a). L'expansion du jet libre par dissipation visqueuse conduit à une diminution par deux de la vitesse maximale sur l'axe z, mais la vitesse maximale des particules tend vers une valeur de l'ordre du mètre par seconde avant de commencer à diminuer (Figure 4.8b). La Figure 4.9 montre que la vitesse des particules en sortie de domaine dépend très peu de leur masse. Rappelons que dans le chapitre 2, des mesures de vitesse de particules réalisées par le laboratoire PIMM ont permis d'obtenir une vitesse de (1,6 $\pm$ 0,2) m.s^{-1} à 4 mm de la buse pour un débit volumique de gaz de 4 L.min^{-1}. Une modélisation de l'écoulement avec un débit volumique de 4 L.min^{-1} pour le gaz porteur a permis d'obtenir en sortie de buse des vitesses de particules comprises entre 1,4 et 1,5 m.s^{-1}, donc cohérentes avec les observations expérimentales.

	Masse volumique (kg.m^{-3})	Viscosité dynamique (Pa.s)
Argon	1,67	2,09.10^{-5}
Hélium	0,169	1,86.10^{-5}

Tableau 4.3 – Propriétés thermophysiques de l'argon et de l'hélium à 15°C (Air Liquide, 2012)

On rappelle que le mouvement des particules est induit d'une part par l'écoulement du gaz et d'autre part par la gravité. En sortie de buse, les particules vont moins vite que le fluide et sont alors accélérées par les forces d'entraînement. La pesanteur a aussi pour effet d'accroître la vitesse des particules. L'expansion du jet libre à la sortie de la buse contribue à la diminution des vitesses dans la phase gazeuse, si bien qu'à un moment donné, les particules auront une vitesse supérieure à celle du fluide. L'écoulement du gaz agira alors comme une force de traînée, qui aura tendance à ralentir la particule. Ce résultat montre que ce type d'écoulement est essentiellement gouverné par les effets visqueux avec un gaz vecteur tel que l'argon, ce qui est en accord avec d'autres travaux de la littérature (Huber and Sommerfeld, 1998; Sommerfeld, 2003).

Il est à noter que la Figure 4.8a montre un champ de vitesse très similaire à un écoulement de Poiseuille. En effet, la configuration opératoire spécifique à cette étude fait que les débits de gaz sont relativement faibles et ne requiert pas nécessairement de traiter les phénomènes de turbulence. Des calculs complémentaires ont montré que, dans notre cas, la modélisation de la turbulence sous-estime légèrement la vitesse maximale mais n'a pas d'effet notable surla vitesse et la distribution des particules dans le jet de poudre. Le modèle de turbulence k-ε est cependant conservé, en vue de pouvoir traiter des configurations opératoires différentes avec des débits de gaz plus forts.

La Figure 4.8b montre également la forme du jet de poudre. La forme conique de la buse permet d'obtenir un jet de poudre qui converge jusqu'au plan focal, caractérisé par une concentration en particules maximale. Le plan focal de l'écoulement de la Figure 4.8b est compris dans une zone qui se situe entre 5 mm et 9 mm de la sortie de la buse. La connaissance du plan focal est une donnée essentielle dans le cadre du procédé FDPL. En effet, il correspond à la distance optimale entre la buse et le substrat afin d'obtenir le meilleur rendement d'interaction entre le jet de poudre et le bain liquide, ainsi qu'un meilleur état de surface. Dans le paragraphe suivant, nous analysons plus en détail les caractéristiques du jet de poudre.

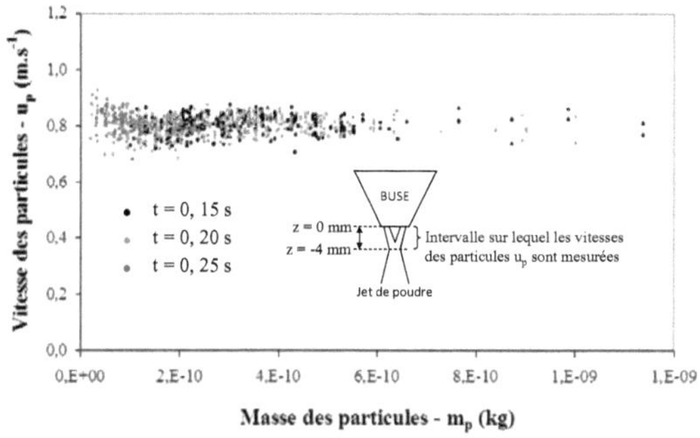

Figure 4.9 – Vitesse des particules selon leur masse à différents instants – débit porteur : 2 L.min^{-1}, débit poudre alliage Ti-6Al-4V : 1 g.min^{-1}

4.7.2 Validation de la distribution calculée par le modèle numérique

Le modèle de jet de poudre simule les conditions d'écoulement des particules au travers et en dehors de la buse. La comparaison des résultats numériques avec des données expérimentales est une étape qui permet de s'assurer de la cohérence des résultats mais aussi des limites d'un tel modèle. L'étude expérimentale du jet de poudre a été présentée dans le chapitre 2. L'observation par caméra rapide a permis d'évaluer la position du plan focal à (5,5 ± 0,5) mm de la sortie de la buse pour un débit porteur de 2 L.min^{-1}. Le rayon du jet de poudre r_{jet} au plan focal est de (2,2 ± 0,2) mm. Ces valeurs sont obtenues avec une poudre en alliage Ti-6Al-4V, à noter qu'aucune mesure n'a été effectuée avec l'acier 316L.

4.7.2.1 Position du plan focal

Le post-traitement des résultats du modèle permet de visualiser la position des particules sous forme de point à un instant donné, et l'historique de leur trajectoire sous forme de ligne continue. Les calculs sont effectués pour un écoulement libre sans obstacle. La Figure 4.10 montre la position du plan focal obtenue avec une poudre d'alliage Ti-6Al-4V et une poudre d'acier 316L. Le débit massique de poudre est de 1 g.min^{-1} et le débit volumique du gaz vecteur est de 2 L.min^{-1}.

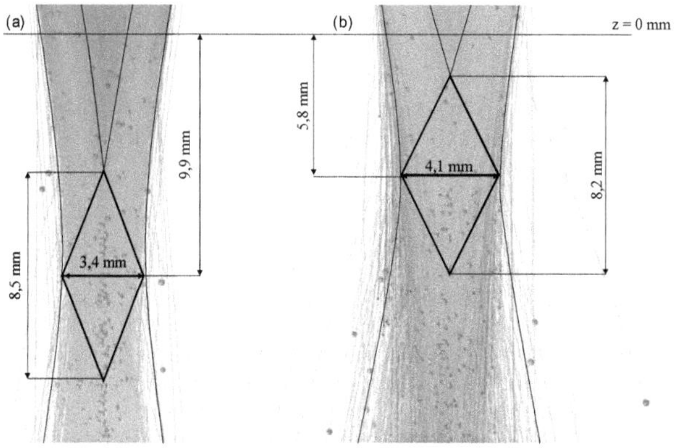

Figure 4.10 – Forme du jet de poudre au plan focal en fonction de la nature de la poudre : (a) Ti-6Al-4V ; (b) 316L (granulométrie [45-75μm], débit poudre de 1 g.min^{-1}, débit gaz de 2 L.min^{-1})

Les hypothèses posées précédemment supposent que les particules n'ont pas d'incidence sur l'écoulement gazeux. Les vitesses du gaz sont donc identiques pour les deux types de poudre. De même, la granulométrie est la même pour les deux matériaux. Dès lors les différences observables entre les deux jets viennent uniquement de la différence de masse volumique (à 20°C : 4420 $kg.m^{-3}$ pour l'alliage Ti-6Al-4V et 8000 $kg.m^{-3}$ pour l'acier 316L). Les deux écoulements de particules ont une trajectoire convergente en sortie de buse avant de passer au plus proche de l'axe de la buse et de s'en écarter ensuite. Il est raisonnable de considérer que la zone du plan focal correspond au changement de direction des particules que l'on peut voir sur la Figure 4.10. La position du plan focal obtenue avec les particules d'acier 316L est estimée à (6,6 ± 3,9) mm sous la buse et celle des particules en alliage Ti-6Al-4V est à (9,9 ± 4,3) mm. Le diamètre du jet de poudre au plan focal est respectivement de 3,4 mm et 4,1 mm pour l'alliage Ti-6Al-4V et l'acier 316L.

Les écarts obtenus entre l'alliage Ti-6Al-4V et l'acier 316L s'expliquent par le fait que les particules d'acier 316L sont presque deux fois plus lourdes que celles de l'alliage Ti-6Al-4V avec une vitesse en sortie de buse sensiblement identique. Ces particules ont donc beaucoup plus d'inertie et leur trajectoire est alors moins influencée par l'écoulement du gaz central. Leur trajectoire plus rectiligne permet aux particules de rencontrer l'axe longitudinal plus haut que les particules de Ti-6Al-4V. De plus, le flux des particules en acier 316L est plus dispersé que le flux des particules en alliage Ti-6Al-4V. Cela a également été observé par (Balu et al., 2012) qui relie ce phénomène à une moins forte sensibilité des particules lourdes aux forces extérieures.

En considérant les incertitudes, tant sur les mesures expérimentales que sur les résultats numériques, la position du plan focal semble validée du moins pour l'alliage Ti-6Al-4V. En effet, expérimentalement, il a été mesuré pour cet alliage une distance focale de 5,6 ± 0,5 mm et un diamètre du jet de poudre de 4,4 ± 0,4 mm. Le modèle prédit donc une position du plan focal trop basse avec un diamètre de jet plus fin. Cet écart peut s'expliquer par la méthode utilisée expérimentalement qui consiste à augmenter le débit massique de poudre afin de mieux visualiser la position du plan focal. Or il a été montré par (Von Wielligh, 2008) qu'une augmentation du débit massique tend à faire remonter la position du plan focal et à augmenter son diamètre.

Des expériences réalisées par le laboratoire PIMM ont porté sur le remplacement du gaz argon par un gaz hélium pour le convoyage des particules et la protection du bain liquide. Des calculs ont donc été réalisés afin d'étudier l'influence du gaz porteur sur les particules. La Figure 4.11 compare l'écoulement d'un flux de particules en alliage Ti-6Al-4V pour l'argon et l'hélium et il est notable que le jet de particules obtenu avec l'hélium est plus dispersé que celui avec l'argon. La différence entre ces deux gaz est essentiellement liée à la différence entre les masses volumiques qui présentent un rapport 9 à pression atmosphérique entre l'argon et l'hélium (Tableau 4.3, donné précédemment). Le nombre de Reynolds de la particule Re_p donné par l'équation (4.12) est beaucoup plus faible avec l'hélium et les forces d'entraînement le sont également. Le flux de particules est moins bien confiné par l'écoulement gazeux et il en résulte une dispersion plus importante des particules qui interagissent plus avec les parois lorsque celles-ci sont dans la buse. Cela a pour effet de faire remonter le plan focal et de le situer à une distance comprise entre 3,8 mm et 7,9 mm de la buse. Le diamètre du jet au voisinage du plan focal est plus large de 0,7 mm. L'intérêt de cette expérience a surtout porté sur la différence de protection du bain entre les deux gaz, les effets sur la forme du jet et la position du plan focal n'ont pas été mesurés.

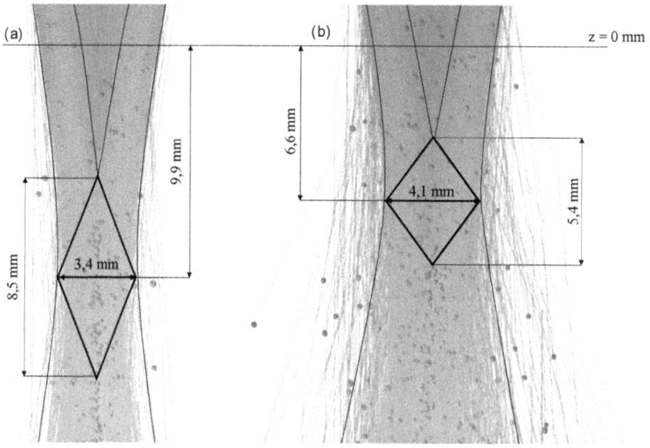

Figure 4.11 – Forme du jet de poudre en alliage Ti-6Al-4V au plan focal en fonction de la nature du gaz vecteur : (a) argon ; (b) hélium (granulométrie [45-75μm], débit poudre de 1 $g.min^{-1}$, débit gaz de 2 $L.min^{-1}$)

4.7.2.2 Distribution du débit massique dans le jet

La méthode de mesure avec une plaque percée d'un trou de 0,3 mm de diamètre a permis de caractériser la distribution des particules de poudre dans un plan perpendiculaire à l'axe de la buse situé à 4 mm de la sortie de la buse. Les simulations précédentes ont été réalisées avec un écoulement libre, ce qui a permis de bien visualiser la focalisation du jet de poudre. Par contre, afin de comparer la distribution massique de poudre calculée par le modèle avec les grandeurs expérimentales, il est nécessaire de modéliser la plaque percée. Une condition aux limites de type loi de paroi est alors appliquée à une distance de 4 mm de la buse. Les lignes de courant montrent la déviation de l'écoulement gazeux par la plaque (Figure 4.12). L'écoulement du gaz présentant une symétrie de révolution, il a donc été envisagé de modéliser le flux de particules et l'écoulement gazeux dans un repère 2D axisymétrique afin d'optimiser les temps de calcul.

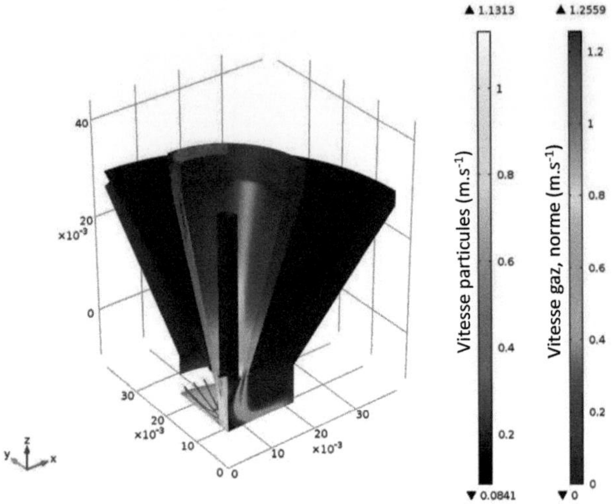

Figure 4.12 – Flux de particules d'alliage Ti-6Al-4V pour un écoulement d'argon de 2 $L.min^{-1}$ avec une plaque de diamètre 30 mm placée à 4 mm de la buse

Les courbes présentées sur la Figure 4.13 permettent de comparer les résultats des deux modèles numériques (2D axisymétrique et 3D) avec les données expérimentales. Les distributions de poudre calculées par les deux modèles sont obtenues en discrétisant la surface de la plaque à l'aide de bandes circulaires concentriques de 0,3 mm de largeur, ce qui correspond au diamètre du trou de la plaque. Les résultats présentés sont donc une moyenne de la masse de particules pour chaque surface élémentaire durant un intervalle de temps de 0,1 s. En intégrant cette distribution au niveau de la plaque, on retrouve le débit massique en entrée à environ 15 % près pour les deux matériaux mais cette erreur devient inférieure à 2 % en définissant des bandes élémentaires circulaires de 0,03 mm de large. Toutefois, cet échantillonnage plus fin donne des valeurs locales exubérantes sur l'axe.

La distribution calculée avec le modèle 2D axisymétrique est comparable à celle calculée avec le modèle 3D en termes de profil et d'amplitude, excepté sur l'axe. L'hypothèse d'axisymétrie fait que l'ensemble des particules qui converge vers le plan focal est forcé de se déplacer dans un plan qui inévitablement passe par l'axe z, ce qui surestime fortement la quantité de particules sur l'axe par rapport au modèle 3D. Cette observation est vraie autant pour l'alliage Ti-6Al-4V que pour l'acier 316L, ce qui indique que la masse des particules n'est pas responsable de ce phénomène. Cette limite du modèle 2D axisymétrique par rapport au modèle 3D a aussi été démontrée par Pan et al. (Pan et al., 2006). Le modèle 2D axisymétrique n'est donc pas retenu pour la suite de cette étude.

La comparaison des courbes issues du modèle 3D obtenues pour les deux matériaux permet de faire différents commentaires. A 4 mm de la buse, la distribution des particules d'alliage Ti-6Al-4V n'est pas pleinement gaussienne et présente une sorte de plateau sur un intervalle radial défini de 1 à 2 mm par rapport à l'axe. Cela nous indique que le flux de particules n'a pas entièrement convergé et on observe un profil de distribution plutôt annulaire, ce qui est typique de ce qu'on observe au dessus du plan focal (Pinkerton, 2007). Ces résultats sont en accord avec la position du plan focal observé numériquement qui est à environ 10 mm de la buse plutôt qu'à 4 mm

(Figure 4.10). Le profil de distribution calculé avec les particules en acier 316L est intéressant car l'allure est assez proche des données expérimentales. A noter que les expériences de mesure locale de débit n'ont été effectuées que pour l'alliage Ti-6Al-4V.

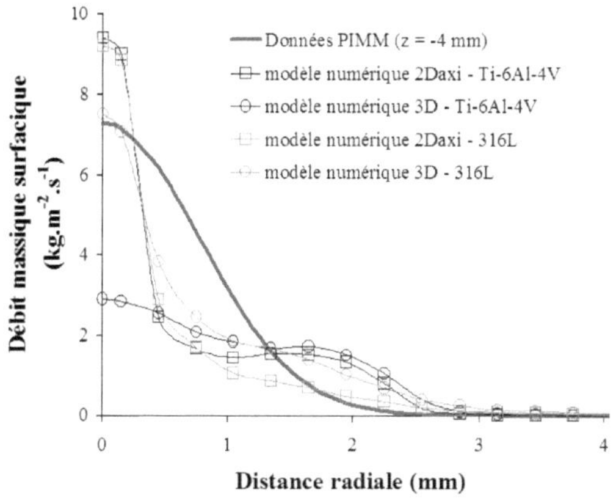

Figure 4.13 – Distribution du débit massique à 4 mm de la buse : résultats issus d'un modèle 2D axisymétrique et d'un modèle 3D, pour un alliage Ti-6Al-4V et un acier 316L (débit massique de poudre: 1 $g.min^{-1}$)

Pour le vérifier, nous avons représenté le profil de distribution pour un plan situé à 9 mm de la buse (Figure 4.14). On constate que pour l'alliage Ti-6Al-4V, le profil se rapproche d'une distribution gaussienne, puisqu'à cette distance, le plan se situe dans l'intervalle du plan focal établi numériquement pour la poudre d'alliage Ti-6Al-4V (entre 5,6 et 14,1 mm). A cette distance, le profil de distribution issu du modèle numérique concorde avec les données expérimentales à l'exception de l'axe où la valeur du débit massique surfacique est surestimée d'un facteur trois. Cet excèdent de matière sur l'axe peut être dû à un manque de dispersion des particules. Cela est très probablement la conséquence des différentes hypothèses au sujet de la nature élastique des rebonds, de l'absence de rugosité des parois de la buse, des interactions négligées entre particules ou encore de la vitesse angulaire des particules supposée nulle. Il est à noter que les particules en alliage Ti-6Al-4V sont particulièrement abrasives, ce qui altère la rugosité des parois internes de la buse et nécessite un polissage régulier pour garder un jet de poudre convergent. Un aspect qui n'a pas encore été discuté concerne l'écoulement de gaz pour lequel les débits de gaz ne sont pas connus très précisément. D'autre part, la géométrie incomplète de la buse a nécessité certaines suppositions portant notamment sur la vitesse et la trajectoire des particules en entrée. Il est donc difficile d'attendre du modèle numérique des résultats qui soient comparables en tout point avec les données expérimentales. Les résultats peuvent être considérés comme relativement satisfaisants compte tenu de ces différentes simplifications.

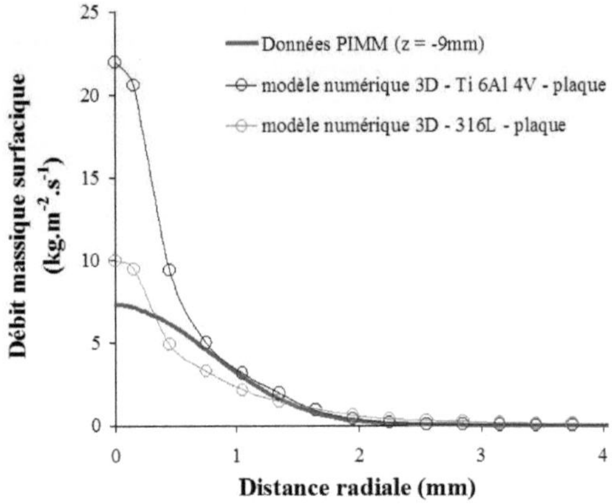

Figure 4.14 – Distribution du débit massique à 9 mm : comparaison entre un alliage Ti-6Al-4V et un acier 316L (débit massique : 1 $g.min^{-1}$)

L'analyse des résultats présentés en Figure 4.10 et Figure 4.11 a montré qu'une dispersion plus importante du flux de particules permet de rapprocher le plan focal de la sortie de la buse. C'est ce qui est observé lorsque le gaz porteur est de faible densité ou que les particules métalliques sont de masse volumique élevée. On peut raisonnablement s'attendre à ce qu'un modèle numérique physiquement plus complet aboutisse à une dispersion plus importante des particules en alliage Ti-6Al-4V et donc à un plan focal plus près de la buse. La correspondance entre les distributions mesurées et calculées du débit massique dans le flux de particules serait meilleure. Il n'est pas évident de dire que la position du plan focal du jet de poudre des particules en acier 316L serait significativement différente avec un modèle numérique plus complet car la différence de masse volumique entre les deux matériaux fait que l'origine des phénomènes responsables de la dispersion ne sont pas les mêmes. La dispersion des particules de faible masse est plutôt le fait de la turbulence du fluide alors que la dispersion des particules lourdes est liée à leur inertie (Sommerfeld, 2003).

Le profil de distribution des particules en acier 316L à 9 mm de la buse se positionne de part et d'autre de la courbe du modèle expérimental (Figure 4.14). Sous le plan focal, le profil de distribution est de type gaussien mais va s'estomper au fur et à mesure de l'éloignement, du fait de la trajectoire divergente des particules. Ceci est compatible avec les observations faites par (Pinkerton, 2007) qui a identifié les profils de distribution d'un jet obtenu à l'aide d'une buse coaxiale au dessus, au niveau et en dessous du plan focal.

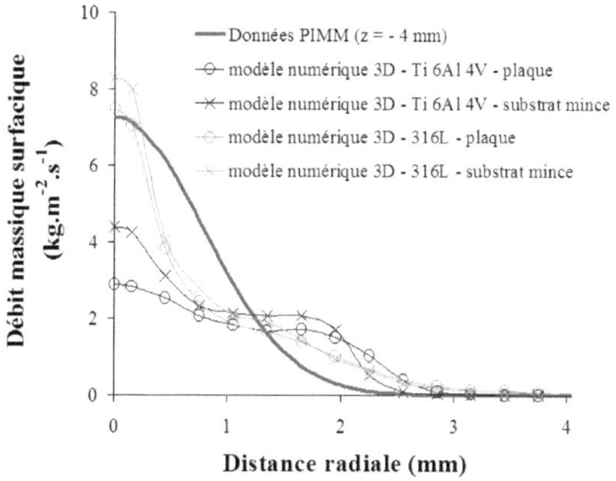

Figure 4.15 – Effet du substrat sur la distribution du débit massique à 4 mm de la buse (débit massique : 1 $g.min^{-1}$)

Les conditions expérimentales propres au jet de poudre en procédé de Fabrication Directe par Projection Laser sont encore différentes de celles qui viennent d'être étudiées avec le modèle 3D. L'écoulement réel n'est pas dévié par une plaque plane mais celui-ci rencontre la géométrie en cours de fabrication. Cette géométrie est assimilée à une plaque de faible épaisseur parallèle au jet. Cette configuration a été modélisée en modifiant la géométrie du modèle 3D. Le substrat est alors modélisé par une plaque verticale dont la largeur est égale à la demi épaisseur de la paroi, soit 1 mm. Une loi de paroi est alors imposée sur les frontières de cette plaque pour rendre compte de la présence du substrat mince. En dehors de cette plaque, une condition aux limites de type écoulement sortant sans contrainte visqueuse est appliquée. La distribution du flux massique de particules avec substrat mince est très légèrement différente de celle avec une plaque de grand diamètre (Figure 4.15). L'écart absolu le plus important est observé sur l'axe et représente 8 % d'erreur pour l'acier 316L et 45 % d'erreur pour l'alliage Ti-6Al-4V. En l'absence de plaque plane, le fluide est très peu dévié par le substrat mince car l'épaisseur du substrat est faible devant le diamètre du jet libre. La présence de la plaque plane correspond à un point d'arrêt et le fluide est contraint de s'étaler sur cette plaque (Figure 4.12). Cette singularité est susceptible de ralentir et dévier les particules de leur trajectoire. Il apparaît en fait que le jet de poudre avec plaque plane n'est pas plus étalé mais présente une concentration en particules un peu moins importante. La quantité de matière qui transite à travers une surface élémentaire durant un intervalle de temps donné est moins importante donc la vitesse des particules est plus faible car elles sont légèrement ralenties. L'effet de la plaque est beaucoup plus sensible avec l'alliage Ti-6Al-4V qu'avec l'acier 316L. Il a été montré précédemment que l'écoulement gazeux a plus d'influence sur les particules légères et c'est la cause des différences observées. Le débit massique sur l'axe est plus faible avec la plaque car la vitesse du gaz étant plus faible, celle des particules l'est également. La quantité de matière reçue au voisinage de l'axe durant un intervalle de temps donné est alors plus faible. De plus, le profil de distribution est plus large car l'écoulement gazeux est bloqué par la plaque et s'étale. Les particules légères sont sensibles à cet effet et se retrouvent un peu plus dispersées sur la plaque. Ces effets ne sont pas observables avec les particules d'acier 316L car ces dernières sont quasiment deux fois plus lourdes et les forces d'entraînement sont alors moins efficaces.

Le modèle 3D de jet de poudre a permis de comparer les résultats numériques avec des observations expérimentales. La comparaison a porté sur la position du plan focal, le profil de distribution du flux massique de particules à 4 et 9 mm de la buse. Cette comparaison a porté sur une poudre en alliage Ti-6Al-4V et une poudre en acier 316L qui présentent chacune une granulométrie de [45-75μm]. Malgré les fortes hypothèses posées sur les phénomènes physiques en jeu et les conditions d'introduction des particules dans le domaine de calcul, la validation de chacun de ces points est relativement satisfaisante. Il est alors possible de représenter l'apport de matière dans le bain liquide en considérant que le flux massique de particules présente une distribution de type gaussienne. L'apport de matière est traité comme une condition aux limites du bain liquide et permet de découpler la physique du jet de poudre de la physique du substrat.

Etant en mesure de rendre compte de la trajectoire de chacune des particules, la prochaine étape de cette étude porte sur l'interaction des particules avec le faisceau laser.

4.7.3 Influence de la puissance et de la distribution

Le modèle du jet de poudre permet d'étudier l'influence de la puissance du faisceau laser ainsi que sa distribution énergétique sur l'échauffement des particules. Deux types de distribution seront étudiés : une distribution uniforme et une distribution gaussienne. Nous rappelons que les faibles débits massiques, et donc les faibles fractions volumiques de poudre, nous ont conduit à négliger l'atténuation du faisceau laser par le nuage de particules. Cette hypothèse entraîne cependant une surestimation de l'énergie reçue par les particules ainsi que de leur température. La distribution gaussienne considère la divergence du faisceau laser dans la direction longitudinale car nous nous trouvons à distance éloignée du plan focal. La variation du rayon du faisceau laser de distribution gaussienne est exprimée par l'équation (4.23). La distribution uniforme implique que le plan focal du faisceau laser coïncide avec la surface du substrat et la divergence du faisceau est alors minime. L'intensité énergétique du faisceau laser est donc exprimée ainsi :

$$\varphi_{laser}(x,y) = \frac{P_{laser}}{\pi r_{laser}^2} \quad si \quad \left(x^2+y^2\right) \leq r_{laser}^2 \qquad (4.24)$$

La Figure 4.16 présente le profil des températures moyennes dans un jet de poudre en alliage Ti-6Al-4V à une distance de 4 mm de la buse, ce qui correspond à la position du substrat. Précisons que les températures données pour une distance radiale supérieure à 1 mm (demi-épaisseur du substrat) concernent des particules qui n'atteignent pas le substrat. Le profil de température est calculée à l'aide d'une moyenne pondérée par la masse des particules (4.25). Une distribution d'intensité de type gaussienne permet d'obtenir un niveau de température plus important sur l'axe par rapport à une distribution homogène. Ce profil de température est toutefois plus étalé dans le cas de la distribution homogène. En effet, une distribution gaussienne concentre l'énergie sur l'axe et seules les particules passant à proximité de cet axe voient leur température monter significativement. L'intensité disponible avec une distribution homogène est moins importante qu'une distribution gaussienne mais répartie sur un rayon plus large. Par ailleurs, une augmentation de la puissance conduit, comme attendue, à une augmentation globale des températures. Le rayon du faisceau laser à 4 mm de la buse est de 0,65 mm or on peut observer des températures supérieures à la température initiale au-delà de ce rayon. Cela est dû aux particules qui ont croisé le faisceau laser en amont et dont la trajectoire est divergente par rapport à l'axe de la buse. Ces particules ont donc subi un temps d'interaction plus long que les particules dont la trajectoire est encore convergente à 4 mm sous la buse, d'où un échauffement supérieur à la température ambiante.

$$\overline{T}_p(r_i)=\frac{\sum_{r=r_{i-1}}^{r_i} m_p H(T_p)}{\sum_{r=r_{i-1}}^{r_i} m_p c_{p\,moy}} \quad (4.25)$$

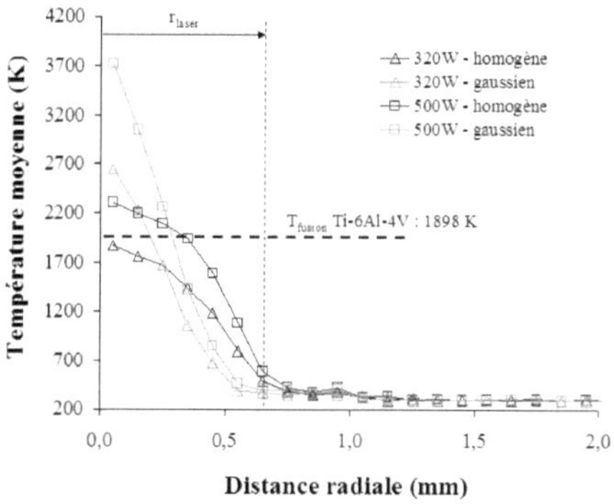

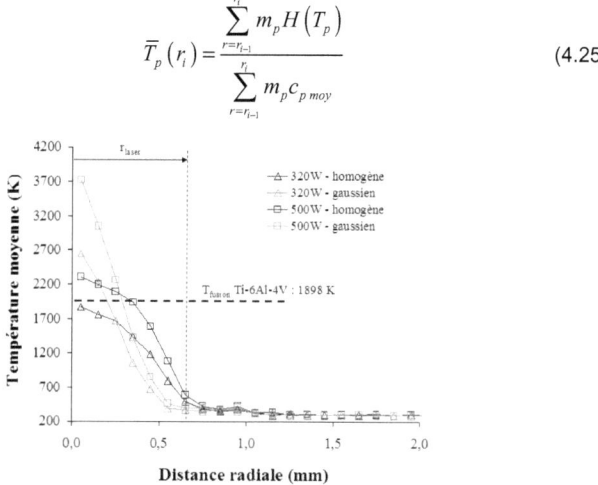

Figure 4.16 – Profil de température dans le jet de poudre à 4 mm de la buse : effet de la puissance laser et de la distribution de l'intensité énergétique du laser (alliage Ti-6Al-4V)

D'autre part, la Figure 4.16 fait également apparaître des températures supérieures à la température d'ébullition pour une puissance de 500 W et une distribution d'intensité de type gaussien. Dès lors que l'on dépasse la température de vaporisation, on atteint les limites d'application du modèle, puisque le modèle ne tient pas compte des phénomènes en jeu à ce niveau de température, à savoir l'enthalpie de vaporisation, la perte de masse et de rayon et l'accélération de la particule par la pression résultant de l'évaporation sur la face irradiée (Kovaleva and Kovalev, 2011). Notons enfin que pour une distribution homogène, un laser de faible puissance ne permet pas de porter les particules au-delà de la température de fusion.

4.7.4 Influence de la nature du matériau

Les deux matériaux de cette étude présentent la même distribution granulométrique. Leur différence se situe essentiellement au niveau de leur masse volumique, les autres propriétés thermophysiques étant relativement similaires entre l'alliage Ti-6Al-4V et l'acier 316L. La Figure 4.17 correspond au profil de température dans le jet, à 4 mm de la buse. La distribution d'intensité dans le faisceau laser est homogène sur un rayon de 0,65 mm par rapport à l'axe et l'écoulement du gaz argon est identique. Différentes configurations ont été simulées afin de rendre compte de l'effet du matériau sur la température, et cela à deux niveaux de puissance.

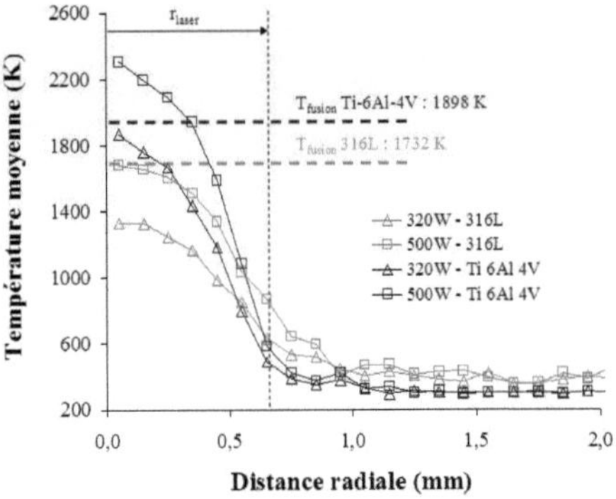

Figure 4.17 – Profil de température dans le jet de poudre à 4 mm de la buse : effet de la nature de la poudre et de la puissance laser (distribution d'intensité homogène sur un rayon de 0,65 mm)

Une augmentation de la puissance du faisceau laser conduit à une élévation des températures moyennes dans le nuage de poudre. Pour une même puissance laser, la température moyenne des poudres en acier 316L est inférieure à celle de l'alliage Ti-6Al-4V. Cela s'explique par le fait qu'il faille presque deux fois plus d'énergie pour porter une particule d'acier 316L à la température d'une particule en alliage Ti-6Al-4V de diamètre identique. Les températures de l'acier 316L en dehors du faisceau laser sont plus élevées que celles de l'alliage Ti-6Al-4V. Nous avons observé précédemment une dispersion plus importante du jet d'acier 316L (Figure 4.10). Par comparaison avec le cas de l'alliage Ti-6Al-4V, les particules d'acier 316L ont commencé à interagir plus tôt avec le faisceau laser car leur masse plus importante les rend moins sensible aux effets du gaz vecteur et à la pesanteur. A cette distance de 4 mm par rapport à la buse, une partie des particules d'acier 316L s'éloigne de l'axe, ce qui explique le niveau de température observé en dehors de la zone d'interaction avec le faisceau laser.

4.7.5 Influence de la taille des particules

Les résultats de la modélisation de l'écoulement gazeux avec les particules ont montré que la taille des particules avait peu d'effet sur leur vitesse en sortie de buse (Figure 4.9). Afin de discuter de l'effet de ce paramètre sur la température de la particule, nous nous appuierons sur un cas où le faisceau laser présente une distribution gaussienne d'une puissance de 320 W, et précisons que l'analyse est effectuée dans un plan à 4 mm sous la buse. La Figure 4.18a regroupe la température de toutes les particules en fonction de leur position par rapport à l'axe du faisceau laser, et le profil de température une fois les valeurs moyennées. La Figure 4.18b représente la température de ces mêmes particules en fonction de leur rayon.

Il est ainsi observé que seules les particules ayant un rayon supérieur à 27,5 μm ont pu atteindre leur point de fusion (Figure 4.18b) et elles se retrouvent essentiellement dans un périmètre de 0,5 mm par rapport à l'axe du faisceau (Figure 4.18a). En effet, les grosses particules sont très peu déviées par l'écoulement de gaz, elles poursuivent la trajectoire imposée par la forme conique de la buse, ce qui leur permet d'atteindre la zone d'interaction avec le faisceau laser. En revanche, les fines particules sont très rapidement déviées par l'écoulement de gaz et ne peuvent atteindre la zone d'échauffement par le faisceau laser. Leur température reste alors à la température ambiante. Comme on a pu le voir sur la Figure 4.15, la distribution du débit massique n'est pas assez focalisée sur l'axe. Sur l'ensemble des particules lâchées, 1,3 % ont atteint leur point de fusion et 0,1 % ont atteint leur point d'évaporation. En terme de masse, cela représente respectivement 2,8 % et 0,3 %. Si l'on ramène ces valeurs au bain liquide, alors 10,1 % de la masse de poudre reçue par le bain liquide est fondue. Dans tous les cas, ces valeurs sont très faibles car le plan focal du jet de poudre obtenu avec le modèle numérique est trop bas (les raisons possibles ont déjà été évoquées dans le paragraphe 4.7.2.1).

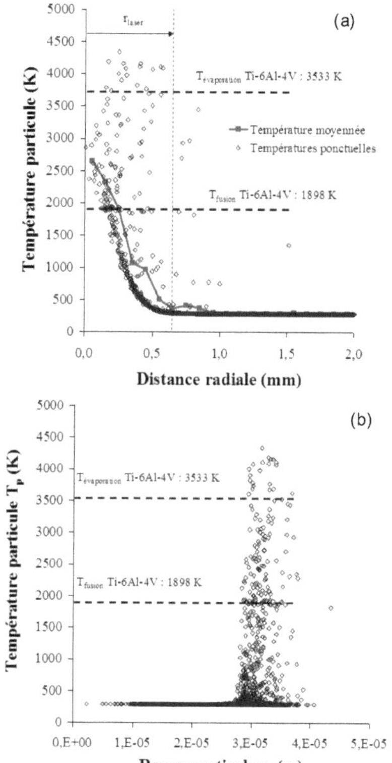

Figure 4.18 – (a) Température des particules de poudre de Ti-6Al-4V par rapport à l'axe du faisceau laser à une distance de 4 mm de la buse ; (b) Température des particules de poudre de Ti-6Al-4V selon leur taille à 4 mm de la buse (P_{laser} = 320 W ; r_{laser} = 0,65 mm ; distribution gaussienne ; D_m = 1 g.min^{-1} ; débit gaz porteur = 2 L.min^{-1})

Le modèle numérique permet toutefois d'apporter des informations qui restent inaccessibles à la mesure et enrichissent la compréhension des interactions entre le faisceau laser et le jet de poudre, plus particulièrement sur l'effet des paramètres liés à la source laser (puissance, distribution) et au matériau (propriétés thermophysiques, granulométrie).

4.8 Conclusion du chapitre 4

Ce chapitre a permis de présenter plus en détail le modèle de jet de poudre et de l'intégrer dans ce contexte de modélisation numérique du procédé de FDPL. Le modèle du jet de poudre se base dans un premier temps sur la résolution eulérienne des équations de Navier-Stokes à Reynolds moyenné couplé au modèle standard de turbulence k-ε pour calculer les champs de vitesse et de pression de la phase gazeuse dans et au dehors de la buse. Dans un second temps, cette solution stationnaire permet de calculer la trajectoire et vitesse des particules de poudre au sein de l'écoulement à travers une description lagrangienne de la phase discrète. Le calcul de la trajectoire tient compte des forces d'entraînement dues à l'écoulement de gaz et de la pesanteur.

Nous avons montré qu'une modélisation 3D de ce type de procédé est indispensable car la simplification de cet écoulement diphasique à un phénomène 2D axisymétrique surestime fortement la concentration sur l'axe. Il apparaît à l'issue de cette étude que la prise en compte des phénomènes de dispersion des particules est essentielle. Cette dispersion tire son origine de la turbulence du gaz et des interactions avec les parois de la buse. Les conditions d'entrée des particules et du gaz étant difficilement mesurables, certaines hypothèses ont été nécessaires. Des fonctions aléatoires ont permis de rendre compte de la granulométrie de la poudre, de leur vitesse ainsi que de leur trajectoire et de leur position en entrée. Le profil de distribution du flux de particules calculé par le modèle a été comparé avec des données expérimentales de distribution établies par mesure locale du débit massique. La position du plan focal est estimée en modélisant le flux de particules dans la configuration d'un écoulement libre, c'est-à-dire sans substrat. La comparaison des résultats numériques avec les données expérimentales est cohérente et les écarts observés sont justifiés aux vues des hypothèses du modèle qui négligent certains phénomènes physiques responsables de la dispersion du nuage de particules. Cette étude numérique du jet de poudre nous a permis de montrer l'influence des forces d'entraînement sur la trajectoire et la vitesse des particules de poudre, et cet effet est d'autant plus marqué que les particules sont légères ou que le gaz vecteur est dense. Un nuage de particules massives présente de ce fait une dispersion plus importante et un plan focal plus proche de la sortie de buse. La trajectoire plus rectiligne de ces particules est plutôt affectée par les collisions avec la paroi.

La validation de la concentration en particules du jet de poudre est une première étape qui a ensuite permis d'étudier l'échauffement des particules de poudre avec le faisceau laser. C'est en effet la trajectoire et la vitesse de chaque particule qui définit le temps d'interaction avec le faisceau et la quantité d'énergie échangée. L'influence de la nature du matériau, de la puissance laser et de la distribution d'intensité dans le faisceau laser a été étudiée. Le profil de température dans un jet de particules à une distance donnée de la buse présente des valeurs élevées au centre et qui décroissent au fur et à mesure de l'éloignement de l'axe. Une augmentation de la puissance du faisceau laser conduit à une augmentation du niveau de température des particules mais ne modifie pas la limite du profil au-delà de laquelle la température moyenne des particules est égale à leur température initiale. Alors qu'une distribution gaussienne de l'intensité permet d'obtenir des températures très élevées mais seulement à proximité de l'axe de la buse, une distribution homogène conduit à un profil plus plat mais aussi plus étalé sur l'axe. Les deux matériaux de cette étude, l'acier 316L et l'alliage Ti-6Al-4V, se différencient principalement au niveau de leur masse volumique. Pour une puissance laser et une distribution d'intensité identiques, le profil de température est semblable, excepté que le niveau de température de la poudre en acier 316L est inférieur du fait de son inertie thermique plus élevée. Enfin, la dispersion plus marquée du flux de particules en acier 316L explique que les températures obtenues en dehors du faisceau laser soient supérieures à la température ambiante puisqu'il s'agit de particules ayant déjà traversé le faisceau laser.

La modélisation 3D du jet de poudre constitue une approche intéressante pour fournir des informations sur des grandeurs difficilement mesurables comme la température et la vitesse des particules. Cela permet également d'envisager des études afin d'optimiser la focalisation du jet en travaillant sur la géométrie de la buse, les débits et la nature même du gaz vecteur ou encore le type de poudre (granulométrie, matériau). Il est désormais possible d'estimer la distribution du flux de particules ainsi que la température et la vitesse des particules de poudre arrivant à la surface du bain liquide. Ces informations permettent enfin de justifier les hypothèses qui seront formulées sur les conditions aux limites du modèle du substrat qui est présenté dans le 5ème chapitre.

Chapitre 5

Modélisation 2D du dépôt sur substrat mince

Sommaire

5.1 Contexte / Objectifs

L'état de l'art présenté dans le chapitre 1 a permis de montrer les avancées réalisées dans le domaine de la modélisation numérique du procédé de Fabrication Directe par Projection Laser. La complexité des phénomènes multiphysiques a été traitée par étape en partant de modèles bidimensionnels de conduction pure pour évoluer vers des modèles thermohydrauliques. L'évolution des méthodes numériques et des performances de calcul a permis le développement de modèles tridimensionnels d'une complexité remarquable quant aux phénomènes physiques pris en compte. Toutefois, la bibliographie fait état de très peu de travaux portant sur les applications multicouches ainsi que sur l'étude de l'état de surface.

Les précédents chapitres ont permis de valider la mise en donnée d'un problème thermohydraulique avec surface libre dans une géométrie axisymétrique. En parallèle, la distribution d'intensité dans le faisceau laser et la distribution massique du jet de poudre ont été caractérisées. Dans notre démarche de parvenir à une modélisation du procédé FDPL, nous proposons dans ce chapitre de développer un modèle thermohydraulique bidimensionnel avec apport de matière, présentant des temps de calcul relativement faibles, pour (1) étudier l'effet des paramètres opératoires sur le bain liquide, (2) comparer les résultats numériques avec les données expérimentales sur les dimensions du bain à travers une étude paramétrée, (3) étudier l'évolution du bain liquide durant le dépôt de plusieurs couches, (4) prédire l'état de surface final en calculant la forme des ménisques latéraux, (5) discuter de l'influence des propriétés hydrodynamiques du métal liquide sur l'état de surface final. Pour cela, différents calculs seront menés, dans le plan longitudinal du substrat et dans le plan transversal. Le modèle numérique de refusion 2D axisymétrique présenté dans le chapitre 3 est amélioré avec la prise en compte de l'apport de matière, ce qui permet d'aborder le cas multicouche et l'étude des ondulations à la suite de tirs lasers répétés.

Nous décrivons dans ce qui suit les spécificités de ce modèle, en particulier la modélisation du dépôt de matière pour rendre compte du grossissement du bain liquide par injection de poudre et ses effets sur les aspects hydrodynamiques et thermiques.

5.2 Hypothèses du modèle avec apport de matière

Les principaux phénomènes physiques en jeu lors de la fabrication additive sont illustrés sur la Figure 5.1. Dans cette approche, le jet de poudre et le faisceau laser sont découplés du substrat et traités en tant que conditions aux limites. Nous distinguons deux classes de phénomènes physiques : ceux qui sont liés au transfert de chaleur et ceux qui concernent la mécanique des fluides.

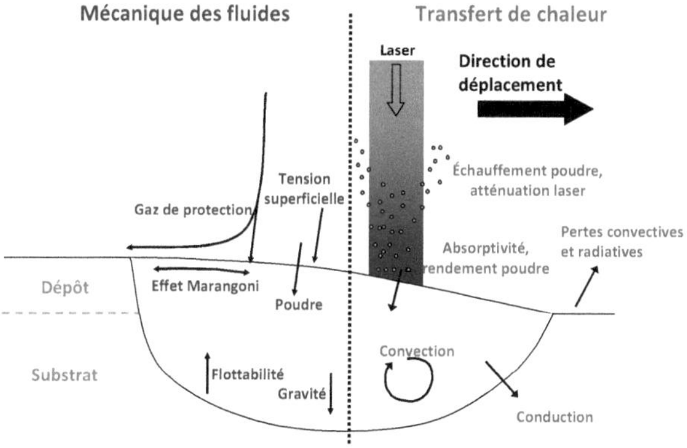

Figure 5.1 – Modèle physique du procédé FDPL

- **Hypothèses sur le substrat**

Le substrat est représenté par un milieu continu ayant les propriétés thermophysiques de l'alliage Ti-6Al-4V, ou de l'acier 316L. Ces propriétés sont supposées dépendantes de la température et incluent les chaleurs latentes de transformation de phase solide/solide et solide/liquide (Annexe 3). Les phénomènes d'évaporation ne sont pas pris en compte. Les mesures de températures effectuées à la surface du bain fondu ont montré en effet des valeurs inférieures à la température d'évaporation (Gharbi, 2013). Les équations de Navier-Stokes sont résolues dans l'ensemble du substrat et supposent l'écoulement laminaire d'un fluide newtonien incompressible. La zone pâteuse est assimilée à un milieu poreux, dans lequel la vitesse s'annule progressivement à l'aide d'une condition de Darcy, et la loi d'évolution de la porosité est basée sur la fraction liquide. Les forces de flottabilité sont négligées, en raison de l'étude de sensibilité présentée au chapitre 3. De même, l'effet de cisaillement engendré par l'écoulement du gaz à la surface du bain fondu n'est pas pris en compte. Le modèle de jet de poudre (chapitre 4) a, en effet, montré de faibles vitesses d'écoulement au voisinage de la surface du substrat (< 0,8 m.s^{-1}). Les grands écarts de masses volumiques et de viscosités dynamiques entre le métal liquide et la phase gazeuse nous autorisent à négliger cet effet de cisaillement. Le transfert de quantité de mouvement des particules arrivant dans le bain liquide est négligé, et justifié par la suite. Le substrat est placé dans un environnement gazeux et subit des échanges par convection et rayonnement avec celui-ci. La modélisation se faisant dans un repère 2D, un terme source de chaleur est appliqué afin de rendre compte des transferts de chaleur dans la direction normale au plan.

- **Hypothèses sur l'apport de chaleur**

Le faisceau laser de distribution énergétique gaussienne ou uniforme est appliqué en tant que condition aux limites. Les paramètres de cette distribution sont définis à partir de la caractérisation faite par le laboratoire PIMM (chapitre 2). Cette source de chaleur est atténuée par le nuage de particules. L'enthalpie des particules de poudre est également prise en compte pour quantifier le flux de chaleur appliqué à la surface du bain. Cette enthalpie dépend de la température des particules et est donnée par le modèle de jet de poudre (chapitre 4). Ce modèle est également utilisé pour évaluer l'atténuation du faisceau par le nuage de poudre. La puissance appliquée à la surface du substrat est pénalisée afin d'adapter le problème thermique à l'hypothèse 2D.

- **Hypothèses sur l'apport de masse**

L'apport de matière généré par le jet de poudre est modélisé par un flux continu appliqué à la surface du bain. Ainsi, la chute de chaque particule au sein du bain fondu n'est pas modélisée. De plus, seules les particules arrivant à la surface du bain fondu participent à l'augmentation de volume du domaine de calcul. Cette augmentation est induite par le déplacement de la surface du bain fondu. Ce déplacement tient également compte du problème d'écoulement au sein du bain fondu et des effets de tension superficielle. Une méthode ALE est, comme pour le cas du barreau, retenue pour suivre la déformation du bain fondu. La perturbation du champ de vitesse engendrée par la chute des particules n'est pas prise en compte. Les travaux de (Han et al., 2004) ont montré à l'aide d'une méthode Level-Set que l'injection de particules au sein du bain fondu pouvait modifier la structure de l'écoulement et la profondeur du bain liquide. Cette étude est cependant réalisée pour des particules de 100 µm de diamètre et des tailles de bain relativement faibles (1 mm de long et 0,3 mm de profondeur). Dans notre cas, les particules sont deux fois plus petites avec des bains trois à quatre fois plus grands. Dans ces conditions, l'effet des particules est minimisé.

Un des objectifs de cette modélisation est de parvenir à mieux comprendre les mécanismes à l'origine de la formation des ménisques latéraux (Figure 5.2) pour en déterminer les paramètres qui permettront d'améliorer l'état de surface final des pièces obtenues en FDPL. Pour cela, plusieurs modèles numériques ont donc été développés. Pour chacun de ces modèles, il s'agit d'étudier le dépôt de plusieurs couches de matière sur la tranche d'une plaquette de titane pur d'une longueur de 40 mm et de 20 mm de hauteur pour une épaisseur de 2 mm, correspondant aux conditions expérimentales retenues par le laboratoire PIMM (Figure 5.2).

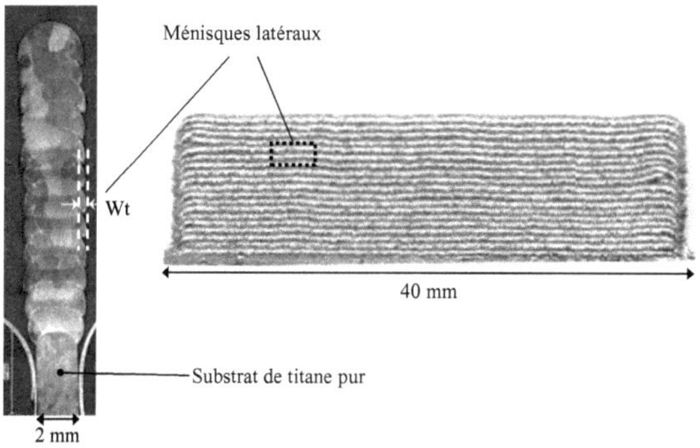

Figure 5.2 – Observations longitudinales et transversales des ondulations consécutives à la superposition des dépôts de matière (mur en alliage de titane Ti-6Al-4V sur un substrat de titane pur – données PIMM)

5.3 Description du modèle mathématique

Afin de limiter les temps de calcul, nous avons, dans un premier temps, développé uniquement un modèle 2D pour simuler le dépôt de plusieurs couches de matière. Deux plans d'étude ont été retenus : un plan longitudinal (ABCD) et un plan transversal (A'B'C'D') (Figure 5.3). Le modèle 2D longitudinal va permettre d'étudier les formes de bain (longueur et hauteur du bain et du dépôt) en fonction des paramètres opératoires. Le modèle 2D transverse sera, quant à lui, utilisé pour déterminer l'état de surface lié aux ondulations après dépôt successif de plusieurs couches. Bien qu'il ne s'agisse que de modèles 2D, les résultats seront comparés aux données expérimentales obtenues par caméra rapide et profilométrie et fournies par le laboratoire PIMM (chapitre 2). Cette comparaison permettra de vérifier si le comportement de ces modèles vis-à-vis des paramètres opératoires est bien cohérent avec les observations expérimentales.

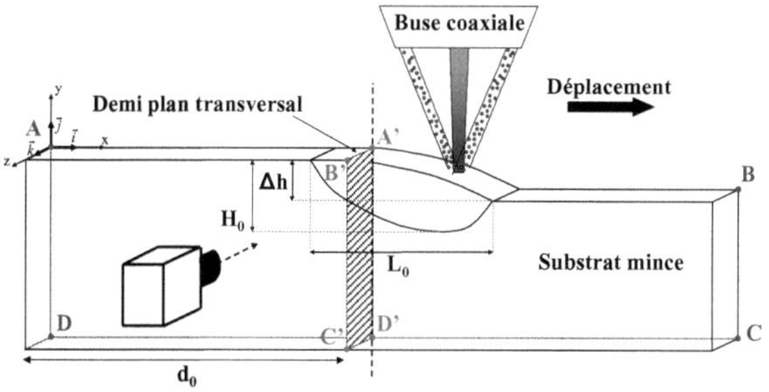

Figure 5.3 – Schématisation du procédé FDPL en considérant d'une part les effets dans le plan longitudinal **ABCD** et dans le plan transversal **A'B'C'D'** d'autre part

Pour ces deux modèles 2D, les équations de conservation de l'énergie, de la quantité de mouvement et de la masse sont résolues au sein du métal solide, de la zone pâteuse et du métal liquide. Ces équations sont rappelées ici :

$$\rho(T)c_p^*(T)\left[\frac{\partial T}{\partial t}+\vec{u}\cdot\vec{\nabla}T\right]=\vec{\nabla}\cdot\left(\lambda(T)\vec{\nabla}T\right)+S_{plan} \qquad (5.1)$$

$$\rho_f\left[\frac{\partial\vec{u}}{\partial t}+\left(\vec{u}\cdot\vec{\nabla}\right)\vec{u}\right]=\vec{\nabla}\cdot\left[-pI+\mu(T)\left(\vec{\nabla}\cdot\vec{u}+\left(\vec{\nabla}\cdot\vec{u}\right)^T\right)\right]+\vec{F}_{Darcy}+\vec{F}_{Boussinesq} \quad (5.2)$$

$$\vec{\nabla}\cdot\vec{u}=0 \quad (5.3)$$

Le terme source S_{plan} permet d'introduire les pertes de chaleur dans la direction normale au plan d'étude. En effet, l'hypothèse 2D ne permet pas de prendre en compte explicitement la diffusion de la chaleur dans les trois directions. Un terme source est donc introduit dans l'équation de la chaleur afin de minimiser les écarts entre modèles 2D et 3D. Il est détaillé dans la suite.

5.3.1 Modélisation de l'apport de chaleur induit par le faisceau laser

Pour les deux modèles (longitudinal et transverse), l'apport de chaleur induit par le faisceau laser est modélisé par une densité de flux de chaleur appliqué à la surface du bain fondu et dépend de θ, l'angle d'incidence du faisceau laser par rapport à la surface. Afin de simuler le déplacement du faisceau au fur et à mesure de la construction du mur, cet apport de chaleur doit dépendre de la vitesse de déplacement de la buse. Dans le cas d'une source laser de distribution gaussienne, le flux de chaleur surfacique dû au laser est donné par l'équation (5.4) :

$$\varphi_{laser}(x,z,t)=N_{laser}\frac{\alpha\cos(\theta)(1-att)P_{laser}}{\pi r_{laser}^2}\exp\left(-N_{laser}\frac{X_0^2+z^2}{r_{laser}^2}\right) \quad (5.4)$$

Le paramètre att représente l'atténuation du faisceau laser par le nuage de poudre (équation (5.5)). Il est déduit de la puissance P_{abs} absorbée par les particules avant d'arriver à la surface du bain et tient compte du saut d'enthalpie des particules entre la sortie de la buse et le bain liquide, de la vitesse V_p des particules et de la distance d'interaction d_i avec le faisceau laser (Pinkerton, 2007) :

$$att=\frac{P_{abs}}{P_{laser}}=\frac{1}{P_{laser}}\sum m_p\left[H(T_p)-H(T_{amb})\right]\frac{V_p}{d_i} \quad (5.5)$$

Pour l'alliage Ti-6Al-4V, on obtient ainsi att = 3% pour D_m de 1 $g.min^{-1}$, att = 6% pour D_m = 2 $g.min^{-1}$ et att = 9% pour D_m = 3 $g.min^{-1}$. A titre indicatif, (Peyre et al., 2008) ont mesuré pour un jet de particules d'alliage Ti-6Al-4V, une atténuation d'environ 5% à 1 $g.min^{-1}$, 10% à 2 $g.min^{-1}$ et 13% pour 3 $g.min^{-1}$, indépendamment de la puissance laser. Bien que supérieures aux valeurs obtenues à partir du modèle, cela confirme l'ordre de grandeur de ce paramètre d'atténuation et son comportement vis-à-vis du débit massique de poudre.

Le terme X_0 dépend de la vitesse de déplacement de la buse et du temps t afin de simuler le déplacement du faisceau laser et du jet de poudre. Son expression diffère pour les deux modèles (longitudinal et transverse). Dans le plan longitudinal, l'expression de X_0 est la suivante :

$$X_0=x-V_St \quad (5.6)$$

où V_S est la vitesse de déplacement selon l'axe x et t le temps. Dans le plan transversal, l'expression de X_0 devient:

$$X_0=d_0-V_St \quad (5.7)$$

avec d_0 un paramètre de distance qui définit la position du plan transversal dans le substrat (Figure 5.3). L'expression de X_0 se complexifie dès lors que la buse effectue plusieurs passages au-dessus du substrat afin de déposer plusieurs couches. Il faut alors tenir compte du temps de pause entre chaque dépôt et du sens de déplacement (déplacement unilatéral ou va-et-vient). Les valeurs des paramètres N_{laser}, α et r_{laser} sont rappelées dans l'Annexe 3.

Dans le cas d'une distribution énergétique uniforme, l'équation (5.4) est modifiée selon :

$$\varphi_{laser}(x,z,t) = \frac{\alpha\ \cos(\theta)(1 - att)P_{laser}}{\pi r_{laser}^2} \quad si \quad X_0^{\ 2} + z^2 \le r_{laser}^2 \tag{5.8}$$

5.3.2 Apport de matière

5.3.2.1 Déplacement de la surface libre

Afin de modéliser l'apport de matière, le volume du bain liquide doit augmenter au cours du calcul en fonction de la distribution des particules de poudre arrivant à la surface du bain liquide. Comme l'a montré notre étude bibliographique, plusieurs approches ont été proposées. Il est ainsi possible soit d'imposer sur la surface libre une vitesse de déplacement qui tient compte du débit de poudre, soit d'ajouter un terme source à l'équation exprimant la conservation de la masse (équation de continuité). Bien que cette dernière approche soit la plus physique, nous avons retenu la première approche, plus facile à mettre en œuvre dans le logiciel COMSOL Multiphysics®. Comme précisé au chapitre 1, l'approche avec terme source dans l'équation de continuité a été utilisée par (Wen and Shin, 2010) en association avec la méthode Level-Set. L'équation de transport est modifiée pour ajouter la vitesse d'apport au niveau du terme d'advection. Le terme source de l'équation de continuité est alors calculé à partir de la fonction Level-Set. Cette méthode est difficilement transposable avec une approche ALE. Le terme source de l'équation de continuité peut également être calculé en multipliant le débit massique de poudre surfacique par le rapport entre la surface et le volume des éléments en contact avec la frontière libre. Ce terme source (volumique) doit être non nul uniquement au voisinage de la frontière libre. Cette implémentation n'est pas si aisée quand on utilise un logiciel commercial. C'est la raison pour laquelle l'approche de (Picasso and Hoadley, 1994) a été retenue pour cette étude. La vitesse de l'interface $\vec{u}_{LG}$ est alors calculée à partir de la vitesse du fluide $\vec{u}$ et de la vitesse liée à l'apport de matière $\vec{u}_p$, soit:

$$\vec{n}\cdot\vec{u}_{LG} = \vec{n}\cdot\vec{u} + \vec{n}\cdot\vec{u}_p\Big|_{T > T_f} \tag{5.9}$$

La condition de température sur $\vec{u}_p$ dans l'équation (5.9) rend le terme actif uniquement lorsque le substrat est à une température supérieure à la température de fusion. La vitesse liée à l'apport de matière $\vec{u}_p$ est donnée par l'équation (5.10), en supposant une distribution gaussienne pour le jet de poudre :

$$\vec{u}_p(x,y,t) = N_p \frac{\eta_p D_m}{\rho_p \pi r_{jet}^2} \exp\left(-N_p \frac{X_0^2 + z^2}{r_{jet}^2}\right)\vec{j} \tag{5.10}$$

Les différents paramètres qui définissent la vitesse $\vec{u}_p$ sont déduits des mesures présentées au chapitre 2. Le paramètre X_0 est calculé à partir des équations (5.6) et (5.7) selon le modèle 2D longitudinal ou transversal.

5.3.2.2 Apport d'énergie dû aux particules

De la même manière que l'augmentation du volume du bain est traitée à travers un terme surfacique, le flux de chaleur appliqué à la surface du bain inclut un terme supplémentaire qui tient compte de la température des particules. Pour ce bilan énergétique, les propriétés des particules sont fonction de la température (chapitre 2). L'enthalpie de changement de phase est également prise en compte. Le flux de chaleur surfacique associé à l'arrivée des grains de poudre s'écrit alors :

$$\begin{gathered}\varphi_p(x,y)=P_p(x,y)\left[H(T_p)-H(T)\right]\\ H(T)=\int c_p(T)dT+f_lL_f\end{gathered}\tag{5.11}$$

avec $P_p(x,y)$ la distribution massique des particules à la surface du bain, H(T) l'enthalpie du bain en surface et $H(T_p)$ l'enthalpie avec laquelle arrivent les grains de poudre. Le modèle du jet de poudre vu dans le chapitre 4 a permis d'évaluer le profil de température des particules à la surface du bain liquide, c'est-à-dire à une distance de 4 mm de la buse pour une distribution laser gaussienne et homogène et à des puissances de 320 W, 400 W et 500 W. Chaque profil de température est modélisé par une fonction exponentielle qui décroît à partir de l'axe de la buse selon :

$$T_p(r)=T_\infty+\left(T_{p\,\max}-T_\infty\right)\exp\left(-\frac{r^2}{r_{T_p}^2}\right)\tag{5.12}$$

où T_∞ est la température moyenne des particules en dehors du faisceau laser (300 K), $T_{p\,\max}$ la température des particules sur l'axe et r_{T_p}, l'écart-type de la distribution, doivent être ajustés au mieux pour que le modèle corresponde au profil donné par le jet de poudre. Ces différents paramètres sont regroupés dans l'Annexe 6.

5.3.3 Conditions aux limites et conditions initiales

Le Tableau 5.1 regroupe l'ensemble des conditions aux limites associées aux problèmes de transfert de chaleur, de mécanique des fluides et de déformation du maillage.

	Transfert de chaleur	Mécanique des fluides	ALE
AB	$-\vec{n}\cdot(-\lambda\vec{\nabla}T)=\varphi_{laser}-\varphi_{conv}-\varphi_{ray}-\varphi_p$	$\vec{u}\cdot\vec{n}=0$ $\sigma_n=-\gamma(T)\kappa$ $\sigma_t=\frac{\partial\gamma}{\partial T}\vec{\nabla}T\cdot\vec{t}$	$\vec{n}\cdot\vec{u}_{LG}=\vec{n}\cdot\vec{u}+\vec{n}\cdot\vec{u}_p\big\|_{T>T_f}$
BC	$-\vec{n}\cdot(-\lambda\vec{\nabla}T)=-\varphi_{conv}-\varphi_{ray}$	$\vec{u}=0$	$\vec{n}\cdot\vec{u}_{LG}=0$
CD	$-\vec{n}\cdot(-\lambda\vec{\nabla}T)=-\varphi_{conv}-\varphi_{ray}$	$\vec{u}=0$	$\vec{n}\cdot\vec{u}_{LG}=0$
DA	$-\vec{n}\cdot(-\lambda\vec{\nabla}T)=-\varphi_{conv}-\varphi_{ray}$	$\vec{u}=0$	$\vec{n}\cdot\vec{u}_{LG}=0$
A'B'	$-\vec{n}\cdot(-\lambda\vec{\nabla}T)=\varphi_{laser}-\varphi_{conv}-\varphi_{ray}-\varphi_p$	$\vec{u}\cdot\vec{n}=0$ $\sigma_n=-\gamma(T)\kappa$ $\sigma_t=\frac{\partial\gamma}{\partial T}\vec{\nabla}T\cdot\vec{t}$	$\vec{n}\cdot\vec{u}_{LG}=\vec{n}\cdot\vec{u}+\vec{n}\cdot\vec{u}_p\big\|_{T>T_f}$
B'C'	$-\vec{n}\cdot(-\lambda\vec{\nabla}T)=-\varphi_{conv}-\varphi_{ray}$	$\vec{u}\cdot\vec{n}=0$ $\sigma_n=-\gamma(T)\kappa$ $\sigma_t=\frac{\partial\gamma}{\partial T}\vec{\nabla}T\cdot\vec{t}$	$\vec{n}\cdot\vec{u}_{LG}=\vec{n}\cdot\vec{u}+\vec{n}\cdot\vec{u}_p\big\|_{T>T_f}$

C'D'	$-\vec{n}\cdot(-\lambda\vec{\nabla}T)=-\varphi_{conv}-\varphi_{ray}$	$\vec{u}=0$	$\vec{n}\cdot\vec{u}_{LG}=0$
D'A'	$-\vec{n}\cdot(-\lambda\vec{\nabla}T)=0$	$\vec{u}\cdot\vec{n}=0$	$\vec{n}\cdot\vec{u}_{LG}=0$

Tableau 5.1 – Conditions aux limites du modèle longitudinal et du modèle transversal

Les termes φ_{laser} et φ_p ont été détaillés dans les équations (5.4) et (5.11). L'ensemble des frontières du domaine est soumis à des échanges convectifs φ_{conv} et radiatifs φ_{ray} avec l'environnement, donnés par les équations (5.13) et (5.14). Le coefficient d'échange convectif h_c est pris égal à 20 W.m^{-2}.K^{-1} en raison de l'écoulement de gaz sur le substrat. La température ambiante T_∞ est de 293 K. σ_{SB} est la constante de Stefan-Boltzmann, et l'émissivité ε est fixée à 0,7. Des calculs complémentaires montrent que le modèle est peu sensible à ces deux coefficients h_c et ε. En effet, un coefficient d'échange convectif cinq fois plus élevé représente au maximum une erreur de 7% sur les dimensions de la zone fondue (Annexe 8). Une variation de ± 30% de l'émissivité par rapport à la valeur de référence n'est pas non plus pénalisante sur la solution obtenue, excepté peut-être sur la profondeur de pénétration mais reste toutefois inférieure à 10% d'erreur.

$$\varphi_{conv} = h_c\left(T - T_\infty\right) \tag{5.13}$$

$$\varphi_{ray} = \varepsilon\sigma_{SB}\left(T^4 - T_\infty^4\right) \tag{5.14}$$

Les conditions aux limites du problème de mécanique des fluides tiennent compte des effets de tension superficielle à la surface du bain liquide. La pression capillaire agit selon la normale à la surface et l'effet Marangoni agit quant à lui dans le plan tangent à la surface.

Pour le problème de déformation du maillage (problème ALE), la vitesse de l'interface $\vec{u}_{LG}$ a été détaillée précédemment. Le déplacement des nœuds au sein du domaine est réalisé de manière arbitraire à l'aide d'une méthode de lissage de type hyperélastique.

5.3.4 Pertes de chaleur dans la direction normale au plan

Dans le cas du modèle 2D longitudinal, compte tenu de la très faible épaisseur du substrat par rapport à sa longueur et à sa hauteur, il est possible d'assimiler ce type de géométrie à un corps mince. Les gradients thermiques s'établissent essentiellement dans la direction verticale du mur et les pertes latérales sont le fait de la convection et du rayonnement. Ces pertes sont alors traitées à l'aide d'un terme source S_{plan} volumique ajouté à l'équation de la chaleur et s'exprime de la manière suivante :

$$S_{plan} = -\frac{h_c\left(T - T_\infty\right) + \varepsilon\sigma_{SB}\left(T^4 - T_\infty^4\right)}{w} \tag{5.15}$$

où w représente la demi épaisseur du substrat mince. Dans le cas du modèle 2D transverse, un terme analogue est ajouté à l'équation de la chaleur afin de prendre en compte les pertes dans la direction d'avance de la source (axe x). Les limites de cette approche seront discutées dans la suite.

5.3.5 Adaptation de la source laser au plan 2D

Il s'agit dans ce chapitre 5 de développer un modèle présentant des temps de calcul très courts afin de permettre une étude paramétrée pour mieux comprendre comment agissent les paramètres opératoires tels que puissance laser, vitesse de déplacement ou débit de poudre. Un aspect important de ce modèle numérique est l'hypothèse 2D qui rend difficile la prise en compte des phénomènes thermiques et hydrodynamiques dans la 3ième direction (échange d'énergie et de matière). Afin de réduire les erreurs commises par cette approche 2D, une étude a été menée sur un cas plus simple de transfert de chaleur, sans apport de matière et sans déformation. L'objectif est ici de retrouver une taille de zone fondue et un niveau de température qui soient comparables à ceux obtenus à l'aide d'un modèle 3D. Pour cela, un coefficient de pénalisation a été introduit au terme φ_{laser}. Ainsi, avec le modèle 2D longitudinal, on obtient une longueur de zone fondue comparable au cas 3D en utilisant un coefficient multiplicateur de 0,4 sur la source laser de distribution gaussienne. Ce coefficient de 0,4 sera appliqué pour l'ensemble des calculs 2D thermohydrauliques obtenus pour une source de chaleur gaussienne. Pour une source laser de distribution homogène, un coefficient de 0,9 est appliqué. Concernant le modèle 2D transverse, en plus d'utiliser un coefficient de pénalisation de 0,4 ou 0,9 selon la distribution énergétique du faisceau laser, le terme source défini par l'équation (5.15) a été augmenté d'un facteur mille. En l'absence de ces facteurs correctifs, les résultats numériques conduisent à des tailles de bain fondu surdimensionnées et donc aberrantes. Cette étude est détaillée dans l'Annexe 7. Aucun facteur correctif n'a été apporté pour l'apport de matière ou le problème de mécanique des fluides. Nous avons effectivement pu vérifier à l'aide d'un cas test que la hauteur de dépôt prédite entre un modèle 3D et un modèle 2D longitudinal est identique.

5.3.6 Discrétisation et solveurs

Les paramètres du maillage du domaine dans le plan longitudinal et transversal sont basés sur ceux retenus dans le chapitre 3. Les frontières pour lesquelles la température de surface dépassera la température de fusion ont les éléments les plus petits avec une taille maximale de 10 μm. Les surfaces ABCD et A'B'C'D' sont en réalité composés chacun de deux sous-domaines, discrétisés à l'aide d'éléments triangulaires. Cela permet d'avoir un maillage très fin uniquement dans le domaine qui sera amené à contenir le bain liquide, et la taille maximale des éléments est alors de 50 μm. Un taux de croissance de 1,1 permet toutefois de conserver une densité importante d'éléments à proximité de la surface libre pour calculer correctement les gradients de température et de vitesse. Le second domaine quant à lui est maillé automatiquement sans contrainte spécifique.

Les grandeurs relatives à la vitesse du fluide et à la déformation du maillage dans le modèle 2D transversal sont discrétisées par des fonctions quadratiques alors que la température et la pression sont discrétisées à l'aide de fonctions linéaires. Dans ce cas, le premier dépôt de matière est composée de 2050 éléments et représente 18210 degrés de liberté. Le domaine est remaillé à la fin de chaque dépôt. A titre comparatif, la cinquième couche est elle composée de 3501 éléments, ce qui représente 35880 degrés de liberté. Pour le cas du modèle 2D longitudinal, seuls des éléments linéaires sont utilisés avec 38403 éléments pour la première couche et environ 40372 pour les suivantes. Cela correspond en moyenne à un nombre de degrés de liberté de l'ordre de 115000.

La résolution du système linaire d'équations est faite avec le solveur PARDISO, le solveur temporel repose sur la méthode α-généralisée. Ces deux algorithmes sont présents par défaut dans la bibliothèque des solveurs de COMSOL Multiphysics®. Le critère relatif de convergence est fixé à 10^{-3}. Un critère absolu de 10^{-4} est imposé sur les variables automatiquement mises à l'échelle selon les conditions initiales. La résolution du problème numérique repose sur la méthode de Newton-Raphson pour laquelle un coefficient de relaxation constant de 0,9 est retenu. Dans le cadre de l'étude paramétrée réalisée à l'aide du modèle 2D longitudinal, les équations sont formulées dans le repère mobile et le pas de temps est automatiquement calculé, sans restriction sur la valeur maximale. Les simulations multicouches sont effectuées avec un pas de temps bridé à 50 μs. La convergence à chaque pas de temps se fait alors en deux, voire trois itérations. Bien que cela nécessite plus d'itérations sur l'ensemble du calcul, le fait que les pas de temps s'enchaînent sans difficulté permet de réduire le temps de calcul global.

Pour chaque configuration de paramètres opératoires, le temps nécessaire à la résolution du problème 2D longitudinal est d'environ une semaine pour le dépôt d'une seule couche sur une longueur de 35 mm. Les temps de calcul du modèle 2D transversal sont beaucoup plus courts puisque la modélisation du dépôt de cinq couches sur une même distance est faite en une journée. Un gain de temps significatif est réalisé en reformulant les équations dans le repère de la buse puisque le régime quasistationnaire est alors obtenu en une dizaine d'heures. Ce gain a permis d'envisager l'étude paramétrée qui a représenté 18 cas de calcul. La réalisation de cette étude aurait été difficilement envisageable avec un modèle 3D où, comme nous le verrons au chapitre 6, l'établissement du bain liquide nécessite plusieurs mois de calcul avec la station de calcul utilisée au cours de cette thèse.

5.3.7 Résultats numériques pour le dépôt d'une couche

La Figure 5.4 montre la création du bain, son avancement et sa stabilisation au cours de la 1ère couche pour les paramètres opératoires suivants : P_{laser} = 320 W, V_S = 0,2 m.min^{-1} et D_m = 1 g.min^{-1}. Ces solutions ont été obtenues en supposant un substrat et une poudre en alliage de titane Ti-6Al-4V, bien qu'expérimentalement le substrat soit en titane pur.

L'application de la source de chaleur à t = 0 s initie le processus de fusion du substrat. Dès lors que le point de fusion est atteint, la surface du bain se déforme sous l'effet de l'apport de matière et de la tension de surface. L'effet Marangoni est le principal moteur d'écoulement dans le bain liquide et la valeur négative du coefficient thermocapillaire est responsable de l'étalement du bain sur l'avant et l'arrière. Le déplacement de la buse par rapport au substrat est bien sûr favorable à un étalement sur l'arrière du bain (le déplacement du substrat se fait de la gauche vers la droite). Cet écoulement entraîne l'énergie apportée en surface ainsi que la matière vers l'arrière du bain. L'énergie diffuse en partie dans le substrat solide et la matière se solidifie pour former le dépôt de matière. Une fois l'équilibre atteint, la longueur L_0 du bain est de 2,74 mm, la hauteur totale H_0 est 0,45 mm et la quantité de matière déposée représente une hauteur Δh de 0,19 mm. Les valeurs maximales de température et de vitesse sont obtenues à la surface du bain et sont respectivement de 2418 K et 1,36 m.s^{-1}. On peut également voir que malgré la déformation de la surface libre avec l'apport de matière et la tension superficielle, le maillage ne subit pas d'étirement excessif qui risquerait de créer la dégénérescence du calcul.

Lorsque le régime quasi-stationnaire du bain liquide est atteint, un bilan énergétique à la surface du bain permet d'évaluer à 3,8% de la puissance laser les pertes par convection et rayonnement avec l'environnement. La température maximale des particules de poudre est supérieure à la température maximale du bain mais le bilan énergétique est négatif. L'apport de matière refroidit le bain liquide et cela représente 9,7% de la puissance laser.

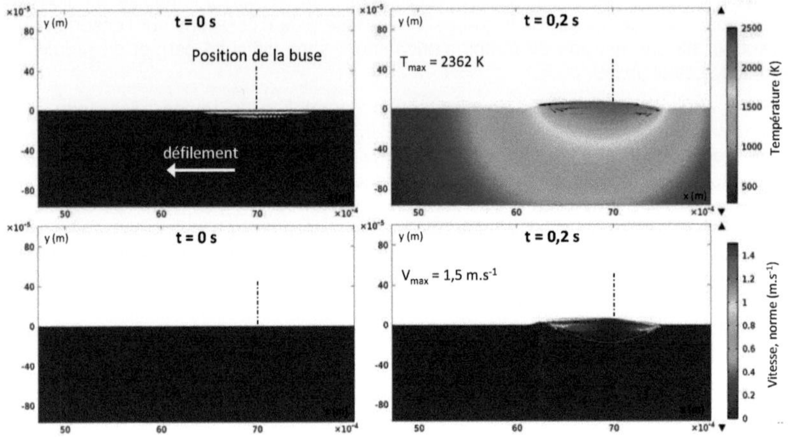
t = 0 s
Position de la buse
défilement
t = 0,2 s
T_max = 2362 K
Température (K)
t = 0 s
t = 0,2 s
V_max = 1,5 m.s-1
Vitesse, norme (m.s-1)
y (m)
x (m)

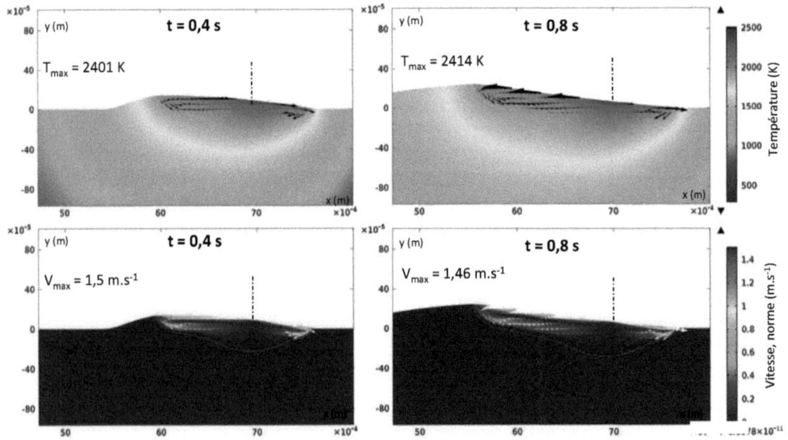
t = 0,4 s
T_max = 2401 K
t = 0,8 s
T_max = 2414 K
Température (K)
t = 0,4 s
V_max = 1,5 m.s-1
t = 0,8 s
V_max = 1,46 m.s-1
Vitesse, norme (m.s-1)
y (m)
x (m)

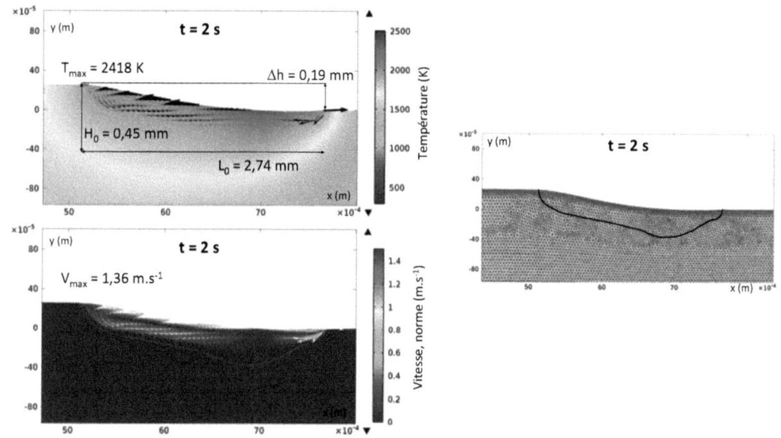

Figure 5.4 – Champs de température et de vitesse obtenus à l'aide du modèle 2D longitudinal à différents instants de la formation du bain liquide jusqu'à atteindre un régime quasi-stationnaire ; Maillage ALE déformé à t = 2 s (P_{laser} = 320 W ; V_S = 0,2 m.min^{-1} ; D_m = 1 g.min^{-1})

La Figure 5.5 correspond aux solutions des champs de température et de vitesse dans le plan transversal, lorsque l'axe de la buse franchit la position d_0 du plan transversal.

Il apparaît une caractéristique intéressante du bain liquide qui est son étalement latéral. Au fur et à mesure que la buse passe au dessus du plan, le substrat fond progressivement et l'effet Marangoni provoque la formation de deux cellules de convection : la première et la plus volumineuse couvre toute la surface du bain, de l'axe jusqu'au bord périphérique du substrat, alors que la seconde apparaît dessous au centre du substrat. Ce second rouleau de convection a pour effet d'augmenter la profondeur du bain sur l'axe, mais ce mécanisme est moins intense que sur la périphérie où le creusement est nettement plus prononcé. C'est ce que montre la Figure 5.5 à t = 4,6 s, c'est-à-dire lorsque l'axe de la buse coïncide avec la position du plan transversal. Dès lors que la buse a dépassé ce plan, le substrat se solidifie et fige la forme de la surface libre. La représentation du maillage après solidification complète du substrat ne montre pas de distorsions marquées dans le domaine.

La Figure 5.6 est une recomposition de ces différentes coupes et permet de visualiser la forme longitudinale du bain liquide obtenue avec le modèle transversal. Il est alors possible de définir la longueur de bain L_0, la hauteur totale $H_0^{(axe)}$ mesurée sur l'axe en z = 0 et celle vue latéralement $H_0^{(latéral)}$, et la hauteur du dépôt Δh. Leur valeur respective est de 1,67 mm, 0,52 mm, 1,17 mm et 0,22 mm. La température maximale observée est de 2673 K et la vitesse maximale atteinte est de 1,5 m.s^{-1} et sont supérieures à celles obtenues avec le modèle 2D longitudinal.

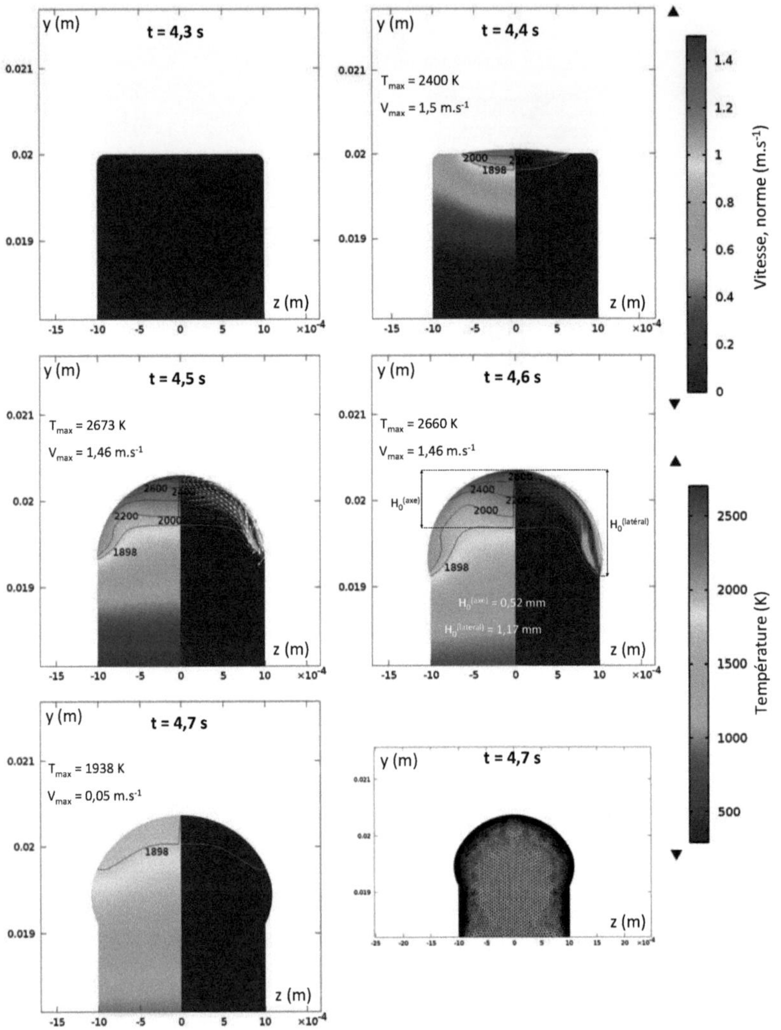

Figure 5.5 – Champs de température et de vitesse obtenus à l'aide du modèle 2D transversal à différents instants de la fusion et de la solidification du substrat lors du 1er dépôt ; Maillage ALE déformé après solidification complète du substrat (P_{laser} = 320 W ; V_S = 0,2 $m.min^{-1}$; D_m = 1 $g.min^{-1}$)

Le principal intérêt du modèle transversal est de pouvoir calculer la déformation latérale du substrat (Figure 5.5). Un calcul durant lequel plusieurs couches sont superposées permet alors de faire apparaître les ondulations latérales. Le modèle transversal permet également de mettre en évidence la forme du bain liquide dans l'épaisseur du mur. Nos résultats montrent ainsi que, dans le cas de l'alliage Ti-6Al-4V, le bain est beaucoup moins creusé au niveau de l'axe par rapport au bord, en raison de l'effet Marangoni. On obtient ainsi un bain qui a tendance à recouvrir les bords latéraux du mur. Cette information était difficile à obtenir par l'expérience, puisque les mesures par caméra rapide permettent d'accéder uniquement à la taille extérieure du bain. De plus, les résultats numériques disponibles dans la littérature pour les modèles 3D thermohydrauliques ne montrent pas, en général, les formes de bain dans le plan transverse et traitent majoritairement d'un dépôt sur un substrat de très grande largeur. La construction de murs de faibles épaisseurs a plutôt été traitée à l'aide de modèles de conduction pure, produisant des bains fondus en forme de cuvette. Ces nouveaux résultats, bien qu'obtenus avec un modèle 2D, peuvent remettre en question les hypothèses de tels modèles. Des observations réalisées par le laboratoire PIMM à partir de coupes macrographiques confirment cette forme de bain (Figure 5.2).

A noter toutefois que l'hypothèse 2D transverse a tendance à surestimer l'effet Marangoni dans le plan transverse, ce qui a pour effet d'accentuer ce creusement latéral. C'est un point qui sera rediscuté dans le chapitre 6.

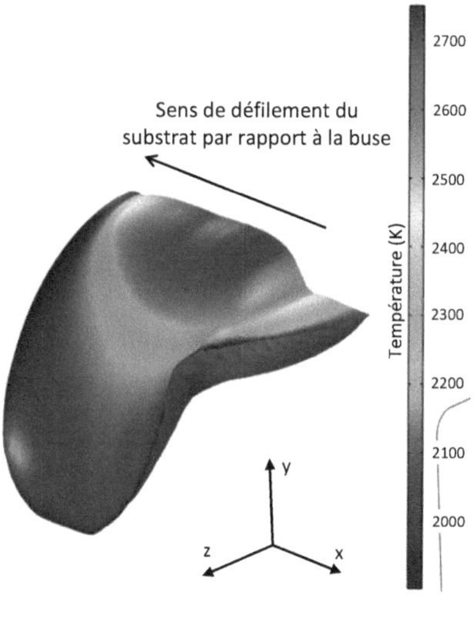

Figure 5.6 – Représentation 3D du bain liquide par concaténation des solutions obtenues à l'aide du modèle 2D transversal (P_{laser} = 320 W ; V_S = 0,2 $m.min^{-1}$; D_m = 1 $g.min^{-1}$)

5.3.7.1 Etude de la conservation de la masse et de l'énergie

Pour valider la modélisation de l'apport de matière avec la méthode ALE, la simulation d'un dépôt sur substrat massif 3D a été réalisée. Le problème est ici simplifié, puisque la mécanique des fluides est négligée, et se résume à appliquer une déformation à la surface du substrat localement fondu induite par l'apport de matière. Les calculs sont réalisés pour une puissance laser de 500 W de distribution homogène (r_{laser} = 0,8 mm), un débit massique de 2 $g.min^{-1}$ et une vitesse de défilement de 0,2 $m.min^{-1}$. Les propriétés sont supposées constantes. L'ensemble des paramètres utilisés est précisé dans l'Annexe 10.

Afin de vérifier la conservation de la masse, la masse du substrat est comparée à la masse exacte donnée par la relation (5.16). En effet, la masse théorique m_s reçue par le substrat s'écrit en fonction du temps comme suit :

$$m_S(t) = \int_t \int_\Gamma P_p(x,y)\Big|_{T>T_f} d\Gamma dt \quad (5.16)$$

La masse du substrat est quant à elle obtenue à partir du volume du domaine déformé.

La conservation de l'énergie est également vérifiée en comparant la variation d'énergie interne du substrat à l'énergie E_{laser} apportée par le laser et la poudre E_p à chaque incrément de temps :

$$E_{laser}(t) = \int_t \int_\Gamma I_{laser}(x,y)\, d\Gamma dt$$
$$E_p(t) = \int_t \int_\Gamma P_p(x,y) H(T_p)\Big|_{T>T_f} d\Gamma dt \quad (5.17)$$

La Figure 5.7 permet de comparer la variation de masse théorique à la variation de masse calculée. Les deux courbes sont très proches l'une de l'autre, avec une erreur inférieure à 1%. Cette dernière est probablement due aux paramètres de discrétisation (pas de temps, maillage, ordre des fonctions d'interpolation). La Figure 5.8 compare l'évolution de l'énergie apportée par le laser et la poudre à la variation d'énergie substrat. Ces évolutions sont très comparables et l'erreur relative est bien inférieure à 1%, ce qui est très satisfaisant.

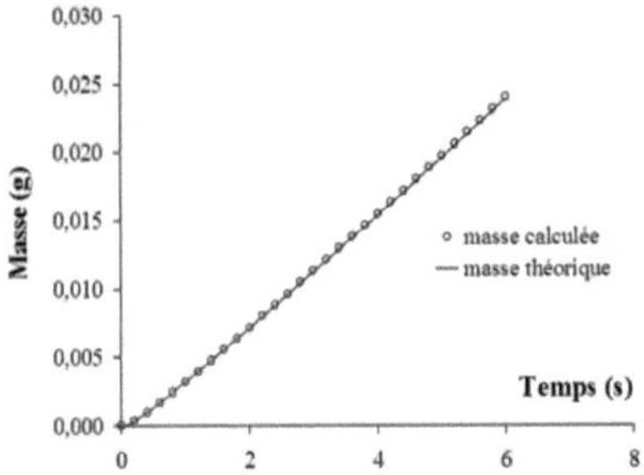

Figure 5.7 – Evolution de la masse théorique apportée au substrat et du gain de masse mesurée

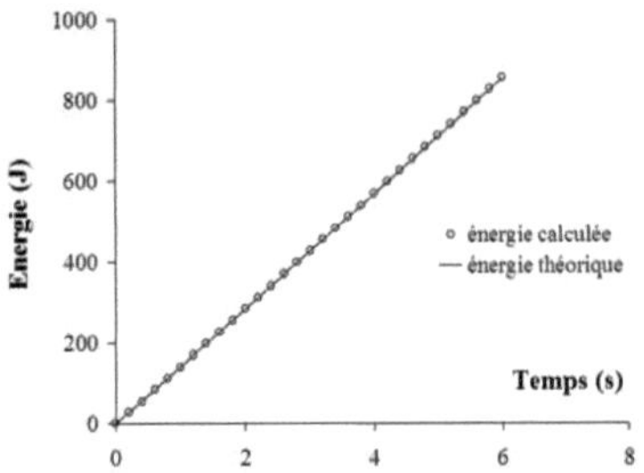

Figure 5.8– Evolution de l'énergie théorique apportée au substrat et de la variation d'énergie mesurée

Cette étude portant sur la conservation de la masse et de l'énergie a permis de montrer que le modèle proposé est conservatif à 1%, ce qui est un résultat acceptable, et valide la mise en données de l'apport d'énergie et de masse en tant que conditions aux limites.

5.4 Etude paramétrée : effets de P_{laser}, V_S et D_m

Nous analysons dans cette partie le comportement des deux modèles 2D en fonction des paramètres opératoires primaires que sont la puissance laser P_{laser}, la vitesse de défilement V_S et le débit massique de poudre D_m. Cette étude paramétrée porte sur l'alliage de titane Ti-6Al-4V dont les propriétés thermophysiques sont présentées dans le chapitre 2 et validées dans le chapitre 3. Il s'agit ici de définir un jeu de paramètres opératoires de référence et de les faire varier indépendamment. L'ensemble des valeurs utilisées pour les paramètres opératoires est basé sur les expériences menées au laboratoire PIMM. La comparaison des dimensions du bain liquide permettra de discuter des effets respectifs des paramètres opératoires. Le bain liquide de référence est obtenu avec une puissance P_{laser} de 320 W, une vitesse V_S de 0,2 m.min^{-1} et un débit D_m de 1 g.min^{-1} (il s'agit des résultats numériques présentés précédemment : Figure 5.4 et Figure 5.5). Le faisceau laser et le jet de poudre présentent une distribution gaussienne dont les paramètres de distribution ont été caractérisés expérimentalement par le laboratoire PIMM (chapitre 2). La distance de travail entre la sortie de la buse et le substrat est de 4 mm.

La Figure 5.9 compare la forme du bain liquide de référence avec la forme obtenue quand on augmente la puissance laser de 320 W à 400 W. Le surplus d'énergie linéique (P_{laser}/V_S) apportée au bain liquide permet logiquement de fondre une plus grande quantité de matière. Le bain est plus étendu, sa longueur et sa largeur sont donc plus importantes (Figure 5.9a et Figure 5.9b). Cela contribue à améliorer l'interaction avec le jet de poudre. L'élévation de puissance contribue également à augmenter l'intensité des gradients thermiques en surface et cela accroît l'expulsion de la matière sur l'arrière et les côtés (effet Marangoni plus fort). La profondeur du bain est aussi plus importante, autant sur l'axe que sur les bords (Figure 5.9b). En revanche, il n'y a pas d'effet significatif sur la hauteur du dépôt.

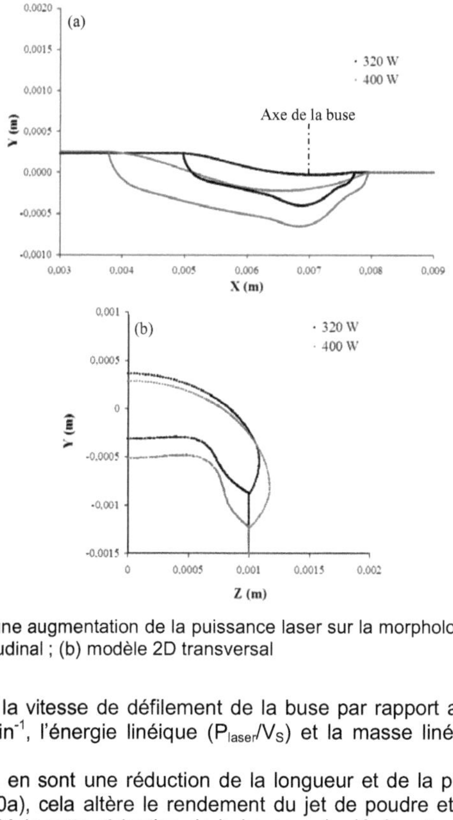

Figure 5.9 – Effet d'une augmentation de la puissance laser sur la morphologie du bain liquide : (a) modèle 2D longitudinal ; (b) modèle 2D transversal

En augmentant la vitesse de défilement de la buse par rapport au substrat de 0,2 m.min^{-1} à 0,4 m.min^{-1}, l'énergie linéique (P_{laser}/V_S) et la masse linéique (D_m/V_S) sont réduites.

Les conséquences en sont une réduction de la longueur et de la profondeur du bain liquide (Figure 5.10a), cela altère le rendement du jet de poudre et tend à réduire la hauteur du dépôt. Mais cette réduction de la hauteur du dépôt est avant tout le fait de la diminution de la masse linéique. Le développement latéral du bain est lui aussi diminué (Figure 5.10b). Le même phénomène est observé sur l'axe mais cette diminution de la hauteur totale du bain semble beaucoup plus marquée avec le modèle longitudinal qu'avec le modèle transversal.

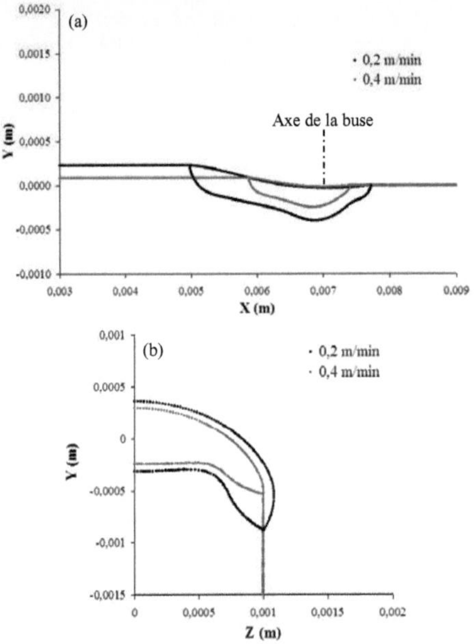

Figure 5.10 – Effet d'une augmentation de la vitesse de défilement sur la morphologie du bain liquide : (a) modèle 2D longitudinal ; (b) modèle 2D transversal

Le dernier paramètre opératoire étudié est le débit massique de poudre dont la valeur initiale de 1 $g.min^{-1}$ est multipliée par deux. Cela correspond à un doublement de la hauteur du dépôt (Figure 5.11a) mais que l'on ne retrouve pas dans le plan transversal
(Figure 5.11b). La raison est probablement que le bain liquide étant plus petit avec le calcul dans le plan transversal, le bain a reçu moins de matière et la hauteur résultante est alors plus faible que celle obtenue avec le calcul longitudinal. Le bain plus long a en effet une meilleure interaction avec le jet de poudre et absorbe plus de matière. L'augmentation de l'incidence du faisceau laser par rapport à la surface diminue l'intensité d'énergie en surface. De plus, les particules de poudre absorbent plus d'énergie au bain du fait de leur plus grand nombre. Ces éléments contribuent à une diminution de la longueur du bain. Cette baisse d'énergie disponible pour fondre le substrat explique la diminution de la hauteur du bain. A cela, il faut ajouter le fait que la vitesse de déformation de la surface est plus grande. La surface sur laquelle est appliquée la source laser s'éloigne plus vite du fond du bain et constitue un obstacle à la diffusion de la chaleur dans le substrat.

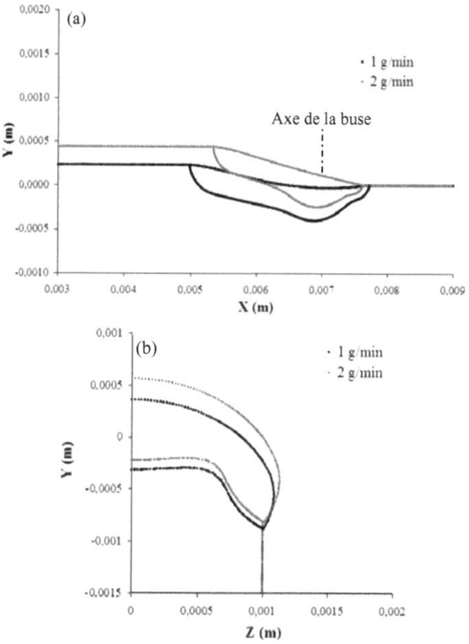

Figure 5.11 – Effet d'une augmentation du débit massique de poudre sur la morphologie du bain liquide : (a) modèle 2D longitudinal ; (b) modèle 2D transversal

Les Tableau 5.2 et Tableau 5.3 indiquent respectivement les dimensions du bain expérimentales et calculées à partir des modèles numériques. Les pourcentages entre parenthèses correspondent à la variation par rapport à la valeur de référence. Cela permet de comparer l'amplitude des effets induits par une augmentation de l'un des paramètres opératoires et de voir si les modèles numériques retranscrivent cette amplitude dans leurs résultats. On peut ainsi voir que le modèle longitudinal reproduit les tendances observées expérimentalement, à savoir :

- Une augmentation de P_{laser} conduit à une augmentation de L_0, H_0 et Δh,
- Une augmentation de V_S diminue L_0, H_0 et Δh,
- Une augmentation de D_m diminue L_0 mais augmente H_0 et Δh.

Ces tendances sont également en accord avec les résultats obtenus par (De Oliveira et al., 2005; El Cheikh et al., 2012; Fathi et al., 2006; Zhang et al., 2007).

Toutefois, ce modèle longitudinal sous-estime fortement la hauteur H_0 du bain ainsi que celle du dépôt Δh. Aussi les amplitudes de variation de L_0, H_0 et Δh sont fortement surestimées. Là où les mesures montrent une augmentation de 24 % de la longueur du bain lorsque la puissance laser passe de 320 W à 400 W, le modèle numérique prédit une évolution de +51 % de cette même longueur, soit un facteur deux, alors que les valeurs expérimentales et numériques sont assez proches l'une de l'autre à 320 W.

La comparaison des tendances données par le modèle transversal avec les tendances expérimentales est également satisfaisante, excepté que le modèle numérique prédit une baisse de la hauteur du dépôt lorsque la puissance laser augmente or il est observé le phénomène inverse. Nous l'expliquons par une fusion plus importante du substrat, dans le cas du modèle 2D transversal. L'effet Marangoni est également plus important et la pénétration du bain liquide dans le substrat augmente (Figure 5.9a). En termes de valeurs absolues, le modèle transversal sous-estime très nettement la longueur du bain fondu. Dans le Tableau 5.3 apparaît à chaque fois deux valeurs de H_0 pour le modèle transversal, il s'agit de la hauteur du bain liquide mesurée sur l'axe (valeur de gauche) et de celle mesurée latéralement (valeur de droite), c'est-à-dire la hauteur visible pour un observateur. Alors que les valeurs de H_0 sur l'axe sont du même ordre de grandeur que celles données par le modèle longitudinal, les valeurs de H_0 en vue latérale sont elles bien plus proches des mesures expérimentales. A titre d'exemple, le jeu de paramètres de référence permet d'obtenir une hauteur H_0 de 1,05 mm. Le modèle transversal prédit une hauteur H_0 de 1,17 mm en latéral et 0,52 mm sur l'axe, le modèle longitudinal prédit une hauteur H_0 de 0,48 mm. Enfin, les hauteurs déposées prédites par le modèle transversal sont inférieures aux mesures expérimentales. Ces différences entre expérience et modèle s'expliquent principalement par l'hypothèse 2D et sont discutées dans le paragraphe suivant.

EXPERIMENTAL	L_0 (mm)	H_0 (mm)	Δh (mm)
Référence	2,5	1,05	0,37
P_{laser} = 400 W	3,1 (+24%)	1,4 (+33%)	0,4 (+8%)
V_S = 0,4 m.min^{-1}	1,9 (-24%)	0,8 (-24 %)	0,15 (-59%)
D_m = 2 g.min^{-1}	2,27 (-0,09%)	1,44 (+37%)	0,48 (+30%)

Tableau 5.2 – Evolution des dimensions du bain liquide selon les paramètres opératoires (mesures latérales par caméra rapide) – entre parenthèses les évolutions relatives par rapport à la référence (P_{laser} = 320 W, V_S = 0,2 m.min^{-1}, D_m = 1 g.min^{-1})

NUMERIQUE	L_0 (mm)		H_0 (mm)		Δh (mm)	
	L	T	L	T	L	T
Référence	2,74	1,67	0,48	0,52/1,17	0,19	0,22
P_{laser} = 400 W	4,15 (+51%)	1,67 (0%)	0,89 (+85%)	0,61/1,44 (+17%/+23%)	0,22 (+16%)	0,18 (-18%)
V_S = 0,4 m.min^{-1}	1,51 (-45%)	2 (+20%)	0,33 (-31%)	0,5/0,87 (-4%/-26%)	0,08 (-58%)	0,15 (-32%)
D_m = 2 g.min^{-1}	2,29 (-16%)	1,67 (0%)	0,68 (+42%)	0,56/1,28 (+8%/+9%)	0,41 (+116%)	0,41 (86%)

Tableau 5.3 – Evolution des dimensions calculées du bain liquide selon les paramètres opératoires, obtenues pour les modèles 2D longitudinal L et transversal T – entre parenthèses les évolutions relatives par rapport à la référence (P_{laser} = 320 W, V_S = 0,2 m.min^{-1}, D_m = 1 g.min^{-1}) ; pour la colonne H_0, la 1ère valeur indique la hauteur du bain au niveau de l'axe $H_0^{(axe)}$ et la 2ième représente la hauteur latérale $H_0^{(latéral)}$

5.4.1 Limites de validité des modèles 2D

Les dimensions maximales de la zone fondue diffèrent sensiblement des mesures expérimentales, que l'on soit dans le plan longitudinal ou transversal. Le Tableau 5.2 et Tableau 5.3 font la synthèse des différents points sur lesquels il est possible de confronter les deux modèles numériques. Le comportement des deux modèles vis-à-vis des paramètres opératoires est globalement cohérent avec les observations expérimentales. L'ordre de grandeur des dimensions du bain liquide calculées par les modèles 2D est très satisfaisant mais les écarts avec les données expérimentales ne sont pas négligeables. L'ensemble des hypothèses formulées conduit nécessairement à des écarts qui ne permettent pas d'obtenir des résultats similaires. En effet, la dynamique du bain liquide qui s'établit à partir de la zone d'interaction avec le faisceau laser est un phénomène pleinement 3D. De ce fait, l'hypothèse 2D néglige complètement les écoulements qui ont lieu hors du plan, que ce soit pour le modèle longitudinal comme pour le modèle transversal. Par exemple, pour le modèle 2D longitudinal, la redistribution d'énergie dans le plan longitudinal est surestimée car les écoulements ne peuvent avoir lieu que vers l'avant et l'arrière. Un terme source rendant compte de cette perte de quantité de mouvement pourrait être envisagé, mais serait difficile à quantifier. D'un point de vue thermique, le terme source S_{plan} doit permettre de rendre compte de la diffusion de chaleur hors du plan mais l'expression même de ce terme est discutable. Pour le modèle transversal, S_{plan} ne permet pas de rendre compte de la diffusion de la chaleur sur l'avant de la source laser et le facteur mille utilisé n'est pas justifié d'un point de vue physique. C'est probablement la raison pour laquelle la longueur du bain calculée avec ce modèle est si faible. Aussi, bien que le modèle de transfert de chaleur à partir duquel le coefficient de pénalisation a été obtenu permette de retrouver une taille de bain comparable entre un modèle 2D et un modèle 3D, les niveaux de température ne sont pas les mêmes (le modèle 2D sous-estime fortement la température maximale). Le coefficient de pénalisation, en modifiant l'énergie reçue par le substrat, modifie les gradients thermiques qui s'établissent à la surface, ce qui remet en cause l'intensité de l'effet Marangoni et les phénomènes qui en dépendent.

La mise au point de ce type de modèles 2D reste, cependant, une étape préliminaire à l'élaboration de modèles 3D. Notre objectif est ici de montrer comment des modèles 2D peuvent aider à mieux comprendre les phénomènes physiques présents en FDPL, expliquer le comportement du bain liquide en fonction des paramètres opératoires primaires et mettre en évidence les phénomènes à l'origine de l'état de surface des pièces conçues par FDPL. Il n'a donc pas été envisagé ici d'améliorer l'accord entre résultats numériques issus des modèles 2D et expériences, ce qui aurait nécessité d'introduire de nouvelles approximations, difficiles à justifier physiquement et à quantifier en raison des couplages très forts entre les transferts de chaleur et de quantité de mouvement. Pour cette raison, les modèles numériques 2D seront utilisés uniquement afin de décrire des tendances, comme par exemple l'évolution morphologique du bain liquide en fonction des paramètres opératoires. Ces tendances seront comparées aux données expérimentales et discutées d'un point de vue qualitatif. Les modélisations multicouches permettront de mettre en évidence les effets de certains paramètres secondaires (stratégie de balayage, temps de pause, propriétés du matériau).

5.4.2 Comparaison avec les données expérimentales

L'étude des effets des paramètres opératoires a été menée sur une gamme de puissance, de vitesse et de débit plus large. Il s'agit des gammes de paramètres opératoires qui ont été retenues dans le cadre des expérimentations présentées dans le chapitre 2. Il va s'agir ici d'étudier le comportement du bain liquide en fonction du jeu de paramètres opératoires et d'établir un lien entre les paramètres procédés et l'état de surface final à travers la morphologie du bain liquide. En vue d'optimiser les temps de calcul, les équations ont été reformulées dans le repère mobile de la buse pour le modèle longitudinal. De même, les calculs ne sont effectués que pour une seule couche déposée sur le substrat mince.

Les puissances laser sont comprises entre 320 W et 500 W, les vitesses entre 0,1 $m.min^{-1}$ et 0,4 $m.min^{-1}$, les débits entre 1 $g.min^{-1}$ et 2 $g.min^{-1}$. Les résultats expérimentaux et numériques ont été obtenus à partir d'une poudre d'alliage de titane Ti-6Al-4V. Par contre, l'étude numérique a, quant à elle, été étendue au cas de l'acier inoxydable 316L et les résultats sont disponibles en Annexe 9.

L'ensemble des résultats expérimentaux est issu des travaux menés par le laboratoire PIMM dans le cadre du projet ASPECT.

5.4.2.1 Longueur du bain liquide L_0

Les valeurs expérimentales et numériques montrent une augmentation de la longueur du bain lorsque l'énergie linéique P_{laser}/V_S augmente (Figure 5.12), c'est-à-dire en élevant la puissance laser et/ou en abaissant la vitesse de défilement. L'augmentation du débit de poudre diminue l'énergie disponible pour fondre le substrat et contribue à diminuer L_0, ce que confirment les tendances données par le modèle longitudinal. Ces écarts s'accentuent avec l'augmentation de P_{laser}/V_S, lorsque les effets de la mécanique des fluides ont plus d'impact du fait du bain plus volumineux. Cela montre d'une part l'inadéquation du terme source S_{plan}, et d'autre part qu'il est très complexe de ramener un problème 3D à un phénomène 2D.

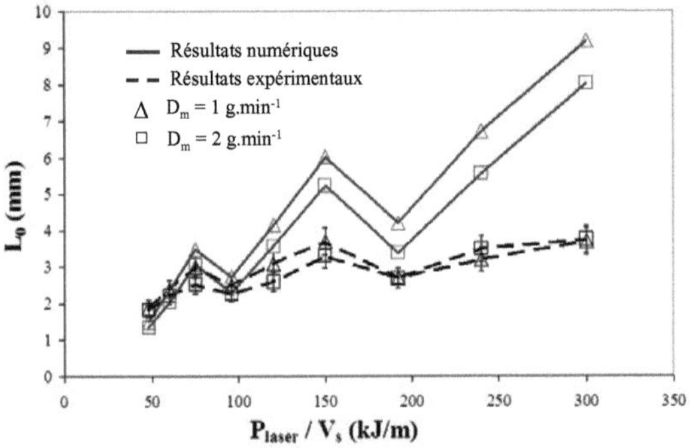

Figure 5.12 – Evolution de la longueur du bain L_0 en fonction de l'énergie linéique (plan longitudinal)

Les résultats obtenus avec le modèle 2D transversal ne sont pas reportés car ce modèle n'a pas vocation à étudier la longueur L_0 du bain liquide.

5.4.2.2 Hauteur du bain liquide H_0

La Figure 5.13 montre globalement que la hauteur du bain liquide s'accroît avec l'énergie linéique appliquée à la surface du substrat. Cette tendance est visible pour les données expérimentales comme pour les données numériques. Les résultats expérimentaux et numériques montrent également que la hauteur du bain liquide évolue peu avec le débit massique. Les valeurs de H_0 issues du modèle transversal correspondent à celles mesurées sur le bord du bain et non sur l'axe et la tendance numérique est assez fidèle à la tendance expérimentale pour une énergie linéique inférieure ou égale à 150 $kJ.m^{-1}$. Le creusement latéral est la conséquence directe de l'effet Marangoni (Figure 5.5). Cet élément permet d'affiner la compréhension des mécanismes qui aboutissent à la morphologie spécifique du bain en fabrication additive.

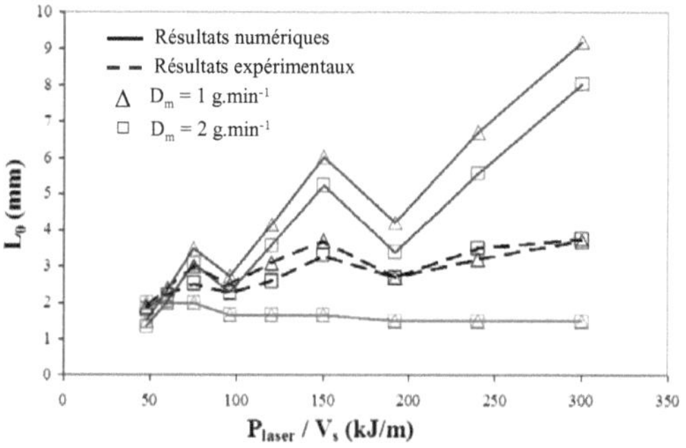

Figure 5.13 – Evolution de la hauteur du bain H_0 en fonction de l'énergie linéique (plan longitudinal
– plan transversal)

Les comparaisons entre les résultats expérimentaux et numériques permettent de montrer les limites du modèle 2D longitudinal. En effet, la hauteur de bain fondu calculée dans le plan longitudinal correspond à une hauteur sur l'axe de symétrie du substrat. Cette hauteur est encore différente de celle observée latéralement par caméra rapide et cela explique que les résultats du modèle 2D transversal soient globalement plus satisfaisants.

5.4.2.3 Hauteur du dépôt Δh

La quantité de matière reçue par le bain liquide dépend de l'aire d'interaction entre le jet de poudre et la surface du bain, ainsi que de la masse linéique de poudre D_m/V_S. Ces phénomènes sont bien pris en compte dans nos modèles, grâce aux différents couplages. On rappelle, en effet, que l'apport de matière n'est appliqué que lorsque la température de surface dépasse la température de fusion et tient compte de la distribution surfacique locale du jet de poudre. Les faibles énergies linéiques sont dues aux fortes vitesses, ce qui correspond aux faibles masses linéiques. En réduisant la vitesse de défilement, la hauteur du dépôt Δh remonte progressivement. Il est logique d'observer une augmentation de Δh avec le débit massique, mais cet effet est plus marqué avec les modèles numériques que dans les données expérimentales (Figure 5.14). L'effet de la puissance laser n'est pas clairement identifiable. Pour chaque vitesse de défilement, le modèle longitudinal montre une augmentation de Δh avec la puissance laser, alors que le modèle transversal indique une tendance inverse. Les données expérimentales quant à elles ne permettent pas de dégager une tendance générale. En dessous d'une énergie linéique de 200 $kJ.m^{-1}$, la hauteur du dépôt Δh ne semble pas affectée par la puissance laser. Au dessus de cette valeur, Δh semble diminuer avec l'augmentation de puissance lorsque D_m = 1 $g.min^{-1}$ alors que la tendance inverse apparaît avec D_m = 2 $g.min^{-1}$.

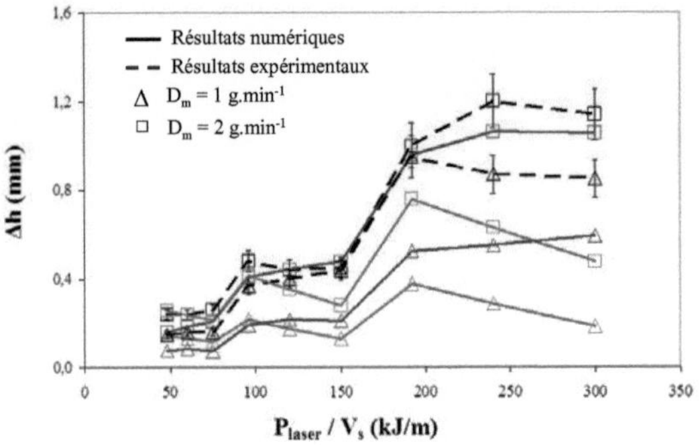

Figure 5.14 – Evolution de la hauteur du dépôt Δh en fonction de l'énergie linéique (plan longitudinal – plan transversal)

Les résultats numériques montrent que les modèles sous-estiment assez nettement la hauteur Δh du dépôt. Ce défaut vient en partie de l'approximation 2D qui ne permet pas de retrouver correctement les tailles de bain, ce qui impacte sur la quantité de matière apportée au niveau du bain liquide en raison des différents couplages. On peut, cependant constater, que ces modèles 2D prédisent globalement les mêmes tendances que celles observées expérimentalement.

5.4.2.4 Etat de surface final

L'intérêt principal du modèle 2D transversal est de pouvoir calculer un des paramètres caractérisant l'état de surface, à savoir le paramètre Wt qui mesure la distance maximale sur un profil latéral entre le creux et le sommet des sillons formés par les ménisques. La Figure 5.15 illustre ces ondulations calculées par le modèle 2D transverse après avoir déposé cinq couches sur le substrat de base avec le jeu de paramètres opératoires suivants : P_{laser} = 320 W, V_S = 0,2 m.min^{-1}, D_m = 1 g.min^{-1}. Le paramètre Wt est obtenu en effectuant la moyenne sur plusieurs couches. Pour chaque couple de paramètres opératoires de l'étude, le paramètre Wt obtenu avec le modèle transversal a été évalué et comparé aux valeurs expérimentales fournies par le laboratoire PIMM (Figure 5.16). L'étude expérimentale menée au sein du laboratoire PIMM a permis de mettre en évidence une corrélation entre la taille du bain liquide et l'état de surface des pièces fabriquées en FDPL (Gharbi, 2013). Cette relation montre que les ondulations périodiques sont plus faibles lorsque le taux de dilution est élevé, celui-ci étant défini de la manière suivante :

$$D = \frac{H_0 - \Delta h}{H_0} \qquad (5.18)$$

Un taux de dilution proche de l'unité correspond à une très faible hauteur du dépôt, donc très peu de matière déposée. Dans ces conditions, le paramètre d'ondulations Wt est très faible, ce qui conduit à un meilleur état de surface. Le taux de dilution a été calculé pour l'ensemble des paramètres opératoires présentés précédemment, expérimentalement et numériquement. Pour le modèle 2D transversal, la hauteur du bain liquide est celle visible latéralement, ce qui correspond également aux conditions expérimentales. La Figure 5.16 montre que le modèle transversal permet de retrouver la corrélation entre taux de dilution et paramètre d'ondulations, mais sous-estime d'environ 80 µm les ondulations. Cet écart s'explique par l'hypothèse 2D qui ne permet pas de retrouver les dimensions réelles du bain fondu et par conséquent les ondulations mesurées à l'aide du profilomètre. La suite de cette étude consiste à mettre en évidence à partir des modèles numériques le jeu de paramètres qui maximise le taux de dilution, gage d'un meilleur état de surface final.

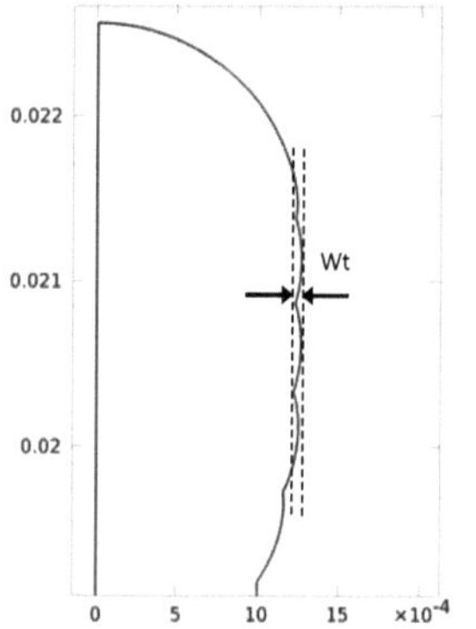

Figure 5.15 – Mesure des ondulations latérales à partir du modèle 2D transversal après dépôt de cinq couches

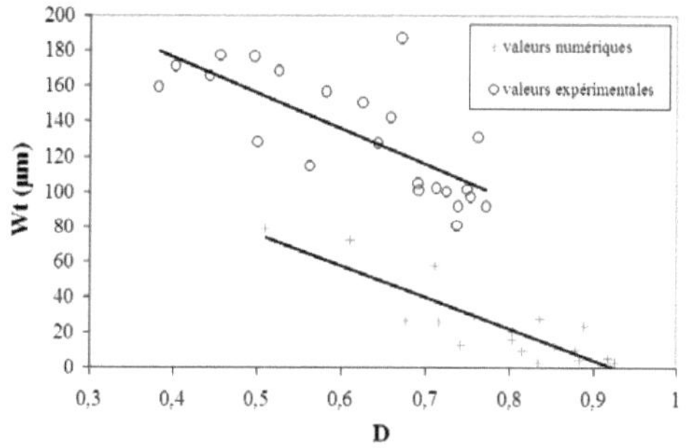

Figure 5.16 – Evolution de l'amplitude des sillons Wt en face latérale en fonction du taux de dilution (valeurs numériques issues du modèle transversal ; valeurs expérimentales données par le PIMM)

Les Figure 5.17 et Figure 5.18 représentent l'évolution du taux de dilution D en fonction de la masse linéique D_m/V_S pour la première, et de l'énergie linéique P_{laser}/V_S pour la seconde. Les résultats expérimentaux comme numériques montrent que le taux de dilution D est le plus grand pour les énergies linéiques et masses linéiques faibles, c'est-à-dire pour les vitesses élevées. De plus, pour une même vitesse de défilement V_S, le taux de dilution est élevé si le débit massique D_m est faible et la puissance laser P_{laser} élevée. Cela est valable pour l'ensemble des vitesses V_S.

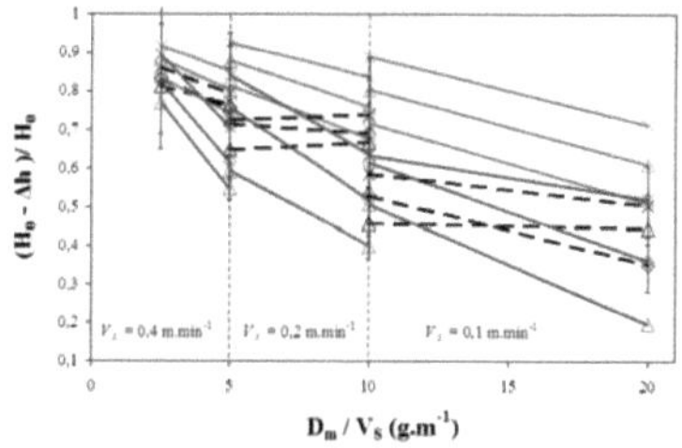

Figure 5.17 – Evolution du taux de dilution D en fonction de la masse linéique (modèle 2D longitudinal – modèle 2D transversal – × 500 W – ◊ 400 W – Δ 320 W)

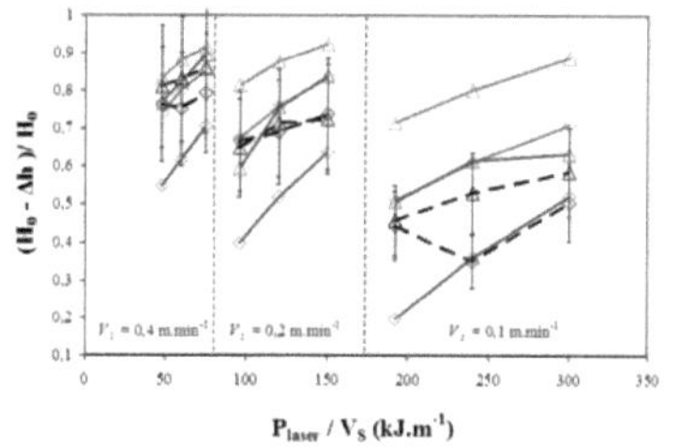

Figure 5.18 – Evolution du taux de dilution D en fonction de l'énergie linéique (modèle 2D longitudinal – modèle 2D transversal – Δ 1 g.min^{-1} – ◊ 2 g.min^{-1})

La morphologie du bain liquide en fonction des paramètres opératoires est un paramètre important puisque de sa forme dépend directement l'état de surface final. La Figure 5.19 schématise deux types de formes de bain liquide qu'il est possible d'obtenir selon les paramètres opératoires appliqués. Le postulat de base est de dire que la hauteur du dépôt Δh est la même pour les deux bains liquides. A gauche, il y a peu de refusion du substrat et la matière en excès contribue à élargir le bain. La courbure latérale est très prononcée. A droite, le bain liquide pénètre bien dans le substrat de base. La matière en excès est répartie autrement, plus étalée, et il en résulte un bain moins large avec une faible courbure latérale, et par conséquent un faible paramètre Wt.

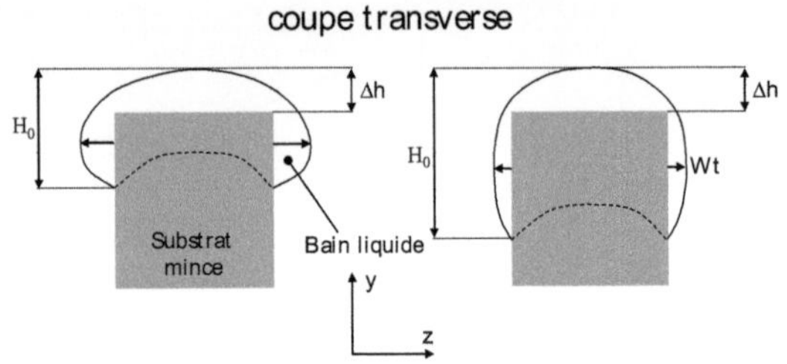

Figure 5.19 – Illustration du type de morphologie de bain possible selon les paramètres opératoires

Ce raisonnement simple permet de comprendre l'intérêt d'une forte puissance laser, puisque celle-ci aide à réduire la courbure latérale des dépôts et donc l'amplitude des ondulations de surface. La hauteur totale H_0 augmente et cela élève le taux de dilution D. La réduction du débit massique permet également de réduire ces ondulations car la quantité de matière en excès sur les côtés est moindre, et cela réduit autant la largeur du bain que la hauteur du dépôt. Ce dépôt Δh étant plus faible, le taux de dilution D augmente. Enfin l'augmentation de la vitesse de défilement réduit la quantité de matière apportée, ce qui est favorable à la diminution du gonflement du bain. En contrepartie, la refusion du substrat est moindre, ce qui justifie l'augmentation de la puissance pour maintenir une refusion suffisante du substrat malgré l'augmentation de la vitesse de défilement. La diminution de la hauteur du dépôt ajoutée au maintien de la pénétration du bain dans le substrat est également un facteur qui tend à augmenter le taux de dilution.

Le modèle numérique transversal confirme la tendance donnée par les données expérimentales, et qui est une diminution du paramètre Wt avec un taux de dilution important. Les résultats de l'étude paramétrée numérique sont confirmés par les observations expérimentales à savoir que le taux de dilution augmente pour les fortes puissances laser, les vitesses de défilement importantes et les débits massiques de poudre petits. Ces conditions opératoires conduisent à un faible dépôt de matière à chaque couche, qui a pour effet de limiter les ondulations (paramètre Wt petit). Ces conclusions établies à partir des données expérimentales se retrouvent également à partir des modèles 2D, bien qu'ils ne permettent qu'une comparaison qualitative en raison de leurs approximations. En effet, les amplitudes calculées restent nettement inférieures aux amplitudes mesurées. La Figure 5.6 présentée plus haut rappelle que les effets de tension superficielle ne sont pas pris en compte dans la direction longitudinale avec le modèle transversal. On peut apercevoir sur le sommet du bain une sorte de boursouflure qui, dans un problème 3D, serait lissée par la pression capillaire. La forme de l'interface serait alors régularisée et donc plus large sur la périphérie que ne le calcule le modèle transversal ; l'absence de contrainte supplémentaire sur la position du sommet du bain surestime son élévation et contribue à minimiser sa largeur, d'où les faibles valeurs de Wt obtenues numériquement.

5.5 Dépôt multicouche étudié à l'aide du modèle 2D longitudinal

Dans ce paragraphe, nous nous proposons d'utiliser le modèle 2D longitudinal afin de mieux comprendre les phénomènes intervenant lors de la superposition de plusieurs couches, en particulier au niveau des points de rebroussement, c'est-à-dire aux deux extrémités du mur. Cette étude portera plus particulièrement sur l'influence des stratégies de balayage. La buse peut, en effet, se déplacer avec des mouvements de va-et-vient ou au contraire effectuer un dépôt en se déplaçant toujours dans le même sens. De plus, entre chaque couche, un temps de pause est généralement préconisé afin d'éviter une surchauffe trop importante du substrat au cours du dépôt des différentes couches. Ces paramètres peuvent affecter la géométrie finale du mur.

Les calculs sont réalisés pour un jeu de paramètres opératoires unique : P_{laser} = 400 W, V_S = 0,4 m.min^{-1} et D_m = 2 g.min^{-1}. Il s'agit de simuler la réalisation de cinq dépôts de 35 mm de longueur centrés sur un substrat mince de 40 mm de longueur, 2 mm d'épaisseur et 40 mm de haut. Ce retrait de 2,5 mm aux extrémités correspond aux conditions expérimentales et permet d'éviter tout écroulement du bain liquide aux extrémités. Dans cette étude, le substrat et la poudre sont de même composition, à savoir un alliage de titane Ti-6Al-4V dont les propriétés thermophysiques sont rappelées en Annexe 3. Les paramètres de discrétisation sont donnés dans le paragraphe 5.3.6. Les conditions aux limites rappelées dans le Tableau 5.1 intègrent les apports d'énergie du faisceau laser de distribution gaussienne (équation (5.4)) et de la poudre (équation (5.11)). La température des particules à la surface du bain est définie à partir de l'équation (5.12) avec les paramètres donnés dans l'Annexe 6, et l'atténuation att du faisceau laser est estimée à 6% de la puissance laser. Ces différentes équations sont formulées dans le repère fixe avec un déplacement de la buse décrit par l'équation (5.6). Le substrat subit des échanges par convection et rayonnement avec l'environnement (équations (5.13) et (5.14)). Les pertes de chaleur dans la direction normale au plan longitudinal sont inclues et la source de chaleur est pénalisée d'un coefficient de 0,4 pour l'adapter au repère 2D longitudinal.

La Figure 5.20 présente le champ de température dans le substrat au cours de la première, troisième et cinquième couche, lorsque la buse est à mi-parcours de la distance à couvrir. Celle-ci effectue des va-et-vient, en commençant par la gauche. Ces résultats sont obtenus avec une puissance laser de 400 W, une vitesse de déplacement de 0,4 m.min^{-1} et un débit massique de poudre de 2 g.min^{-1}. Un délai de 20 s est respecté entre chaque dépôt. Précisons enfin que le domaine de calcul est remaillé à la fin de chaque dépôt pour assurer une description correcte des phénomènes physiques. En allouant quatre processeurs aux calculs, les temps de résolution sont de cinq à sept jours par couche pour le modèle 2D longitudinal.

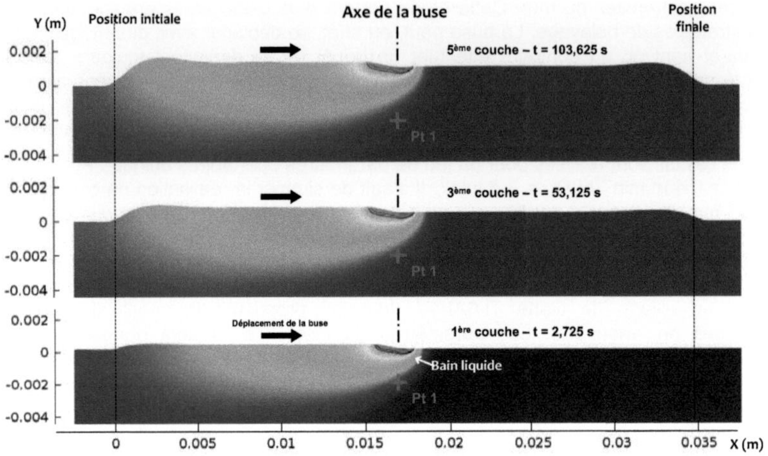

Figure 5.20 – Dépôt multicouche sur substrat mince – modélisation dans le plan longitudinal (P_{laser} = 400 W, V_S = 0,4 m.min^{-1}, D_m = 2 g.min^{-1})

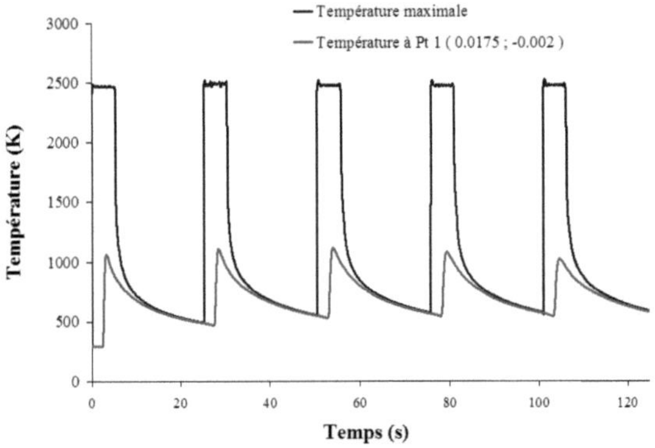

Figure 5.21 – Evolution de la température maximale, dans le domaine et au point Pt_1, fonction du temps (voir Figure 5.20)

Un des effets notables de la superposition des couches est l'apparition de bosses à chaque extrémité du substrat en cours de rechargement (Figure 5.20 et Figure 5.25). Cet effet de bord sera discuté par la suite. Le second effet dont il est question est la montée en température du substrat. L'équilibre thermique est quasiment atteint après la troisième couche et les dimensions L_0, H_0 et Δh du bain deviennent alors identiques d'une couche à l'autre (Figure 5.22). En effet, dans les premiers instants, le substrat encore froid produit un effet de pompage important de la chaleur, ce qui induit des vitesses de solidification très élevées. En effectuant plusieurs passages, la température moyenne du substrat augmente, ce qui tend à réduire les taux de refroidissement ; la température maximale quant à elle ne semble pas changer sensiblement d'une couche à une autre (Figure 5.21 et Figure 5.23). La Figure 5.22 représente la superposition des plateaux visibles sur la Figure 5.20. La taille du bain

liquide est elle plus importante au fur et à mesure des dépôts et se stabilise vers la 3ème couche, et ce résultat est en accord avec les précédents travaux (Peyre et al., 2008;
Yin et al., 2008).

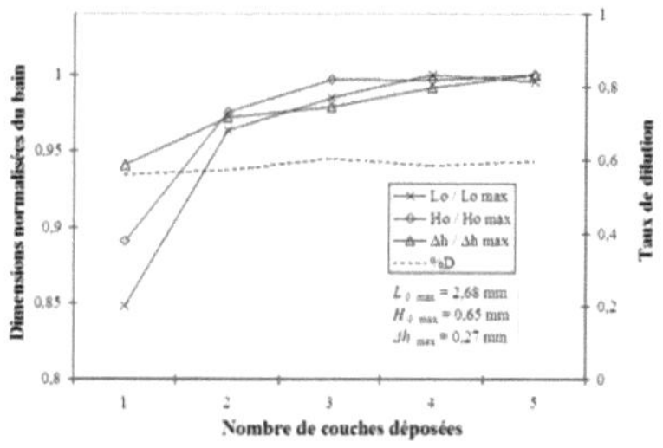

Figure 5.22 – Evolution des grandeurs normalisées du bain liquide au fur et à mesure du dépôt multicouche

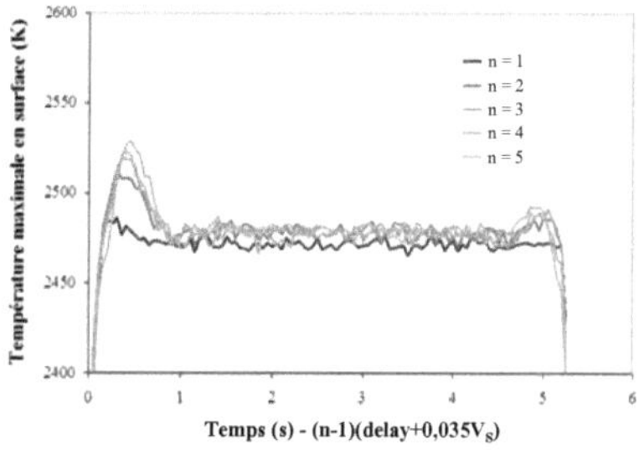

Figure 5.23 – Température maximale calculée pour chaque dépôt : effets des bords sur la température (n : numéro du dépôt dans la série, delay : 20 s, V_S : vitesse de défilement – 0,4 m.min^{-1})

Revenons sur les effets de bords évoqués précédemment. La Figure 5.25 montre qu'aux deux extrémités du substrat apparaît progressivement une surépaisseur du dépôt qui va s'amplifier à chaque nouvelle couche déposée. On peut voir également que globalement la couche (n) épouse la forme de la couche précédente (n-1). La présence de cette surépaisseur aux extrémités a déjà été observée par (Alimardani et al., 2007). Pour mieux comprendre cet effet, la Figure 5.24 montre le bain liquide à quatre instants au cours du dépôt de la cinquième couche sur un substrat dont la température moyenne est de 560 K. Aux premiers instants (Figure 5.24a), le bain liquide est encore petit avec des niveaux de température relativement faibles, la convection thermocapillaire est alors peu active. La chaleur diffuse dans la profondeur du substrat selon une direction normale à la surface (flèches vertes). Cette surface est fortement inclinée, au point d'être assimilable à une paroi quasi verticale et par rapport au repère de référence, la direction de diffusion en devient longitudinale. En quelques dixièmes de secondes, la buse se retrouve au niveau d'une surface cette fois-ci plane et la chaleur diffuse dans la verticalité du plan (Figure 5.24b). Or cette extrémité du mur a déjà été échauffée lors de l'instant d'avant. Cela contribue à augmenter la taille du bain liquide et se justifie par un pic de la température maximale calculée (Figure 5.23) car les directions de diffusion de la chaleur dans le substrat sont restreintes. En parallèle, la convection thermocapillaire s'active et envoie plus de matière et d'énergie sur l'arrière du bain, ce qui tend également à accroître sa taille. Ces deux effets se cumulent et augmentent significativement la longueur L_0 du bain liquide. La quantité de matière reçue par le bain liquide devient plus importante, la hauteur du dépôt augmente. En s'éloignant de l'extrémité du substrat, le bain liquide tend vers un état quasi-stationnaire où la chaleur diffuse dans de la matière froide (Figure 5.24c). Le bain liquide est plus petit et moins chaud qu'au bord du substrat. En arrivant à l'autre extrémité du substrat, l'inclinaison du substrat par rapport au faisceau laser augmente de nouveau du fait de la couche (n-1). Les directions vers lesquelles l'énergie du bain peut diffuser se réduisent et cela contribue à augmenter la taille du bain. Le pic de la température maximale que montre la Figure 5.23 en fin de parcours de la buse est observé lorsque le bain liquide parcourt la forme arrondie du substrat. Ce pic de température est moins important qu'au début du dépôt car la température moyenne du substrat à cette extrémité y est moins élevée (le bain liquide arrive de la surface plane vers la surface inclinée alors que précédemment il s'agissait de l'inverse). En augmentant l'incidence du faisceau laser par rapport à la normale à la surface, l'intensité locale diminue et correspond à la baisse de température maximale. Ces effets permettent d'obtenir un bain plus grand, qui envoie alors une quantité de matière plus importante sur l'arrière du bain et augmente de ce fait la hauteur du dépôt. Il est à noter, cependant, que l'approximation 2D longitudinale, comme nous l'avons vu précédemment, tend à surestimer la longueur du bain ainsi que les effets hydrodynamiques dans le plan d'avance de la buse, ce qui conduit probablement à accentuer les phénomènes aux extrémités.

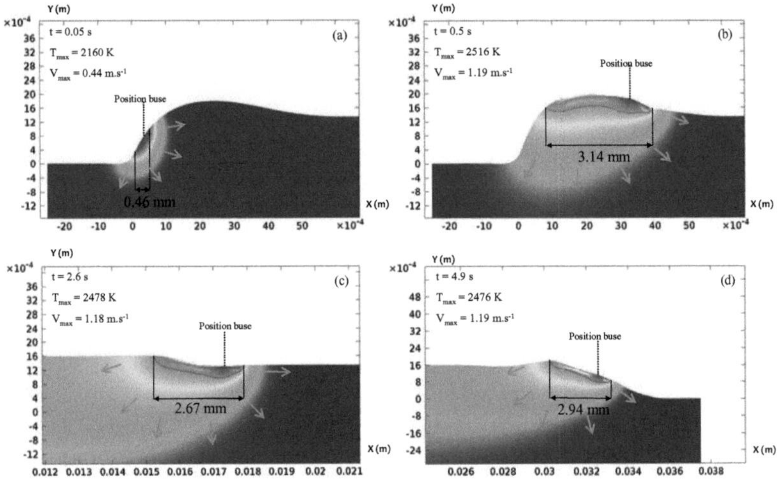

Figure 5.24 –Dépôt de la 5ème couche sur substrat mince (400 W, 0,4 m.min^{-1}, 2 g.min^{-1}) : effets des bords sur la diffusion de chaleur dans le substrat à (a) t = 0,05 s (b) t = 0,5 s (c) t = 2,6 s et (d) t = 4,9 s (flèches : direction de diffusion de la chaleur)

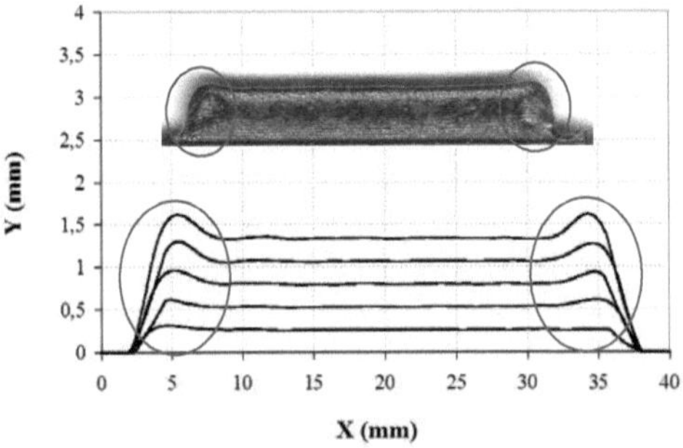

Figure 5.25 – Superposition de 5 couches – modèle 2D longitudinal (400 W, 0,4 m.min^{-1}, 2 g.min^{-1}, 20 s, aller-retour) et illustration d'un mur obtenu par FDPL avec la même stratégie de balayage pour 40 couches (données PIMM)

5.5.1 Temps de pause

Le temps de pause est un délai qui espace la fin du dépôt de la couche (n) du début du dépôt de la couche (n+1). Il peut aussi correspondre au temps nécessaire pour replacer la buse dans sa position initiale mais le but de ce temps de pause est surtout de permettre à la chaleur de diffuser dans le substrat afin d'éviter de repasser sur une surface proche de la température de fusion. Le risque serait alors l'écroulement du bain du fait de son volume trop important. Pour un même jeu de paramètres opératoires (400 W, 0,4 m.min^{-1} et 2 g.min^{-1}) et un déplacement de la buse en aller-retour, deux calculs correspondant au dépôt de cinq couches ont été réalisés avec respectivement des temps de pause de 10 s et 20 s entre chaque couche. La Figure 5.26 présente l'évolution de la température maximale et de la température au point Pt_1 (Figure 5.20) pour les deux temps de pause. Pour la première couche, les courbes sont parfaitement identiques car les conditions simulées sont strictement les mêmes. Pour un temps de pause de 10 s, la fréquence plus rapprochée des dépôts laisse moins de temps au substrat pour se refroidir et sa température est maintenue à un niveau plus élevé. En revanche, cela n'a qu'un effet très minime sur la température maximale : la valeur moyenne de cette grandeur sur la cinquième couche est de 2490 K avec un temps de pause de 10 s et de 2475 K avec 20 s de pause. La Figure 5.27 compare la forme des substrats après cinq couches pour les deux temps de pause étudiés. Les différences sont très minimes et apparaissent uniquement aux extrémités du substrat où les bosses sont plus prononcées avec un délai court entre chaque dépôt. Le fait que le substrat soit globalement plus chaud avec un délai court (+200°C en fin de calcul) amplifie les phénomènes à l'origine de ces bosses et ont été détaillés précédemment.

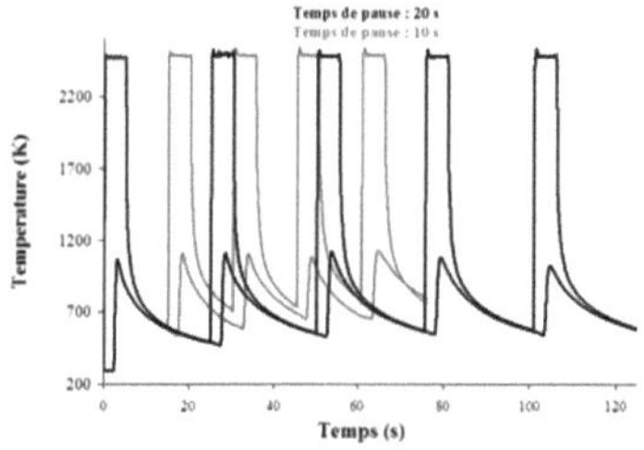

Figure 5.26 – Effet du temps de pause sur les cinétiques de température dans le substrat (sur la base de la Figure 5.21) – P_{laser} = 400 W,
V_S = 0,4 m.min^{-1}, D_m = 2 g.min^{-1}

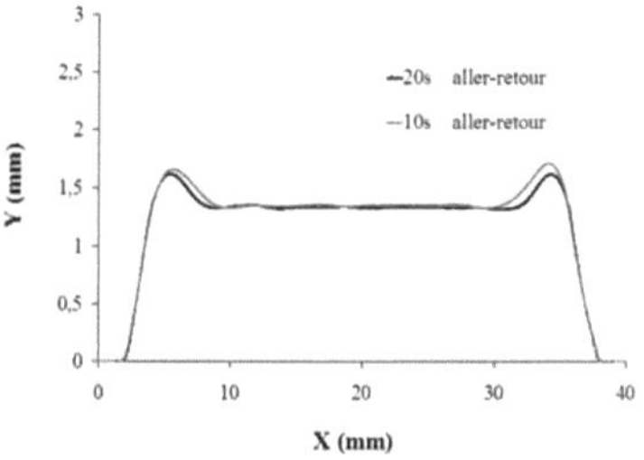

Figure 5.27 – Comparaison de la forme du substrat après cinq couches en fonction du temps de pause appliqué – P_{laser} = 400 W, V_S = 0,4 m.min^{-1}, D_m = 2 g.min^{-1}

Par ailleurs, le niveau de température globalement plus élevé avec un délai court fait que les dimensions du bain liquide sont plus importantes (Tableau 5.4). La variation du taux de dilution n'est pas significative entre les deux temps de pause, ce qui laisse penser que le temps de pause n'a pas d'effet sur l'état de surface. Cette conclusion semble confirmée par les essais réalisés au laboratoire PIMM.

Temps de pause (s)	L_0 (mm)	H_0 (mm)	Δh (mm)	D (%)
10	3,02	0,71	0,29	59
20	2,67	0,65	0,27	58

Tableau 5.4 – Dimensions calculées du bain liquide en régime quasi-stationnaire en fonction du temps de pause entre chaque couche déposée

5.5.2 Stratégie de déplacement

La Fabrication Directe par Projection Laser est un procédé très flexible où le déplacement de la buse par rapport au substrat va permettre le dépôt et la formation d'un cordon de matière dense. La superposition des dépôts fait que la température et la forme d'une couche va influer sur les conditions de dépôt de la couche suivante. Après avoir discuté de l'effet de la fréquence des dépôts, nous nous intéressons ici au sens de déplacement. Dans le contexte d'une géométrie simple à étudier (un mur mince), deux solutions peuvent être retenues : effectuer un déplacement toujours dans la même direction (de gauche à droite) ou bien des allers-retours à la surface du substrat. La Figure 5.28 présente et compare la forme du substrat obtenu après cinq couches lorsque la buse effectue des allers simples (répétitifs) ou alors des va-et-vient. Les paramètres opératoires sont identiques à ceux de l'étude sur le temps de pause et ce dernier est fixé à 20 s. Un balayage unilatéral fait apparaître une dissymétrie dans la forme du substrat avec une bosse plus marquée du côté où commence le dépôt. Cette différence dans le profil du dépôt apparaît dès la première couche et est amplifiée à chaque dépôt. Alors que le début du dépôt présente une forme arrondie avec l'effet de la tension superficielle (Figure 5.29), l'arrêt du laser à la fin de sa course est suivi d'un refroidissement très rapide. La solidification complète du substrat se fait en moins de 50 ms et la forme de la surface libre est figée (Figure 5.30). En effectuant des allers-retours, les formes caractéristiques qui viennent d'être vues avec les Figure 5.29 et Figure 5.30 sont alternées de part et d'autre du substrat, la Figure 5.28 montre une géométrie finale plus équilibrée en effectuant des déplacements alternés de la buse. Cette stratégie de déplacement est donc à privilégier.

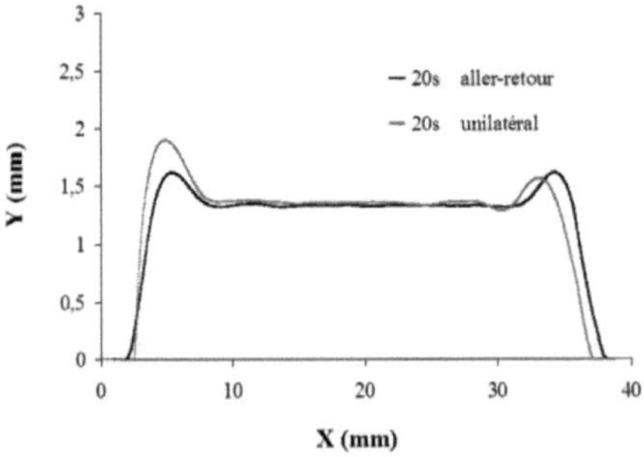

Figure 5.28 – Effet de la stratégie de déplacement de la buse à la surface du substrat sur la forme du substrat après avoir déposé cinq couches sur un substrat mince

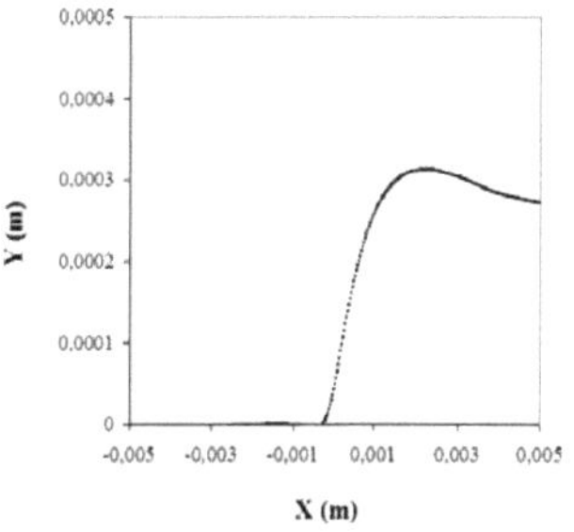

Figure 5.29 - Début du dépôt après solidification (1ère couche)

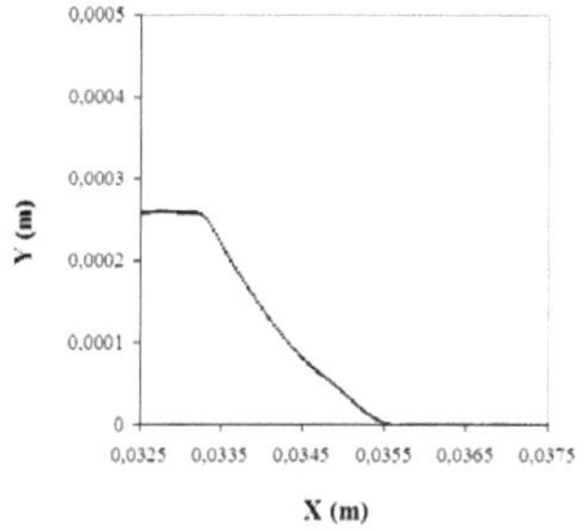

Figure 5.30 - Fin du dépôt après solidification (1ère couche)

Les écarts entre les courbes de la température maximale et celles de la température au point Pt_1 ainsi que les dimensions des zones fondues en régime quasi-stationnaire ne sont pas reportés car trop faibles pour être notables.

5.6 Modèle 2D axisymétrique avec apport de matière – étude phénoménologique

Le modèle 2D transversal qui a été développé permet de faire apparaître les ondulations latérales à la surface du substrat au cours d'un dépôt multicouche. La description des phénomènes physiques est cependant critiquable, puisque ce modèle ne permet pas de prendre en compte correctement les transferts d'énergie et de matière dans les 3 directions. Si l'on souhaite améliorer la compréhension des phénomènes physiques responsables de l'état de surface des pièces conçues par FDPL, il paraît donc exclu d'étudier plus en détail ce modèle. Par ailleurs, les simulations 3D, de part leur temps de calcul, ne permettent pas d'envisager des études paramétrées portant aussi bien sur les paramètres opératoires que sur les propriétés thermophysiques des matériaux. Cette réflexion nous a conduit à envisager une configuration 2D axisymétrique, basée sur la fusion du barreau présentée au chapitre 3 en incluant un apport de matière au niveau du bain fondu. L'énergie du faisceau laser et la poudre sont apportées de manière discontinue afin de produire un dépôt multicouche. Bien que très éloignée du procédé FDPL, cette configuration présente divers avantages : elle fait apparaître également un phénomène d'ondulations sur les bords latéraux ; elle peut être réalisée expérimentalement et simulée à l'aide d'un modèle 2D axisymétrique. Néanmoins, seule l'étude numérique sera présentée au cours de ce chapitre, les essais n'ayant pu avoir lieu à ce jour. Nous proposons de réaliser l'étude à l'aide d'un modèle numérique basé sur le modèle de refusion du chapitre 3 et de modifier la mise en donnée afin de tenir compte de l'apport de matière par le sommet du barreau à l'aide du modèle présenté dans ce chapitre. L'objectif est ici d'apporter des explications sur les mécanismes qui agissent dans le bain liquide et ont un impact sur les ondulations liées aux dépôts successifs. Nous nous intéresserons plus particulièrement à l'influence des propriétés thermophysiques, l'action des paramètres opératoires ayant déjà été étudiée au cours de ce chapitre.

Nous considérons un barreau vertical de 2 mm de diamètre et 25 mm de hauteur en alliage de titane Ti-6Al-4V (les propriétés thermophysiques utilisées sont celles validées au cours du chapitre 3 et sont rappelées dans l'Annexe 3). Le sommet du barreau est soumis à une source laser statique de 320 W de distribution uniforme avec un diamètre de 1,7 mm. Quatre tirs lasers successifs sont effectués au sommet du barreau toutes les 10 s et chacun dure 0,3 s. La distribution du jet de poudre est identique à celle utilisée dans les modèles 2D et ces distributions n'évoluent pas avec l'empilement des dépôts. L'apport de matière est supposé continu, mais dépend néanmoins de la température de fusion. Il s'arrête donc automatiquement lorsque la température devient inférieure à la température de fusion. Le débit massique de poudre est fixé à 2 $g.min^{-1}$. Les conditions aux limites sont les mêmes que celles du chapitre 3 mis à part pour le problème thermique qui inclut l'équation (5.4) liée à la source de chaleur où le terme $Z_0^2+x^2$ est remplacé par r^2, et l'équation (5.11) liée à l'énergie des particules. Le profil de température des particules dans le jet est défini par l'équation (5.12) avec les paramètres correspondant à un faisceau laser de distribution uniforme et d'une puissance de 320 W ((5.8)). L'atténuation att de la puissance par le jet de poudre est alors estimée à 6%.

Le problème ALE est également modifié par rapport à celui présenté dans le chapitre 3 en ajoutant l'équation (5.10) correspondant à l'apport de matière. Les paramètres de l'équation (5.10) sont issus de la caractérisation du jet de poudre par le laboratoire PIMM (chapitre 2). Les propriétés du maillage sont identiques à ceux du chapitre 3 (éléments de 10 μm en surface et de 50 μm dans le domaine) avec un remaillage du domaine. Cette procédure est automatisée dans COMSOL Multiphysics® et arrête le calcul selon un critère minimal de qualité des éléments fixé à 0,1 (la qualité des éléments est liée à leur déformation : plus la maille est étirée, moins bon est le critère de qualité), puis transpose la solution précédente dans le nouveau maillage et reprend le calcul transitoire. Un calcul complet est résolu en une à deux journées avec quatre unités de calcul, et requiert en général deux à trois opérations de remaillage.

5.6.1 Phénomènes transitoires dans la formation du bain liquide

La Figure 5.31 montre les champs de température et vecteurs vitesse obtenus sur la géométrie déformée pour différents instants au cours du premier tir laser. On retrouve une similitude des résultats avec ceux obtenus dans le cas de la fusion du barreau, à savoir la formation d'une goutte à l'extrémité du barreau sous l'effet de la tension de surface avec, cependant, une augmentation globale du volume du bain fondu en raison de l'apport de matière. L'apport de matière est visible dès les premiers instants de la fusion donnant une forme bombée au bain de fusion. Dans le cas de la fusion simple du barreau, la surface du bain restait plane tant que le diamètre du bain était inférieur à celui du barreau. Dans les deux cas, le point de départ du processus de fusion est la source de chaleur. Elle permet de passer en phase liquide. Au centre et à la surface du bain liquide, le champ de vitesse est relativement faible, ce qui laisse place à de la diffusion de chaleur par conduction (Figure 5.31a). Cela constitue une sorte de réserve où l'énergie est accumulée. De l'instant t = 0,18 s à t = 0,3 s, le niveau de température et le profil du champ de température varie très peu au sommet. Ce niveau de température dépend comme nous l'avons dit de la capacité à diffuser la chaleur et de l'intensité du flux en surface. Les gradients thermiques en surface induits par cette source surfacique de chaleur auront pour conséquence la mise en place de la convection thermocapillaire (effet Marangoni). Apparaît alors un écoulement dirigé vers la périphérie du bain liquide, et cet écoulement emporte avec lui une partie de l'énergie et de la matière contenue dans le chapeau (Figure 5.31b). Cet apport d'énergie sur la périphérie permet au bain liquide de s'étendre en contribuant à la fusion des bords. Lorsque le métal liquide véhiculé en surface atteint l'extrémité du barreau, il se retrouve en butée du front de fusion ce qui conduit à la formation d'un rouleau de convection : la tension superficielle s'oppose à la pression exercée par le fluide sur la surface libre et contraint l'écoulement à changer de direction. L'énergie apportée depuis le chapeau favorise le creusement à cet endroit. Le métal liquide et la matière nouvellement fondue sont redirigés vers le cœur du barreau. Cet écoulement en profondeur est à contre courant de l'écoulement de surface et l'énergie échangée en périphérie du barreau fait que la température de retour est plus froide. La matière revient enfin vers l'axe du barreau et le processus qui vient d'être décrit se perpétue. La fusion du barreau, combinée à l'apport de matière, contribue au grossissement du bain liquide. On peut noter que ce grossissement va également favoriser l'apparition des ondulations après solidification.

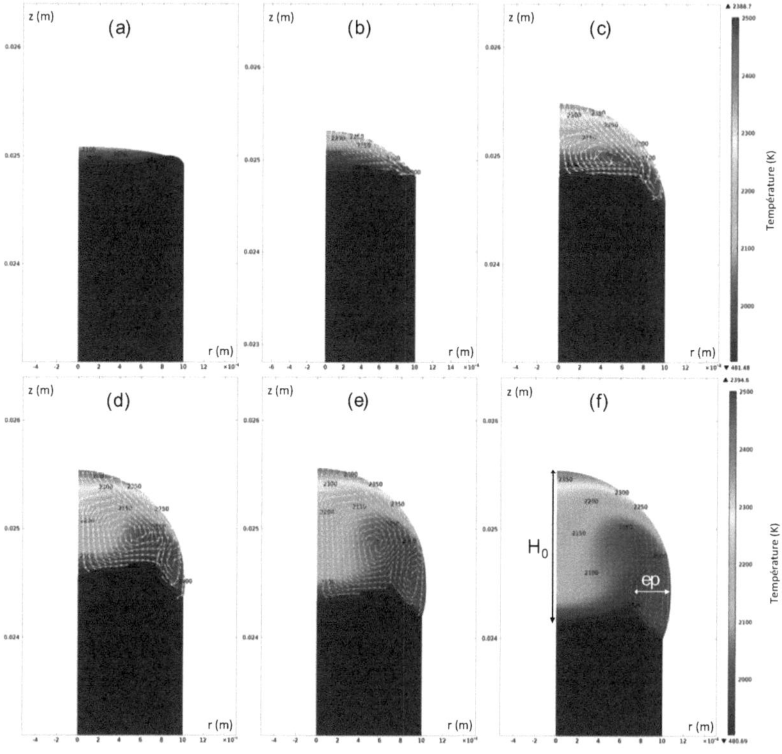

Figure 5.31 – Champs de température et vecteurs vitesse au sommet du barreau obtenus à l'aide du modèle 2D axisymétrique avec apport de matière pour différents instants: (a) t = 0,1 s ; (b) t = 0,14 s ; (c) t = 0,18 s ; (d) t = 0,22 s ; (e) t = 0,26 s ; (f) t = 0,3 s.

L'augmentation de la hauteur du bain liquide au niveau de l'axe va très vite permettre la formation d'un second rouleau de convection non plus en périphérie mais sur l'axe du barreau, sous le premier rouleau de convection (Figure 5.31c). Il aura pour effet de faire plonger la matière en mouvement. Le fait de revenir sur l'axe va permettre au fluide de récupérer une partie de l'énergie contenue dans le chapeau (rappelons que le transfert de chaleur dans cette zone est essentiellement de type conductif). Cet apport de chaleur en profondeur va favoriser la pénétration du bain liquide et son grossissement (Figure 5.31d à Figure 5.31f). Le métal liquide glisse sur le front de fusion et cède son énergie avant de rejoindre la matière du premier rouleau de convection qui retourne vers l'axe du barreau, sous la surface. Cette première analyse montre bien l'importance des phénomènes convectifs sur la déformation de la surface libre qui conditionnera la morphologie des ondulations. Ces phénomènes hydrodynamiques sont pilotés en partie par le coefficient thermocapillaire qui est responsable de la vitesse en surface (effet Marangoni) et par la viscosité dynamique qui va tendre à freiner ces mouvements. Afin de mieux comprendre l'influence de ces deux propriétés, nous avons entrepris un plan d'expériences numérique qui fait l'objet du paragraphe suivant.

5.6.2 Effet de la viscosité et du coefficient thermocapillaire

Nous proposons de discuter de l'influence de la viscosité dynamique μ et du coefficient thermocapillaire $\partial\gamma/\partial T$ afin d'observer leurs effets sur la dynamique du bain liquide, ainsi que sur sa forme, au cours du dépôt de quatre couches. Le modèle 2D axisymétrique avec apport de matière est utilisé pour ce plan d'expériences numérique. Quatre simulations sont donc réalisées en combinant deux viscosités dynamiques : μ = 1.10^{-3} et 4.10^{-3} Pa.s et deux coefficients thermocapillaires : $\partial\gamma/\partial T$ = -1.10^{-4} et -4.10^{-4} $N.m^{-1}.K^{-1}$. Il s'agit de valeurs qui encadrent l'ensemble des valeurs regroupées dans l'étude bibliographique et représentent donc des configurations extrêmes.

Un plan d'expériences complet est développé pour quantifier les effets des deux paramètres précédemment nommés, et cela en se basant sur trois grandeurs observables, à savoir : la hauteur maximale du bain liquide sur l'axe $H_0^{(axe)}$, la largeur maximale du rouleau périphérique ep et les ondulations périodiques Wt après quatre dépôts. Les paramètres H_0 et ep sont signalés sur la Figure 5.31f et Wt sur la Figure 5.15. La valeur retenue de Wt est la moyenne sur les deux derniers dépôts, dès lors que le diamètre du barreau cesse d'évoluer d'un dépôt à un autre. Les tableaux qui suivent regroupent l'ensemble des résultats du plan d'expériences pour chacun des observables avec X_1 la viscosité dynamique et X_2 le coefficient thermocapillaire. Le paramètre Y_{num} est la valeur de l'observable issue du modèle numérique, Y_{cal} est celle donnée par le plan d'expérience :

$$a_0 + a_1X_1 + a_2X_2 + a_{12}X_1X_2 = Y_{cal} \qquad (5.19)$$

où a_0, a_1, a_2 et a_{12} expriment la sensibilité des paramètres X_1 et X_2.

X_1	X_2	X_1X_2	Y_{num} (mm)	Y_{cal} (mm)	% erreur
1	1	1	1,391	1,391	0
-1	1	-1	1,236	1,236	0
1	-1	-1	1,703	1,703	0
-1	-1	1	1,664	1,664	0
0	0	0	1,595	1,499	6,1

a_0	a_1	a_2	a_{12}
1,4985	-0,185	0,0485	0,029

Tableau 5.5 – Résultats du plan d'expériences avec comme observable la hauteur du bain liquide sur l'axe

X_1	X_2	X_1X_2	Y_{num} (mm)	Y_{cal} (mm)	% erreur
1	1	1	0,35	0,35	0
-1	1	-1	0,46	0,46	0
1	-1	-1	0,16	0,16	0
-1	-1	1	0,26	0,26	0
0	0	0	0,3	0,308	-2,5

a_0	a_1	a_2	a_{12}
0,3075	0,0975	-0,0525	-0,0025

Tableau 5.6 –Résultats du plan d'expériences avec comme observable la largeur du rouleau périphérique

X_1	X_2	X_1X_2	Y_{num} (mm)	Y_{cal} (mm)	% erreur
1	1	1	37,5	37,5	0
-1	1	-1	39,5	39,5	0
1	-1	-1	40	40	0
-1	-1	1	41,9	41,9	0
0	0	0	38,27	39,7	-3,8

a_0	a_1	a_2	a_{12}
39,725	-1,225	-0,975	-0,025

Tableau 5.7 – Résultats du plan d'expériences avec comme observable l'amplitude des ondulations latérales

Le calcul du point central de chaque plan d'expérience montre un très faible écart entre le résultat numérique et celui calculé à l'aide de l'équation (5.19), ce qui valide le modèle complet avec des surfaces de réponse planes. La Figure 5.32 est une représentation des surfaces de réponses données par l'équation (5.19) pour chaque observable : la hauteur de zone fondue H_0 (Figure 5.32a), l'épaisseur du rouleau périphérique ep (Figure 5.32b) et l'amplitude des ondulations Wt (Figure 5.32c).

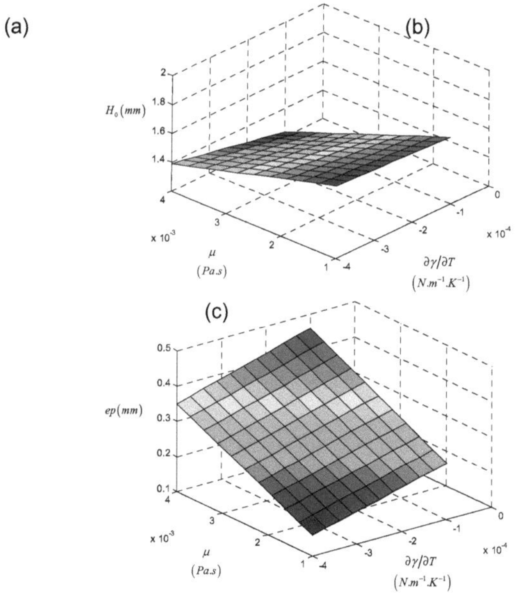

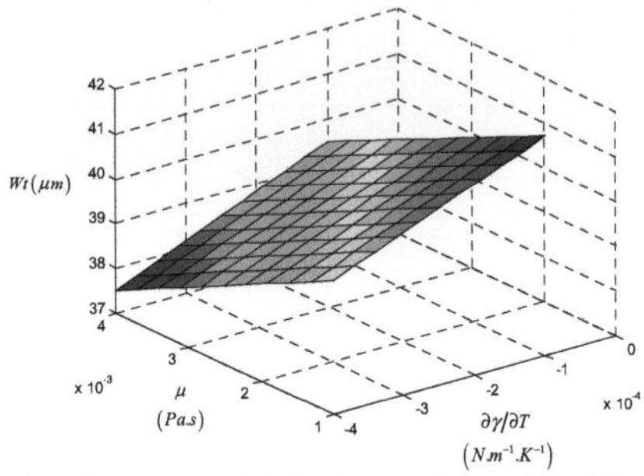

Figure 5.32 – Surface de réponse quant à l'influence de la viscosité dynamique et de l'effet Marangoni sur (a) la hauteur du bain sur l'axe, (b) l'épaisseur du rouleau périphérique et (c) l'amplitude des ondulations latérales

5.6.2.1 Effet du coefficient thermocapillaire

Une augmentation de la valeur absolue du coefficient thermocapillaire accroît l'intensité du champ de vitesse (Figure 5.34c et Figure 5.34d) et le niveau de température au sommet du bain liquide est alors abaissé (Figure 5.33c et Figure 5.33d). La vitesse de retour du métal liquide vers le sommet est elle aussi plus importante, ce qui conduit à augmenter la vitesse du rouleau axial et la diffusion de la chaleur. Cela favorise l'apport d'énergie en profondeur et le bain liquide est plus creusé (Figure 5.32a). Ce bain plus volumineux est bénéfique au rouleau convectif axial qui est alors plus ample, contraint le rouleau périphérique et réduit sa taille (Figure 5.32b). Cette augmentation de la valeur absolue du coefficient thermocapillaire tend à réduire les ondulations (Figure 5.32c).

5.6.2.2 Effet de la viscosité dynamique

Une diminution de la viscosité dynamique a pour effet de faciliter le transport de la matière et les vitesses sont alors plus importantes (Figure 5.34a et Figure 5.34c). Cela explique le niveau de température inférieure sous le faisceau laser (Figure 5.33a et Figure 5.33c). Les échanges de chaleur par diffusion sont moins importants, ce qui fait que la matière qui remonte vers le sommet du bain liquide est plus froide et absorbe plus d'énergie. L'augmentation des phénomènes de diffusion thermique, du fait de l'augmentation des vitesses, favorise l'apport d'énergie en profondeur et accroît la pénétration du bain liquide (Figure 5.32a), ce que montre également la Figure 5.33a par rapport à la Figure 5.33b. On peut d'ores et déjà voir que cette diminution de viscosité dynamique conduit à une augmentation de la taille du rouleau de convection axial, ce qui confine le rouleau périphérique dans un volume plus exigu (Figure 5.32b) mais se fait au détriment des ondulations qui sont alors plus importantes (Figure 5.32c).

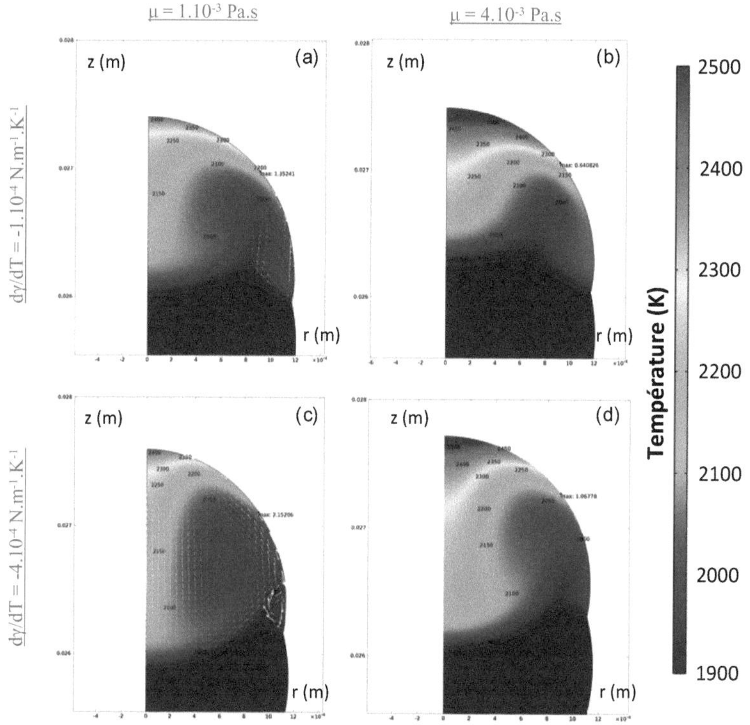

Figure 5.33 – Champ de température dans le bain liquide à t = 30,3 s en fonction de la viscosité dynamique et du coefficient thermocapillaire

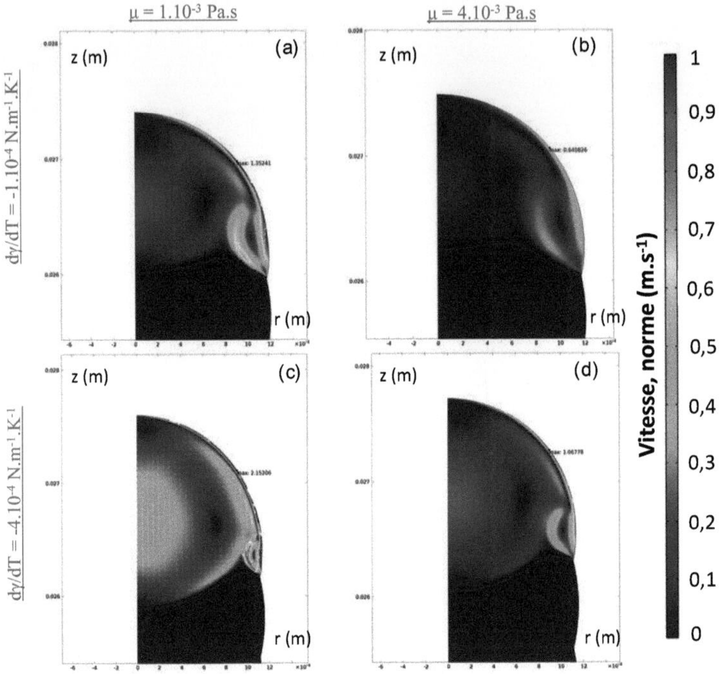

Figure 5.34 – Champ de vitesse dans le bain liquide à t = 30,3 s en fonction de la viscosité dynamique et du coefficient thermocapillaire

5.6.2.3 Effets couplés

Il ressort de la discussion sur les effets dissociés qu'un meilleur état de surface est obtenu lorsque le bain liquide présente une viscosité dynamique élevée et un coefficient thermocapillaire relativement fort en valeur absolue. L'étude des coefficients a_1, a_2 et a_{12} permet de discuter du poids de ces paramètres sur les observables.

- La viscosité dynamique et le coefficient thermocapillaire ont un effet antagoniste sur la hauteur du bain liquide : alors qu'une augmentation du premier tend à la réduire, la convection thermocapillaire plus forte tend à l'augmenter. L'effet de la viscosité semble toutefois plus important car le rapport de a_1 sur a_2 est de 3,8 mais cela n'est pas assez significatif pour dire que l'effet Marangoni n'influe pas. Le coefficient a_{12} est du même ordre de grandeur que a_2, ce qui ne permet pas vraiment de conclure quant à l'effet du couplage sur la hauteur du bain.

- Une augmentation de la viscosité dynamique permet d'obtenir un rouleau périphérique plus large alors que le coefficient thermocapillaire a un effet inverse.
  Le rapport de a_1 sur a_2 est encore moins significatif dans ce cas (>2) et ne montre pas la prédominance de l'un des deux paramètres. Le coefficient a_{12} est quant à lui au moins vingt fois inférieur à a_1 et a_2.
- Le poids des coefficients a_1 et a_2 dans l'équation qui décrit le paramètre d'ondulation Wt est équilibré et ces coefficients ont le même signe : une augmentation d'au moins un des deux paramètres permettra de réduire l'amplitude des ondulations. On note toutefois un impact plus marqué de la viscosité dynamique sur Wt.

Les valeurs données dans le Tableau 5.8 sont aussi un indicateur de l'effet des paramètres. Il regroupe l'erreur moyenne quadratique commise lorsque l'un des coefficients de l'équation (5.19) est négligé. La valeur de référence pour ce calcul d'erreur est le polynôme avec l'ensemble des coefficients. L'effet de la viscosité est confirmé puisque celui-ci a le plus d'impact sur la hauteur du bain et la dimension du rouleau périphérique. Concernant Wt, l'erreur moyenne quadratique sans a_1 et sans a_2 est similaire. L'influence bénéfique de la viscosité dynamique et de l'effet Marangoni sur les ondulations est certaine, mais sans distinction possible de l'un et l'autre.

	$a_0\ a_2\ a_{12}$	$a_0\ a_1\ a_{12}$	$a_0\ a_1\ a_2$
H_0	0,1133	0,0297	0,0177
ep	0,3562	0,1918	0,0091
Wt	0,0276	0,022	0,0005

Tableau 5.8 – Erreur moyenne quadratique en supprimant l'un des coefficients de l'équation obtenue à l'issue du plan d'expérience complet

Notons que la combinaison d'une faible viscosité dynamique et d'un coefficient thermocapillaire important permet d'obtenir une profondeur de bain maximale et une dimension de rouleau minimale (Figure 5.32a et Figure 5.32b), et inversement. Il s'agit de deux situations extrêmes quant aux conditions d'écoulement dans le bain. Pourtant ce n'est pas dans ces configurations que l'état de surface est le meilleur.

Il semble que la présence du rouleau périphérique soit nécessaire pour dévier le rouleau axial lorsque celui-ci glisse sur le métal solide, au fond du bain, dans son mouvement allant de l'axe vers l'extérieur du barreau. Une viscosité dynamique élevée permet d'obtenir un rouleau périphérique de grande dimension car la diffusion de la quantité de mouvement est moindre et permet d'entraîner plus de particules dans le mouvement circulatoire. Cela accroît la déviation du flux de matière. L'augmentation du coefficient thermocapillaire conduit à une augmentation de la profondeur de pénétration sur l'axe et à une vorticité plus importante du rouleau périphérique. L'angle de remontée du métal liquide par rapport à l'axe longitudinal du barreau est moins ouvert et celui-ci exerce alors une contrainte radiale moins importante. La combinaison des deux phénomènes décrits permet d'apporter des explications aux causes de l'amélioration de l'état de surface, en considérant uniquement les effets induits par une variation dans les propriétés du matériau.

Après avoir établi différents critères permettant de réduire l'amplitude des ménisques, nous envisageons un moyen technique permettant d'y parvenir.

5.6.3 Solution envisageable pour améliorer l'état de surface

L'étude paramétrée a permis de relier l'état de surface final à la viscosité dynamique et au coefficient thermocapillaire. Les meilleurs états de surface ont été obtenus avec des valeurs élevées pour ces deux paramètres. L'intensité de l'effet Marangoni est liée à la dérivée du coefficient de tension superficielle avec la température et aux gradients thermiques en surface. La mise en place d'un refroidissement latéral à l'aide d'un gaz neutre est un moyen de générer un échange de chaleur supplémentaire et intensifie alors les gradients thermiques à la surface du bain liquide. Le jeu de propriétés pour lequel l'état de surface est le meilleur est défini comme référence, à savoir une viscosité dynamique de 4.10^{-3} Pa.s et un coefficient thermocapillaire de -4.10^{-4} $N.m^{-1}.K^{-1}$. Cette référence est alors comparée aux résultats numériques obtenus en appliquant un flux convectif de la forme $\varphi_{He} = h_c(T - T_\infty)$ sur la face latérale du barreau. La valeur du coefficient d'échange convectif est établie à l'aide d'une formule de corrélation (équation (5.20)) issue de (Wong, 1977) et valable pour un écoulement perpendiculaire à un cylindre (jet annulaire) :

$$\frac{h_c d}{\lambda_{He}} = \left(0,35 + 0,56\,\mathrm{Re}^{0,52}\right)\mathrm{Pr}^{0,33} \qquad (5.20)$$

Nous supposons un jet d'hélium à 15°C de conductivité thermique $\lambda_{He} = 0,15$ $W.m^{-1}.K^{-1}$, de masse volumique $\rho_{He} = 0,16$ $kg.m^{-3}$, de chaleur massique $c_{pHe} = 5,2$ $kJ.kg^{-1}.K^{-1}$ et de viscosité dynamique $\mu_{He} = 2.10^{-5}$ Pa.s, s'écoulant de manière continue autour d'un barreau de diamètre d = 2 mm à la vitesse de 2 $m.s^{-1}$, on obtient un coefficient d'échange convectif $h_c = 250$ $W.m^{-2}.K^{-1}$. Le cisaillement du gaz sur la surface libre est négligé malgré la vitesse importante du gaz.

La Figure 5.35 et la Figure 5.36 montrent respectivement les profils de température et de vitesse à la surface du barreau, à la fin de l'impulsion laser de 300 ms. Dans la zone d'interaction avec le faisceau laser, le niveau de température et le profil sont inchangés par la présence du jet d'hélium et les vitesses en surface sont alors identiques. Les différences se remarquent à partir d'une distance de 1,5 mm en abscisse curviligne. La température de surface décroît plus rapidement avec le refroidissement. Les gradients thermiques sont plus forts et cela se traduit par une vitesse plus importante à la surface. L'amplitude des ondulations mesurée après cinq dépôts est plus faible avec le flux latéral φ_{He} qu'en son absence (Tableau 5.9). Pourtant les valeurs moyennes de la vitesse dans le bain ne montrent pas une augmentation significative de la convection dans le bain qui puisse vraiment appuyer notre argumentaire et justifier de l'amélioration de l'état de surface. Il semble que le jet d'hélium ait eu pour principal effet de réduire le volume du bain liquide et celui-ci étant alors moins large, les ondulations à la surface du barreau sont moins importantes. Il est aussi probable que dans des conditions réelles d'expérience, le cisaillement du jet de gaz modifie les écoulements.

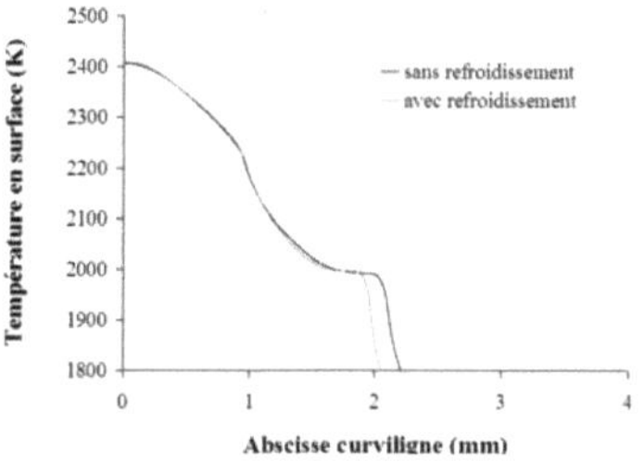

Figure 5.35 – Profil de température à la surface du barreau avec et sans refroidissement latéral

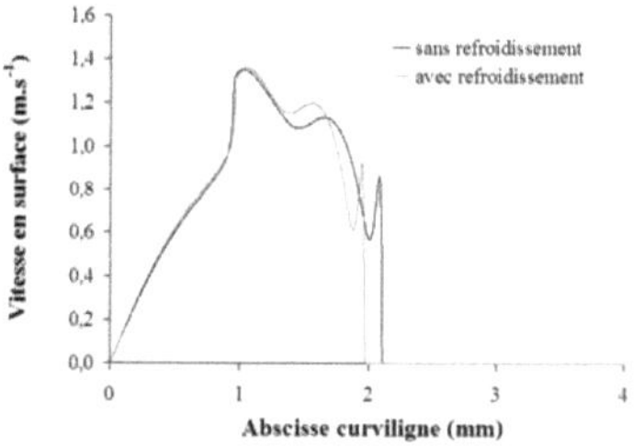

Figure 5.36 – Profil de vitesse à la surface du barreau avec et sans refroidissement latéral

	T_{moy} (K)	V_{moy} ($m.s^{-1}$)	V_{ZF} (mm^3)	Δh (mm)	$\overline{d}$ (mm)	H_0 (mm)	ep (mm)	Wt (µm)
sans φ_{He}	2029	0,23	4,18	0,61	1,17	1,39	0,36	37,5
avec φ_{He}	2038	0,24	3,43	0,58	1,11	1,29	0,28	33,8

Tableau 5.9 – Comparaison des propriétés du bain liquide avec et sans refroidissement latéral – effet sur l'amplitude des ondulations

Le cas idéal serait alors celui d'un bain liquide qui s'étend sur la partie supérieure du barreau sans que le front de fusion ne s'étende sur la partie latérale du barreau. Avec une hauteur déposée égale au rayon du barreau, les ondulations seraient théoriquement nulles. Une manière de contenir le bain liquide en limitant son étalement serait d'avoir un coefficient thermocapillaire strictement positif. Une simulation a été effectuée avec une viscosité dynamique de 4.10^{-3} Pa.s et un coefficient thermocapillaire de $+4.10^{-4}$ $N.m^{-1}.K^{-1}$ mais cela n'a pas permis de réduire l'amplitude des ondulations, au contraire même.

L'extension du modèle correspondant au procédé FDPL à un cas 2D axisymétrique est justifiée puisqu'il n'est alors pas nécessaire de modifier les paramètres pour satisfaire aux hypothèses d'un cas 2D et permet de faire apparaître les ondulations consécutives aux dépôts multiples. De plus, les temps de calcul relativement courts ont permis d'envisager la réalisation d'un plan d'expériences pour étudier l'effet des propriétés matériaux sur les ondulations et cette étude se limite aux effets de la viscosité dynamique et du coefficient thermocapillaire. Les résultats du plan d'expériences montrent que les plus faibles ondulations, et par conséquent les meilleurs états de surface, sont obtenus pour un bain liquide fortement visqueux et un effet Marangoni important. La variation de Wt en fonction des propriétés matériaux reste cependant faible (inférieure à 5 µm sur la gamme des paramètres du plan d'expériences (Tableau 5.7). D'autre part, le bain liquide modélisé ici présente une symétrie axiale ce qui ne correspond pas au bain liquide rencontré avec le procédé FDPL qui montre un plan de symétrie (liée à la vitesse de défilement). L'extrapolation des observations faites avec le modèle 2D axisymétrique sur un cas 3D reste donc encore à vérifier.

5.7 Conclusion du chapitre 5

Ce chapitre a permis de présenter les différents moyens numériques mis en œuvre pour modéliser et étudier les phénomènes physiques liés au procédé FDPL. Deux modèles 2D thermohydrauliques ont été développés, un premier dans le plan longitudinal du substrat mince et un second dans le plan transversal. Une étude paramétrée a permis de montrer l'effet des paramètres opératoires primaires (puissance laser P_{laser}, vitesse d'avance V_S et débit massique de poudre D_m) sur les dimensions de la zone fondue (longueur L_0, hauteur H_0 et hauteur déposée Δh). Il ressort des résultats numériques que :

- L'élévation de la puissance laser P_{laser} augmente la longueur L_0 du bain liquide et sa hauteur totale H_0. L'effet de P_{laser} sur la hauteur du dépôt Δh n'est pas significatif.
- L'augmentation du débit massique de poudre D_m accroît la hauteur du dépôt mais réduit L_0 et H_0. Le surplus de poudre absorbe une quantité d'énergie plus grande dans le bain liquide et par voie de conséquence limite la fusion du substrat.
- Une vitesse d'avance plus importante diminue la hauteur du dépôt, la longueur L_0 et la hauteur totale H_0 du bain liquide et cela est dû à une diminution de l'énergie linéique et de la masse linéique.

Une étude paramétrée portant sur les paramètres opératoires primaires a permis de valider les tendances numériques obtenues sur l'évolution des dimensions du bain liquide à partir de données expérimentales issues du laboratoire PIMM. Les travaux menés dans le cadre du projet ASPECT par le laboratoire PIMM ont permis d'établir un lien entre la morphologie du bain liquide et l'état de surface final de la pièce fabriquée (Gharbi, 2013). Il est désormais avéré que l'état de surface final est de meilleure qualité lorsque le taux de dilution est élevé. Ce taux de dilution se calcule comme étant le rapport de la profondeur de pénétration (H_0-Δh) sur la hauteur totale H_0. Les résultats numériques issus du modèle longitudinal et du modèle transversal sont en accord avec les résultats expérimentaux et montrent tous les deux que les meilleurs taux de dilution sont obtenus avec une forte puissance laser, une vitesse d'avance élevée et un débit massique de poudre faible. Le modèle 2D transversal permet de faire apparaître les ondulations latérales consécutives à la superposition des couches. Les résultats numériques vont dans le même sens que les résultats expérimentaux en montrant que les ondulations les plus faibles, assimilées aux meilleurs états de surface, sont obtenues pour les taux de dilution élevés.

La fabrication d'un mur composé de cinq couches a été modélisée par dépôt successif sur un substrat mince. L'accumulation de chaleur dans le substrat et la superposition des couches sont à l'origine de la formation de bosses à chaque extrémité du mur et ces bosses s'accentuent au fur et à mesure des dépôts. L'équilibre thermique du substrat est atteint aux environs de la troisième couche. Le temps de pause entre chaque dépôt a un effet sur la température moyenne du substrat qui augmente avec la fréquence des dépôts. Le volume du bain liquide est alors plus important. La fabrication du mur mince peut se faire en effectuant un déplacement dans une seule direction ou en alternant la direction après chaque couche. Toutefois, le balayage unilatéral fait apparaître une dissymétrie dans la forme du substrat, ce que permet de corriger un balayage alternatif.

Bien que les tendances données par les modèles soient satisfaisantes, la représentation dans un repère 2D ne permet pas d'être totalement prédictif sur les dimensions absolues du bain liquide. La limite de l'approche 2D tient au fait que les effets thermiques et hydrodynamiques sont mal décrits, voire négligés, dans la direction normale au plan d'étude. C'est la raison pour laquelle l'effet des propriétés thermophysiques sur l'état de surface a été étudié à partir du modèle thermohydraulique 2D axisymétrique de refusion par laser, présenté dans le chapitre 3, et pour lequel l'apport de matière a été ajouté. Les effets de la viscosité dynamique et du coefficient thermocapillaire sur les propriétés du bain liquide sont détaillés. Trois paramètres de la zone fondue sont retenus en vue d'établir une relation entre les propriétés thermophysiques précédemment nommées et l'amplitude des ménisques après avoir réalisé cinq tirs statiques sur le sommet du barreau : il s'agit de la hauteur du bain liquide mesurée sur l'axe, de l'épaisseur du rouleau de convection en périphérie du bain, et de l'amplitude des ménisques.

Un plan d'expériences complet a permis de montrer que les meilleurs états de surface étaient obtenus pour un bain liquide peu profond, c'est-à-dire un petit volume fondu, et un grand rouleau périphérique. Cette combinaison est possible lorsque la viscosité dynamique et le coefficient thermocapillaire sont élevés. Ce résultat constitue un élément de réponse à la question qui est de savoir quelles seraient les propriétés du matériau idéal pour obtenir des pièces avec un bon état de surface en FDPL. Une solution technique a été envisagée pour favoriser l'effet Marangoni. Cela consiste à simuler la présence d'un écoulement latéral de gaz d'hélium pour refroidir la surface du bain et ainsi accroître les gradients thermiques en surface. Ce refroidissement a permis de réduire les ondulations latérales en diminuant le volume de métal fondu et non en augmentant les gradients thermiques en surface. Une autre étude a consisté à appliquer un coefficient thermocapillaire positif pour minimiser l'étalement périphérique du bain mais n'a pas montrer d'amélioration de l'état de surface, au contraire.

Il est cependant risqué de transposer ces conclusions au procédé FDPL qui n'est pas axisymétrique, avec des écoulements et transferts de chaleur encore différents. Cela justifie alors le développement d'un modèle 3D thermohydraulique pour lequel nous allons transposer le modèle mathématique de ce chapitre.

Chapitre 6

Modélisation 3D du dépôt sur substrat mince

Sommaire

6.1 Contexte / Objectifs

Au cours des précédents chapitres, nous avons développé des modèles de complexité croissante afin d'être capable de prédire l'état de surface des pièces conçues à l'aide du procédé de Fabrication Directe par Projection Laser. Ainsi l'étude de la fusion locale du barreau a permis de valider les données d'entrée utilisées pour les différents modèles. Elle a également permis de valider notre approche ALE pour traiter la déformation de la surface libre sous l'effet des forces de tension superficielle. L'apport de matière a ensuite été introduit au niveau du bain fondu. Pour cela, un modèle 3D de jet de poudre a été développé pour décrire la distribution massique de poudre et la température des particules arrivant à la surface du bain. Le modèle du bain fondu avec apport de matière s'est limité jusqu'à maintenant à une approche 2D afin de réduire les temps de calcul et permettre néanmoins une étude paramétrée. Malgré ces fortes approximations, il a été montré que ces premiers modèles permettaient de retrouver le même comportement vis-à-vis des paramètres opératoires que celui observé expérimentalement. En particulier, la corrélation entre le taux de dilution et le paramètre d'ondulations Wt caractérisant l'état de surface a été démontrée aussi bien expérimentalement que numériquement. Une analyse plus poussée de ces modèles a permis de mieux comprendre les mécanismes à l'origine des états de surface obtenus avec le procédé FDPL. Néanmoins, une comparaison quantitative entre les résultats numériques et expérimentaux s'est révélée limitée en raison du caractère fortement 3D des phénomènes thermiques et hydrodynamiques intervenant en FDPL. L'objectif de ce dernier chapitre est donc, en se basant sur les travaux de modélisation réalisés en 2D, d'étendre la configuration à une géométrie en trois dimensions pour traiter la fusion par laser d'un substrat mince, avec apport de matière dans le bain liquide. Ce modèle se veut également auto-consistant afin de prédire la géométrie du dépôt en fonction uniquement des paramètres opératoires. L'accent sera mis sur les difficultés rencontrées pour la résolution d'un problème fortement couplé comme celui-ci. Nous discuterons également de l'influence de la distribution énergétique du faisceau laser et de l'effet Marangoni sur la forme du bain et par conséquent l'état de surface. Cependant, en raison des difficultés numériques rencontrées, l'étude du dépôt multicouche ne sera pas abordée. On rappelle qu'avec le modèle 2D longitudinal, nous avions obtenu des temps de calcul d'environ une semaine pour simuler le dépôt d'une seule couche.

L'ensemble de cette étude portera sur une géométrie analogue aux précédents modèles, puisqu'il va s'agir de réaliser un dépôt de matière sur substrat mince (Figure 6.1). Afin de réduire les temps de calcul, les équations de conservation sont formulées dans le repère mobile de la buse pour optimiser le nombre d'éléments du maillage. Les équations sont résolues sous leur forme transitoire, jusqu'à ce que le problème ait convergé vers un état stationnaire du bain liquide.

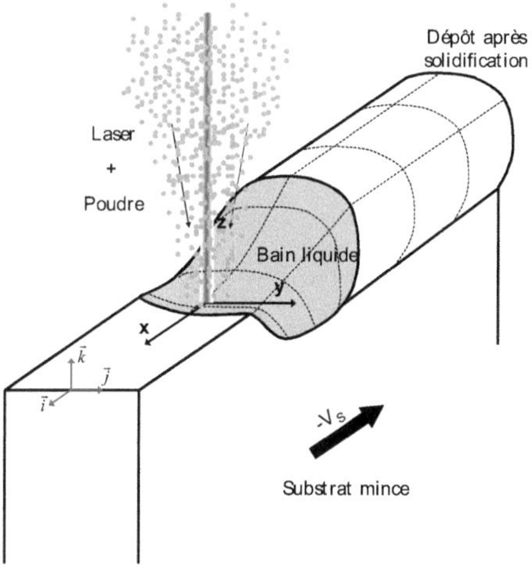

Figure 6.1 – Illustration du dépôt par projection de poudre sur substrat mince

6.2 Hypothèses du modèle thermohydraulique 3D

Le modèle physique sur lequel repose le problème thermohydraulique est identique à celui des modèles 2D thermohydrauliques qui ont été présentés au cours du chapitre 5. Nous en rappelons ici les principales hypothèses.

- **Hypothèses sur le transfert de chaleur**

La fusion du substrat est faite au moyen d'une source laser surfacique formulée en tant que conditions aux limites du problème thermique. La quantité d'énergie transmise par le faisceau laser au substrat dépend du coefficient d'absorptivité α de la surface et de l'inclinaison θ de cette surface par rapport au faisceau laser incident. La puissance disponible à la surface du substrat est atténuée à l'aide d'un coefficient att du fait de l'interaction du faisceau laser avec le nuage de particules. La température T_p des particules à la surface du bain est estimée à partir des résultats du modèle du jet de poudre (chapitre 4) ainsi que l'atténuation att. Seules les particules absorbées par le bain liquide participent au bilan énergétique, les autres particules sont considérées comme perdues. Les propriétés thermophysiques du substrat sont supposées constantes mais changent entre la phase solide et la phase liquide. Les enthalpies de changement de phase solide/solide et solide/liquide sont prises en compte. L'énergie reçue est diffusée dans le substrat par convection et conduction. L'ensemble des parois du substrat est soumis à des échanges convectifs et radiatifs avec la phase gazeuse environnante.

- **Hypothèses sur la mécanique des fluides**

L'interface entre le bain liquide et le gaz environnant est le siège de phénomènes de tension superficielle qui impactent sur la forme de la zone fondue. La dépendance de cette tension superficielle avec la température constitue le principal moteur d'écoulement dans le bain liquide (effet Marangoni). Les autres forces en action sur le bain sont négligées (pesanteur, flottabilité, cisaillement du gaz de protection, quantité de mouvement des particules) sur la base des justifications apportées dans le chapitre 5. Les équations de Navier-Stokes et de continuité sont résolues dans l'ensemble du substrat, en supposant un écoulement laminaire et un fluide newtonien incompressible. La zone pâteuse est considérée être un milieu poreux et est modélisée par une condition de Darcy pour la phase solide. La loi d'évolution de la porosité est basée sur la fraction liquide. La position de la surface libre est conditionnée par l'apport de matière et la tension superficielle. La méthode ALE est retenue pour traiter la déformation de la surface libre et considère l'apport de matière à travers une vitesse supplémentaire $\vec{u}_{LG}$ dans les conditions aux limites du problème. Comme pour le modèle 2D, cette vitesse dépend directement de la distribution du débit massique de particules qui a été caractérisée à 4 mm de la buse, cette longueur étant la distance de travail entre la buse et le substrat.

- **Hypothèses sur la géométrie**

Le dépôt de matière est réalisé sur un substrat mince d'une longueur de 40 mm et 2 mm d'épaisseur. L'analyse des résultats porte sur les caractéristiques du bain liquide dans son état stationnaire. C'est la raison pour laquelle les équations de conservation sont formulées dans le repère de la buse et réduisent la longueur modélisée à 6 mm. Ces équations sont cependant résolues en régime transitoire afin de faciliter la convergence du problème. Le dépôt de matière se fait sur la tranche du substrat avec un déplacement longitudinal de la buse par rapport à celui-ci. Cette configuration présente un plan de symétrie (x, z), au milieu de l'épaisseur de la plaquette. Seule une moitié du substrat est modélisée et permet alors de diviser par deux la taille du problème.

6.3 Description du modèle mathématique 3D

Les équations de conservation de l'énergie (6.1), de la quantité de mouvement (6.2) et de la masse (6.3) sont formulées pour les deux phases solide S et liquide L dans le repère mobile lié à la source. Elles font intervenir un vecteur vitesse de défilement $V_S \cdot \vec{i}$ dans le terme d'advection et s'écrivent :

$$\rho_{S/L} \overset{\bullet}{c}_{p\,S/L} \left[\frac{\partial T}{\partial t} + \vec{u} \cdot \vec{\nabla} T \right] = \vec{\nabla} \cdot \left(\lambda_{S/L} \vec{\nabla} T \right) \tag{6.1}$$

$$\rho_L \left[\frac{\partial \vec{u}}{\partial t} + \left(\vec{u} \cdot \vec{\nabla} \right) \left(\vec{u} - V_S \vec{i} \right) \right] = \vec{\nabla} \cdot \left[-pI + \mu_L \left(\vec{\nabla} \cdot \vec{u} + \left(\vec{\nabla} \cdot \vec{u} \right)^T \right) \right] + \vec{S}_{Darcy} \tag{6.2}$$

$$\vec{\nabla}\cdot\vec{u}=0 \tag{6.3}$$

Les termes ρ, c_p^*, λ et μ font respectivement référence à la masse volumique, la chaleur massique équivalente, la conductivité thermique ainsi que la viscosité dynamique. L'indice S et L fait référence à la phase solide ou liquide. La chaleur massique équivalente tient compte des chaleurs latentes liées au transus β et au changement de phase solide/liquide.

$$c_p^*(T)=c_p(T)+L_\beta D_{\exp\beta}(T)+L_f D_{\exp f}(T) \tag{6.4}$$

$$D_{\exp\beta}(T)=\frac{1}{\sqrt{\pi\Delta T_\beta^2}}\exp\left(-\frac{(T-T_\beta)^2}{\Delta T_\beta^2}\right) \tag{6.5}$$

$$D_{\exp fus}(T)=\frac{1}{\sqrt{\pi\Delta T_{fus}^2}}\exp\left(-\frac{(T-T_{fus})^2}{\Delta T_{fus}^2}\right) \tag{6.6}$$

Afin de faciliter la convergence du calcul, ΔT_β est arbitrairement fixé à 200 K et $\Delta T_{fus} = 2(T_L-T_S)$.

L'équation (6.2) est reformulée de sorte que :

$$\rho_L\left[\frac{\partial\vec{u}}{\partial t}+(\vec{u}\cdot\vec{\nabla})\vec{u}\right]=\vec{\nabla}\cdot\left[-pI+\mu_L\left(\vec{\nabla}\cdot\vec{u}+(\vec{\nabla}\cdot\vec{u})^T\right)\right]+\vec{S}_{Darcy}^{eq} \tag{6.7}$$

avec

$$\vec{S}_{Darcy}^{eq}=-\frac{\mu_L}{M_S}\frac{(1-f_l)^2}{(f_l^3+b)}(\vec{u}-V_S\vec{i}) \tag{6.8}$$

Cette modification permet d'implémenter le défilement de la matière comme un terme volumique, le terme d'advection dans les équations de Navier-Stokes n'étant pas accessible dans COMSOL Multiphysics®. Le vecteur vitesse est ainsi égal à la vitesse de défilement dans la phase solide. Les différents termes de l'équation (6.8) sont identiques à ceux présentés dans le chapitre 3.

6.3.1 Domaine de calcul et conditions aux limites

La géométrie servant au calcul transitoire est schématisée sur la Figure 6.2. Elle comporte deux domaines dont un domaine contenant le bain fondu et maillé très finement (détails donnés par la suite). Le domaine ABCDIJLM constitue une pièce de 6 mm de longueur, 20 mm de hauteur et 1 mm d'épaisseur. Le domaine EFGHNKLM mesure quant à lui 4 mm de long, 1 mm de haut et 1 mm de large. Les dimensions de ce sous-domaine sont choisies en fonction des paramètres opératoires, de sorte que l'intégralité du bain liquide y soit contenue. Les équations régissant les problèmes de transfert de chaleur, de mécanique des fluides et ALE ne sont résolues que dans le domaine EFGHNKLM. En dehors de ce domaine, la matière restant à l'état solide, seule l'équation de la chaleur est résolue. La surface IJLM est obtenue après extrusion selon x d'un polygone de Bézier d'ordre deux. La géométrie réelle du domaine est présentée dans la Figure 6.4 avec son maillage.

La Figure 6.2 présente la dénomination des différentes surfaces qui composent les domaines de calcul. Cette dénomination est reprise dans le Tableau 5.1 qui regroupe l'ensemble des conditions aux limites associées aux surfaces pour les problèmes de transfert de chaleur, de mécanique des fluides et de déformation du maillage. On suppose que la matière arrive à travers la surface ABIJ et quitte le domaine de calcul par la surface DCLM avec l'énergie qu'elle aura reçue entre temps.

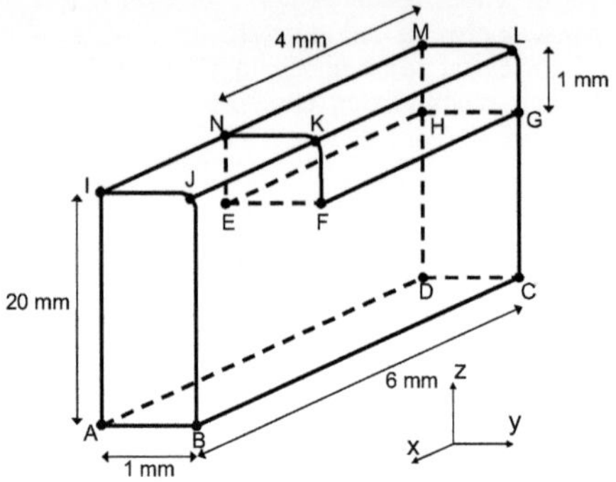

Figure 6.2 – Descriptif des surfaces qui composent les domaines de la géométrie

Surfaces	Transfert de chaleur	Mécanique des fluides	ALE
ABCD	$-\vec{n}\cdot(-\lambda\vec{\nabla}T)=0$	-	-
ABJI	$-\vec{n}\cdot(-\lambda\vec{\nabla}T)=\varphi_{vitesse}$	-	-
DCGH	$-\vec{n}\cdot(-\lambda\vec{\nabla}T)=-\varphi_{vitesse}$	-	-
HGLM	$-\vec{n}\cdot(-\lambda\vec{\nabla}T)=-\varphi_{vitesse}$	$p=0\ ;\ \sigma_n=0$ $\sigma_t=0$	$dx=0$
BCGFKJ	$-\vec{n}\cdot(-\lambda\vec{\nabla}T)=-\varphi_{conv}-\varphi_{ray}$	-	-
FGLK	$-\vec{n}\cdot(-\lambda\vec{\nabla}T)=\varphi_{laser}-\varphi_p-\varphi_{conv}-\varphi_{ray}$	$\vec{u}\cdot\vec{n}=0\ ;$ $\sigma_n=-\gamma\kappa$ $\sigma_{t_1}=\frac{\partial\gamma}{\partial T}\vec{\nabla}T\cdot\vec{t}_1$ $\sigma_{t_2}=\frac{\partial\gamma}{\partial T}\vec{\nabla}T\cdot\vec{t}_2$	$\vec{n}\cdot\vec{u}_{LG}=\vec{n}\cdot\vec{u}+\vec{n}\cdot\vec{u}_p+\vec{n}\cdot\vec{u}_{mesh1}$
ADHENI	$-\vec{n}\cdot(-\lambda\vec{\nabla}T)=0$	-	-
EHMN	$-\vec{n}\cdot(-\lambda\vec{\nabla}T)=0$	$\vec{u}\cdot\vec{n}=0\ ;\ \sigma_n=0$ $\sigma_t=0$	$dy=0$
IJKN	$-\vec{n}\cdot(-\lambda\vec{\nabla}T)=-\varphi_{conv}-\varphi_{ray}$	-	-

NKLM	$-\vec{n}\cdot(-\lambda\vec{\nabla}T)=\varphi_{laser}-\varphi_p-\varphi_{conv}-\varphi_{ray}$	$\vec{u}\cdot\vec{n}=0$; $\sigma_n=-\gamma\kappa$; $\sigma_{t_1}=\frac{\partial\gamma}{\partial T}\vec{\nabla}T\cdot\vec{t}_1$; $\sigma_{t_2}=\frac{\partial\gamma}{\partial T}\vec{\nabla}T\cdot\vec{t}_2$	$\vec{n}\cdot\vec{u}_{LG}=\vec{n}\cdot\vec{u}+\vec{n}\cdot\vec{u}_p+\vec{n}\cdot\vec{u}_{mesh1}$
EFKN	-	$u=V_S$; $\sigma_n=0$; $\sigma_t=0$	$\vec{u}=\vec{u}_{mesh2}$
EFGH	-	$\vec{u}\cdot\vec{n}=0$; $\sigma_n=0$; $\sigma_t=0$	$\vec{u}=\vec{u}_{mesh2}$

Tableau 6.1 – Conditions aux limites du modèle 3D

Le substrat reçoit son énergie du faisceau laser (distribution gaussienne : équation (6.9), distribution uniforme : (6.10)) et du jet de poudre (équation (6.11)). Le défilement de la matière par rapport à la buse est pris en compte en introduisant un flux de chaleur supplémentaire (équation (6.13)) et correspond aux entrée et sortie de matière du domaine de calcul. Enfin, des pertes convectives et radiatives sont appliquées sur les faces supérieure et latérale du substrat (équations (6.14) et (6.15)). Les équations (6.9) et (6.12) font apparaître un terme X_0 qui correspond à la position selon l'axe x de la buse par rapport au domaine de calcul.

$$\varphi_{laser}(x,y)=N_{laser}\frac{\alpha\cos(\theta)(1-att)P_{laser}}{\pi r_{laser}^2}\exp\left(-N_{laser}\frac{(x-X_0)^2+y^2}{r_{laser}^2}\right) \quad (6.9)$$

$$\varphi_{laser}(x,y)=\frac{\alpha\cos(\theta)(1-att)P_{laser}}{\pi r_{laser}^2} \quad si \quad \left[(x-X_0)^2+y^2\right]\le r_{laser}^2 \quad (6.10)$$

$$\varphi_p(x,y)=P_{jet}(x,y)\left[H(T_p)-H(T)\right] \quad (6.11)$$

$$P_{jet}(x,y)=N_{jet}\frac{\eta_{jet}D_m}{\pi r_{jet}^2}\exp\left(-N_{jet}\frac{(x-X_0)^2+y^2}{r_{jet}^2}\right)$$
$$\vec{u}_p=\frac{P_{jet}(x,y)}{\rho_p}\vec{k} \quad (6.12)$$

$$\varphi_{vitesse}=-\rho c_p^*(T-T_\infty)V_S \quad (6.13)$$

$$\varphi_{conv}=h_c(T-T_\infty) \quad (6.14)$$

$$\varphi_{ray}=\varepsilon\sigma_{SB}\left(T^4-T_\infty^4\right) \quad (6.15)$$

Les conditions aux limites de la mécanique des fluides tiennent compte des effets de tension superficielle à la surface du bain liquide. La pression capillaire agit selon la normale à la surface et l'effet Marangoni agit quant à lui dans le plan tangent à la surface.

Des difficultés ont été rencontrées au niveau de la stabilité des éléments de surface. La Figure 6.3 est un schéma qui illustre ce problème. En temps normal, il est nécessaire que le maillage compte plusieurs éléments dans la zone pâteuse pour faciliter la transition du type de déplacements des éléments de surface dans le problème ALE. Le changement de condition entre l'imposition d'un déplacement nul dans le solide et une vitesse de la surface libre s'opère sur un intervalle correspondant à l'épaisseur de la zone pâteuse, soit quelques dizaines de micromètres. Or nous verrons par la suite que définir des mailles de très faible dimension est extrêmement pénalisant sur les temps de calcul. Ne pouvant placer suffisamment d'éléments dans la zone pâteuse, le front de fusion est le point de départ d'une dégénérescence des éléments de surface qui se propage sur l'avant du bain liquide (Figure 6.3). Afin de faire face à cette dégénérescence, les surfaces NKLM et FGLK sont pénalisées à travers un terme de vitesse $\vec{u}_{mesh1}$ qui est exprimé par l'équation (6.16). Il permet de générer une vitesse proportionnelle à l'écart entre la position réelle de l'élément de surface et sa position théorique. En l'occurrence, la position théorique des éléments de surface est celle du maillage ALE de référence (maillage non déformé dans le référentiel XYZ). Deux conditions sont nécessaires pour activer $\vec{u}_{mesh1}$: (1) que la température de surface soit inférieure à la température du solidus et (2) que les éléments de surface soient devant l'axe de la buse. La première permet de ne pas déformer artificiellement la surface du bain et la seconde évite de déplacer la surface une fois la matière solidifiée.

Cette technique de pénalisation est également appliquée aux surfaces EFKN et EFGH avec le terme $\vec{u}_{mesh2}$ défini par l'équation (6.17). Cette vitesse tend à annuler le déplacement des nœuds de ces surfaces sans pour autant imposer un déplacement nul, ce qui d'un point de vue numérique est beaucoup plus contraignant à résoudre. Cet artifice garantit qu'à l'interface entre le maillage fixe et le maillage ALE les éléments coïncident.

Rappelons enfin que $\vec{u}$ et $\vec{u}_p$ sont respectivement la vitesse du fluide et la vitesse d'apport, obtenue avec l'équation (6.12).

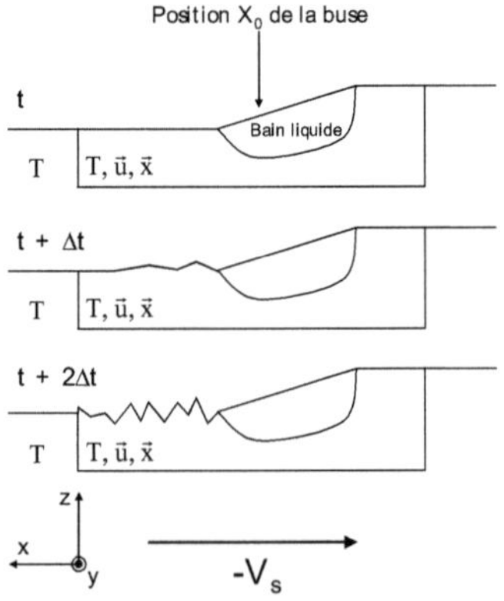

Figure 6.3 – Illustration de la dégénérescence du maillage sans $\vec{u}_{mesh1}$ dans le domaine où sont résolues les différentes équations (transfert de chaleur, mécanique des fluides, maillage mobile ALE)

Les équations (6.16) et (6.17) utilisent un coefficient de pénalisation normal ε_n qui gère la relation entre le déplacement des éléments par rapport à leur position de référence et la vitesse de déplacement appliquée en conséquence de ce déplacement. Différents tests ont permis de définir une valeur qui ne soit pas trop contraignante d'un point de vue numérique tout en permettant de compenser suffisamment vite les déplacements du fait de la dégénérescence des éléments de surface. La valeur retenue est $\varepsilon_n = 10^4\ s^{-1}$.

$$\vec{n} \cdot \vec{u}_{mesh1} = \varepsilon_n \begin{pmatrix} 0 \\ Y - y \\ Z - z \end{pmatrix} \quad si \quad \begin{vmatrix} (T < T_S) \\ (x > X_0) \end{vmatrix} \tag{6.16}$$

$$\vec{n} \cdot \vec{u}_{mesh2} = \varepsilon_n \begin{pmatrix} X - x \\ Y - y \\ Z - z \end{pmatrix} \tag{6.17}$$

Ne voulant faire aucune hypothèse en terme de forme de bain à obtenir pour ce problème, malgré une connaissance des formes définies par les problèmes 2D (chapitre 5), les conditions initiales formulées dans le repère mobile sont les suivantes :

- Le substrat est à température ambiante $T = T_\infty$.
- La pression relative dans le domaine où sont résolues les équations de Navier-Stokes est nulle et le fluide se déplace à la vitesse $-V_S$.
- Le reste du domaine de calcul, où seule l'équation de la chaleur est résolue, se voit appliquer une vitesse de défilement constante $-V_S$.
- La forme initiale du substrat est arrondie car avec un angle droit, les éléments de maillage sur l'arête droite seraient beaucoup trop déformés du fait de la courbure imposée par la tension superficielle. De plus, cette forme permet de considérer un cas plus réaliste où le dépôt (n) est effectué sur une précédente couche (n-1).

6.3.2 Discrétisation et méthode de résolution

Les frontières du domaine EFGHNKLM ont des éléments avec une taille maximale de 40 μm. La taille maximale des éléments est de 80 μm dans la partie haute du domaine et 400 μm dans la partie basse. Le taux de croissance des éléments entre les surfaces finement maillées et les éléments de volume est imposé à 1,2. Quant au reste de la géométrie, il est maillé avec les paramètres par défaut. Cette configuration de maillage optimise le nombre d'éléments en raffinant au mieux uniquement dans l'espace dimensionné pour le bain liquide. Le maillage résultant de ce jeu de paramètres est composé de 150917 éléments et est présenté sur la Figure 6.4. Des éléments linéaires sont choisis pour l'ensemble des équations du problème. Pour le problème de mécanique des fluides, l'utilisation d'outils de stabilisation a été nécessaire. Deux types de stabilisation ont été utilisés. Le premier introduit une diffusion de quantité de mouvement le long des lignes de courant (méthode GLS) et le second permet une diffusion transverse avec un paramètre de réglage $C_k = 1$. Le nombre de degrés de liberté (DDL) associé à chaque variable du problème est donné dans le Tableau 6.2. Les variables u, v et w sont les composantes du vecteur vitesse, p est la pression, T est la température. x, y, et z désignent les positions des nœuds calculées avec la méthode ALE. Enfin, la variable lm désigne les multiplicateurs de Lagrange liés au terme de tension superficielle appliqué sous forme de contribution faible.

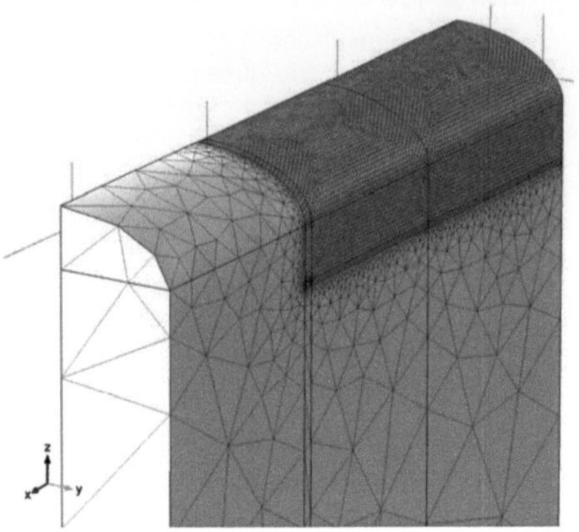

Figure 6.4 – Géométrie et maillage du modèle de bain liquide 3D

La résolution du système d'équations est faite avec le solveur PARDISO ségrégé qui permet de subdiviser le problème initial en trois sous-problèmes (transfert de chaleur, mécanique des fluides, ALE). En effet, la résolution séquentielle doit permettre d'optimiser les temps de calcul en exploitant au mieux l'architecture de la station de calcul. Le solveur temporel repose quant à lui sur la méthode α-généralisée. La tolérance relative est fixée à 10^{-2} et la tolérance absolue sur les variables réduites est de 10^{-3}. La mise à l'échelle des variables calculées améliore le conditionnement de la matrice à inverser et facilite la résolution du problème numérique. Il s'agit alors de définir des facteurs de mise à l'échelle adaptés pour chaque variable. La température de référence est définie comme étant la température de fusion du matériau. La vitesse de référence est une valeur moyenne de la vitesse dans le bain (calculé lors du chapitre 5 dans le cas du modèle 2D axisymétrique avec apport de matière). La pression de référence est calculée à partir de l'équation de Laplace appliquée à un cylindre ($\Delta p = \gamma/R$), où l'une des courbures principales tend vers l'infini. γ est alors la tension superficielle du métal liquide et R la demi-épaisseur du substrat. Les déplacements ALE sont réduits en considérant la hauteur moyenne des dépôts obtenus expérimentalement par le laboratoire PIMM. La variable de réduction des multiplicateurs de Lagrange est automatiquement calculée par le solveur. Le Tableau 6.2 regroupe les spécificités de chacune des étapes du solveur ségrégé. Le problème de mécanique des fluides est le plus difficile à faire converger comparé aux problèmes thermique et ALE. C'est la raison pour laquelle le facteur de relaxation est plus faible. A titre indicatif, alors que le calcul des champs de température et de déplacements ont convergé en une itération, le calcul des champs de vitesse et de pression requiert trois à cinq itérations.

Etape du solveur ségrégé	Variables résolues	Nombre de DDL	Valeurs pour variables réduites	Facteur de relaxation	Nombre d'itérations
1	T	78087	T_{fus}	0,9	1
2	u,v,w / p	104116	0,5 $m.s^{-1}$/ $1,5.10^{3}$ Pa	0,7	1
3	x, y, z / lm	83472	10^{-4} m/ auto	0,9	1

Tableau 6.2 – Propriétés et paramètres des trois étapes du solveur direct ségrégé

Le pas de temps du solveur est bridé de façon à faciliter la convergence du problème à chaque pas de temps. Une première phase de calcul a montré que les pas de temps pris automatiquement par le solveur ne peuvent pas aller au-delà de quelques microsecondes dès lors que la température de fusion du substrat est dépassée. Cela reste valable sur toute la phase transitoire de formation du bain liquide. C'est la raison pour laquelle le pas de temps initial est limité à 2 μs.

6.3.3 Propriétés thermophysiques du modèle thermohydraulique

Pour obtenir plus facilement la forme stationnaire du bain liquide, la viscosité dynamique et la tension superficielle du métal liquide ont été modifiées au cours du temps afin de se rapprocher progressivement du cas réel. Ainsi, pour les premiers instants, ces paramètres sont multipliés par dix. Cela a permis d'augmenter la limite du pas de temps à 100 μs, voire 200 μs, et d'obtenir des résultats dans un délai raisonnable (environ un à deux mois de calcul pour atteindre un état quasi-stationnaire). Les propriétés thermophysiques utilisées pour ces simulations sont données dans le Tableau 6.3. Les deux valeurs données pour la conductivité thermique, la masse volumique et la chaleur spécifique correspondent aux propriétés en phase solide et en phase liquide. Les chaleurs latentes données pour l'alliage de titane Ti-6Al-4V sont d'une part l'enthalpie associée au transus β défini entre 1000 K et 1200 K, et d'autre part, l'enthalpie de changement de phase solide/liquide. Ces énergies sont prises en compte au moyen de la méthode dite du cp équivalent, déjà utilisée pour les calculs 2D présentés dans les chapitres précédents. Le Tableau 6.4 précise la valeur des paramètres de l'équation (6.19) et la Figure 6.5 précise la valeur de la tension superficielle et du coefficient thermocapillaire de chacun des matériaux selon la température.

Les coefficients d'absorption des deux matériaux et le paramètre d'activité équivalente a_K correspondent aux valeurs estimées à l'aide du modèle 2D axisymétrique de fusion d'un barreau, présenté dans le chapitre 3.

Afin de réduire les temps de calcul, les propriétés hydrodynamiques du métal liquide ont été multipliées par un facteur dix (Tableau 6.3). La masse volumique du métal liquide des deux matériaux donnée dans le Tableau 6.3 est utilisée dans le problème thermique. Pour le problème de mécanique des fluides, cette valeur est également multipliée par dix. L'impact de ces simplifications a été évalué à l'aide d'un cas test. Celui-ci est présenté dans l'Annexe 11. Entre le cas de référence et le cas simplifié, ces changements de propriétés induisent une surestimation de 1% sur la température maximale et de 4,3% sur la vitesse maximale, alors que le volume fondu est sous-estimé de 4,3%. Toutefois, la simplification des propriétés a permis de réduire jusqu'à 40 % le temps de calcul, en comparaison avec le cas de référence.

	Alliage titane Ti-6Al-4V		Acier inoxydable 316L	
Température du solidus T_S (K)	1878		1658	
Température du liquidus T_L (K)	1928		1723	
Conductivité thermique λ ($W.m^{-1}.K^{-1}$)	20	40	20	40
Masse volumique ρ ($kg.m^{-3}$)	4200	3700	7500	6500
Chaleur spécifique c_p ($J.kg^{-1}.K^{-1}$)	750	1100	650	800
Diffusivité thermique a ($m^2.s^{-1}$)	$6,35.10^{-6}$	$9,83.10^{-6}$	$4,1.10^{-6}$	$7,69.10^{-6}$
Viscosité dynamique μ_f (Pa.s)	4.10^{-2}		5.10^{-2}	
Tension superficielle γ_f ($N.m^{-1}$)	15		Eq. (6.18)	
Coefficient thermocapillaire $\partial\gamma/\partial T$ ($N.m^{-1}.K^{-1}$)	$-2,7.10^{-3}$		Eq. (6.19)	
Coefficient d'absorptivité α (-)	0,35		0,3	
Emissivité ε (-)	0,7		0,5	
Chaleurs latentes solide/solide et solide/liquide L ($J.kg^{-1}$)	$64,8.10^3$	$2,9.10^5$	$2,7.10^5$	

Tableau 6.3 – Propriétés thermophysiques utilisées pour les calculs effectués avec l'alliage de titane Ti-6Al-4V et l'acier inoxydable 316L

La tension superficielle de l'alliage Ti-6Al-4V est supposée évoluer linéairement avec la température. Pour le cas de l'acier 316L, un modèle plus complexe est utilisé et repose sur l'équation (6.18) donnée par (Sahoo et al., 1988) pour décrire la tension superficielle selon la température. L'équation (6.19) exprime sa dérivée par rapport à la température. Les différents paramètres de ces lois sont donnés dans le Tableau 6.4.

Les évolutions de la tension superficielle et du coefficient thermocapillaire avec la température des deux matériaux considérés sont tracées sur la Figure 6.5.

$$\gamma(T,a_k)=10\left[\gamma_f - A_g\left(T - T_f\right) - RT\Gamma_S \ln\left(1+Ka_k\right)\right]$$
$$K = k_l \exp\left(-\frac{\Delta H^0}{RT}\right) \qquad (6.18)$$

$$\frac{\partial\gamma(T,a_k)}{\partial T}=10\left[A_g - R\Gamma_S \ln\left(1+Ka_k\right) - \frac{Ka_k}{1+Ka_k}\frac{\Gamma_S\left(\Delta H^0\right)}{T}\right] \qquad (6.19)$$

Paramètre	Valeur
γ_f ($N.m^{-1}$)	1,94
A_g ($N.m^{-1}.K^{-1}$)	$-4,3.10^{-4}$
R ($J.kg^{-1}.mol^{-1}.K^{-1}$)	8,314
Γ_S ($J.kg^{-1}.mol^{-1}.m^{-2}$)	$1,3.10^{-5}$

Paramètre	Valeur
T_f (K)	1690
k_l (-)	$3,18.10^{-3}$
ΔH^0 ($J.kg^{-1}.mol^{-1}$)	$-1,662.10^5$
a_k (%m)	0,011

Tableau 6.4 – Paramètres des équations (6.18) et (6.19), issus de (Sahoo et al., 1988)

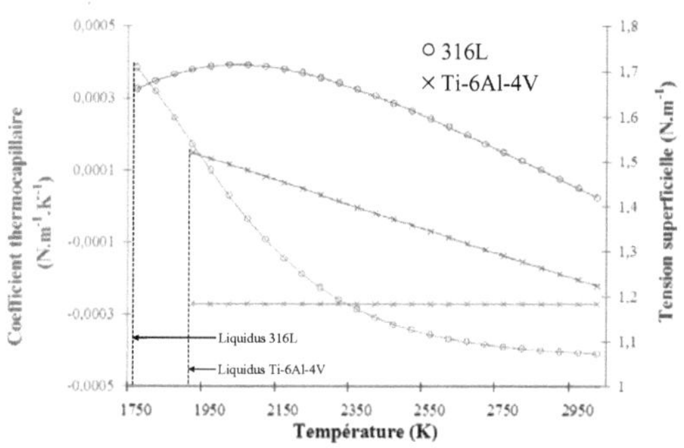

Figure 6.5 – Tension superficielle et sa dépendance avec la température pour l'alliage Ti-6Al-4V et l'acier 316 selon la température (évolutions supposées pour les modèles numériques)

6.4 Résultats numériques du modèle 3D

Les résultats numériques présentés dans cette partie montrent les solutions quasi-stationnaires des champs de température et de vitesse dans le bain liquide obtenues avec un faisceau laser d'une puissance P_{laser} de 400 W, une vitesse d'avance V_S de 0,4 m.min^{-1} et un débit massique de poudre D_m de 2 g.min^{-1}. La longueur de bain et la profondeur de pénétration ne sont pas excessives et ne nécessitent pas de définir un domaine de calcul trop volumineux, ce qui en soit modère les temps de calcul. Bien que les propriétés thermophysiques soient simplifiées, ce premier modèle est utilisé pour comparer les effets de la distribution laser sur le bain liquide et mener une étude comparative globale entre l'alliage de titane Ti-6Al-4V et l'acier inoxydable 316L.

6.4.1 Effets de la distribution laser sur le bain liquide

Le modèle actuel rend possible l'étude des effets 3D, à savoir les écoulements dans le plan longitudinal et dans le plan transversal, puisque ces écoulements ne sont pas symétriques du fait du déplacement de la buse par rapport au substrat. Il s'agit dans cette partie d'étudier l'influence de la distribution énergétique du faisceau laser, la puissance restant inchangée. Deux types de distribution sont envisagées : une distribution gaussienne et une distribution uniforme. Les rayons utilisés pour chaque modèle de distribution ont été définis sur la base des expériences réalisées au laboratoire PIMM. Le paramètre r_{laser} du faisceau laser est de 0,65 mm, conformément à la configuration expérimentale, et sera appliqué pour les deux types de distribution. Cette étude est réalisée uniquement sur l'alliage de titane Ti-6Al-4V.

La Figure 6.6 présente le champ de température et la forme de bain obtenus sur le maillage déformé avec la distribution gaussienne. On peut distinctement voir la forme du dépôt solidifié qui résulte de l'apport de matière dans le bain liquide. La figure montre également que la zone la plus chaude se situe logiquement sous le faisceau laser. La distribution et le diamètre du faisceau gaussien font que la puissance est concentrée sur une très petite surface et la température locale est alors élevée, tout en restant inférieure à la température de vaporisation (3520 K). Les gradients thermiques à proximité de ce point chaud sont également très forts et les écoulements thermocapillaires envoient la matière vers la périphérie et l'arrière du bain liquide à des vitesses de l'ordre de 0,8 à 1,4 m.s^{-1} (Figure 6.8). La Figure 6.7 quant à elle montre le champ de température et la forme de bain obtenus avec un faisceau laser de distribution uniforme. La température moyenne de la surface est plus basse et homogène (~2160 K). Cela a deux impacts notables sur le bain liquide : (1) les vitesses atteintes par le fluide en surface sont légèrement plus faibles, avec des valeurs comprises entre 0,6 et 1,2 m.s^{-1}, et (2) les vitesses les plus importantes sont observées à l'arrière du bain liquide et non proche de l'axe du faisceau laser (Figure 6.9). La distribution uniforme fait que l'intensité maximale du laser est moins importante qu'avec la distribution gaussienne, mais est en revanche appliquée sur une plus large surface. Le fait que cette intensité soit la même dans tout le faisceau favorise l'homogénéité de la température de surface et les gradients thermiques sont alors abaissés. La convection thermocapillaire est peu active dans l'aire d'interaction avec le faisceau laser mais gagne en intensité en bordure du faisceau où la variation brutale d'intensité énergétique en surface amplifie les gradients thermiques, ce que montre bien la Figure 6.9.

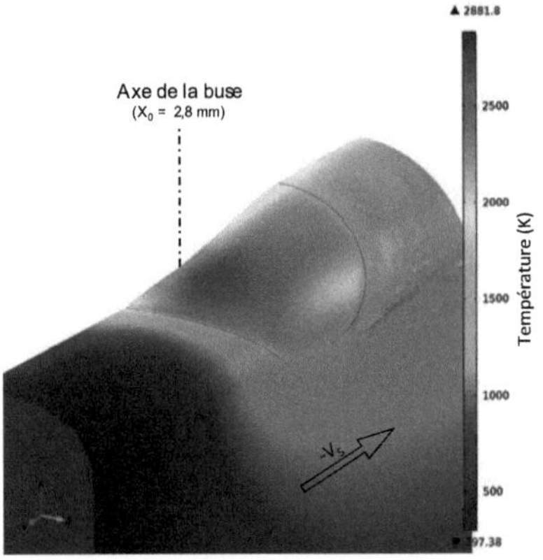

Figure 6.6 – Champ de température à la surface du substrat (alliage Ti-6Al-4V, distribution gaussienne, état stationnaire)

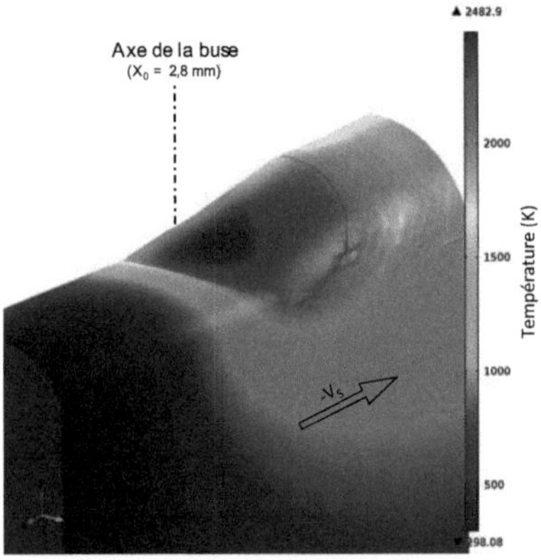

Figure 6.7 – Champ de température à la surface du substrat (alliage Ti-6Al-4V, distribution uniforme, état stationnaire)

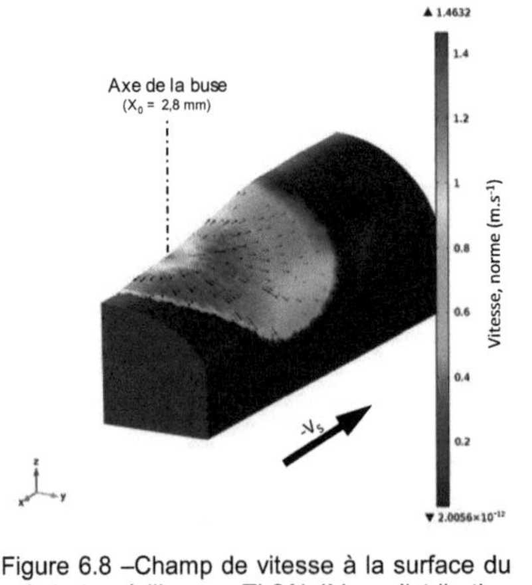

Figure 6.8 –Champ de vitesse à la surface du substrat (alliage Ti-6Al-4V, distribution gaussienne, état stationnaire)

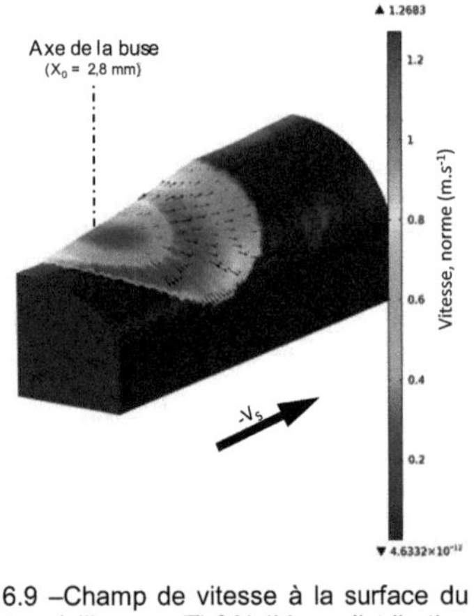

Figure 6.9 –Champ de vitesse à la surface du substrat (alliage Ti-6Al-4V, distribution uniforme, état stationnaire)

Le Tableau 6.5 présente les principales caractéristiques du bain liquide selon le type de distribution laser avec différents niveaux de température et de vitesse du bain liquide. Ces résultats sont obtenus avec des paramètres opératoires identiques (P_{laser} = 400 W, V_S = 0,4 m.min^{-1}, D_m = 2 g.min^{-1}). La forte densité d'énergie obtenue avec la distribution gaussienne justifie le haut niveau de température atteint. L'écart important de la température maximale avec la température moyenne de la zone fondue sous-entend l'existence de forts gradients thermiques, et les grandes vitesses en surface sont alors la conséquence de l'effet Marangoni. Les résultats du chapitre 5 ont montré la formation de rouleaux de convection dans le bain liquide qui favorisent le creusement et augmente le volume du bain, ce qui explique la longueur et la profondeur importantes (Figure 6.10). En opposition à la distribution gaussienne, l'intensité énergétique donnée par le faisceau uniforme est plus basse et la température de surface est inférieure de 400 K (Tableau 6.5). Il est alors logique de s'attendre à ce que les gradients thermiques en surface du bain soient moins importants. L'effet Marangoni reste cependant présent et la convection à l'intérieur de la zone fondue contribue au creusement du substrat. Les dimensions du bain sont un peu moins importantes qu'avec la distribution gaussienne (Figure 6.11), bien qu'au final l'énergie apportée au substrat soit la même.

A titre indicatif, nous avons précisé les valeurs expérimentales obtenues par le laboratoire PIMM pour ces mêmes paramètres opératoires dans le Tableau 6.6. Pour le cas de la distribution gaussienne, des mesures de température en surface du bain ont été réalisées par pyrométrie spectrale et pyrométrie 2D à bande spectrale (Muller et al., 2012). Cela a cependant nécessité de ne pas apporter de matière dans le bain car le nuage de particules empêche la mesure pyrométrique. Pour la vitesse du fluide en surface, la mesure est faite par caméra rapide en utilisant les particules encore solides comme traceur. Sans l'apport de matière, la température maximale mesurée en surface est de 2650 ± 100 K et la vitesse moyenne en surface est de l'ordre de 0,5 m.s^{-1}, ce qui est tout à fait cohérent avec les résultats numériques qui donnent en surface une température maximale de 2882 K et une vitesse moyenne de 0,42 m.s^{-1}. Il est intéressant de noter que la distribution gaussienne de l'énergie, bien que faisant apparaître les plus grands écarts de température à la surface du bain et une vitesse maximale élevée, n'est pas à l'origine de l'effet Marangoni le plus fort. La température maximale en surface du bain obtenu avec un laser de distribution uniforme est inférieure de 400 K mais en moyenne plus chaude et la vitesse moyenne en surface est pourtant supérieure de 50% (Tableau 6.5).

Pour chaque type de distribution laser, les résultats numériques sont confrontés aux mesures par caméra rapide du laboratoire PIMM. La Figure 6.10 compare les dimensions du bain liquide obtenues avec une source laser de distribution gaussienne. Alors que la longueur L_0 et la hauteur totale de zone fondue H_0 sont satisfaisantes, le modèle 3D tend à surestimer la hauteur du dépôt Δh, et au contraire à sous-estimer la profondeur de pénétration. Ce manque de creusement peut s'expliquer par les hypothèses qui ont consisté à simplifier les propriétés thermophysiques, ce qui tend à sous-estimer le volume du bain liquide (Annexe 11). La Figure 6.11 quant à elle compare les dimensions de zone fondue obtenues avec une distribution laser uniforme dans le faisceau. La longueur L_0 et la hauteur H_0 sont également satisfaisantes en terme de concordance. En revanche, la prédiction faite par le modèle 3D surestime la profondeur de pénétration mais sous-estime la hauteur du dépôt. On note que les écarts entre les résultats du modèle 3D et les mesures par caméra rapide sont plus resserrés avec la distribution uniforme qu'avec la distribution gaussienne.

L'ensemble des résultats numériques est toutefois satisfaisant, compte tenu des hypothèses qui simplifient le problème thermohydraulique et montre la capacité du modèle 3D à prédire les formes de zones fondues uniquement à partir des paramètres opératoires. Le taux de dilution calculé après mesure par caméra rapide est de 75% avec la distribution gaussienne et 52% avec la distribution uniforme. Le modèle 3D donne quant à lui des taux de dilution respectifs de 62% et 59%. La diminution de ce paramètre en passant de la distribution gaussienne à la distribution uniforme est correctement prédite par le modèle 3D. En revanche, la valeur absolue de ce taux de dilution présente des écarts que l'on doit aux erreurs sur le volume du bain.

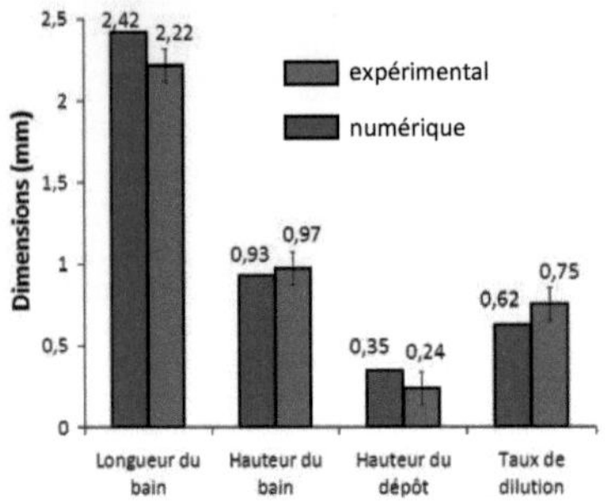

Figure 6.10 – Comparaison des dimensions de bain calculées par le modèle 3D avec les mesures faites par le laboratoire PIMM : distribution gaussienne (P_{laser} = 400 W, V_S = 0,4 $m.min^{-1}$, D_m = 2 $g.min^{-1}$)

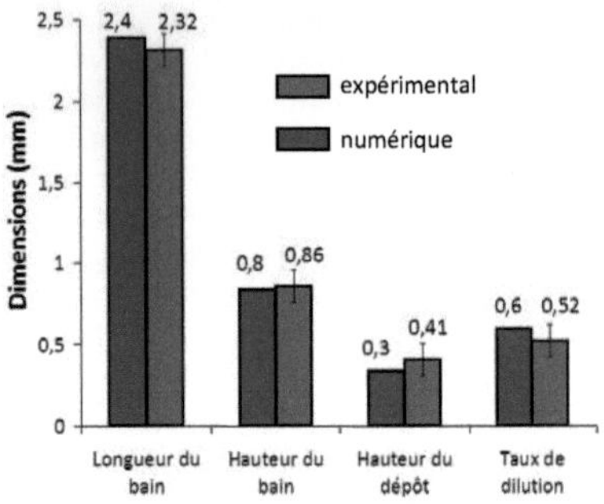

Figure 6.11 – Comparaison des dimensions de bain calculées par le modèle 3D avec les mesures faites par le laboratoire PIMM : distribution uniforme (P_{laser} = 400 W, V_S = 0,4 $m.min^{-1}$,
D_m = 2 $g.min^{-1}$)

Distribution laser	T_{max} / T_{moy} (K)	V_{max} / V_{moy} ($m.s^{-1}$)
Gaussienne	2882 / 2110	1,46 / 0,42
Uniforme	2483 / 2160	1,27 / 0,64

Tableau 6.5 – Températures et vitesses caractéristiques des bains liquides calculées à l'aide du modèle 3D selon la distribution de puissance dans le faisceau laser (valeurs données pour la surface du bain)

Ce modèle permet également de calculer la forme 3D du bain liquide et ainsi vérifier certains résultats obtenus à l'aide du modèle 2D transversal présenté au chapitre 5. Nous avons, en effet, pu montrer que dans le cas d'une source gaussienne appliquée à un alliage de titane Ti-6Al-4V dont le coefficient thermocapillaire est strictement négatif, le bain est contraint d'épouser la forme du substrat et le creusement latéral est alors plus prononcé que sur l'axe du substrat. Ce résultat est confirmé par le modèle 3D, comme on peut le voir sur la Figure 6.12 qui présente différentes vues du bain liquide. Dans le cas d'une distribution gaussienne, la pénétration du bain est plus importante au bord du substrat que sur l'axe ce qui donne cette forme de banane inversée. Avec la distribution uniforme, le bain liquide présente un fond légèrement plus plat, signe d'une convection moins active. Les dimensions de ces zones fondues correspondent aux valeurs données par les Figure 6.10 et Figure 6.11. Le paramètre W_0 correspond à la largeur du bain liquide et a été mesuré pour les deux bains liquides (Figure 6.12).

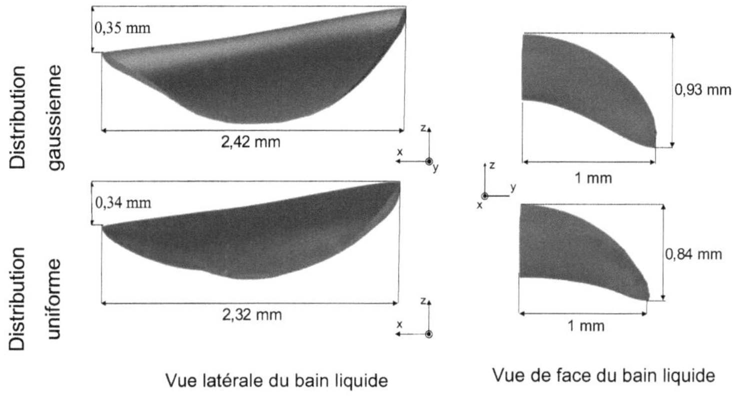

Figure 6.12 – Géométrie du bain liquide selon la distribution laser

6.4.2 Effet des propriétés thermophysiques du matériau sur le bain liquide

Nous nous attachons ici à discuter des conséquences d'un changement de matériau, puisqu'il s'agit de comparer les résultats numériques obtenus avec un alliage de titane Ti-6Al-4V avec ceux d'un acier inoxydable 316L. Les paramètres opératoires pour les deux calculs sont les mêmes que ceux utilisés précédemment pour la distribution gaussienne à savoir: une puissance laser de 400 W, une vitesse d'avance de 0,4 m.min^{-1}, un débit massique de poudre de 2 g.min^{-1}.

Les principales caractéristiques qui différencient les deux matériaux sont leur masse volumique, presque deux fois supérieure pour l'acier inoxydable 316L, et leur tension superficielle. Celle de l'alliage de titane décroît linéairement avec la température alors que celle de l'acier inoxydable 316L décrit une forme concave (Figure 6.5). Dans ce cas, le changement de signe de la dérivée de la tension superficielle par rapport à la température induit une inversion du sens de l'écoulement thermocapillaire par rapport aux gradients thermiques de surface. Cette tension superficielle dépend donc de la température mais aussi d'un paramètre a_k, correspondant à l'activité équivalente des éléments tensioactifs présents à la surface du bain liquide. Rappelons que la validation des propriétés thermophysiques présentée au cours du chapitre 3 a permis d'évaluer la valeur de ce paramètre effectif à 0,011%, soit 110 ppm. La température à laquelle opère le changement de signe du coefficient thermocapillaire est évaluée à 2022 K. En dessous de cette température, le coefficient thermocapillaire est de signe positif, sinon il est de signe négatif.

Les effets de cette inversion sont nettement visibles sur le champ de température (Figure 6.13) et sur le champ de vitesse (Figure 6.14) à l'intérieur du bain liquide. Sous le faisceau laser et dans sa périphérie proche, le niveau de température est supérieur à la température d'inversion, l'écoulement de surface s'effectue alors vers l'extérieur du bain. En périphérie de la zone fondue, la température de surface est inférieure à la température d'inversion. L'écoulement de surface est orienté en direction du point le plus chaud, sous le faisceau laser. La rencontre de ces deux écoulements fait plonger le métal liquide dans la profondeur du bain et forme la démarcation entre la cellule de convection interne rouge et la cellule de convection externe bleue (Figure 6.15). Cette séparation constitue une barrière à la diffusion de la chaleur dans la périphérie du bain liquide. En atteste la différence de température de surface qui est en moyenne de 2301 K pour la cellule de convection interne et de 1796 K pour la cellule de convection externe. On peut dès lors constater que le bain liquide est beaucoup moins étalé sur le substrat qu'avec l'alliage de titane Ti-6Al-4V (Tableau 6.6). Le plongement du métal liquide entraîne l'énergie dans le fond du bain mais n'améliore pas significativement la profondeur de pénétration sur l'axe (0,28 mm pour l'acier inoxydable 316L et 0,27 mm pour l'alliage de titane Ti-6Al-4V).

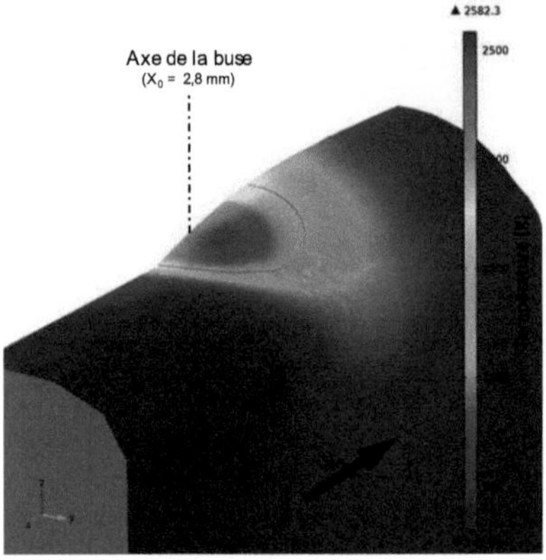

Figure 6.13 – Champ de température à la surface du substrat (acier 316L, distribution gaussienne, état stationnaire)

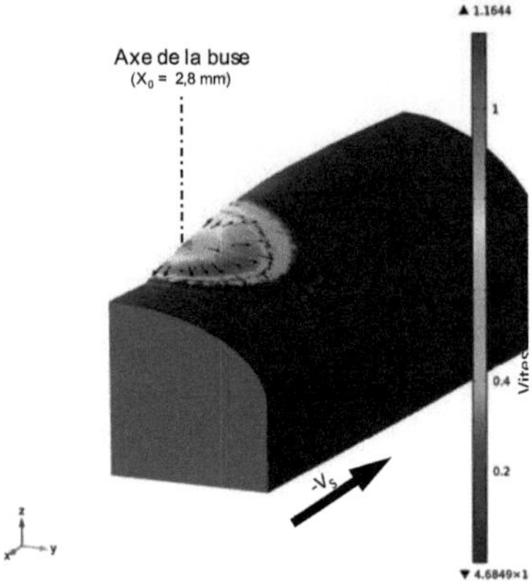

Figure 6.14 –Champ de vitesse à la surface du substrat (acier 316L, distribution gaussienne, état stationnaire)

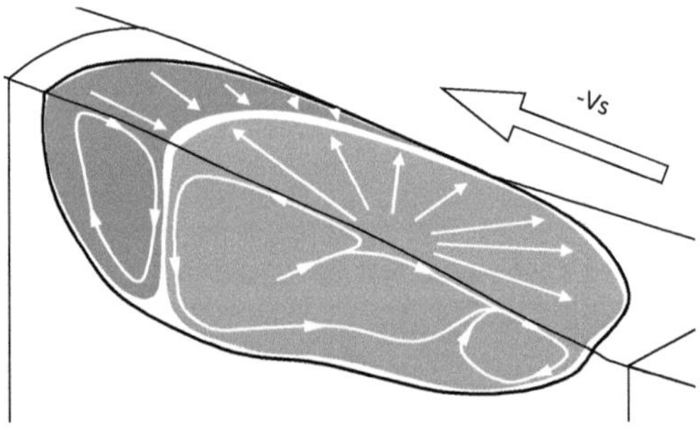

Figure 6.15– Illustration schématique des deux principales cellules de convection dans le bain liquide d'acier inoxydable 316L

D'un point de vue thermique, les températures moyennes de surface sont assez semblables alors que la température maximale est supérieure de 300 K dans le cas de l'alliage Ti-6Al-4V (Tableau 6.6). Cela s'explique par un coefficient d'absorptivité supérieur pour l'alliage de titane, et des diffusivités thermiques relativement proches (Tableau 6.3). Par ailleurs, les dimensions du bain liquide obtenues pour l'acier inoxydable sont bien inférieures à celles de l'alliage de titane. Cette différence s'explique, en partie, par la grande inertie thermique de l'acier 316L. En effet, la capacité thermique (ρc_p) de l'acier inoxydable est supérieure à celle de l'alliage de titane 316L (environ +40%), ce qui contribue à minimiser la taille du bain. Cependant, les phénomènes hydrodynamiques jouent également un rôle non négligeable dans la forme des bains, d'autant plus que les coefficients thermocapillaires sont très différents pour les deux matériaux. Ce point fait l'objet du paragraphe suivant.

Matériau	T_{max} / T_{moy} (K)	V_{max} / V_{moy} ($m.s^{-1}$)	V_{ZF} (mm^3)	L_0 (mm)	H_0 (mm)	Δh (mm)	Dilution (%)
Ti-6Al-4V	2882 / 2110	1,46 / 0,42	0,79	2,42	0,93	0,35	62
316L	2582 / 2079	1,16 / 0,56	0,18	1,28	0,34	0,2	41

Tableau 6.6 – Caractéristiques du bain liquide obtenues à l'aide du modèle 3D selon le matériau utilisé (paramètres opératoires identiques ; valeurs données pour la surface du bain)

6.4.3 Effet de la thermocapillarité sur le bain liquide

Afin de mettre en évidence le rôle du coefficient thermocapillaire sur les dimensions du bain, différents calculs ont été réalisés. Pour le cas de l'acier inoxydable 316L, la loi proposée par Sahoo pour un alliage binaire Fe-S est utilisée en modifiant la valeur de l'activité équivalente a_i, ce qui a un effet direct sur le coefficient thermocapillaire. Les paramètres opératoires de cette étude sont les mêmes que précédemment : P_{laser} = 400 W, V_S = 0,4 $m.min^{-1}$, D_m = 2 $g.min^{-1}$.

La valeur de l'activité équivalente a_i impacte directement sur la valeur du coefficient thermocapillaire en fonction de la température de surface et cette relation est exprimée par l'équation (6.19). Trois configurations ont été envisagées et correspondent à trois valeurs différentes de l'activité équivalente. Dans le premier cas, la valeur de a_k est très faible (0,001%m) de sorte que le coefficient thermocapillaire soit presque toujours négatif. Le deuxième cas reprend la valeur a_k qui a été utilisée dans les équations précédemment (a_k = 0,011%m). Cette valeur correspond à la valeur qui a permis de retrouver au mieux les formes de bain fondu obtenues lors de l'expérience de la fusion du barreau (chapitre 3). Elle conduit à un coefficient thermocapillaire positif en périphérie de la surface du bain et négatif sous le faisceau laser. Enfin, le troisième et dernier cas considéré correspondra à une valeur très élevée de l'activité équivalente, à savoir a_k = 1,8%m. De cette manière, le coefficient thermocapillaire est positif sur une large gamme de températures. Cette valeur permet de remonter au maximum la température d'inversion de signe du coefficient thermocapillaire, c'est-à-dire vers 2900 K. En revanche, ce cas extrême est purement numérique et ne représente absolument pas les teneurs en éléments tensioactifs généralement rencontrés dans les aciers inoxydables. Dans la plupart des cas, les teneurs sont inférieures à 0,1%, mais peuvent atteindre au maximum 0,5% pour les nuances à usinabilité élevée. En effet, l'augmentation de la teneur en soufre ou phosphore contribue à augmenter la fragilisation à chaud. Il s'agit ici d'illustrer le comportement du modèle sur une large gamme de variation du coefficient thermocapillaire. La Figure 6.16 montre l'évolution du coefficient thermocapillaire en fonction de la température donnée par l'équation (6.19) pour les trois valeurs de l'activité équivalente évoquées précédemment : a_k = 0,001%, a_k = 0,011% et a_k = 1,8%.

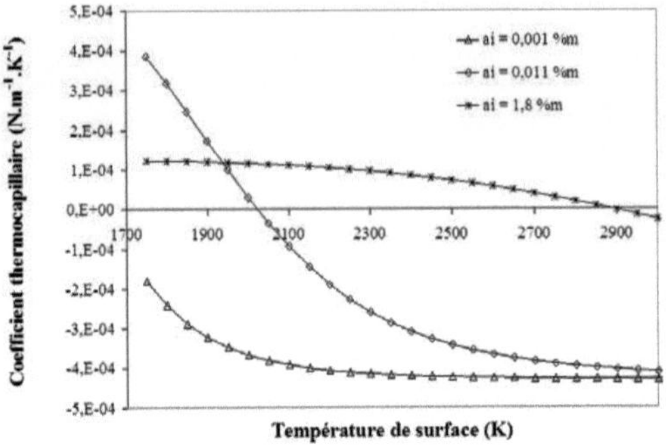

Figure 6.16 – Evolution du coefficient thermocapillaire du couple binaire Fe-S en fonction de la température pour trois activités équivalentes a_k

Les types des bains liquides sont radicalement différents selon la valeur de l'activité équivalent a_i, ce que montrent les illustrations de la Figure 6.17. Pour une activité équivalente basse de 0,001%m, le coefficient thermocapillaire est négatif et l'écoulement surfacique s'effectue vers la périphérie du bain liquide. Celui-ci est alors étalé sur le substrat et peu profond sur l'axe. A l'opposé, une activité équivalente élevée induit un coefficient thermocapillaire de signe positif et l'écoulement surfacique opère de la périphérie du bain liquide vers son centre. L'énergie est concentrée sous le faisceau laser et le plongement du métal liquide accroît la profondeur de pénétration mais alors au détriment de l'étalement. Le cas intermédiaire correspondant au bain liquide détaillé dans le paragraphe précédent, celui-ci ne sera pas rediscuté de nouveau. Les caractéristiques de chacun des trois bains liquides sont regroupées dans le Tableau 6.7.

Il apparaît que le taux de dilution du bain liquide est plus élevé lorsque le coefficient thermocapillaire est strictement négatif. L'étalement latéral est alors favorisé et augmente la hauteur H_0 apparente du bain liquide. Cette configuration de recouvrement maximal du substrat est donc envisageable pour un bain liquide avec très peu d'espèces tensioactives dans le bain, ou ne souffrant pas ou peu de l'oxydation.

Ces résultats doivent cependant être nuancés car les hypothèses simplificatrices sous-estiment la taille du bain liquide. Il est possible que le front de fusion atteigne le bord du substrat et la hauteur H_0 apparente du bain serait alors plus importante que celle prédite par le modèle.

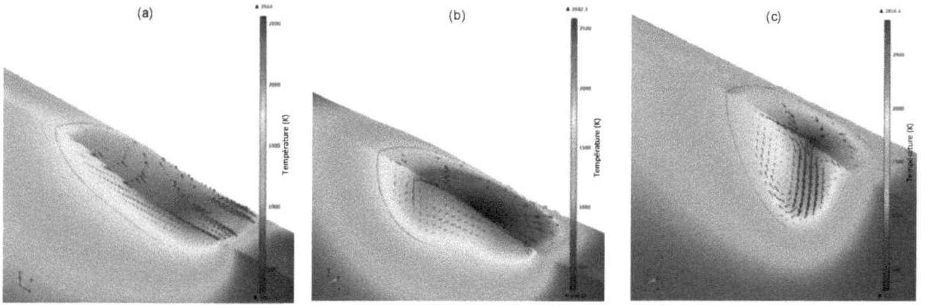

Figure 6.17 – Champs de température, vecteurs vitesse et morphologie du bain liquide de l'acier inoxydable 316L en fonction de l'activité équivalente des espèces tensioactives en solution :
(a) a_k = 0%m ; (b) a_k = 0,011%m ; (c) a_k = 1,8%m

a_k (%m)	0	0,011	1,8
$\partial\gamma/\partial T$ ($N.m^{-1}.K^{-1}$)	< 0	variable	> 0
L_0 (mm)	2,21	1,28	1,11
W_0 (mm)	0,96	0,6	0,51
H_0 (mm)	0,6	0,34	0,2
Δh (mm)	0,22	0,2	0,13
T_{max} (K)	2554	2582	2816
V_{max} ($m.s^{-1}$)	1,29	1,16	0,91
D (%)	63	41	35

Tableau 6.7 – Caractéristiques du bain liquide de l'acier inoxydable 316L en fonction de l'activité équivalente des espèces tensioactives en solution (modèle 3D)

6.4.4 Discussion sur les limites du modèle actuel

Les résultats numériques présentés avec le modèle 3D restent encore très limités car les temps de calcul sont très importants (environ un mois de calcul pour atteindre un état quasi-stationnaire lorsque les équations sont formulées dans le repère mobile), et malgré les hypothèses qui ont permis d'augmenter la taille des pas de temps. Des tests ont bien-sûr été effectués sans cette pénalisation. En allouant douze processeurs au calcul d'un modèle de ce type, le temps moyen pris pour chaque itération ne dépasse pas 2 μs. Le temps nécessaire pour résoudre ne serait-ce qu'une seconde de dépôt n'est pas envisageable dans un délai raisonnable, compte tenu des ressources informatiques. Cette difficulté est principalement liée au problème de mécanique des fluides. Cela met également en lumière la difficulté à modéliser un dépôt multicouche qui ferait apparaître les ondulations latérales liées aux dépôts successifs.

Le maillage est un point important sur lequel il est nécessaire de faire des efforts. Le modèle thermohydraulique 2D présenté dans le chapitre 5 a nécessité des éléments en surface d'une taille maximale de 10 μm. Une taille constante a été supposée sur toute la surface du bain, il est cependant possible d'optimiser localement la taille du maillage grâce à l'utilisation d'un maillage adaptatif. Cette fonction proposée par COMSOL Multiphysics® a été testée sur le modèle 3D non sans difficultés. Il est en effet nécessaire de définir un critère de remaillage pertinent par rapport au problème, et dans notre cas, il peut par exemple s'agir des gradients de vitesse qui seront non nuls uniquement dans le bain liquide. Le contrôle des éléments de maillage doit être étudié avec attention pour tenir compte de la taille des éléments du maillage initial ainsi que de la taille souhaitée après raffinement, de la méthode de raffinement ou encore du taux de croissance des éléments raffinés. Le contrôle de l'intervalle de temps détermine la fréquence de remaillage et doit tenir compte de la non linéarité du problème. Précisions par ailleurs que cette méthode numérique manque encore de robustesse car il arrive que le solveur ne puisse reprendre le calcul une fois le maillage mis à jour. La définition de paramètres adaptés pour le maillage adaptatif est donc une étape qui devra permettre par la suite de faire évoluer le modèle 3D thermohydraulique.

6.5 Conclusion du chapitre 6

Ce chapitre présente les résultats numériques issus de la modélisation 3D thermohydraulique du dépôt de matière sur substrat mince avec le procédé FDPL. L'étude a permis de confirmer le rôle majeur de la thermocapillarité sur la forme du bain liquide, et donc sur l'état de surface final. En effet, les résultats actuels montrent que les meilleurs taux de dilution sont atteints avec un coefficient thermocapillaire de signe négatif, à l'origine d'un étalement du bain liquide sur le substrat, et favorisant ainsi la refusion latérale du mur mince. Au contraire, un coefficient thermocapillaire de signe strictement positif limite cet étalement. L'énergie est alors principalement redistribuée dans la profondeur du bain dont la forme se caractérise par une faible largeur et un creusement important sur l'axe.

Aussi nous avons discuté des effets de la distribution d'intensité dans le faisceau laser sur le bain liquide. Une distribution de type gaussien concentre l'énergie sur une très faible surface, ce qui donne lieu à des gradients thermiques locaux très forts. L'écoulement thermocapillaire qui en résulte permet d'atteindre des vitesses de l'ordre de 1 $m.s^{-1}$, ce qui dans notre cas est une amplitude cent cinquante fois supérieure à la vitesse d'avance V_S de 0,4 $m.min^{-1}$. L'étude portant sur les effets de la distribution laser a été menée sur l'alliage de titane Ti-6Al-4V pour lequel nous considérons un coefficient thermocapillaire de signe négatif et indépendant de la température. Avec cette distribution gaussienne, l'étalement du bain liquide sur le substrat est important. La distribution homogène de l'intensité laser a montré des températures homogènes en surface mais les écoulements n'en sont pas moins intenses. La variation brutale de l'intensité énergétique du fluide quittant la surface d'interaction avec le faisceau laser induit des gradients thermiques significatifs. L'effet Marangoni n'opère plus alors au centre du bain mais plutôt en périphérie. Bien que la surface soit moins chaude de 400 K avec le faisceau laser d'intensité uniforme, la vitesse moyenne en surface est globalement plus élevée. L'étalement du bain sur le substrat reste moins important que celui obtenu avec la distribution gaussienne et le taux de dilution calculé est réduit.

Bien que ce modèle 3D repose sur des hypothèses simplificatrices, les comparaisons avec les résultats expérimentaux sont encourageantes. En effet, afin de réduire les temps de calcul, certaines propriétés thermophysiques ont été supposées constantes. De même, l'ensemble des propriétés du problème de mécanique des fluides a été arbitrairement multiplié par un facteur dix (masse volumique, viscosité dynamique, tension superficielle et coefficient thermocapillaire). Ces hypothèses simplificatrices introduisent une erreur dans la solution calculée qui tend à sous-estimer le volume du bain liquide, tout en surévaluant la température maximale et la vitesse maximale. L'erreur relative reste de quelques pourcents. D'autres pistes restent encore à explorer afin d'optimiser les temps de calcul. On peut citer l'utilisation d'un maillage adaptatif comme l'ont proposé (Hamide et al., 2008) dans le cas du soudage à l'arc, ou l'optimisation des choix de solveurs. Le remplacement du solveur direct par un solveur itératif peut s'avérer un choix intéressant pour faire face à l'augmentation du nombre de degrés de liberté posée par une modélisation 3D. Enfin, les vitesses d'écouilement dans la zone fondue laisse à penser que le régime est plutôt de type turbulent que laminaire. Différents auteurs ont proposé des modèles pour rendre compte de ces effets (De and DebRoy, 2009; Rai et al., 2008; Ushio and Matsuda, 1982).

Néanmoins, notre approche montre qu'il est possible d'envisager les calculs thermohydrauliques 3D avec apport de matière en résolvant les équations du problème par la méthode des éléments finis, tout en assurant le suivi de la surface libre avec la méthode ALE. Rappelons que les travaux les plus récents utilisent des méthodes à maillage fixe dans lesquelles l'interface est décrite de manière diffuse à l'aide d'une fonction de transport (He et al., 2010; Wen and Shin, 2011). Ces méthodes de type VOF ou Level-Set nécessitent de définir une épaisseur d'interface qui rend la notion de surface discutable, en particulier lorsqu'on s'intéresse aux calculs des ondulations liées à la tension de surface. De plus, ces méthodes nécessitent de modéliser la phase gazeuse environnante. Se pose alors la question des propriétés à appliquer pour celle-ci. Ce constat nous a conduit à nous orienter vers la méthode ALE. Les différentes perspectives d'évolution du modèle permettent d'envisager la viabilisation de cette approche ALE en vue de confirmer les différentes observations faites à l'issue des premiers calculs.

Conclusion générale

Cette thèse, menée dans le cadre du projet ANR ASPECT, a porté sur la mise en place d'une modélisation du procédé de Fabrication Directe par Projection Laser (FDPL). L'objectif était de prédire la forme des dépôts après solidification et donc l'état de surface final des pièces conçues par FDPL. Cette problématique est en effet un facteur limitant pour le développement de ce procédé. Il a donc été nécessaire de développer des modèles capables de prédire le paramètre d'ondulations caractérisant cet état de surface à partir uniquement des paramètres opératoires et des propriétés thermophysiques du substrat et de la poudre. Pour ce faire, le champ thermique dans la pièce et les effets hydrodynamiques dans le bain liquide, ainsi que la morphologie de la zone fondue ont été calculés. Le procédé FDPL a ainsi pu être étudié en analysant les interactions entre le faisceau laser, le jet de poudre et le substrat, qui en font un procédé fortement couplé.

L'étude bibliographique dont le premier chapitre fait l'objet, a mis en évidence le peu de travaux relatifs à l'état de surface des pièces conçues par FDPL. L'effet des principaux paramètres opératoires du procédé sur l'aspect des surfaces finales a néanmoins été identifié expérimentalement, à savoir la puissance laser, la vitesse de défilement et le débit massique de poudre. Il apparaît que ces surfaces sont plus lisses et homogènes lorsque la puissance et la vitesse sont élevées, avec un débit de poudre faible. Le positionnement des plans focaux du jet de poudre et du faisceau sous la surface du substrat sont aussi un moyen d'auto-réguler la hauteur des dépôts. Toutefois la qualité de ces surfaces repose pour beaucoup sur des considérations subjectives et les phénomènes en cause ne sont pas expliqués. Ce chapitre 1 présente également un état de l'art sur la modélisation du procédé FDPL. Les modèles numériques relatifs au jet de poudre semblent plus disposés à décrire correctement la trajectoire des particules que les modèles analytiques. Une revue des modèles thermiques et thermohydrauliques dédiés au procédé FDPL a montré la nécessité de tenir compte des effets hydrodynamiques avec prise en compte de la tension superficielle pour représenter la forme des dépôts. Les modèles les plus complets se limitent néanmoins au calcul 3D de la formation d'un dépôt sur quelques instants seulement, compte tenu des temps de calcul considérables. Ces modèles ne sont pas encore appliqués à des configurations multicouches et ne permettent donc pas d'étudier l'état de surface.

Le chapitre 2 présente les dispositifs expérimentaux développés dans le cadre du projet ANR ASPECT au sein du laboratoire PIMM. Ces expériences ont visé notamment à fournir le maximum d'informations afin de rendre les modèles les plus prédictifs possibles. Les techniques de mesure de température, d'analyse macrographique, de mesure par caméras rapides et de caractérisation de l'état de surface des pièces sont détaillées. La distribution énergétique du faisceau laser et la distribution du débit massique de poudre sont caractérisées pour des conditions comparables au procédé réel. La granulométrie des poudres est décrite par une loi de distribution normale. La vitesse des particules est mesurée par caméra rapide et le rendement d'interaction du jet avec le bain liquide est évalué pour l'alliage Ti-6Al-4V et l'acier 316L.

La prédiction des modèles repose en partie sur les propriétés thermophysiques utilisées. Un état de l'art a permis de les connaître sur une gamme de température allant de la phase solide à la phase liquide. Cette base de données met en exergue le peu d'informations sur les propriétés des métaux liquides. Ainsi, compte tenu des disparités sur les propriétés de l'alliage de titane Ti-6Al-4V dans la littérature (ce qui n'est pas le cas de l'acier inoxydable 316L), une caractérisation a été nécessaire pour justifier le jeu de données retenu.

Le chapitre 3 a permis d'établir les bases du modèle thermohydraulique avec surface libre dont la déformation dépend des mouvements du fluide dans le bain liquide et des phénomènes de tension superficielle. La méthode retenue pour décrire les déformations de la surface libre est un maillage mobile reposant sur un formalisme ALE, contrairement à la majorité des travaux présents dans la littérature qui utilisent des méthodes à maillage fixe. Hormis l'apport de matière, le problème physique est tout à fait comparable au procédé FDPL et cela constitue un premier pas vers la modélisation plus complexe du procédé. Le modèle est appliqué à l'étude de la fusion locale par impulsion laser d'un barreau métallique cylindrique. Les calculs ont été effectués à différents niveaux de puissance laser, pour les deux matériaux du projet et comparés aux données expérimentales. La bonne prédiction des résultats a permis de valider les propriétés thermophysiques retenues pour chacun des matériaux. En raison de la sensibilité du modèle, les valeurs d'absorptivité et du coefficient thermocapillaire ont pu être estimées. Ces valeurs sont tout à fait comparables aux données de la littérature. Une étude de sensibilité du modèle numérique a montré l'effet négligeable des forces de flottabilité et de la gravité. De plus, il a été montré que la tension superficielle et la viscosité dynamique peuvent être prises indépendantes de la température sans affecter significativement la solution, l'intérêt étant d'optimiser les temps de calcul.

L'étude du jet de poudre et son interaction avec le faisceau laser et le substrat ont fait l'objet du quatrième chapitre, dans lequel la description eulérienne de l'écoulement gazeux est découplée de la description lagrangienne des particules. Cette modélisation 3D a permis d'évaluer la distribution des particules de poudre qui a été comparée de manière satisfaisante à celle mesurée pour l'alliage Ti-6Al-4V. La position du plan focal du jet de poudre est retrouvée aux incertitudes près et dépend des débits volumiques de gaz mais aussi de la densité de ce gaz et des particules. Ainsi, il a été montré, d'une part, qu'un gaz plus dense limite la dispersion des particules en sortie de buse, améliore le confinement du jet et abaisse le plan focal du jet de poudre. D'autre part, à granulométrie identique, des particules plus lourdes conduisent à une grande dispersion du jet de poudre et une élévation du plan focal. Ce modèle permet également d'étudier l'échauffement des particules lors de l'interaction avec le faisceau laser et d'en déduire l'atténuation du faisceau par le nuage de poudre. Ces grandeurs se sont avérées très dépendantes de la puissance laser et de la distribution énergétique (gaussienne ou uniforme). Le profil de température dans le jet de poudre et l'atténuation du faisceau laser déduits de ce modèle ont permis de définir les conditions aux limites du modèle du bain liquide, présenté au chapitre 5.

Des modèles 2D thermohydrauliques du bain liquide associé au procédé FDPL sont présentés au chapitre 5. L'apport de matière dû au jet de poudre est calculé à l'aide de la distribution des particules à la surface et permet d'augmenter le volume du bain fondu au moyen de la méthode ALE. La quantité d'énergie associée à cet apport de matière est incluse dans le bilan énergétique du bain. En raison des petits débits massiques, des faibles vitesses et de la granulométrie des poudres, cet apport est traité comme étant un phénomène surfacique. Un modèle 2D longitudinal a permis d'étudier l'effet des paramètres opératoires du procédé sur la longueur du bain, la hauteur totale de zone fondue et la hauteur des dépôts. Une augmentation de la puissance laser augmente la longueur de zone fondue et la pénétration dans le substrat, sans effet particulier sur la hauteur des dépôts. L'augmentation de la vitesse réduit l'ensemble des dimensions de la zone fondue. Enfin, une augmentation du débit massique réduit la longueur du bain liquide et la profondeur de pénétration, mais augmente la hauteur déposée. L'ensemble de ces tendances est en accord avec les données expérimentales de la littérature et valide la consistance du modèle. Cependant, des comparaisons avec les données expérimentales montrent que le modèle surestime de plus en plus la longueur du bain avec l'augmentation de l'énergie linéique alors que la hauteur de la zone fondue et celle du dépôt sont sous-estimées, en raison des hypothèses 2D. Un second modèle 2D transversal a été développé afin d'étudier les ondulations latérales au fur et à mesure des dépôts. Le paramètre d'ondulation Wt a été évalué pour différents jeux de paramètres. Les résultats ont permis de retrouver la corrélation établie expérimentalement par (Gharbi, 2013) entre l'amplitude des ondulations et le taux de dilution. La complémentarité des modèles 2D a permis ainsi d'établir le lien entre les paramètres opératoires, la morphologie de la zone fondue et l'état de surface final. En accord avec les résultats expérimentaux, les modèles prédisent pour le cas de l'alliage Ti-6Al-4V un meilleur état de surface avec une forte puissance laser, une vitesse de défilement élevée et un faible débit massique. Ces paramètres assurent une bonne refusion du substrat avec une faible hauteur de dépôt, et se traduisent par un taux de dilution élevé.

Le modèle 2D longitudinal a également permis d'étudier la simulation d'un dépôt multicouche qui montre une stabilisation des phénomènes lors du troisième dépôt. La formation de bosses aux extrémités du mur est liée à l'accumulation de chaleur dans ces zones où la diffusion de la chaleur est limitée par la forme du mur en lui-même. De plus, l'analyse d'un temps de pause de 10s ou de 20s n'a pas révélé de changement significatif sur la morphologie des dépôts, ce qui permet de réduire le temps de fabrication sans dégrader l'état de surface final (taux de dilution identique). Par ailleurs, une stratégie de balayage du substrat en va-et-vient est à privilégier, alors qu'un balayage unilatéral aura tendance à faire apparaître une dissymétrie entre les deux extrémités.

L'influence des propriétés du matériau sur l'état de surface final a fait l'objet d'une étude complémentaire, pour laquelle le modèle de fusion du barreau a été modifié en intégrant un apport de matière. Une série d'impulsions laser a permis de simuler la formation du bain sous forme de goutte et son grossissement du fait de l'apport de matière. L'empilement des dépôts permet de faire apparaître les ondulations liées à la superposition. Cette configuration 2D axisymétrique permet de décrire correctement les phénomènes thermohydrauliques contrairement aux modèles 2D précédents. A travers un plan d'expériences, il a été montré que les ondulations sont réduites lorsque la viscosité dynamique du bain liquide est élevée, que le coefficient thermocapillaire est de forte amplitude et de signe négatif et que le volume du bain liquide est faible. Il est cependant difficile d'extrapoler cette conclusion au procédé FDPL car le plan d'expériences considère un cas statique, sans déplacement relatif de la source de chaleur par rapport au substrat.

Enfin, un modèle thermohydraulique 3D établi dans le repère de la source a été développé au chapitre 6 sur la base des développements et conclusions des chapitres précédents. A ainsi été étudiée l'influence de la distribution énergétique dans le faisceau laser et des propriétés thermophysiques du matériau utilisé pour la poudre et le substrat. Une distribution gaussienne concentre très localement l'énergie, ce qui permet d'atteindre un niveau de température maximale très élevé à la surface du bain, alors qu'une distribution uniforme donne des températures en surface plus basses mais aussi plus homogènes. L'effet Marangoni induit par les gradients thermiques de surface redistribue l'énergie dans le bain liquide et favorise son creusement et son étalement. Du fait de la faible épaisseur du substrat et de l'effet Marangoni, le bain liquide présente une forme caractéristique avec un creusement plus marqué sur la périphérie que sur l'axe, ce qui à notre connaissance n'a jamais été souligné. L'importance de la thermocapillarité a été discutée plus en détail avec l'acier 316L qui montre une inversion du sens des courants en surface selon la température. Ce phénomène présente une importance certaine dans la mesure où les dimensions du bain liquide, et par conséquent la forme des dépôts, en sont directement affectées.

Ces calculs 3D ont toutefois nécessité de modifier les propriétés thermophysiques pour faciliter la convergence et réduire les temps de calcul qui restent cependant très conséquents. Différentes techniques ont permis de réduire ces temps comme l'écriture du problème dans le repère mobile de la buse ou l'emploi de fonctions d'interpolation d'ordre un, soulevant des problèmes d'instabilités numériques.

Perspectives

Ce travail constitue une étape dans l'étude et la modélisation des phénomènes à l'origine de l'état de surface des pièces obtenues en FDPL. Bien que le problème ne soit pas traité dans sa globalité mais plutôt de manière découplé, il permet de fournir des éléments de réponse sur l'influence des paramètres opératoires du procédé sur les mécanismes thermiques, hydrodynamiques et la géométrie des dépôts. Une amélioration des différents modèles peut être entrevue à travers les développements suivants :

- Mieux caractériser les propriétés thermophysiques des matériaux, en particulier les propriétés en phase liquide qui restent encore mal connues, en vue d'améliorer la prédiction des modèles thermohydrauliques. Dans le cas du modèle présenté dans le chapitre 3, des informations complémentaires telles que des mesures de température de surface du bain (Muller et al., 2012) ou de la vitesse (Zhao, 2011) doivent permettre d'affiner l'estimation de paramètres tels que le coefficient d'absorptivité et le coefficient thermocapillaire.
- Le modèle du jet de poudre a montré un potentiel très intéressant qui peut être valorisé davantage en modélisant de manière plus complète la géométrie de la buse, ce qui évitera d'avoir à poser les hypothèses trop fortes sur les conditions d'entrée des particules (Tabernero et al., 2010). Par ailleurs, le modèle physique sur lequel repose le calcul de la trajectoire des particules de poudre peut être enrichi (Sommerfeld, 2003), avec prise en compte notamment des collisions entre particules, mais aussi d'une rugosité des parois liée à l'usure par abrasion.
- La modélisation 3D du bain liquide doit être améliorée, avec un effort certain sur le maillage. Cela passe par une meilleure définition des domaines et un maillage adaptatif capable d'ajouter suffisamment d'éléments dans le bain liquide. De plus, les techniques numériques appliquées en particulier à la mécanique des fluides et à la méthode ALE doivent être approfondies pour améliorer la convergence. Enfin, le modèle de solidification doit évoluer pour tenir compte des phénomènes de micro et macroségrégation lors du refroidissement. Une étude paramétrée pourra alors être envisagée pour apporter d'avantage d'informations sur les mécanismes en jeu lors de la formation des ondulations latérales et pour définir les caractéristiques d'un matériau idéal pour le procédé FDPL. En particulier, une étude des régimes pulsés dont l'effet bénéfique sur l'état de surface a été démontré expérimentalement au cours de la thèse de M. Gharbi (Gharbi, 2013) devrait permettre une meilleure compréhension des mécanismes mis en

jeu. Les calculs 3D multicouches ne sont actuellement pas envisageables. C'est pourquoi il est possible de commencer par calculer une forme stationnaire du bain et d'utiliser cette forme dans un calcul 3D thermique en la déplaçant de part et d'autre du substrat pour construire un mur mince (la mécanique des fluides ne serait alors pas traitée).

- Les différents modèles numériques de cette thèse ont été développés pour être appliqués au procédé FDPL. Cependant, il est envisageable de les transposer à d'autres applications, telles que la projection thermique, le rechargement laser ou le soudage avec apport de matière.

Annexes

Annexe 1. Analyse granulométrique de la poudre d'alliage Ti-6Al-4V

Il est d'usage d'utiliser une loi de distribution pour décrire la répartition granulométrique des particules. Alors que les techniques d'analyse statistiques des données granulométriques sont réduites à une information sur le diamètre moyen et l'écart-type, les lois de distribution utilisent un indicateur de la taille moyenne et de la dispersion autour de celui-ci. Les lois de distribution les plus couramment utilisées sont les lois normales, log-normale et Rosin-Rammler. Une analyse macrographique permet de déterminer la granulométrie des particules de poudre. L'étude est automatisée en post traitant les images avec un logiciel de reconnaissance de formes et les résultats de cette étude sont regroupés dans le Tableau 7.1.

Diamètre (μm)	20-25	25-30	30-35	35-40	40-45	45-50	50-55	55-60	60-65	65-70	70-75	75-80
Fréquence X (%)	1	7,5	8	3	16,5	18	33	8	0	1,5	2	1,5

Tableau 7.1 – Distribution de la fréquence des diamètres de particules obtenue sur un échantillon de poudre de Ti-6Al-4V

Soit E(X) l'espérance de X et V(X) la variance de X, X étant la fréquence des diamètres mesurés par analyse macrographique des poudres. La distribution granulométrie des particules de poudre peut alors être représentée par un modèle analytique, la variable aléatoire X admettant une densité de probabilité f(X).

$$E(X) = 47{,}13\times10^{-6}\ \text{m}$$

$$V(X) = 1{,}095\times10^{-10}\ \text{m}^2$$

Les modèles les plus utilisés pour représenter la distribution granulométrique d'une poudre sont la loi normale (7.1), la loi log-normale (7.2) et la loi de Rosin-Rammler (7.3). On retrouve surtout cette dernière dans les articles majeurs traitant des modèles de jet de poudre (Balu et al., 2012; Tabernero et al., 2010; Wen et al., 2009), sans pour autant que ce choix soit justifié. Aucun des auteurs ne comparent ces différentes lois afin de ne retenir que la plus pertinente vis-à-vis des mesures expérimentales. C'est la raison pour laquelle nous proposons ici d'utiliser chacune de ces lois pour juger de leur fidélité envers la distribution granulométrique réelle. Voici les équations de chacune de ces lois de distribution :

- Loi normale :

$$f(X) = \frac{1}{\sigma_p\sqrt{2\pi}}\exp\left(-\frac{1}{2}\left(\frac{X-\mu_p}{\sigma_p}\right)^2\right)$$

$$\mu_p = E(X) \qquad (7.1)$$

$$\sigma_p^2 = V(X)$$

- Loi log-normale :

$$f(X)=\frac{1}{X\sigma_p\sqrt{2\pi}}\exp\left(-\frac{1}{2}\left(\frac{\ln X-\mu_p}{\sigma_p}\right)^2\right)$$

$$\mu_p=\ln(E(X))-\frac{1}{2}\ln\left(1+\frac{V(X)}{E(X)^2}\right) \qquad (7.2)$$

$$\sigma_p^2=\ln\left(1+\frac{V(X)}{E(X)^2}\right)$$

- Loi de Rosin-Rammler :

$$f(X)=\frac{n}{X}\left(\frac{X}{\mu_p}\right)^n\exp\left(-\left(\frac{X}{\mu_p}\right)^n\right)$$

$$\mu_p=E(X) \qquad (7.3)$$

n : *paramètre à estimer*

Les lois de distribution normale et log-normale sont dépendantes des propriétés statistiques de la population étudiée à savoir l'espérance et la variance. La loi de Rosin-Rammler dépend également de l'espérance mais aussi d'un paramètre n qui doit être estimé. Les différents modèles de distribution granulométrique sont comparés à la distribution mesurée (Figure 7.1). Le modèle retenu est celui qui présente la somme des écarts quadratiques la plus faible par rapport aux mesures de densité de probabilité fréquentielle et cumulée. En l'occurrence, il s'agit de la distribution normale.

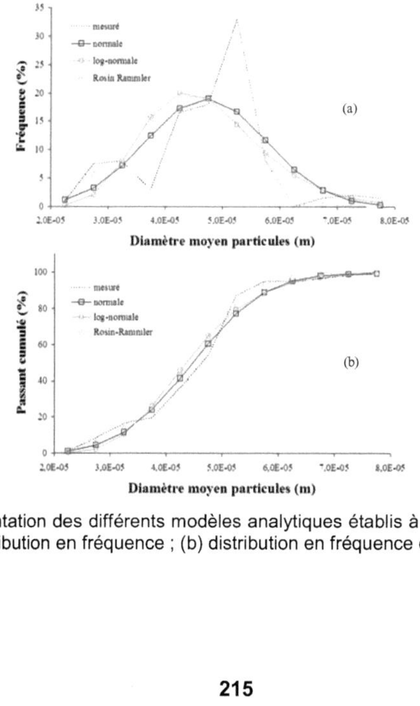

Figure 7.1 – Représentation des différents modèles analytiques établis à partir des mesures du Tableau 7.1 : (a) distribution en fréquence ; (b) distribution en fréquence cumulée

La distribution granulométrique des particules de poudre de Ti-6Al-4V sera donc représentée par une distribution normale $f(\mu_p,\sigma_p^2)$ d'espérance μ_p = 47,13.10^{-6} m et d'écart-type σ_p = 10,46.10^{-6} m.

Annexe 2. Revue bibliographique des propriétés thermophysiques de l'acier inoxydable 316L

Généralités sur l'acier inoxydable 316L

L'acier 316L (DIN 1.4435 X2CrNiMo18-14-3) est un acier inoxydable austénitique. Il est utilisé dans le domaine du nucléaire, des industries chimiques et pharmaceutiques, dans le secteur de l'agro-alimentaire ou encore celui du nautisme. Cet acier possède une matrice austénitique stable de la température ambiante jusqu'à sa température de fusion. Il n'y a donc pas de transformations structurales à l'état solide. La particularité des aciers inoxydables est la présence de chrome, qui favorise la résistance dans les milieux oxydants en assurant la formation d'une couche de passivité. Grâce à l'ajout de différents éléments d'alliage en plus du chrome, il est possible d'obtenir une grande variété d'aciers inoxydables qui diffèrent tant par leurs caractéristiques métallurgiques que par leurs propriétés thermophysiques ou mécaniques. La matrice austénitique Fer-Chrome-Nickel est un réseau d'atomes de fer cubique à faces centrées, avec des atomes en solution solide d'insertion et de substitution. Des impuretés sont également présentes en faible quantité (soufre, phosphore,...). D'une manière générale, certains éléments chimiques (ou métalloïdes) sont dits gammagènes (structure CFC), car ils auront tendance à stabiliser la phase austénitique. Ce sont : Ni, Mn, Co, Cu, Ti,... Le carbone et l'azote sont également des éléments gammagènes puissants, même en faible quantité. A l'inverse, les autres éléments alphagènes (structure CC) sont : Cr, Si Mo,... Les limites de compositions d'un acier inoxydable 316L sont données dans le Tableau 7.2.

Fe	C	Si	Mn	Cr	Ni	Mo	N
Bal.	0,03 max	0,3	1,7	17,5	14,5	2,7	0,07

Tableau 7.2 – Composition chimique de l'acier inoxydable 316L (%m) (Wilthan et al., 2007)

On peut également trouver du soufre et du phosphore et leur quantité est respectivement limitée à 0,03 % et 0,04 % en masse (Depradeux, 2003).

Le carbone aura pour effet d'augmenter la dureté, la résistance à la rupture, la limite élastique, la résistance à l'usure et la trempabilité mais dégrade la malléabilité, la résistance aux chocs et la soudabilité. Les effets bénéfiques des autres additifs sur les propriétés de l'acier sont les suivants :

- Manganèse : limite élastique et la trempabilité,
- Nickel : résistance aux chocs et à la corrosion,
- Chrome : résistance à l'usure et à la corrosion,
- Silicium : limite élastique,
- Molybdène : résistance à l'usure et à la chaleur,

L'association de plusieurs éléments permet de pondérer leurs effets respectifs. En effet, alors que le nickel et le chrome rendent l'acier inoxydable, le premier le rend trop mou alors que le second le rend trop dur. Un compromis est alors nécessaire afin d'optimiser les caractéristiques du matériau.

Revue bibliographique des propriétés thermophysiques

Le projet ANR ASPECT s'étant plus particulièrement focalisé sur l'alliage Ti-6Al-4V, il n'a pas été envisagé de caractériser au sein du laboratoire l'acier inoxydable 316L. De plus, cet acier a fait l'objet de nombreuses études, les données le concernant sont largement disponibles dans la littérature. Celles-ci sont regroupées dans les figures et tableaux de ce paragraphe. Cette revue bibliographique n'est pas exhaustive mais montre toutefois les propriétés pour lesquelles les données de la littérature se recoupent (par exemple les propriétés thermophysiques en phase solide - Figure 7.2, Figure 7.3, Figure 7.4). Pour d'autres cas, il apparaît soit un manque d'information (température de vaporisation et chaleur latente associée - Tableau 7.3, tension superficielle - Tableau 7.5) ou encore une dispersion non négligeable (coefficient d'émissivité - Tableau 7.6). Ces manques sont bien évidemment liés aux difficultés de la caractérisation en elle-même. Pour remédier à cela, différents auteurs se sont basés sur des lois thermodynamiques afin de calculer des propriétés thermophysiques à haute température (Kim, 1975) ou par exemple l'évolution de la viscosité dynamique avec la température (Morita et al., 1998).

Température	(Kim, 1975)	(Wilthan et al., 2007)	(Waltar and Reynolds, 1981)	(Bosch and Almazouzi, 2009)	(Zhao, 2011)	(Wen and Shin, 2010)	(Pinkerton and Li, 2004)	(Tomashchuk, 2010)	(Schmidt-Hohagen et al., 2006)
Solidus (K)	1670	**1701**	-	1648	1644	1648	1650	-	-
Liquidus (K)	1730	**1762**	1703	-	1672	1673	1675	-	1758
Vaporisation (K)	-	-	**3090**	-	-	-	-	3013	-

Tableau 7.3 – Températures caractéristiques de l'acier 316L selon différentes sources de la littérature

Chaleur latente	(Bosch and Almazouzi, 2009)	(Wilthan et al., 2007)	(Waltar and Reynolds, 1981)	(Wen and Shin, 2010)	(Pinkerton and Li, 2004)	(Carboni et al., 2002)
Fusion ($J.kg^{-1}$)	$3{,}3.10^5$	$\mathbf{3{,}04.10^5}$	$2{,}7.10^5$	$2{,}5.10^5$	3.10^5	$2{,}7.10^5$
Vaporisation ($J.kg^{-1}$)	-	-	$7{,}45.10^6$	-	-	-

Tableau 7.4 – Chaleurs latentes de l'acier 316L aux températures caractéristiques selon différentes sources de la littérature

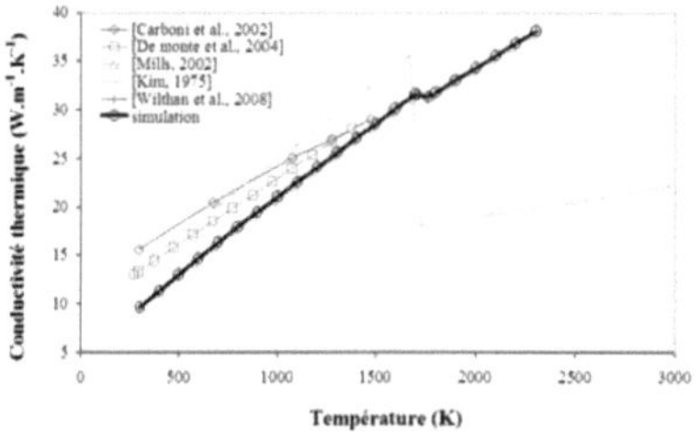

Figure 7.2 – Conductivité thermique de l'acier 316L fonction de la température selon différentes sources de la littérature

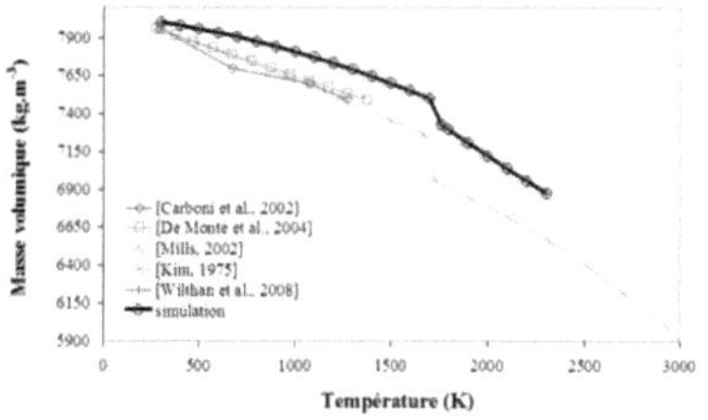

Figure 7.3 – Masse volumique de l'acier 316L fonction de la température selon différentes sources de la littérature

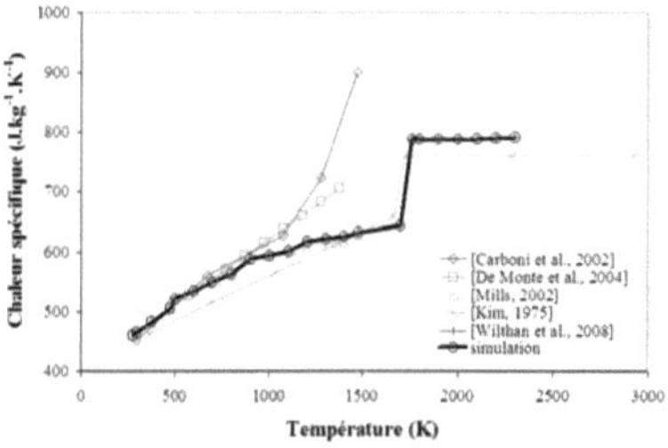

Figure 7.4 – Chaleur massique de l'acier 316L fonction de la température selon différentes sources de la littérature

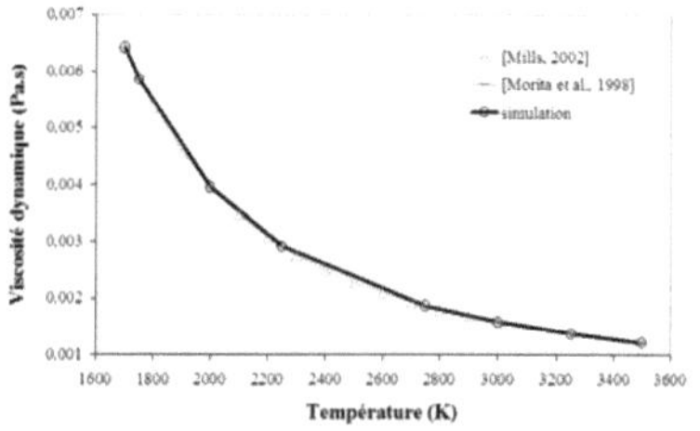

Figure 7.5 – Viscosité dynamique de l'acier 316L fonction de la température selon différentes sources de la littérature

L'évolution de la tension superficielle de l'acier 316L avec la température est un point critique, en particulier du fait de la présence d'éléments tensioactifs tels que le soufre, l'oxygène ou encore le chrome. Alors que le fer pur présente une évolution linéaire décroissante de la tension superficielle avec la température (coefficient thermocapillaire constant négatif), les mélanges binaires Fe-S et Fe-O ont la particularité d'avoir une évolution parabolique qui croît initialement avant de passer par un point d'inflexion et de diminuer dans le domaine des hautes températures (Figure 7.6). Le coefficient thermocapillaire initialement positif devient négatif avec la montée en température (Figure 7.7). Ce phénomène intervient à une température critique qui dépend de l'activité des espèces chimiques tensioactives en surface. Le modèle adopté par de nombreux auteurs est de décrire ce phénomène à partir de la loi thermodynamique proposée par (Sahoo et al., 1988) présentée dans le chapitre 1. La représentation graphique de cette loi montre que l'effet tensioactif de l'oxygène est plus marqué que celui du soufre : à activité équivalente, la baisse de tension superficielle est plus importante avec l'oxygène (Figure 7.6). Mais l'effet du soufre et de l'oxygène reste toutefois identique et décale vers les hautes températures le changement de signe du coefficient thermocapillaire (Figure 7.7). En l'absence de données expérimentales pour l'acier 316L fourni par la société TLS®, nous avons retenu la loi proposée par Sahoo pour un mélange binaire équivalent. L'activité chimique de cette loi est donc une valeur équivalente qui englobe l'oxygène et le soufre. La valeur de ce paramètre équivalent est discutée dans le chapitre 3.

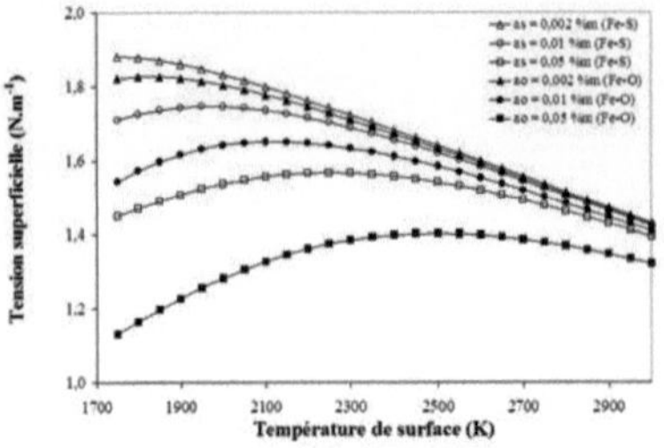

Figure 7.6 – Tension superficielle des mélanges binaires Fe-S et Fe-O fonction de la température selon (Sahoo et al., 1988)

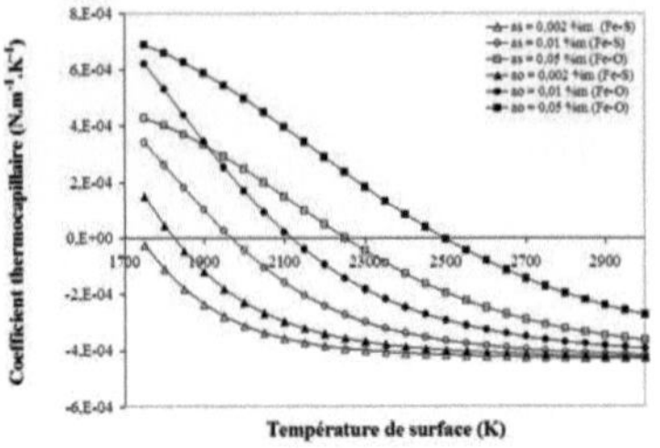

Figure 7.7 – Coefficient thermocapillaire des mélanges binaires Fe-S et Fe-O fonction de la température selon (Sahoo et al., 1988)

	(Schmidt-Hohagen et al., 2006)	(Zhao, 2011)	(Mills, 2002)	(Wen and Shin, 2010)	(Tomashchuk, 2010)
Viscosité dynamique à $T = T_L$ (Pa.s)	-	6.10^{-3}	$2,2.10^{-3}$	-	5.10^{-3}
Tension superficielle à $T = T_L$ ($N.m^{-1}$)	1,7	-	-	-	-
Coefficient thermocapillaire ($N.m^{-1}.K^{-1}$)	$-8,89.10^{-5}$	-3.10^{-4}	$-4,68.10^{-5}$ (30ppm) $5,7.10^{-4}$ (300ppm)	$-4,3.10^{-4}$	$-4,6.10^{-4}$

Tableau 7.5 – Valeurs de la viscosité dynamique, de la tension superficielle et du coefficient thermocapillaire de l'acier 316L selon différentes sources de la littérature

Nous supposerons un facteur d'émissivité de 0,5. Comme pour l'alliage Ti-6Al-4V, le coefficient d'absorptivité est estimé à partir de l'étude menée dans le chapitre 3. L'ensemble du jeu de propriétés retenu est également validé avec cette étude.

	(Kim, 1975)	(Shan et al., 2009)	(Tomashchuk, 2010)	(Li et al., 2009)	(Carboni et al., 2002)	(Mills, 2002)	(Pinkerton and Li, 2004)
Absorptivité	-	-	0,3 (λ=1,06µm)	0,35 (λ=1,06µm)	0,28 (λ=0,945µm)		-
Emissivité	0,4	0,75	0,4	-	-	0,7	0,5

Tableau 7.6 – Coefficients d'absorptivité et d'émissivité de l'acier 316L selon différentes sources de la littérature

Annexe 3. Propriétés thermophysiques utilisées pour les simulations et autres paramètres

Cette annexe regroupe l'ensemble des propriétés thermophysiques validées puis utilisées dans les modèles numériques développés dans cette thèse. La phase de validation est effectuée avec le modèle 2D axisymétrique de fusion locale par laser d'un barreau métallique pour l'alliage Ti-6Al-4V (Tableau 7.7 et Tableau 7.8) et l'acier 316L (Tableau 7.9 et Tableau 6.4) (chapitre 3). Ces propriétés sont ensuite utilisées dans le modèle du jet de poudre (chapitre 4), ainsi que dans les modèles 2D associés au procédé FDPL (plans longitudinal et transversal). La caractérisation du faisceau laser et du jet de poudre, faite par le laboratoire PIMM a permis de définir les paramètres de ces deux distributions de type gaussien. Ces paramètres sont rappelés dans le Tableau 7.12.

Température (K)	Conductivité thermique ($W.m^{-1}.K^{-1}$)	Chaleur massique ($J.kg^{-1}.K^{-1}$)	Masse volumique ($kg.m^{-3}$)	Viscosité dynamique (Pa.s)	Tension superficielle ($N.m^{-1}$)
300	6,8	544	4419	-	-
500	8,9	594	4389	-	-
700	11,7	636	4358	-	-
900	13,9	675	4327	-	-
1100	18,5	691	4296	-	-
1300	19,6	653	4265	-	-
1500	22,5	686	4235	-	-
1700	24,8	725	4204	-	-
1898	26,9	844	4173	-	-
1923	29,5	965	3920	4.10^{-3}	1,52
2100	31,2	1137	3799	$2,7.10^{-3}$	1,47
2300	35,7	1143	3663	2.10^{-3}	1,42
2500	39,3	1150	3527	1,5.10-3	1,36
3000	46,3	1172	3187	1,5.10-3	1,23

Tableau 7.7 – Propriétés thermophysiques de l'alliage Ti-6Al-4V fonction de la température

Température transus T_β (K)	1220	Emissivité ε	0,7
$\Delta\Delta T_\beta$ (K)	200	Coefficient convectif h_c ($W.m^{-2}.K^{-1}$)	20
Température solidus T_S (K)	1898	Coefficient d'expansion volumique β solide (K^{-1})	$3,75.10^{-5}$
Température liquidus T_L (K)	1923	Taux d'expansion/retrait au changement de phase	$6,45.10^{-2}$
Enthalpie transus L_β ($J.kg^{-1}$)	$6,78.10^{4}$	Coefficient d'expansion volumique β liquide (K^{-1})	$1,89.10^{-4}$
Enthalpie fusion L_f ($J.kg^{-1}$)	$2,9.10^{5}$	Masse volumique ρ_f à $T = T_f$ ($kg.m^{-3}$)	3900
Espacement interdendritique d_s (m)	10^{-4}	Viscosité dynamique μ à $T = T_f$ (Pa.s)	4.10^{-3}
Absorptivité α	0,33	Constante b – loi de Darcy	10^{-3}

Tableau 7.8 - Autres propriétés des simulations faites avec l'alliage Ti-6Al-4V

Température (K)	Conductivité thermique ($W.m^{-1}.K^{-1}$)	Chaleur massique ($J.kg^{-1}.K^{-1}$)	Masse volumique ($kg.m^{-3}$)	Viscosité dynamique (Pa.s)
300	9,6	502	8002	-
500	13	529	7959	-
700	16,3	556	7906	-
900	19,5	583	7844	-
1100	22,6	609	7772	-
1300	25,6	636	7691	-
1500	28,6	663	7601	-
1701	31,6	690	7501	-
1762	31,3	775	7330	$5,9.10^{-3}$
1900	33	775	7209	$4,6.10^{-3}$
2100	35,6	775	7039	$3,5.10^{-3}$
2300	38,1	775	6878	$2,8.10^{-3}$
2500	40,6	775	6724	$2,3.10^{-3}$
3000	46,9	775	6375	$1,6.10^{-3}$

Tableau 7.9 – Propriétés thermophysiques de l'acier inoxydable 316L fonction de la température

L'évolution avec la température de la tension superficielle de l'acier 316L repose sur l'équation (7.4) donnée par (Sahoo et al., 1988). L'équation (7.5) exprime sa dérivée par rapport à la température. Les différents paramètres de ces lois sont donnés dans le Tableau 7.10.

$$\gamma(T,a_k)=\gamma_f - A_g\left(T-T_f\right) - RT\Gamma_S \ln\left(1+Ka_k\right)$$
$$K = k_l \exp\left(-\frac{\Delta H^0}{RT}\right) \qquad (7.4)$$

$$\frac{\partial\gamma(T,a_k)}{\partial T} = A_g - R\Gamma_S \ln\left(1+Ka_k\right) - \frac{Ka_k}{1+Ka_k}\frac{\Gamma_S\left(\Delta H^0\right)}{T} \qquad (7.5)$$

Paramètre	Valeur
γ_f (N.m^{-1})	1,94
A_g (N.m^{-1}.K^{-1})	-4,3.10^{-4}
R (J.kg^{-1}.mol^{-1}.K^{-1})	8,314
Γ_S (J.kg^{-1}.mol^{-1}.m^{-2})	1,3.10^{-5}

Paramètre	Valeur
T_f (K)	1690
k_l (-)	3,18.10^{-3}
ΔH^0 (J.kg^{-1}.mol^{-1})	-1,662.10^{5}
a_k (%m)	0,011

Tableau 7.10 – Paramètres des équations (7.4) et (7.5), issus de (Sahoo et al., 1988)

Température solidus T_S (K)	1701
Température liquidus T_L (K)	1762
Enthalpie fusion L_f (J.kg^{-1})	3.10^{5}
Espacement interdendritique d_s (m)	10^{-4}
Masse volumique ρ_f à $T = T_f$ (kg.m^{-3})	7730
Viscosité dynamique μ_f à $T = T_f$ (Pa.s)	5.10^{-3}
Absorptivité α	0,3

Emissivité ε	0,5
Coefficient convectif h_c (W.m^{-2}.K^{-1})	20
Coefficient d'expansion volumique β solide (K^{-1})	4,77.10^{-5}
Taux d'expansion/retrait au changement de phase	2,33.10^{-2}
Coefficient d'expansion volumique β liquide (K^{-1})	1,22.10^{-4}
Constante b – loi de Darcy	10^{-3}

Tableau 7.11 - Autres propriétés des simulations faites avec l'acier 316L

Faisceau laser	Jet de poudre
$N_{laser} = 5$; $r_{laser} = 0,65$ mm	$N_{jet} = 5$; $r_{jet} = 2,2$ mm

Tableau 7.12 – Paramètres de distribution obtenus après caractérisation du faisceau laser et du jet de poudre à une distance de 4 mm sous la buse (données PIMM)

Annexe 4. Validation de l'expression de la tension superficielle

La fusion locale du barreau par le laser fait intervenir un problème de surface libre où des effets de tension superficielle prennent place et déforment la surface libre. Ce type de conditions aux limites ne faisant pas partie des options disponibles par défaut dans le code commercial Comsol Multiphysics®, il est donc nécessaire de développer une formulation faible de la tension superficielle afin de l'implémenter sous forme de contrainte sur les frontières appropriées. La validation de cette expression fait l'objet de cette annexe.

Pour valider, d'une part, la mise en donnée de la tension superficielle dans des repères 2D axisymétrique et 3D et d'autre part mieux appréhender les paramètres du modèle agissant sur la précision du calcul (maillage, solveur, ...), l'amortissement des oscillations d'une goutte sphérique initialement déformée a été simulé. Dans le cas de faibles amplitudes, il existe une solution analytique qui permet de décrire les oscillations en un point de la frontière libre au cours du temps (Aulisa et al., 2006; de Sousa et al., 2004; Dettmer and Peric, 2006; Watanabe, 2008; Yang and Prosperetti, 2006). A l'état d'équilibre, la différence de pression Δp de part et d'autre de l'interface liquide/gaz est donnée par l'équation de Laplace (7.6) :

$$\Delta p = \gamma_{eau/air}\kappa \qquad (7.6)$$

où $\gamma_{eau/air}$ et κ représentent respectivement le coefficient de tension superficielle et la courbure de la surface. Cette étude est réalisée pour le cas d'une interface entre de l'eau et de l'air (Tableau 7.13).

Masse volumique ρ_{eau} (kg.m^{-3})	998
Viscosité dynamique μ_{eau} (Pa.s)	1,01.10^{-3}
Tension superficielle $\gamma_{eau/air}$ (N.m^{-1})	73.10^{-3}

Tableau 7.13 – Propriétés thermophysiques de l'eau à 20°C

La mise en données de la tension superficielle dans COMSOL Multiphysics® diffère que l'on soit dans un repère 2D axisymétrique (Figure 7.8a) ou 3D cartésien (Figure 7.8b). C'est la raison pour laquelle la validation est faite pour ces deux cas.

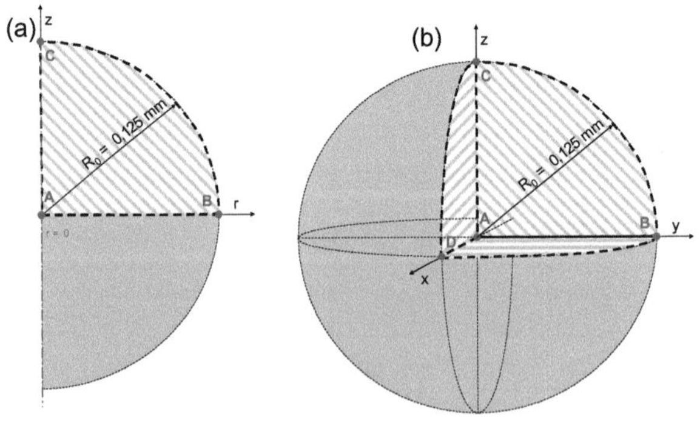

Figure 7.8 – Illustration de la géométrie modélisée avec axes de symétrie et indices des sommets : (a) repère 2D axisymétrique ; (b) repère 3D

Hypothèses

La comparaison entre la solution calculée par Comsol Multiphysics® et la solution analytique a été réalisée pour le cas d'une goutte d'eau. Les principales hypothèses de ce cas-test sont les suivantes :

- **Déformation de faible amplitude** : la déformation initiale de la goutte correspond à 2,5% du rayon de la goutte à l'équilibre.
- **Pas de force volumique** : la force de pesanteur n'est pas considérée. Cela peut se justifier au regard du nombre de Bond qui compare les forces de pesanteur par rapport aux forces de tension superficielle. En considérant les propriétés données dans le Tableau 7.13 et le rayon R_0 de la goutte comme longueur caractéristique, le nombre de Bond, défini par l'équation (7.7), est de $2{,}1.10^{-3}$. Cela confirme la prédominance de la tension superficielle sur la pesanteur et valide ainsi cette hypothèse.

$$\mathrm{Bo} = \frac{\rho_{eau} g R_0^2}{\gamma_{eau}} \tag{7.7}$$

- **Influence de l'environnement nulle** : la différence de masse volumique et de viscosité entre les deux fluides nous autorise à négliger l'influence de l'air sur l'eau. C'est la raison pour laquelle les champs de vitesse et de pression ne sont pas calculés dans l'air.

Solution analytique

En appliquant les hypothèses simplificatrices énoncées, il est possible d'établir une solution analytique (7.8) qui permet de décrire l'évolution de l'amplitude d'un point de la frontière libre au cours du temps. Cette solution dépend des trois paramètres que sont l'amplitude initiale A_0, de la pulsation propre du système ω et de la constante d'amortissement ζ, et qui sont définis par les équations (7.9), (7.10) et (7.11).

$$Z^{exacte}(t) = Z_0 + A_0 \cos(\omega t)\exp(-\zeta t) \tag{7.8}$$

$$A_0 = 0{,}025 R_0 \tag{7.9}$$

$$\omega = \sqrt{\frac{8\gamma_{eau/air}}{\rho_{eau} R_0^3}} \tag{7.10}$$

$$\zeta = \frac{5\mu_{eau}}{\rho_{eau} R_0^2} \tag{7.11}$$

avec R_0 le rayon de la goutte à l'équilibre. La variable $Z^{exacte}(t)$ donne l'évolution de la position du point C (Figure 7.8a et b) au cours du temps, avec $Z^{exacte}(\infty) = Z_0$ la position du point C une fois l'équilibre de la surface retrouvé.

Solution numérique

Géométrie et Maillage

L'hypothèse d'un champ de gravité négligeable et la forme sphérique de la géométrie permettent de réduire la taille du domaine de calcul. Ainsi, la géométrie 2D axisymétrique est composée d'un quart de disque représenté par la surface ACD de la Figure 7.8a. La géométrie 3D est réduite à un huitième de la sphère initiale, du fait des trois plans de symétrie. Il s'agit alors du volume ABCD de la Figure 7.8b. Le rayon initial R_0 de la sphère est de 0,125 mm.

Le domaine spatial est discrétisé à l'aide d'éléments triangulaires. Le nombre optimal d'éléments du maillage sera établi à l'issue de l'étude de convergence présentée par la suite.

Equations à résoudre

Les oscillations de la frontière libre vont dépendre des champs de vitesse et de pression à l'intérieur du domaine. Pour cette raison, les équations de Navier-Stokes et de continuité (équations (7.12) et (7.13)) sont résolues en régime transitoire en assimilant l'eau à un fluide newtonien incompressible dont l'écoulement est laminaire.

$$\rho_{eau}\left[\frac{\partial \vec{u}}{\partial t}+(\vec{u}\cdot\nabla)\vec{u}\right]=\vec{\nabla}\cdot\left[-pI+\mu_{eau}\left(\vec{\nabla}\cdot\vec{u}+\left(\vec{\nabla}\cdot\vec{u}\right)^{T}\right)\right] \tag{7.12}$$

$$\vec{\nabla}\cdot\vec{u}=0 \tag{7.13}$$

avec ρ_{eau} la masse volumique du liquide, $\vec{u}$ le champ de vitesse dans la goutte, p la pression, μ_{eau} la viscosité dynamique de l'eau. Le déplacement des éléments du maillage est assuré par la méthode ALE en spécifiant que les déformations libres soient traitées avec un modèle de type hyperélastique pour le lissage du maillage dans le domaine. Ce modèle est implémenté par défaut dans le code Comsol Multiphysics® et repose sur une loi de Hooke qui tend à minimiser l'énergie de déformation du maillage. Des trois modèles de lissage disponibles, celui-ci est présenté comme étant le plus robuste face aux grandes déformations. Il repose sur un module de cisaillement et un coefficient de compressibilité qui restent néanmoins artificiels et inaccessibles à l'utilisateur.

Conditions aux limites et conditions initiales

La déformation initiale de la frontière est réalisée en appliquant un déplacement $d_{n=2}$ selon un polynôme de Legendre de second ordre $P_{n=2}$ en coordonnées polaires et s'exprime ainsi :

$$d_{n=2}(\theta)=R_0\left[1+A_0P_{n=2}(\cos\theta)\right] \tag{7.14}$$

$$P_{n=2}(\cos\theta)=\frac{1}{2}\left(3\cos^2\theta-1\right) \tag{7.15}$$

Cette déformation est faite en imposant le déplacement des frontières BC et BCD (Figure 7.8). Le domaine déformé constitue alors l'instant initial du problème transitoire d'amortissement. Du fait de la courbure non homogène le long de la surface libre, le terme de tension superficielle induit un gradient de pression normal à la surface et met le fluide en mouvement. Les forces de viscosité sont quant à elles responsables de l'amortissement du champ de vitesse.

Le Tableau 7.14 présente les différentes conditions aux limites définies pour modéliser les oscillations de la goutte dans le repère 2D axisymétrique. La vitesse de l'interface $u_{L/G}$ est pilotée à partir de la vitesse $\vec{u}$ résolue par les équations de la mécanique des fluides. Les frontières AB et AC sont définies de sorte à satisfaire respectivement à une condition de glissement et une condition d'axisymétrie. Les directions de déplacement parallèles à l'axe dans lequel s'inscrivent les frontières AB et AC sont bloquées afin d'éviter l'écartement du maillage par rapport cet axe. Les conditions aux limites du modèle 3D sont regroupées dans le Tableau 7.15 et sont définies selon une logique identique à celle du problème 2D axisymétrique.

Frontières	Mécanique des fluides	ALE
AB	$\vec{u}_{N\text{-}S}\cdot\vec{n}=0$	dz = 0
AC	Axe de symétrie	dr = 0
BC	$\vec{u}_{N\text{-}S}\cdot\vec{n}=0$; $\sigma_n = -\gamma_{eau}\kappa$	$\vec{u}_{L/G}\cdot\vec{n}=\vec{u}_{N\text{-}S}\cdot\vec{n}$

Tableau 7.14 – Conditions aux limites des problèmes de mécanique des fluides et ALE pour une formulation dans le repère 2D axisymétrique (Figure 7.8a)

Frontières	Mécanique des fluides	ALE
ABC	$\vec{u}_{N\text{-}S}\cdot\vec{n}=0$	dx = 0
ACD	$\vec{u}_{N\text{-}S}\cdot\vec{n}=0$	dy = 0
ABD	$\vec{u}_{N\text{-}S}\cdot\vec{n}=0$	dz = 0
BCD	$\vec{u}_{N\text{-}S}\cdot\vec{n}=0$; $\sigma_n = -\gamma_{eau}\kappa$	$\vec{u}_{L/G}\cdot\vec{n}=\vec{u}_{N\text{-}S}\cdot\vec{n}$

Tableau 7.15 – Conditions aux limites des problèmes de mécanique des fluides et ALE pour une formulation dans le repère 3D (Figure 7.8b)

Plus de détails sur l'implémentation du terme de tension superficielle sont donnés par (Carin, 2010).

Etude de convergence du modèle 2D axisymétrique de validation

Les paramètres optimaux (taille des éléments du maillage, critères de convergence : tolérances relatives et absolues, pas de temps) ont été déterminés à la suite d'une étude paramétrée. Elle a permis de trouver un jeu de paramètres offrant le meilleur compromis entre précision de la solution et temps de calcul. Trois jeux de maillage ont été testés : 267 éléments, 882 éléments et 3528 éléments, ce qui correspond à une taille maximale de 16 µm, 8 µm et 4 µm respectivement. Les équations de la mécanique des fluides sont discrétisées avec des éléments de type P_2-P_1 : quadratique pour le champ de vitesse et linaire pour le champ de pression. Chaque cas de l'étude paramétrée est testé avec un pas de temps de 100µµs, 10 µs et 1µµs.

La tolérance relative rtol permet de contrôler les erreurs à chaque pas de temps lors de la résolution des équations non linéaires. Soit U l'approximation d'un vecteur solution à une étape donnée, et E l'estimation de l'erreur locale commise durant cette étape. Cette étape est validée à la condition que err < rtol avec :

$$err = \sqrt{\frac{1}{N}\sum_{i=1}^{N}\left(\frac{|E_i|}{W_i}\right)^2} \tag{7.16}$$

où N est le nombre de degrés de liberté associé à la variable i, et $W_i = \max(|U_i|, S_i)$ ou S_i est un facteur d'échelle que le solveur peut calculer automatiquement à partir de U, et qui est la méthode retenue ici. Il est toutefois possible de spécifier manuellement la valeur de ce facteur d'échelle, voire de ne pas en appliquer. Alors dans ce cas, W_i = 1 et l'équation (7.16) devient une estimation de l'erreur absolue. La tolérance absolue atol permet quant à elle un contrôle sur la précision absolue de la solution. Cette tolérance peut être appliquée sur la variable i mise à l'échelle avec le facteur S_i, comme c'est le cas ici, ou non. Il est par ailleurs possible de spécifier la valeur de atol pour chaque variable i.

Différentes valeurs de tolérances sont testées (Tableau 7.16) et s'appliquent aux variables des champs de vitesse et de pression, ainsi qu'aux variables relatives à la déformation du maillage.

Tolérance relative	Tolérance absolue
10^{-2}	10^{-3}
10^{-3}	10^{-4}
10^{-4}	10^{-5}

Tableau 7.16 –Tolérances relatives et absolues sur les composantes u et w du vecteur vitesse, p la pression, et les déplacements selon r et z du maillage

Chaque calcul de cette étude de convergence est effectué sur un processeur, sans limite de mémoire vive. Le temps calculé est de 0,02 s.

Pour rendre compte des effets du pas de temps, du maillage et des tolérances sur la précision de la solution numérique, quatre critères ont été retenus. Le premier rend compte de l'erreur faite sur le cumul des déplacements selon z du point **C** de la Figure 7.8. Ce critère évalue en fait l'erreur commise par la solution numérique sur la distance parcourue par le point **C** sur 0,02 s par rapport à la distance calculée analytiquement. Les deuxième et troisième critères donnent une information sur la précision de la solution calculée à travers l'intégrale du champ de vitesse et du champ de pression à l'instant final t = 0,02 s. Ces intégrales nous renseignent indirectement sur les erreurs d'interpolation et les résidus. Le dernier critère porte sur l'évolution du temps de calcul en fonction des paramètres de résolution.

La réduction du pas de temps maximal a pour principal effet de réduire l'erreur sur les déplacements de la surface libre (Figure 7.9) sans significativement améliorer la précision de la solution calculée (Figure 7.10 et Figure 7.11). Mais bien que cette contrainte facilite la convergence du problème linéaire, l'augmentation du nombre de pas temps se traduit également par une augmentation globale des temps de calcul (Figure 7.12). La restriction des tolérances relatives et absolues produit le même effet, à savoir une augmentation des temps de calcul. Dès lors que le pas de temps est inférieur ou égal à 10^{-4} s, des tolérances plus sévères ne permettent plus d'améliorer significativement la solution calculée pour le champ pression (Figure 7.11). La solution du champ de vitesse est plus sensible aux tolérances relatives et absolues dès lors que le nombre d'éléments du maillage augmente (Figure 7.10). Cette augmentation du nombre d'éléments réduit les erreurs d'interpolation, ce qui explique la diminution de la valeur de l'intégrale du champ de vitesse et du champ de pression en passant de 22 éléments à 370 éléments. L'intérêt de passer à un maillage de 1378 éléments n'est pas avéré car le bénéfice à en tirer sur l'amélioration de la solution est bien moindre et surtout cela augmente fortement les temps de calcul. A titre indicatif, la vitesse moyenne dans le fluide à l'instant final est de $5{,}2.10^{-3}$ $m.s^{-1}$ avec le maillage grossier et de 6.10^{-5} $m.s^{-1}$ avec le maillage le plus fin.

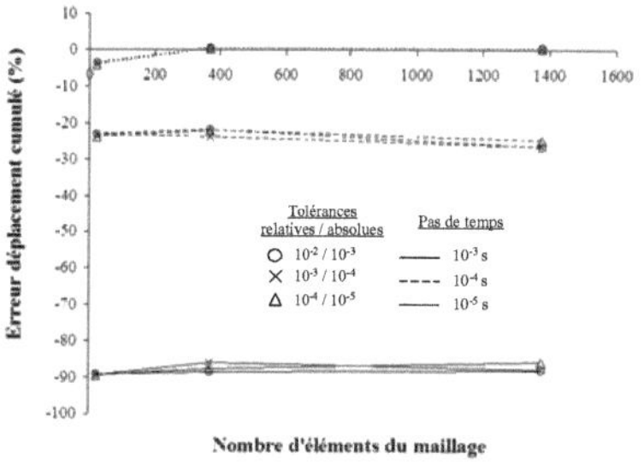

Figure 7.9 – Erreur sur le déplacement cumulé au point C de la surface libre (Figure 7.8) selon les paramètres de résolution

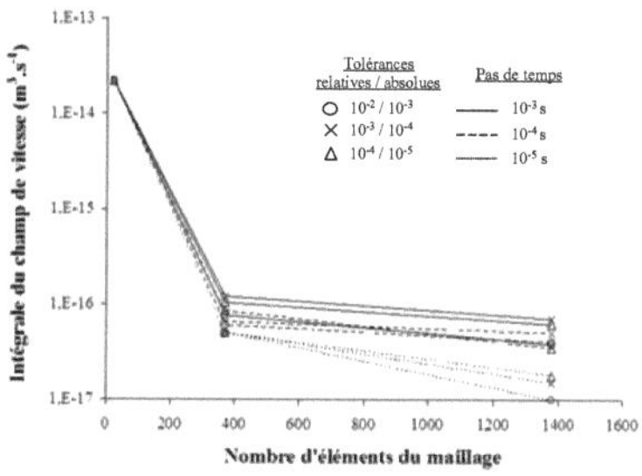

Figure 7.10 – Evolution de la vitesse résiduelle à l'instant final selon les paramètres de résolution

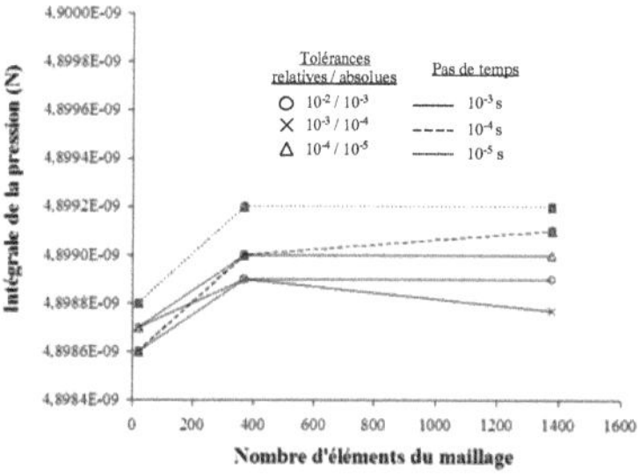

Figure 7.11 – Evolution de la pression résiduelle à l'instant final selon les paramètres de résolution

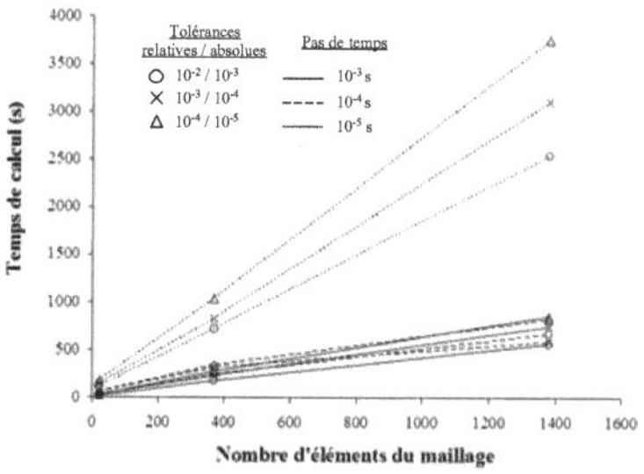

Figure 7.12 – Temps de calcul nécessaire selon les paramètres de résolution

Pour l'ensemble des calculs effectués, la variation du volume de la goutte d'eau a été mesurée. Les valeurs les plus défavorables donne une erreur inférieure à 0,015 % entre le volume initial et le volume final, ce qui est tout à fait raisonnable et valide la conservation du volume de la goutte d'eau. La comparaison de la pression finale par rapport à la pression analytique obtenue à partir de l'équation de Laplace donne une erreur maximale inférieure à 0,0045 %, ce qui est pleinement satisfaisant

Aux vues des différents résultats de cette étude de convergence, nous retenons le maillage intermédiaire composé d'éléments d'une taille maximale de 10 μm, un pas de temps maximal fixé à 10 μs, des tolérances relatives et absolues de 10^{-3} et 10^{-4} respectivement.

Comparaison des résultats du modèle numérique 2D axisymétrique avec une solution analytique

La résolution temporelle est faite de 0 à 0,02 s avec un pas de temps de 10^{-5} s. La Figure 7.13 compare la solution numérique avec la solution analytique. Les courbes représentent l'évolution de la position du point C (voir Figure 7.8) par rapport à sa position d'équilibre, c'est-à-dire lorsque $t \rightarrow \infty$. On constate une bonne concordance entre les deux solutions, tant au niveau de la période des oscillations qu'au niveau de leurs amplitudes. Le temps de calcul dans cette configuration est de 826 s.

La comparaison entre les valeurs exactes et les valeurs du modèle numérique est présentée dans le Tableau 7.17. Le très faible écart entre les deux solutions nous permet donc de valider la mise en donnée de la tension superficielle en tant que condition aux limites dans un repère 2D axisymétrique.

	Valeur exacte	Valeur numérique	Ecart relatif
Période d'oscillation (µs)	369,9	372,3	+ 0,65 %
Pression relative finale (Pa)	1153,46	1153,44	< 0,002 %
Volume final (mm^3)	$4{,}247.10^{-3}$	$4{,}246.10^{-3}$	- 0,02 %

Tableau 7.17 – Comparaison des résultats de la solution analytique et du modèle numérique 2D axisymétrique

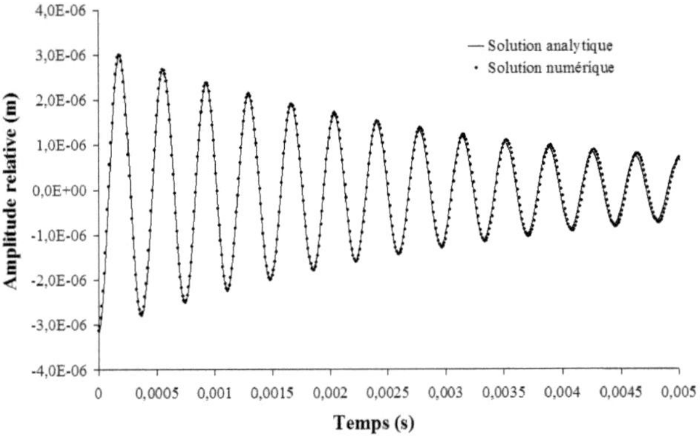

Figure 7.13 – Comparaison de la solution numérique avec la solution analytique pour l'étude des oscillations amorties d'une goutte initialement déformée dans un repère 2D axisymétrique

Comparaison des résultats du modèle numérique 3D avec une solution analytique

Pour valider la mise en donnée de la tension superficielle dans un repère 3D cartésien, la solution analytique vue précédemment est utilisée comme solution de référence. Comme pour le cas précédent, la vitesse de déplacement de la frontière libre est déterminée à partir des champs de vitesse et de pression au niveau de la surface libre. Comme cela a été dit, la sphère est réduite à 1/8ème de son volume initiale compte tenu des plans de symétrie, et cela permet de réduire les temps de calcul. La géométrie et sa discrétisation sont illustrées par la Figure 7.8b. Les paramètres utilisés sont ceux déterminés à l'issue de l'étude de convergence. Le maillage est constitué de 16616 éléments tétraédriques d'ordre P_1-P_1, d'une taille de 10 µm (147810 DDL). Les tolérances relatives et absolues sont respectivement de 10^{-3} et 10^{-4}. Pour un cas 3D, le temps de calcul est d'environ 13 jours avec six cœurs de calcul. Les conditions aux limites sont reportées dans le Tableau 7.15. Les conditions initiales présentent une vitesse et une pression nulles dans le domaine de calcul dont la surface BCD (Figure 7.8b) est déformée selon l'équation (7.14).

La comparaison entre les valeurs exactes et les valeurs du modèle numérique est présentée dans le Tableau 7.18. Le bon accord entre les deux solutions nous permet également de valider la mise en donnée de la tension superficielle en tant que condition aux limites dans un repère 3D cartésien. On peut toutefois noter le temps de calcul très important malgré la réduction de la taille du problème et la discrétisation avec des éléments de type P_1-P_1.

	Valeur exacte	Valeur numérique	Ecart relatif
Période d'oscillation (µs)	369,9	363,3	+ 1,78 %
Pression relative finale (Pa)	1153,46	1168	+ 1,26 %
Volume final (mm^3)	$8{,}495.10^{-3}$	$8{,}181.10^{-3}$	+ 3,84 %

Tableau 7.18 – Comparaison des résultats de la solution analytique et du modèle numérique 3D

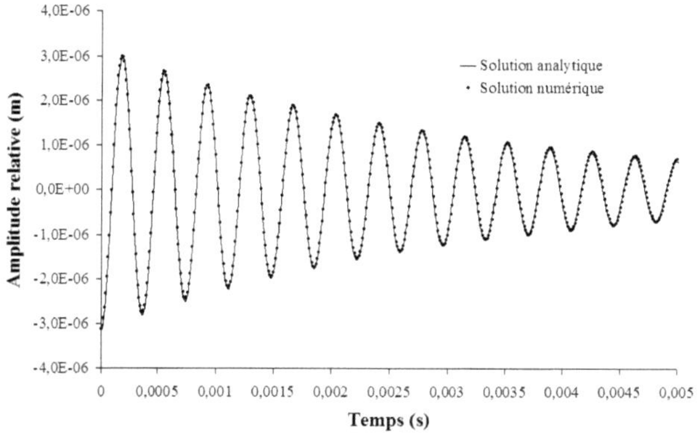

Figure 7.14 – Comparaison de la solution numérique avec la solution analytique pour l'étude des oscillations amorties d'une goutte initialement déformées dans un repère 3D

Annexe 5. Validation de la mise en données du modèle 2D axisymétrique et validation des propriétés thermophysiques

Cette annexe présente les résultats de la comparaison entre les données expérimentales et numériques servant à valider d'une part la mise en données du modèle thermohydraulique avec surface libre, et d'autre part les propriétés thermophysiques retenues. Cette validation fait l'objet du chapitre 3 de la thèse.

Les résultats présentés ont été obtenus avec un coefficient moyen d'absorptivité de 0,33 et un coefficient thermocapillaire de $-2{,}7.10^{-4}$ $N.m^{-1}.K^{-1}$ pour l'alliage de titane Ti-6Al-4V. Les Figure 7.15 à Figure 7.18 présentent les températures calculées et mesurées pour quatre puissances laser avec l'alliage Ti-6Al-4V, et les Figure 7.23 à Figure 7.26 comparent la forme dynamique de la zone fondue à différents instants ainsi que la position maximale du front de fusion. Pour le cas de l'acier inoxydable 316L, le coefficient d'absorptivité moyen est de 0,3 et l'activité équivalente a_k définie dans l'équation décrivant l'évolution de la tension superficielle avec la température (loi de Sahoo) est de 0,011%m. Pour ce matériau, la comparaison des températures est présentée par les Figure 7.19 à Figure 7.22 et celle de la forme de la zone fondue par les Figure 7.27 à Figure 7.30.

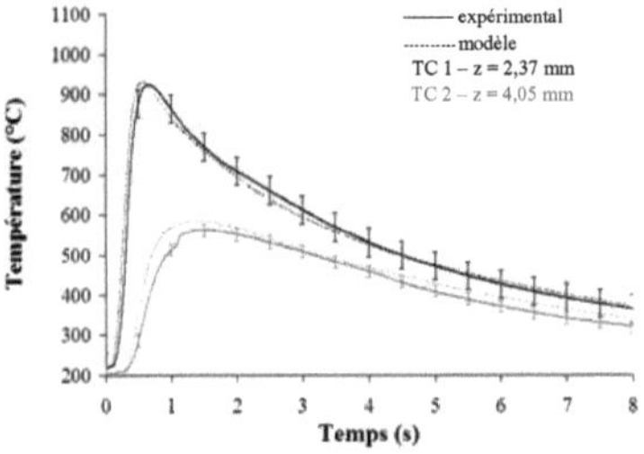

Figure 7.15 – Températures mesurées et calculées à la surface d'un barreau de Ti-6Al-4V pour une puissance laser de 172 W durant 300 ms

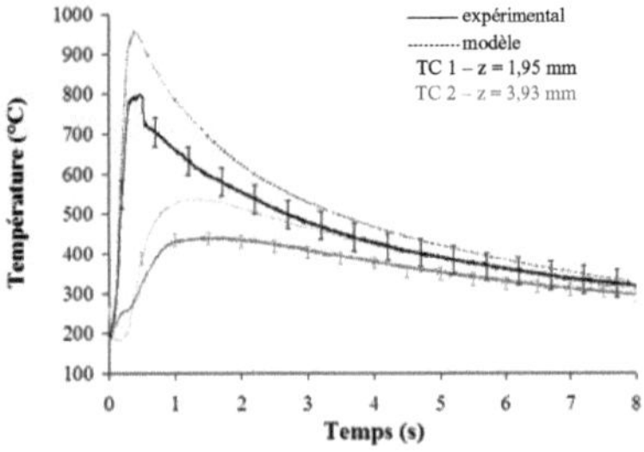

Figure 7.16 – Températures mesurées et calculées à la surface d'un barreau de Ti-6Al-4V pour une puissance laser de 215 W durant 200 ms

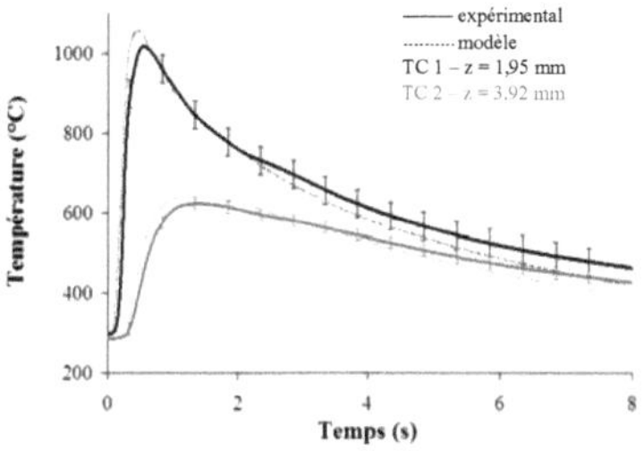

Figure 7.17 – Températures mesurées et calculées à la surface d'un barreau de Ti-6Al-4V pour une puissance laser de 268 W durant 200 ms

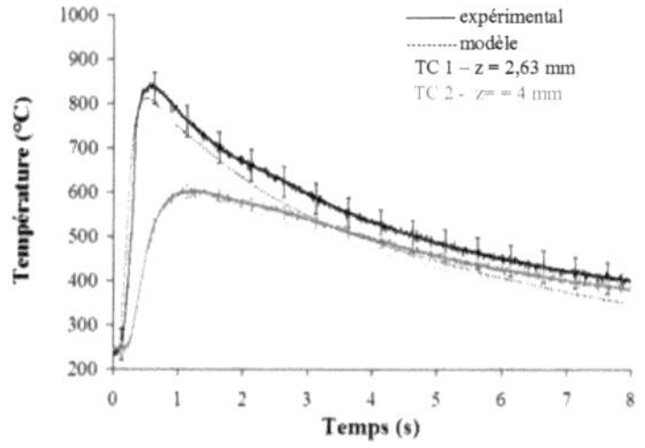

Figure 7.18 – Températures mesurées et calculées à la surface d'un barreau de Ti-6Al-4V pour une puissance laser de 320 W durant 150 ms

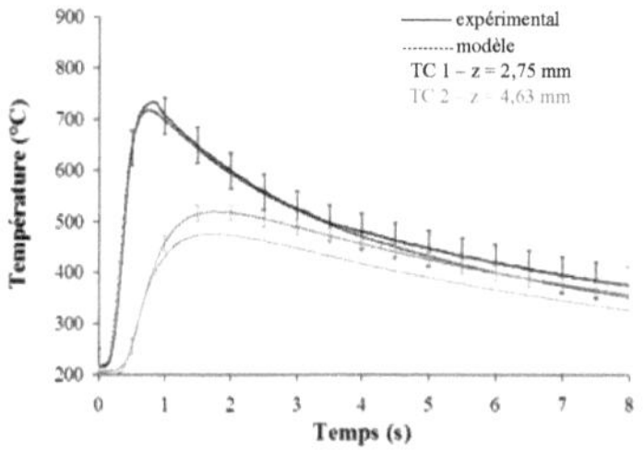

Figure 7.19 – Températures mesurées et calculées à la surface d'un barreau de 316L pour une puissance laser de 172 W durant 300 ms

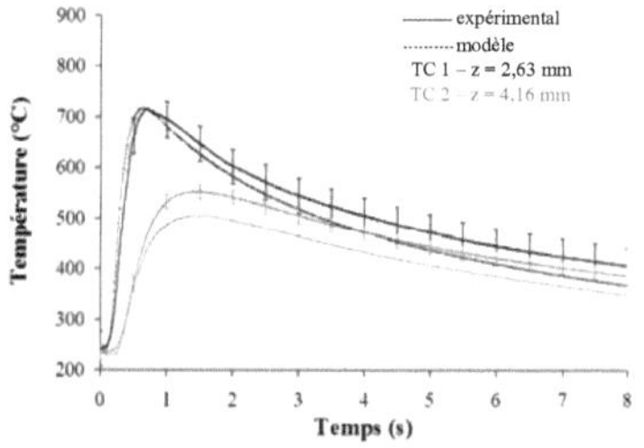

Figure 7.20 – Températures mesurées et calculées à la surface d'un barreau de 316L pour une puissance laser de 215 W durant 200 ms

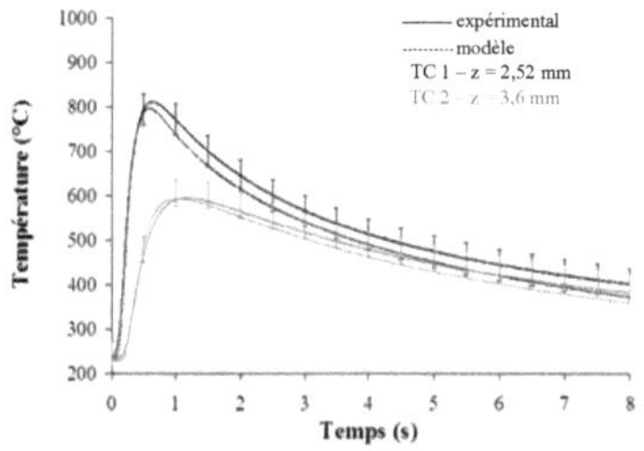

Figure 7.21 – Températures mesurées et calculées à la surface d'un barreau de 316L pour une puissance laser de 268 W durant 200 ms

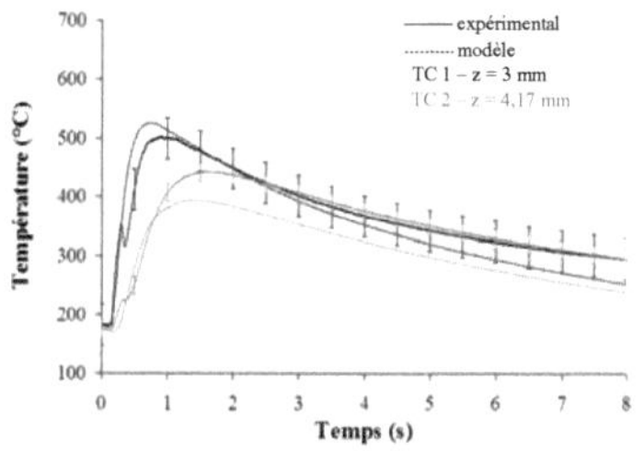

Figure 7.22 – Températures mesurées et calculées à la surface d'un barreau de 316L pour une puissance laser de 320 W durant 150 ms

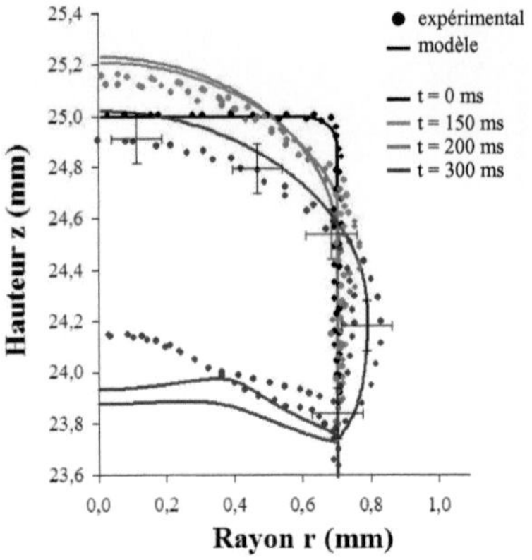

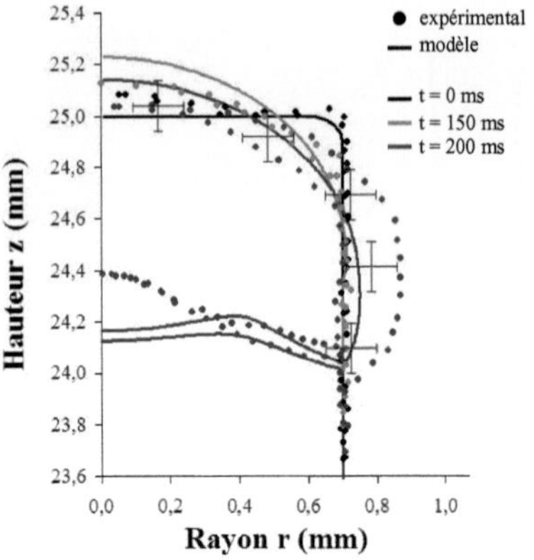

Figure 7.23 – Comparaison de la forme de la surface libre du barreau de Ti-6Al-4V à différent instants : t = 0 ms, t = 150 ms, t = 200 ms, t = 300 ms (arrêt du laser) (P_{laser} = 172 W)

Figure 7.24 – Comparaison de la forme de la surface libre du barreau de Ti-6Al-4V à différent instants : t = 0 ms, t = 150 ms, t = 200 ms (arrêt du laser) (P_{laser} = 215 W)

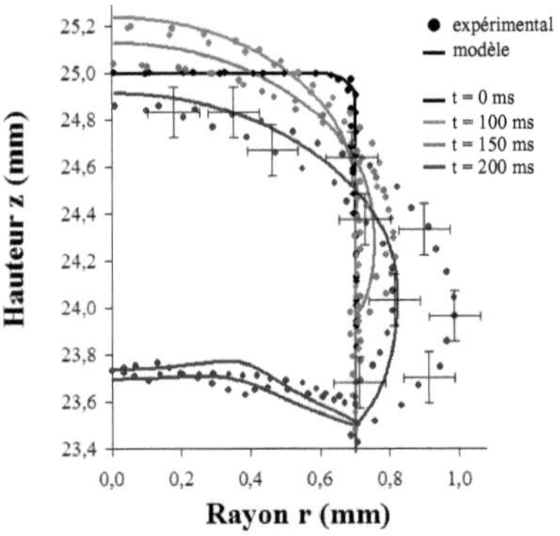

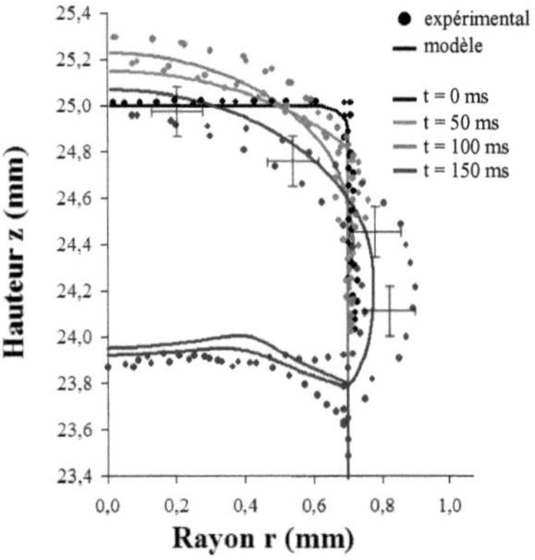

Figure 7.25 – Comparaison de la forme de la surface libre du barreau de Ti-6Al-4V à différent instants : t = 0 ms, t = 100 ms, t = 150 ms, t = 200 ms (arrêt du laser) (P_{laser} = 268 W)

Figure 7.26 – Comparaison de la forme de la surface libre du barreau de Ti-6Al-4V à différent instants : t = 0 ms, t = 50 ms, t = 100 ms, t = 150 ms (arrêt du laser) (P_{laser} = 320 W)

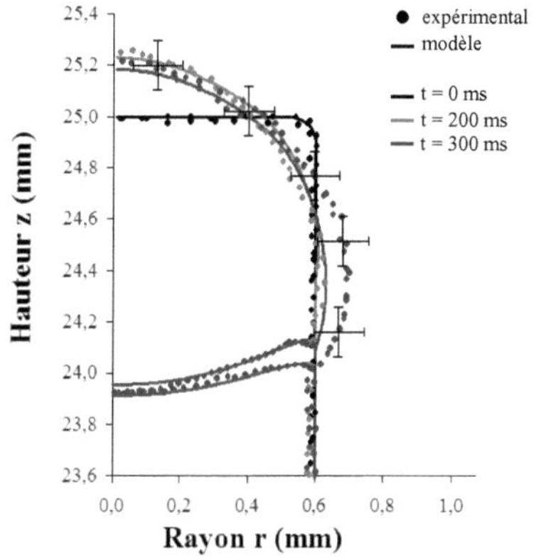

Figure 7.27 – Comparaison de la forme de la surface libre du barreau de 316L à différent instants : t = 0 ms, t = 200 ms, t = 300 ms (arrêt du laser) (P_{laser} = 172 W)

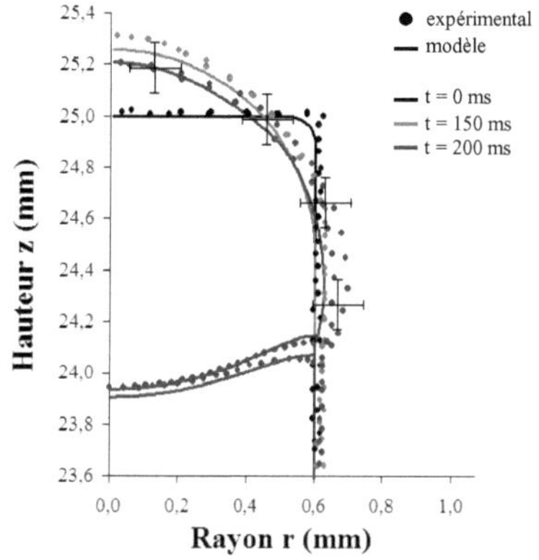

Figure 7.28 – Comparaison de la forme de la surface libre du barreau de 316L à différent instants : t = 0 ms, t = 150 ms, t = 200 ms (arrêt du laser) (P_{laser} = 215 W)

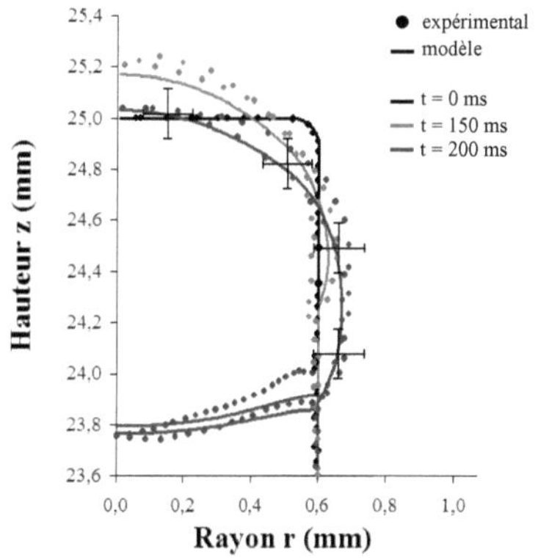

Figure 7.29 – Comparaison de la forme de la surface libre du barreau de 316L à différent instants : t = 0 ms, t = 150 ms, t = 200 ms (arrêt du laser) (P_{laser} = 268 W)

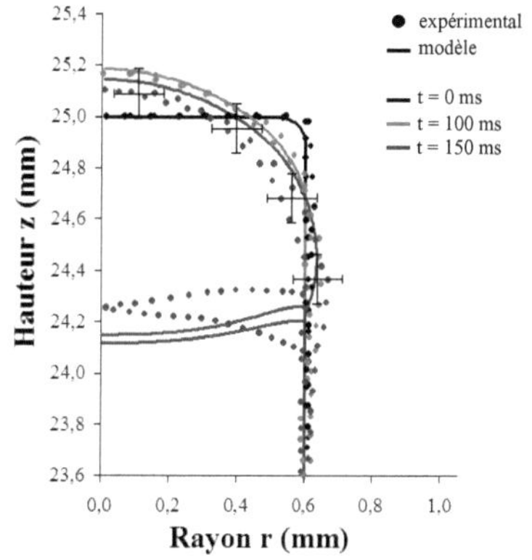

Figure 7.30 – Comparaison de la forme de la surface libre du barreau de 316L à différent instants : t = 0 ms, t = 100 ms, t = 150 ms (arrêt du laser) (P_{laser} = 320 W)

Annexe 6. Identification des paramètres $T_{p\ max}$ et r_{Tp} permettant de décrire la distribution des températures des particules

Le modèle du jet de poudre présenté dans le chapitre 4 permet de calculer la température des particules en fonction de leur trajectoire par rapport au faisceau laser et le profil de température dans le jet est alors estimé. Ce profil est assimilé à une distribution gaussienne (équation (7.17)). Les valeurs des paramètres $T_{p\ max}$ et r_{Tp} permettent de décrire la température des particules à la surface du substrat situé à 4 mm en dessous de la buse. Ces paramètres sont donnés pour des particules d'alliage Ti-6Al-4V (Tableau 7.19) et d'acier 316L (Tableau 7.20) d'une granulométrie de [45-75] µm et sont supposés indépendants du débit massique. Les calculs ont été effectués pour une distribution gaussienne et uniforme de l'énergie dans le faisceau laser (r_{laser} = 0,65 mm). Pour chaque distribution, les puissances sont de 320 W, 400 W et 500 W. Ce modèle de température des particules est utilisé en temps que condition aux limites des modèles thermohydrauliques 2D et 3D avec apport de matière. Il permet de tenir compte de l'énergie que les particules apportent à la surface du bain liquide.

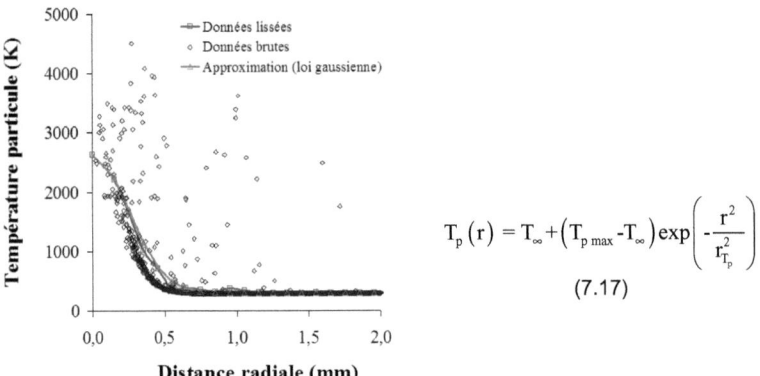

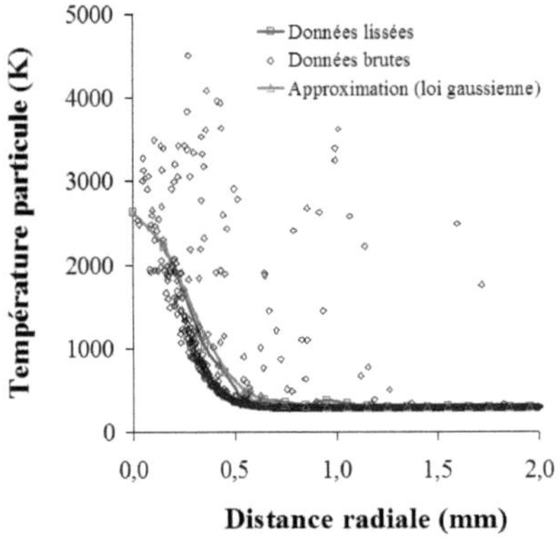

Figure 7.31 – Approximation du profil de température dans un jet de particules d'alliage Ti-6Al-4V à 4 mm sous la buse à partir des résultats numériques (P_{laser} = 320 W, laser gaussien)

$$T_p(r) = T_\infty + \left(T_{p\,max} - T_\infty\right)\exp\left(-\frac{r^2}{r_{T_p}^2}\right) \quad (7.17)$$

Puissance laser (W)	Distribution laser gaussienne		Distribution laser homogène	
	$T_{p\ max}$ (K)	r_{T_p} (mm)	$T_{p\ max}$ (K)	r_{T_p} (mm)
320	2650	0,4	1850	0,55
400	3120	0,3	2100	0,55
500	3720	0,35	2300	0,6

Tableau 7.19 – Paramètres du modèle de profil des températures dans le jet de poudre d'alliage Ti-6Al-4V à la surface du bain liquide obtenu à partir du modèle du jet de poudre selon la puissance laser et la distribution dans le faisceau laser.

Puissance laser (W)	Distribution laser gaussienne		Distribution laser homogène	
	$T_{p\ max}$ (K)	r_{T_p} (mm)	$T_{p\ max}$ (K)	r_{T_p} (mm)
320	1960	0,55	1430	0,75
400	2150	0,55	1610	0,75
500	2585	0,5	1740	0,8

Tableau 7.20– Paramètres du modèle de profil des températures dans le jet de poudre d'acier 316L à la surface du bain liquide obtenu à partir du modèle du jet de poudre selon la puissance laser et la distribution dans le faisceau laser

Annexe 7. Adaptation de la source laser au plan 2D

Cette annexe détaille l'étude permettant d'identifier les coefficients de pénalisation utilisés pour les modèles 2D longitudinal et transversal présentés au chapitre 5. L'objectif est ici de retrouver une taille de zone fondue et un niveau de température qui soient comparables à ceux obtenus à l'aide d'un modèle 3D. Pour cela, nous ajustons les apports et pertes de chaleur pris en compte dans le modèle 2D. Les différents paramètres opératoires ainsi que les propriétés physiques sont rappelés dans le Tableau 7.21. Le modèle de référence 3D est défini avec un laser de distribution gaussienne (N_{laser} = 5, r_{laser} = 1 mm), et subissant des pertes par convection et rayonnement avec un environnement à la température T_0. Le substrat est un mur mince, initialement à la température T_0, dont les dimensions sont également données dans le Tableau 7.21. Les pertes de chaleur dans la direction normale au plan 2D, c'est-à-dire dans l'épaisseur du substrat, sont calculées par l'équation (7.18) et définies comme un terme source volumique dans l'ensemble du domaine 2D.

Ainsi, avec le modèle 2D longitudinal, on obtient une longueur de zone fondue comparable au cas 3D en utilisant un coefficient de pénalisation de 0,4 sur la source laser de distribution gaussienne, tous les autres paramètres étant identiques entre le modèle 3D et le modèle 2D. Cela se fait au détriment de la température maximale qui diminue de 1364 K. Toutefois, il n'est pas possible avec cette technique d'adaptation de la source de chaleur d'obtenir à la fois une longueur de bain et des températures comparables. L'utilisation d'un coefficient de pénalisation de 0,4, privilégiant la taille du bain à la température maximale, a montré de bien meilleurs résultats une fois appliqué dans le modèle thermohydraulique 2D qu'un coefficient de 0,6 permettant d'obtenir la même température maximale que le modèle 3D. En effet, le coefficient de 0,6 surestime fortement les tailles de bain dans le modèle thermique 2D (+ 70%) et cela est d'autant plus marqué dans le modèle thermohydraulique 2D avec l'effet Marangoni.

$$S_{plan} = -\frac{h_c\left(T - T_\infty\right) + \varepsilon\sigma_{SB}\left(T^4 - T_\infty^4\right)}{w} \tag{7.18}$$

Paramètre	Valeur		Paramètre	Valeur
c_p	700 $J.kg^{-1}.K^{-1}$		P_{laser}	1000 W
λ	20 $W.m^{-1}.K^{-1}$		V_S	0,6 $m.min^{-1}$
ρ	4000 $kg.m^{-3}$		T_0	300 K
α	0,3		h_c	20 $W.m^{-2}.K^{-1}$
ε	0,7		L x l x ep	10 x 2 x 5 mm^3

Tableau 7.21 – Paramètres et propriétés du cas test servant à l'adaptation de la source laser dans le repère 2D

Ce coefficient de 0,4 est appliqué pour l'ensemble des calculs 2D thermohydrauliques obtenus pour une source de chaleur gaussienne. Pour une source laser de distribution homogène, le coefficient de pénalisation est de 0,9. Concernant le modèle 2D transverse, en plus d'utiliser un coefficient de pénalisation de 0,4 ou 0,9 selon la distribution énergétique du faisceau laser, le terme source défini par l'équation (7.18) a été augmenté d'un facteur mille. En l'absence de ces facteurs correctifs, les résultats numériques conduisent à des tailles de bain fondu surdimensionnées et donc aberrantes.

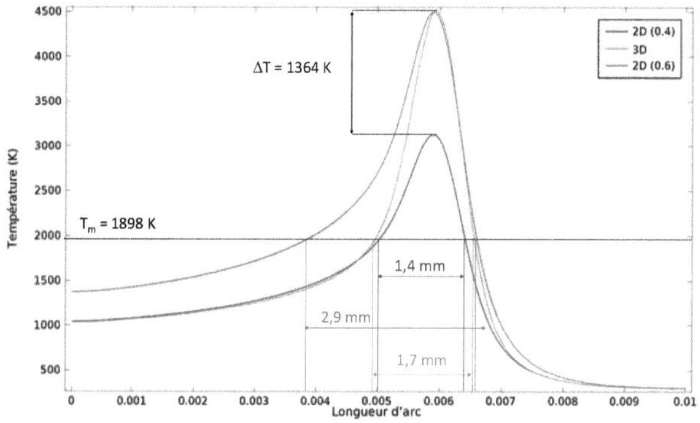

Figure 7.32 – Profil de température sur la surface du substrat le long de l'axe x : comparaison entre le modèle 3D et le modèle 2D adapté

Annexe 8. Etude de sensibilité des coefficients d'échanges convectifs et d'émissivité

Cette annexe présente l'étude de sensibilité menée sur le coefficient d'échange convectif et l'émissivité utilisés pour évaluer les pertes de chaleur par convection et rayonnement. Cette étude a été réalisée à partir du modèle 3D thermique présenté dans l'Annexe 7. Les observables retenus sont les dimensions de la zone fondue (longueur L_0, largeur W_0, profondeur H_0) et la température maximale atteinte. Les valeurs du coefficient convectif h_c et de l'émissivité sont arbitrairement modifiées en considérant des cas extrêmes et les effets sont quantifiés en comparant l'erreur relative faite par rapport au calcul de référence établi précédemment. La plage de variation de l'émissivité est définie à partir de l'étude bibliographique des propriétés thermophysiques de l'alliage Ti-6Al-4V du chapitre 2. Le coefficient d'échange convectif a peu d'effet sur la zone fondue et représente au maximum une erreur de 7% sur les dimensions de la zone fondue (Tableau 7.22). Une variation de ± 30% de l'émissivité par rapport à la valeur de référence n'est pas non plus pénalisante sur la solution obtenue, excepté peut-être sur la profondeur de pénétration mais reste toutefois inférieure à 10% d'erreur.

Cette étude justifie le choix d'un coefficient convectif h_c de 20 $W.m^{-2}.K^{-1}$ et d'une émissivité de 0,7 étant donnée que l'erreur potentiellement commise sur ces paramètres ne remet pas en cause la validité de la solution numérique.

Paramètre modifié	**err T_{max} (%)**	**err L_0 (%)**	**err W_0 (%)**	**err H_0 (%)**
$h_c = 0$ $W.m^{-2}.K^{-1}$	1,6	0,1	0,7	2,4
$h_c = 100$ $W.m^{-2}.K^{-1}$	-4,8	-0,5	-4,2	-7,2
$\varepsilon = 0,5$	3,2	0,4	2,3	8,7
$\varepsilon = 1$	-4,8	-0,6	-2,4	-6,4

Tableau 7.22 – Erreurs sur la température maximale de la zone fondue et de ses dimensions selon la valeur des paramètres retenus pour les conditions aux limites du problème de transfert de chaleur (valeurs de référence : $h_c = 20$ $W.m^{-2}.K^{-1}$, $\varepsilon = 0,7$)

Annexe 9. Résultats de l'étude paramétrée réalisée avec le modèle 2D thermohydraulique longitudinal pour le cas de l'acier 316L

Les différents graphiques présentés dans cette annexe ont été obtenus à l'issue d'une étude paramétrée portant sur la puissance laser P_{laser}, la vitesse de défilement V_S et le débit massique de poudre D_m. Les différentes valeurs des paramètres sont identiques à celles utilisées avec l'alliage Ti-6Al-4V. Le modèle thermohydraulique 2D longitudinal est strictement le même que celui présenté dans le chapitre 5, avec les propriétés thermophysiques de l'acier 316L (annexe 2). Cette étude n'ayant pas été menée expérimentalement, il s'agit uniquement de résultats numériques. Les Figure 7.33 à Figure 7.35 montrent respectivement l'évolution de la longueur du bain L_0, de la hauteur totale de zone fondue H_0 et de la hauteur du dépôt Δh en fonction de l'énergie linéique P_{laser}/V_S, et cela pour deux débits massiques. Les différentes courbes montrent une augmentation globale des dimensions du bain avec l'énergie linéique, ce qui est commun avec l'alliage Ti-6Al-4V. En revanche, les valeurs obtenues pour chaque configuration de paramètres sont inférieures à celles de l'alliage Ti-6Al-4V. Cette différence est liée d'une part à la différence de diffusivité thermique ($\alpha_{316L} < \alpha_{Ti\text{-}6Al\text{-}4V}$) et à la différence d'écoulement à l'intérieur du bain liquide (chapitre 6).

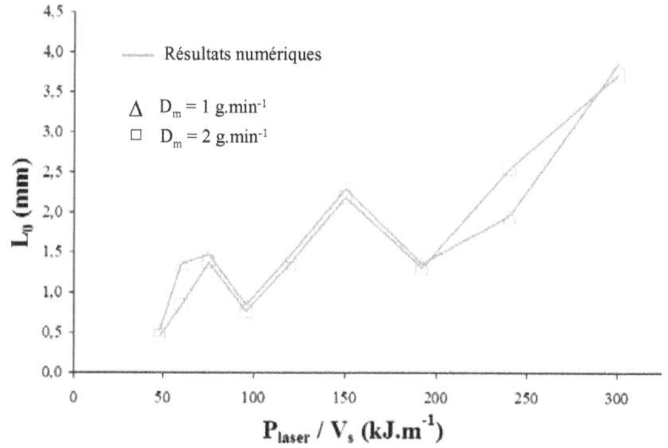

Figure 7.33 – Evolution de la longueur du bain L_0 en fonction de l'énergie linéique pour une poudre et un substrat en acier 316L (plan longitudinal)

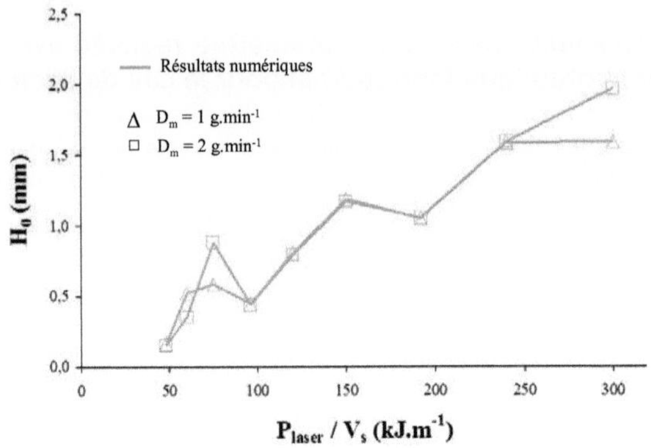

Figure 7.34 – Evolution de la hauteur totale du bain H_0 en fonction de l'énergie linéique pour une poudre et un substrat en acier 316L (plan longitudinal)

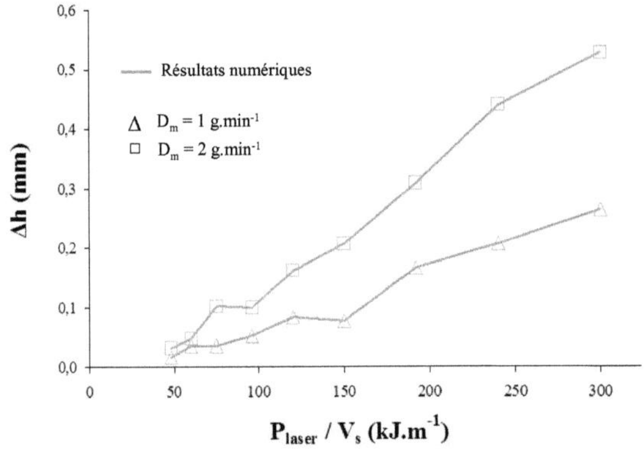

Figure 7.35 – Evolution de la hauteur déposée Δh en fonction de l'énergie linéique pour une poudre et un substrat en acier 316L (plan longitudinal)

La Figure 7.36 et la Figure 7.37 montrent l'évolution du taux de dilution en fonction de l'énergie linéique et de la masse linéique, respectivement. Les résultats font apparaître que le taux de dilution peut être augmenté en augmentant la puissance laser, en augmentant la vitesse de défilement et en réduisant le débit massique. Ces relations entre les paramètres opératoires et la morphologie du bain liquide sont identiques à celles observées avec l'alliage Ti-6Al-4V. Toutefois, le lien entre la morphologie du bain et le paramètre d'ondulation Wt reste encore à démontrer.

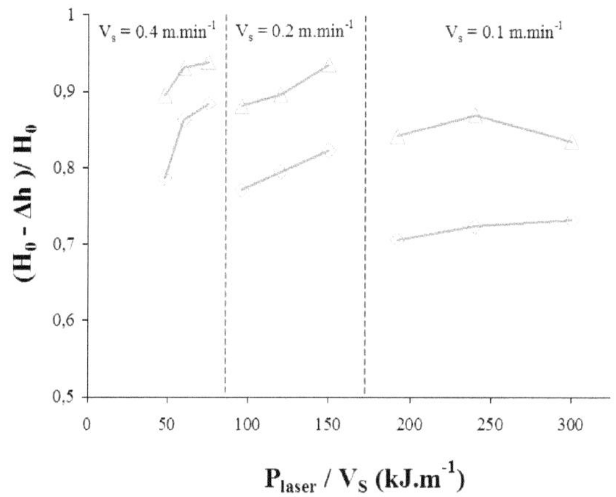

Figure 7.36 – Evolution du taux de dilution D en fonction de l'énergie linéique (plan longitudinal – Δ 1 g.min^{-1} – ◊ 2 g.min^{-1})

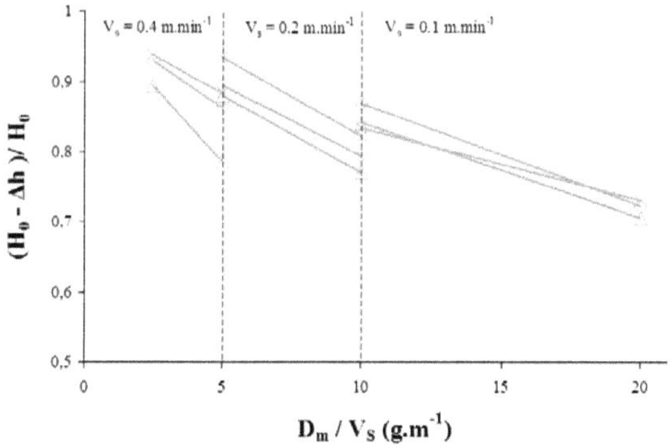

Figure 7.37 – Evolution du taux de dilution D en fonction de la masse linéique (plan longitudinal – Δ 1 g.min^{-1} – ◊ 2 g.min^{-1})

Annexe 10. Etude de la conservation de la masse et de l'énergie

Pour valider la modélisation de l'apport de matière avec la méthode ALE, la simulation d'un dépôt sur substrat massif 3D a été réalisée. Le problème est ici simplifié, puisque la mécanique des fluides est négligée, et se résume à appliquer une déformation à la surface du substrat localement fondu. Les paramètres opératoires sont donnés ci-après :

- Dimensions du substrat : 30 x 10 x 5 mm^3
- Puissance laser P_{laser} : 500 W
- Rayon du faisceau laser : 0,8 mm
- Débit massique de poudre D_m : 2 $g.min^{-1}$
- Rayon du jet de poudre r_{jet} : 2,2 mm
- Température des particules T_{max} : 2500 K
- Température initiale du substrat T_0 : 300 K
- Vitesse de défilement V_S : 0,2 $m.min^{-1}$

La buse responsable de l'apport de matière se déplace le long de l'axe x, en commençant et en s'arrêtant à 5 mm des bords du substrat. Les caractéristiques physiques rappelées dans le Tableau 7.23 sont prises constantes et aucun échange avec l'environnement n'est considéré. L'intensité laser I_{laser} est supposée homogène dans le faisceau (équation (7.19)) et est uniformément pénalisée pour tenir compte de l'atténuation, de sorte que att = 6%, et l'absorption est fixée à α = 30%. Le rendement d'interaction entre le jet de poudre et le substrat est fixé à 100% et la distribution massique en particules est décrite par l'équation (7.20), avec N_p = 1.

$$\varphi_{laser}(x,y,t) = \frac{\alpha\ \cos(\theta)(1-att)P_{laser}}{\pi r_{laser}^2} \quad si \quad X_0^{\ 2} + z^2 \le r_{laser}^2 \tag{7.19}$$

$$\vec{u}_p(x,y,t) = N_p \frac{\eta_p D_m}{\rho_p \pi r_{jet}^2} \exp\left(-N_p \frac{X_0^2 + z^2}{r_{jet}^2}\right) \cdot \vec{k} \tag{7.20}$$

Le calcul est effectué avec un maillage d'une taille d'éléments maximale de 0,2 mm au niveau de la surface où a lieu le dépôt et 1 mm dans reste du domaine, avec un taux de croissance des éléments de 1,5. Le maillage entier consiste en 132028 éléments et 119420 degrés de liberté avec une discrétisation d'ordre un pour les deux problèmes. Le déplacement arbitraire est assuré par une méthode de lissage de type hyperélastique.

Paramètre	Valeur		Paramètre	Valeur
c_p	700 $J.kg^{-1}.K^{-1}$		L_f	3.10^5 $J.kg^{-1}$
λ	20 $W.m^{-1}.K^{-1}$		T_S	1823 K
ρ	4000 $kg.m^{-3}$		T_L	1923 K

Tableau 7.23 – Propriétés thermophysiques du cas test de validation de la conservation de la masse et de l'énergie avec apport de matière

Dans un premier temps, nous nous intéressons à l'évolution de la masse du substrat. Pour cela, nous comparons la masse du substrat et la masse exacte donnée par la relation (7.21). En effet, la masse théorique m_s reçue par le substrat s'écrit en fonction du temps comme suit :

$$m_S(t) = \int_t \int_\Gamma P(x,y)\Big|_{T>T_{fus}} d\Gamma dt \tag{7.21}$$

Dans un second temps, nous vérifions la conservation de l'énergie au cours du temps en comparant la variation d'énergie interne du substrat à l'énergie E_{laser} apportée par le laser et la poudre E_{poudre} à chaque incrément de temps :

$$E_{laser}(t) = \int_t \int_\Gamma I_{laser}(x,y)\, d\Gamma dt \tag{7.22}$$

$$E_{poudre}(t) = \int_t \int_\Gamma P(x,y) H(T_p)\Big|_{T>T_{fus}} d\Gamma dt \tag{7.23}$$

La Figure 7.38 permet de comparer la variation de masse théorique à la variation de masse calculée. Les deux courbes sont très proches l'une de l'autre, avec une erreur mais qui reste inférieure à 1% (Figure 7.39). Cette dernière est probablement due aux paramètres de discrétisation (pas de temps, maillage, ordre des fonctions d'interpolation). On peut noter une légère variation de la prise de masse du substrat aux tout premiers instants et vient du fait que le dépôt dépende du laser qui amorce la fusion du substrat.

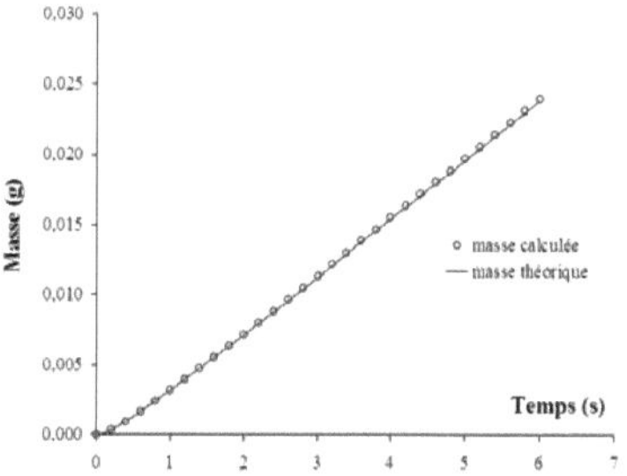

Figure 7.38 – Evolution de la masse théorique apportée au substrat et du gain de masse mesurée

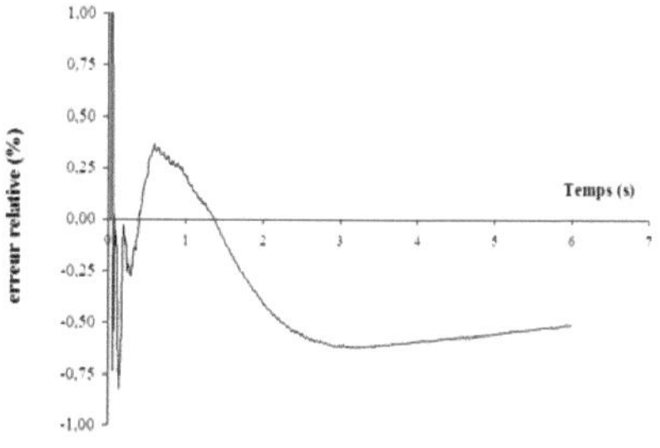

Figure 7.39 – Erreur relative entre l'évolution théorique et l'évolution calculée de la masse du substrat

La conservation de l'énergie a également été étudiée. La Figure 7.40 compare l'évolution de l'énergie apportée par le laser et la poudre à la variation d'énergie substrat. Ces évolutions sont très comparables et l'erreur relative est bien inférieure à 1% (Figure 7.41), ce qui est très satisfaisant.

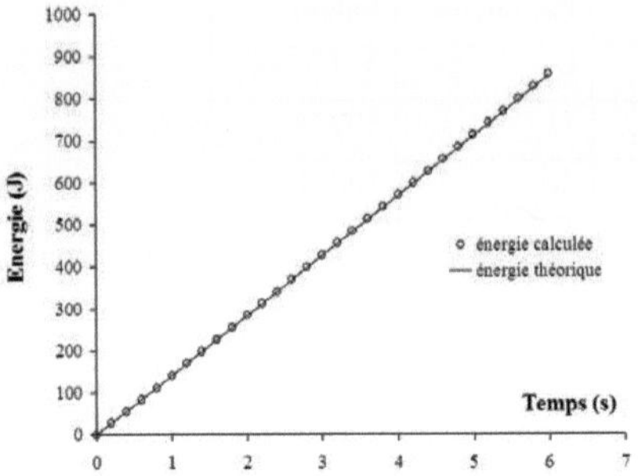

Figure 7.40– Evolution de l'énergie théorique apportée au substrat et de la variation d'énergie mesurée

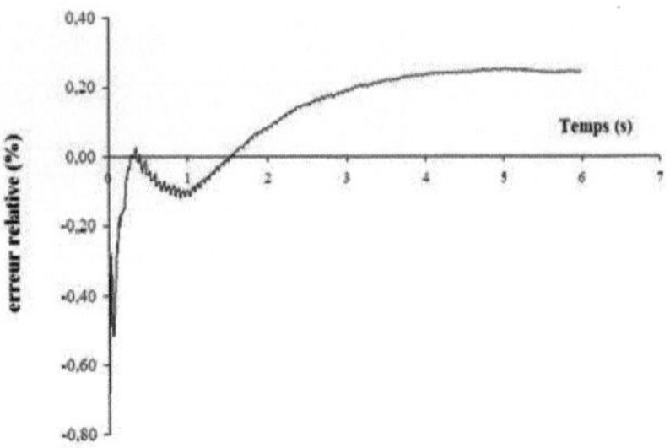

Figure 7.41 – Erreur relative entre l'évolution théorique et l'évolution calculée de l'énergie du substrat

Cette étude portant sur la conservation de la masse et de l'énergie a permis de montrer que le modèle proposé est conservatif à 1%, ce qui est un résultat acceptable, et valide la mise en données de l'apport d'énergie et de masse en temps que conditions aux limites.

Annexe 11. Influence des propriétés thermophysiques

Cette annexe présente une étude comparative entre un cas de référence et un cas utilisant des propriétés simplifiées. L'objectif est ici d'évaluer l'impact des simplifications effectuées pour les calculs 3D de bain fondu (chapitre 6). Ces simplifications consistent à utiliser des propriétés thermophysiques constantes et des propriétés modifiées. Pour cela, le modèle 2D axisymétrique de fusion par laser, présenté dans le chapitre 3, a été repris. Rappelons qu'il s'agit d'appliquer sur un court instant une source de chaleur à l'extrémité d'un barreau cylindrique. La fusion du métal permet la formation d'une goutte sous l'effet de la tension superficielle. Le volume de métal fondu augmente jusqu'à l'arrêt de la source laser. L'étude consiste donc à comparer la forme de la goutte et la position du front de fusion à la fin du cycle de chauffage. Nous considérons pour cela un barreau de 1,4 mm de diamètre et de 25 mm de long en alliage de titane Ti-6Al-4V, chauffé par un faisceau laser d'une puissance de 268 W et de distribution énergétique uniforme sur un rayon de 0,5 mm par rapport à l'axe du faisceau. La durée d'application de la source de chaleur est de 200 ms. Tous les paramètres sont identiques à ceux présentés dans le chapitre 3 (conditions aux limites, maillage, paramètres du solveur...).

Le cas de référence utilise les propriétés thermophysiques données en Annexe 3. Le second cas utilise les propriétés thermophysiques données dans le Tableau 6.3 pour l'alliage Ti-6Al-4V. Le troisième cas utilise les propriétés de l'Annexe 3 mais avec des propriétés hydrodynamiques équivalentes (multiplication par dix la viscosité dynamique, la masse volumique et la tension superficielle, coefficient thermocapillaire compris) et enfin le dernier cas utilise les propriétés du Tableau 6.3, avec des propriétés équivalentes pour le problème de mécanique des fluides. Le Tableau 7.24 regroupe les caractéristiques du bain liquide selon les hypothèses faites et la Figure 7.42 présente la comparaison des formes de bain selon les simplifications apportées. Les différentes hypothèses simplificatrices introduisent une erreur dans la solution calculée. L'utilisation de propriétés thermiques constantes réduit légèrement le niveau de température et le volume du bain est alors plus petit. Les propriétés hydrodynamiques équivalentes surestiment la température et la vitesse maximales, mais le volume de la goutte est aussi réduit par rapport au cas de référence. Le cumul de ces hypothèses a bien des conséquences sur la zone fondue mais reste cependant acceptable. Entre le cas de référence et le cas 4, les erreurs relatives obtenues sont moins de 1% sur la température maximale, +4,3% sur la vitesse maximale et -4,3% sur le volume fondu. Toutefois, la simplifications des propriétés a permis de réduire jusqu'à 40 % le temps de calcul, en comparaison avec le cas de référence.

	T_{max} (K)	V_{max} ($m.s^{-1}$)	V_{ZF} (mm^3)
Cas 1	2734	1,62	2,08
Cas 2	2719	1,61	1,99
Cas 3	2743	1,66	2,01
Cas 4	2755	1,69	1,99

Tableau 7.24 - Caractéristiques du bain liquide à t = 200 ms selon les hypothèses simplificatrices

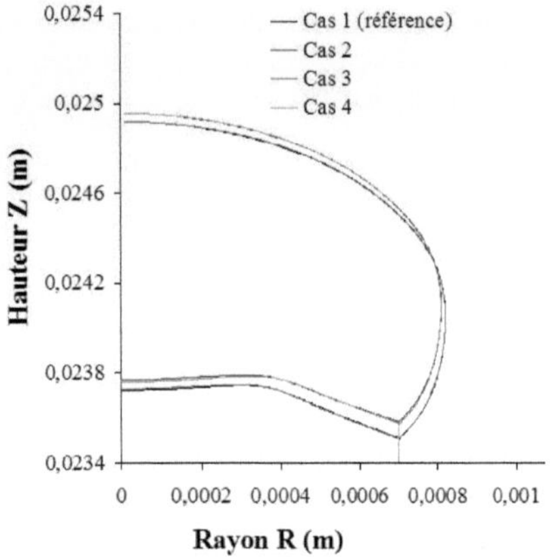

Figure 7.42 – Effets des simplifications sur la solutions calculée (Plaser = 268 W, t = 200 ms)

La diffusivité thermique de l'alliage Ti-6Al-4V liquide est de 9,83.10-6 $m^2.s^{-1}$ (Tableau 6.3). Les propriétés thermophysiques fonction de la température sont données en annexe 2 et l'on peut alors voir que cette valeur de diffusivité thermique n'est atteinte en réalité qu'aux alentours de 3000 K. Donc plus la température du bain liquide est basse, plus l'erreur introduite en simplifiant les propriétés est importante. L'utilisation de propriétés équivalentes pour le problème de mécanique des fluides a surtout permis de réduire les temps de calcul.

Bibliographie

Ahsan, M.N., Pinkerton, A.J., 2011. An analytical–numerical model of laser direct metal deposition track and microstructure formation. Modelling and Simulation in Materials Science and Engineering 19, 055003.

Air Liquide, 2012. Encyclopédie des gaz [WWW Document]. URL http://encyclopedia.airliquide.com/encyclopedia.asp?GasID=3&CountryID=19&LanguageID=2

Alimardani, M., Fallah, V., Iravani-Tabrizipour, M., Khajepour, A., 2012. Surface finish in laser solid freeform fabrication of an AISI 303L stainless steel thin wall. Journal of Materials Processing Technology 212, 113–119.

Alimardani, M., Fallah, V., Khajepour, A., Toyserkani, E., 2010. The effect of localized dynamic surface preheating in laser cladding of Stellite 1. Surface and Coatings Technology 3911–3919.

Alimardani, M., Toyserkani, E., Huissoon, J.P., 2007. A 3D dynamic numerical approach for temperature and thermal stress distributions in multilayer laser solid freeform fabrication process. Optics and Lasers in Engineering 45, 1115–1130.

Anca, A., Fachinotti, P., Cardona, A., 2009. Finite element modeling of shape metal deposition. Mecanica Computacional XXVIII, 3011–3035.

Aulisa, E., Manservisi, S., Scardovelli, R., 2006. A novel representation of the surface tension force for two-phase flow with reduced spurious currents. Computer Methods in Applied Mechanics and Engineering 195, 6239–6257.

Balu, P., Leggett, P., Kovacevic, R., 2012. Parametric study on a coaxial multi-material powder flow in laser-based powder deposition process. Journal of Materials Processing Technology 212, 1598–1610.

Beckermann, C., Viskanta, R., 1988. Double-diffusive convection during dendritic solidification of a binary mixture. PhysicoChemical Hydrodynamics 10, 195–213.

Bellet, M., 2005. Modélisation thermomécanique des procédés de déformation plastique et de solidification (Rapport d'Habilitation à Diriger des Recherches). CEMEF - Mines ParisTech, Université de Nice - Sophia Antipolis, Sophia Antipolis, France.

Bellet, M., Fachinotti, V.D., 2004. ALE method for solidification modelling. Computer Methods in Applied Mechanics and Engineering 193, 4355–4381.

Boivineau, M., Cagran, C., Doytier, D., Eyraud, V., Nadal, M.-H., Wilthan, B., Pottlacher, G., 2006. Thermophysical Properties of Solid and Liquid Ti-6Al-4V (TA6V) Alloy. Int J Thermophys 27, 507–529.

Bontha, S., Klingbeil, N.W., Kobryn, P.A., Fraser, H.L., 2006. Thermal process maps for predicting solidification microstructure in laser fabrication of thin-wall structures. Journal of Materials Processing Technology 178, 135–142.

Bosch, J.V. den, Almazouzi, A., 2009. Compatibility of martensitic/austenitic steel welds with liquid lead bismuth eutectic environment. Journal of Nuclear Materials 385, 504–509.

Brent, A.D., Voller, V.R., Reid, K.J., 1988. Enthalpy–porosity technique for modeling convection–diffusion phase change: application to the melting of a pure metal. Numerical Heat Transfer, Part B: Fundamentals 13, 297–318.

Brown, S.G.R., Spittle, J.A., Jarvis, D.J., Walden-Bevan, R., 2002. Numerical determination of liquid flow permeabilities for equiaxed dendritic structures. Acta Materialia 50, 1559–1569.

Brückner, F., Lepski, D., Beyer, E., 2007. Modeling the Influence of Process Parameters and Additional Heat Sources on Residual Stresses in Laser Cladding. J Therm Spray Tech 16, 355–373.

Carboni, C., Peyre, P., Beranger, G., Lemaitre, C., 2002. Influence of high power diode laser surface melting on the pitting corrosion resistance of type 316L stainless steel. Journal of Materials Science 3715–3723.

Carin, M., 2010. Square drop oscillation under surface tension – 2D axi-symmetric model [WWW Document]. Comsol. URL http://www.comsol.fr/community/exchange/121/ (accessed 11.3.10).

Choi, J., Han, L., Hua, Y., 2005. Modeling and experiments of laser cladding with droplet injection. Journal of heat transfer 127, 978.

Comsol Multiphysics, 2011. CFD Module User's Guide, version 4.2a.

Da Costa Teixeira, J., Appolaire, B., Aeby-Gautier, E., Denis, S., Héricher, L., 2008. Modeling of the phase transformations in near-[beta] titanium alloys during the cooling after forging. Computational Materials Science 42, 266–280.

Dal, M., 2011. Modélisation magnéto-thermo-hydraulique d'une pièce soumise à un procédé de soudage TIG et estimation d'évolution d'un front de fusion (PhD Thesis). Université de Bretagne-Sud, Lorient, France.

Dausinger, F., Shen, J., 1993. Energy Coupling Efficiency in Laser Surface Treatment. ISIJ international 33, 925–925.

De, A., DebRoy, T., 2009. A smart model to estimate effective thermal conductivity and viscosity in the weld pool. Journal of Applied Physics 95, 5230–5240.

De Deus, A.M., Mazumder, J., 1996. Two-dimensional thermo-mechanical finite element model for laser cladding, in: Proc. ICALEO. pp. 174–183.

De Oliveira, U., Ocelik, V., De Hosson, J.T.., 2005. Analysis of coaxial laser cladding processing conditions. Surface and Coatings Technology 197, 127–136.

De Sousa, F.S., Mangiavacchi, N., Nonato, L.G., Castelo, A., Tomé, M.F., Ferreira, V.G., Cuminato, J.A., McKee, S., 2004. A front-tracking/front-capturing method for the simulation of 3D multi-fluid flows with free surfaces. Journal of Computational Physics 198, 469–499.

Delahay, T., 2004. Développement d'une méthode probabiliste de calcul en fatigue multiaxiale prenant en compte la répartition volumique des contraintes (PhD Thesis). Université de Bordeaux 1, Bordeaux, France.

Depradeux, L., 2003. Simulation numérique du soudage-Acier 316L. Validation sur cas tests de complexité croissante (PhD thesis). INSA, Lyon, France.

Dettmer, W., Peric, D., 2006. A computational framework for free surface fluid flows accounting for surface tension. Computer Methods in Applied Mechanics and Engineering 195, 3038–3071.

Diao, Q.Z., Tsai, H.L., 1993. Modeling of solute redistribution in the mushy zone during solidification of aluminum-copper alloys. Metallurgical Transactions A 24, 963–973.

Doré, X., Combeau, H., Rappaz, M., 2000. Modelling of microsegregation in ternary alloys: Application to the solidification of Al–Mg–Si. Acta Materialia 48, 3951–3962.

Dumord, E., 1996. Modélisation du soudage continu par faisceau de haute énergie: application au cas du soudage par laser Nd:YAG d'un acier X5CrNi18-10 (PhD thesis). Université de Bourgogne, Le Creusot, France.

El Cheikh, H., Courant, B., Branchu, S., Hascoët, J.-Y., Guillén, R., 2012. Analysis and prediction of single laser tracks geometrical characteristics in coaxial laser cladding process. Optics and Lasers in Engineering 50, 413–422.

Emmelmann, C., 2000. Introduction to Industrial Laser Materials Processing. Rofin-Sinar Laser GmbH Publications, Hamburg.

Fallböhmer, P., Rodrı́guez, C.A., Özel, T., Altan, T., 2000. High-speed machining of cast iron and alloy steels for die and mold manufacturing. Journal of Materials Processing Technology 98, 104–115.

Fathi, A., Toyserkani, E., Khajepour, A., Durali, M., 2006. Prediction of melt pool depth and dilution in laser powder deposition. J. Phys. D: Appl. Phys. 39, 2613–2623.

Felde, I., Reti, T., Zoltan, K., Costa, L., Colago, R., Vilar, R., Vero, B., 2002. A simple technique to estimate the processing window for laser clad coatings., in: 1 St ASM

International Surface Engineering Conference and the 13 Th IFHTSE Congress. pp. 237–242.
Foroozmehr, E., Kovacevic, R., 2009. Thermokinetic Modeling of Phase Transformation in the Laser Powder Deposition Process. Metallurgical and Materials Transactions A 40, 1935–1943.
Frenk, A., Vandyoussefi, M., Wagnière, J.-D., Kurz, W., Zryd, A., 1997. Analysis of the laser-cladding process for stellite on steel. Metall and Materi Trans B 28, 501–508.
Fu, Y., Loredo, A., Martin, B., Vannes, A.B., 2002. A theoretical model for laser and powder particles interaction during laser cladding. Journal of Materials Processing Technology 128, 106–112.
Garashchuk, V.P., Kirsei, V.I., Shinkarev, V.A., 1986. The effect of CO2-laser-radiation polarization on the geometric parameters of penetration during metal welding. Soviet Journal of Quantum Electronics 13, 2515–2518.
Gharbi, M., 2013. Etude des états de surface des pièces issues de la Fabrication Directe par Projection Laser (PhD thesis). ENSAM ParisTech, Paris XIII, France.
Ghosh, S., Choi, J., 2005. Three-dimensional transient finite element analysis for residual stresses in the laser aided direct metal/material deposition process. Journal of Laser Applications 17, 144–159.
Guo, Z., Malinov, S., Sha, W., 2005. Modelling beta transus temperature of titanium alloys using artificial neural network. Computational Materials Science 32, 1–12.
Haider, A., Levenspiel, O., 1989. Drag coefficient and terminal velocity of spherical and nonspherical particles. Powder Technology 58, 63–70.
Hamide, M., 2008. Modélisation numérique du soudage à l'arc des aciers (PhD Thesis). ENSMP ParisTech, Sophia Antipolis, France.
Hamide, M., Massoni, E., Bellet, M., 2008. Adaptive mesh technique for thermal–metallurgical numerical simulation of arc welding processes. International Journal for Numerical Methods in Engineering 73, 624–641.
Han, L., Phatak, K., Liou, F., 2004. Modeling of laser cladding with powder injection. Metallurgical and Materials Transactions B 35, 1139–1150.
He, X., Fuerschbach, P.W., DebRoy, T., 2003. Heat transfer and fluid flow during laser spot welding of 304 stainless steel. Journal of Physics D: Applied Physics 36, 1388–1398.
He, X., Mazumder, J., 2007. Transport phenomena during direct metal deposition. Journal of Applied Physics 101, 053113.
He, X., Yu, G., Mazumder, J., 2010. Temperature and composition profile during double-track laser cladding of H13 tool steel. Journal of Physics D: Applied Physics 43, 015502.
Hinze, J.O., 1986. Turbulence, 1975. McGraw-Hill, New York). J. Fluid Mechanics 173, 303–356.
Hirt, C.W., Amsden, A.A., Cook, J.L., 1974. An arbitrary Lagrangian-Eulerian computing method for all flow speeds. Journal of Computational Physics 14, 227–253.
Hirt, C.W., Nichols, B.D., 1981. Volume of fluid (VOF) method for the dynamics of free boundaries. Journal of computational physics 39, 201–225.
Hoadley, A.F.A., Rappaz, M., 1992. A thermal model of laser cladding by powder injection. MTB 23, 631–642.
Hoadley, A.F.A., Rappaz, M., Zimmermann, M., 1991. Heat-flow simulation of laser remelting with experimenting validation. MTB 22, 101–109.
Huber, N., Sommerfeld, M., 1998. Modelling and numerical calculation of dilute-phase pneumatic conveying in pipe systems. Powder Technology 99, 90–101.
Hughes, T.J.R., Liu, W.K., Zimmermann, T.K., 1981. Lagrangian-Eulerian finite element formulation for incompressible viscous flows. Computer Methods in Applied Mechanics and Engineering 29, 329–349.

Ibarra-Medina, J., Pinkerton, A.J., 2010. A CFD model of the laser, coaxial powder stream and substrate interaction in laser cladding. Physics Procedia 5, Part B, 337–346.

Ibarra-Medina, J., Vogel, M., Pinkerton, A.J., 2011. A CFD model of laser cladding - from deposition head to melt pool dynamics. Presented at the International Congress on Applications of Lasers and Electro-Optics, Orlando (FL), pp. 378–386.

Jouvard, J.M., Girard, K., Perret, O., 2001. Keyhole formation and power deposition in Nd:YAG laser spot welding. Journal of Physics D: Applied Physics 34, 2894–2901.

Jouvard, J.M., Grevey, D., Lemoine, F., Vannes, A.B., 1997. Dépôts par projection de poudre dans un faisceau laser Nd:YAG : cas des faibles puissances. Journal de Physique III 7, 10 pages.

Kastler, A., 1952. La diffusion de la lumiére par les milieux troubles : influence de la grosseur des particules, collection Actualités Scientifiques et Industrielles. ed. Hermann.

Katzarov, I., Malinov, S., Sha, W., 2002. Finite element modeling of the morphology of β to α phase transformation in Ti-6Al-4V alloy. Metall and Mat Trans A 33, 1027–1040.

Kelly, S.M., 2004. Thermal and Microstructure Modeling of Metal Deposition Processes with Application to Ti-6Al-4V (PhD Thesis). Virginia Polytechnic Institute and State University, Blacksburg (VA), USA.

Kelly, S.M., Kampe, S.L., 2004. Microstructural evolution in laser-deposited multilayer Ti-6Al-4V builds: Part I. Microstructural characterization. Metallurgical and Materials Transactions A 35, 1861–1867.

Kerrouault, N., 2000. Fissuration à chaud en soudage d'un acier inoxydable austénitique (PhD Thesis). ECAM, Chatenay-Malabry, France.

Kim, C.S., 1975. Thermophysical Properties of Stainless Steels (No. ANL--75-55). Argonne National Lab., Ill. (USA).

Konan N'Dri, A., 2007. Modélisation numérique stochastique des rebonds de particules sur parois rugueuses (PhD Thesis). INP, Toulouse, France.

Kong, F., Kovacevic, R., 2010. Modeling of Heat Transfer and Fluid Flow in the Laser Multilayered Cladding Process. Metall and Materi Trans B 41, 1310–1320.

Kovalev, O.B., Zaitsev, A.V., Novichenko, D., Smurov, I., 2010. Theoretical and Experimental Investigation of Gas Flows, Powder Transport and Heating in Coaxial Laser Direct Metal Deposition (DMD) Process. J Therm Spray Tech 20, 465–478.

Kovaleva, I.O., Kovalev, O.B., 2011. Simulation of Light-Propulsion Acceleration of Powder Particles for Laser Direct Metal Deposition. Physics Procedia 12, 285–295.

Kulkarni, P., Dutta, D., 1996. An accurate slicing procedure for layered manufacturing. Computer-Aided Design 28, 683–697.

Kumar, A., Paul, C.P., Pathak, A.K., Bhargava, P., Kukreja, L.M., 2012. A finer modeling approach for numerically predicting single track geometry in two dimensions during Laser Rapid Manufacturing. Optics & Laser Technology 44, 555–565.

Kumar, A., Roy, S., 2009. Effect of three-dimensional melt pool convection on process characteristics during laser cladding. Computational Materials Science 46, 495–506.

Kumar, S., Roy, S., Paul, C.P., Nath, A.K., 2008. Three-Dimensional Conduction Heat Transfer Model for Laser Cladding Process. Numerical Heat Transfer, Part B: Fundamentals 53, 271–287.

Labudovic, M., Hu, D., Kovacevic, R., 2003. A three dimensional model for direct laser metal powder deposition and rapid prototyping. Journal of Materials Science 38, 35–49.

Lampa, C., Kaplan, A.F.H., Powell, J., Magnusson, C., 1997. An analytical thermodynamic model of laser welding. Journal of Physics D: Applied Physics 30, 1293.

Launder, B.E., Spalding, D.B., 1974. The numerical computation of turbulent flows. Computer Methods in Applied Mechanics and Engineering 3, 269–289.

Le Guen, E., 2010. Etude du procédé de soudage hybride laser/MAG : Caractérisation de la géométrie et de l'hydrodynamique du bain de fusion et développement d'un modèle 3D thermique (PhD thesis). Université de Bretagne-Sud, Lorient, France.
Lemoine, F., Grevey, D.F., Vastra-Bobin, I., Vannes, A.B., 1993. Modélisation de la section de dépôts obtenus par fusion d'une poudre métallique projetée dans un faisceau laser Nd-YAG. Journal de Physique III 3, 2043–2052.
Li, R., Shi, Y., Liu, J., Yao, H., Zhang, W., 2009. Effects of processing parameters on the temperature field of selective laser melting metal powder. Powder Metallurgy and Metal Ceramics 48, 186–195.
Li, W.-Y., Liao, H., Douchy, G., Coddet, C., 2007. Optimal design of a cold spray nozzle by numerical analysis of particle velocity and experimental validation with 316L stainless steel powder. Materials & Design 28, 2129–2137.
Lin, J., 1999a. Concentration mode of the powder stream in coaxial laser cladding. Optics & Laser Technology 31, 251–257.
Lin, J., 1999b. Temperature analysis of the powder streams in coaxial laser cladding. Optics & Laser Technology 31, 565–570.
Lin, J., 2000. Numerical simulation of the focused powder streams in coaxial laser cladding. Journal of Materials Processing Technology 105, 17–23.
Lin, J., Steen, W.M., 1998. Design characteristics and development of a nozzle for coaxial laser cladding. J. Laser Appl. 10, 55–63.
Liu, C.Y., Lin, J., 2003. Thermal processes of a powder particle in coaxial laser cladding. Optics and Laser Technology 35, 81–86.
Liu, J., Li, L., 2004. In-time motion adjustment in laser cladding manufacturing process for improving dimensional accuracy and surface finish of the formed part. Optics & Laser Technology 36, 477–483.
Liu, J., Li, L., Zhang, Y., Xie, X., 2005. Attenuation of laser power of a focused Gaussian beam during interaction between a laser and powder in coaxial laser cladding. Journal of Physics D: Applied Physics 38, 1546–1550.
Maisonneuve, J., Colin, C., Bienvenu, Y., Aubry, P., 2006. Etude des phénomènes thermiques associés à la fabrication directe de pièces en TA6V par projection laser. Presented at the Matériaux '06 congress, Dijon (France).
Majhi, J., Janardan, R., Smid, M., Gupta, P., 1999. On some geometric optimization problems in layered manufacturing. Computational Geometry 12, 219–239.
Malinov, S., Guo, Z., Sha, W., Wilson, A., 2001. Differential scanning calorimetry study and computer modeling of $\beta \Rightarrow \alpha$ phase transformation in a Ti-6Al-4V alloy. Metall and Mat Trans A 32, 879–887.
Malinov, S., Sha, W., Guo, Z., 2000. Application of artificial neural network for prediction of time-temperature-transformation diagrams in titanium alloys. Materials Science and Engineering A 283, 1–10.
Manvatkar, V.D., Gokhale, A.A., Jagan Reddy, G., Venkataramana, A., De, A., 2011. Estimation of Melt Pool Dimensions, Thermal Cycle, and Hardness Distribution in the Laser-Engineered Net Shaping Process of Austenitic Stainless Steel. Metallurgical and Materials Transactions A 42, 4080–4087.
Mazumder, J., Dutta, D., Kikuchi, N., Ghosh, A., 2000. Closed loop direct metal deposition: art to part. Optics and Lasers in Engineering 34, 397–414.
Mazumder, J., Schifferer, A., Choi, J., 1999. Direct materials deposition: designed macro and microstructure. Materials Research Innovations 3, 118–131.
Médale, M., Xhaard, C., Fabbro, R., 2008. A thermo-hydraulic numerical model to study spot laser welding. Comptes Rendus Mécanique 335, 280–286.
Meng, T., 2010. Factors influencing the fluid flow and heat transfer in electron beam melting of Ti-6Al-4V (PhD Thesis). University of British Columbia, Vancouver, Canada.

Mills, K.C., 2002. Recommended values of thermophysical properties for selected commercial alloys. Woodhead Publishing Limited.
Mishra, S., DebRoy, T., 2005. A heat-transfer and fluid-flow-based model to obtain a specific weld geometry using various combinations of welding variables. J. Appl. Phys. 98, 044902.
Mishra, S., Lienert, T.J., Johnson, M.Q., DebRoy, T., 2008. An experimental and theoretical study of gas tungsten arc welding of stainless steel plates with different sulfur concentrations. Acta Materialia 56, 2133–2146.
Mokadem, S., 2004. Epitaxial laser treatment of single crystal nickel-base superalloys (PhD Thesis). EPFL, Lausanne, Suisse.
Morita, K., Fischer, E.., Thurnay, K., 1998. Thermodynamic properties and equations of state for fast reactor safety analysis: Part II: Properties of fast reactor materials. Nuclear Engineering and Design 183, 193–211.
Muller, M., Fabbro, R., El-Rabii, H., Hirano, K., 2012. Temperature measurement of laser heated metals in highly oxidizing environment using 2D single-band and spectral pyrometry. Journal of Laser Applications 24, 022006–022006–11.
Neela, V., De, A., 2009. Three-dimensional heat transfer analysis of LENSTM process using finite element method. Int J Adv Manuf Technol 45, 935–943.
Neto, O.O.D., Vilar, R., 2002. Physical–computational model to describe the interaction between a laser beam and a powder jet in laser surface processing. Journal of Laser Applications 14, 46.
Osher, S., Sethian, J.A., 1988. Fronts propagating with curvature-dependent speed: Algorithms based on Hamilton-Jacobi formulations. Journal of Computational Physics 79, 12–49.
Otto, A., Schmidt, M., 2010. Towards a universal numerical simulation model for laser material processing. Physics Procedia 5, 35–46.
Pan, H., Liou, F., 2005. Numerical simulation of metallic powder flow in a coaxial nozzle for the laser aided deposition process. Journal of Materials Processing Technology 168, 230–244.
Pan, H., Sparks, T., Thakar, Y.D., Liou, F., 2006. The investigation of gravity-driven metal powder flow in coaxial nozzle for laser-aided direct metal deposition process. Journal of manufacturing science and engineering 128, 541–553.
Paradis, P.-F., Ishikawa, T., Yoda, S., 2002. Non-Contact Measurements of Surface Tension and Viscosity of Niobium, Zirconium, and Titanium Using an Electrostatic Levitation Furnace. International Journal of Thermophysics 23, 825–842.
Partes, K., 2009. Analytical model of the catchment efficiency in high speed laser cladding. Surface and Coatings Technology 204, 366–371.
Peyre, P., Aubry, P., Fabbro, R., Neveu, R., Longuet, A., 2008. Analytical and numerical modelling of the direct metal deposition laser process. Journal of Physics D: Applied Physics 41, 025403.
Pi, G., Zhang, A., Zhu, G., Li, D., Lu, B., 2011. Research on the forming process of three-dimensional metal parts fabricated by laser direct metal forming. The International Journal of Advanced Manufacturing Technology 57, 841–847.
Picasso, M., Hoadley, A.F.A., 1994. Finite element simulation of laser surface treatments including convection in the melt pool. International Journal of Numerical Methods for Heat & Fluid Flow 4, 61–83.
Picasso, M., Marsden, C., Wagniere, J., Frenk, A., Rappaz, M., 1994. A simple but realistic model for laser cladding. Metallurgical and Materials Transactions B 25, 281–291.
Pinkerton, A.J., 2007. An analytical model of beam attenuation and powder heating during coaxial laser direct metal deposition. Journal of Physics D: Applied Physics 40, 7323–7334.
Pinkerton, A.J., Li, L., 2003. An investigation of the effect of pulse frequency in laser multiple-layer cladding of stainless steel. Applied Surface Science 208–209, 405–410.

Pinkerton, A.J., Li, L., 2004. The significance of deposition point standoff variations in multiple-layer coaxial laser cladding (coaxial cladding standoff effects). International Journal of Machine Tools and Manufacture 44, 573–584.
Pinkerton, A.J., Li, L., 2005. Multiple-layer laser deposition of steel components using gas- and water-atomised powders: the differences and the mechanisms leading to them. Applied Surface Science 247, 175–181.
Qi, H., Mazumder, J., Ki, H., 2006. Numerical simulation of heat transfer and fluid flow in coaxial laser cladding process for direct metal deposition. J. Appl. Phys. 100, 024903–11.
Rabier, S., 2003. Développement d'un modèle éléments finis pour la simulation d'écoulements à surface libre : application au soudage (PhD Thesis). Université de Provence, Aix-Marseille 1, France.
Rai, R., Burgardt, P., Milewski, J.O., Lienert, T.J., DebRoy, T., 2009. Heat transfer and fluid flow during electron beam welding of 21Cr–6Ni–9Mn steel and Ti–6Al–4V alloy. J. Phys. D: Appl. Phys. 42, 025503.
Rai, R., Kelly, S.M., Martukanitz, R.P., DebRoy, T., 2008. A Convective Heat-Transfer Model for Partial and Full Penetration Keyhole Mode Laser Welding of a Structural Steel. Metall and Mat Trans A 39, 98–112.
Ranz, W.E., Marshall, W.R., 1952a. Evaporation from drops : Part I. Chem. Engng. Prog. 48, 141–146.
Ranz, W.E., Marshall, W.R., 1952b. Evaporation from drops : Part II. Chem. Engng. Prog. 48, 173–180.
Reddy, J.N., Gartling, D.K., 2010. The finite element method in heat transfer and fluid dynamics, 3eme édition. ed. CRC Press.
Reddy, N.S., Lee, C.S., Kim, J.H., Semiatin, S.L., 2006. Determination of the beta-approach curve and beta-transus temperature for titanium alloys using sensitivity analysis of a trained neural network. Materials Science and Engineering: A 434, 218–226.
Robert, Y., Mariage, J.-F., Cailletaud, G., Aeby-Gautier, E., 2006. Modélisation numérique du procédé de soudage par laser YAG impulsionnel d'un alliage de titane (TA6V). Presented at the Matériaux '06 congress, Dijon, France.
Roy, G.G., Elmer, J.W., DebRoy, T., 2006. Mathematical modeling of heat transfer, fluid flow, and solidification during linear welding with a pulsed laser beam. Journal of Applied Physics 100, 034903–034903–7.
Safdar, S., Pinkerton, A.J., Li, L., Sheikh, M.A., Withers, P.J., 2013. An Anisotropic Enhanced Thermal Conductivity Approach for Modelling Laser Melt Pools for Ni-base Super Alloys. Applied Mathematical Modelling 37, 1187–1195.
Sahoo, P., Debroy, T., McNallan, M.J., 1988. Surface tension of binary metal—surface active solute systems under conditions relevant to welding metallurgy. MTB 19, 483–491.
Schmidt-Hohagen, F., Egry, I., Wunderlich, R., Fecht, H., 2006. Surface tension measurements of industrial iron-based alloys from ground-based and parabolic flight experiments: Results from the thermolab project. Microgravity Sci. Technol 18, 77–81.
Schneider, M.F., 1998. Laser cladding with powder, effect of some machining parameters on clad properties (PhD Thesis). Université de Twente, Enschede, Pays-Bas.
Schneider, S., Egry, I., Seyhan, I., 2002. Measurement of the Surface Tension of Undercooled Liquid Ti90-Al6-V4 by the Oscillating Drop Technique. International Journal of Thermophysics 23, 1241–1248.
Shah, K., Pinkerton, A.J., Salman, A., Li, L., 2010. Effects of Melt Pool Variables and Process Parameters in Laser Direct Metal Deposition of Aerospace Alloys. Materials and Manufacturing Processes 25, 1372–1380.

Shan, X., Davies, C.M., Wangsdan, T., O'Dowd, N.P., Nikbin, K.M., 2009. Thermo-mechanical modelling of a single-bead-on-plate weld using the finite element method. International Journal of Pressure Vessels and Piping 86, 110–121.
Sommerfeld, M., 2003. Analysis of collision effects for turbulent gas–particle flow in a horizontal channel: Part I. Particle transport. International journal of multiphase flow 29, 675–699.
Sommerfeld, M., Huber, N., 1999. Experimental analysis and modelling of particle-wall collisions. International Journal of Multiphase Flow 25, 1457–1489.
Syed, W.U.H., Pinkerton, A.J., Li, L., 2005. A comparative study of wire feeding and powder feeding in direct diode laser deposition for rapid prototyping. Applied Surface Science 247, 268–276.
Tabernero, I., Lamikiz, A., Martínez, S., Ukar, E., López de Lacalle, L.N., 2012. Modelling of energy attenuation due to powder flow-laser beam interaction during laser cladding process. Journal of Materials Processing Technology 212, 516–522.
Tabernero, I., Lamikiz, A., Ukar, E., López de Lacalle, L.N., Angulo, C., Urbikain, G., 2010. Numerical simulation and experimental validation of powder flux distribution in coaxial laser cladding. Journal of Materials Processing Technology 210, 2125–2134.
Tan, H., Zhang, F., Wen, R., Chen, J., Huang, W., 2012. Experiment study of powder flow feed behavior of laser solid forming. Optics and Lasers in Engineering 50, 391–398.
Tanaka, M., 2004. An introduction to physical phenomena in arc welding processes. Welding International 18, 845.
Tanaka, T., Tsuji, Y., 1991. Numerical simulation of gas-solid two-phase flow in a vertical pipe: on the effect of inter-particle collision, in: 4th Int. Symp. on Gas-Solid Flows. pp. 123–128.
Tomashchuk, I., 2010. Assemblage hétérogène cuivre-inox et TA6V-inox par les faisceaux de haute énergie : compréhension et modélisation des phénomènes physico-chimiques (PhD Thesis). Université de Bourgogne, Le Creusot, France.
Touvrey-Xhaard, C., 2006. Etude thermohydraulique du soudage impulsionnel de l'alliage TA6V (PhD Thesis). Université de Provence, Aix-Marseille 1, France.
Toyserkani, E., Khajepour, A., Corbin, S., 2003. Three-dimensional finite element modeling of laser cladding by powder injection: Effects of powder feedrate and travel speed on the process. Journal of Laser Applications 15, 153–161.
Toyserkani, E., Khajepour, A., Corbin, S., 2004. 3-D finite element modeling of laser cladding by powder injection: effects of laser pulse shaping on the process. Optics and Lasers in Engineering 41, 849–867.
Ushio, M., Matsuda, F., 1982. Mathematical Modelling of Heat Transfer of Welding Arc (Part 1). JW RI 11, 7–15.
Vannes, A.B., 1986. Lasers et industries de transformation, Technique & Documentation. ed. Lavoisier.
Vetter, P.A., Engel, T., Fontaine, J., 1994. Laser cladding: the relevant parameters for process control, in: Proceedings of SPIE. Presented at the Laser Materials Processing: Industrial and Microelectronics Applications, pp. 452–462.
Vittal, B.V., Tabakoff, W., 1987. Two-phase flow around a two-dimensional cylinder. American Institue of Aeronautics and Astronautics Journal 25, 648–654.
Von Wielligh, L.G., 2008. Characterizing the influence of process variables in laser cladding Al-20%wt%Si onto an aluminium substrate (PhD Thesis). Nelson Mendela Metropolitan University, Port Elizabeth, South Africa.
Waltar, A.E., Reynolds, A.B., 1981. Fast Breeder Reactors, Pergamon International Library. Robert Maxwell, M. C.
Wang, L., Felicelli, S., 2006. Analysis of thermal phenomena in LENS(TM) deposition. Materials Science and Engineering: A 435-436, 625–631.
Wang, L., Felicelli, S., Gooroochurn, Y., Wang, P.T., Horstemeyer, M.F., 2008. Optimization of the LENS process for steady molten pool size. Materials Science and Engineering: A 474, 148–156.

Watanabe, T., 2008. Numerical simulation of oscillations and rotations of a free liquid droplet using the level set method. Computers & Fluids 37, 91–98.
Weisheit, A., Backes, G., Stromeyer, R., Gasser, A., Wissenbach, K., Poprawe, R., 2001. Powder injection: the key to reconditioning and generating components using laser cladding, in: Int. Congress on Advanced Mat'ls and Processes. pp. 1–7.
Wen, S., Shin, Y.C., 2010. Modeling of transport phenomena during the coaxial laser direct deposition process. J. Appl. Phys. 108, 044908.
Wen, S., Shin, Y.C., 2011. Modeling of transport phenomena in direct laser deposition of metal matrix composite. International Journal of Heat and Mass Transfer 54, 5319–5326.
Wen, S.Y., Shin, Y.C., Murthy, J.Y., Sojka, P.E., 2009. Modeling of coaxial powder flow for the laser direct deposition process. International Journal of Heat and Mass Transfer 52, 5867–5877.
Westerberg, K.W., Merier, T.C., McClelland, M.A., Braun, D.G., Berzins, L.V., Anklam, T.M., Storer, J., 1998. Analysis of the e-beam evaporation of titanium and Ti-6Al-4V (No. 19990039623). NASA.
Wilcox, D.C., 1998. Turbulence modeling for CFD. DCW industries.
Wilthan, B., Reschab, H., Tanzer, R., Schützenhöfer, W., Pottlacher, G., 2007. Thermophysical Properties of a Chromium–Nickel–Molybdenum Steel in the Solid and Liquid Phases. Int J Thermophys 29, 434–444.
Wong, H.Y., 1977. Handbook of essential formulae and data on heat transfer for engineers, Longman. ed.
Wunderlich, R.K., Battezzati, L., Brooks, R., Egry, I., Fecht, H.-J., Garandet, J.-P., Mills, K.C., Passerone, A., Quested, P.N., Ricci, E., Schneider, S., Seetharaman, S., Aune, R., Vinet, B., 2005. Surface tension and viscosity of industrial alloys from parabolic flight experiments — Results of theThermoLab project. Microgravity sci. Technol. 16, 11–14.
Yakovlev, A., Trunova, E., Grevey, D., Pilloz, M., Smurov, I., 2005. Laser-assisted direct manufacturing of functionally graded 3D objects. Surface and Coatings Technology 190, 15–24.
Yang, B., Prosperetti, A., 2006. A second-order boundary-fitted projection method for free-surface flow computations. Journal of Computational Physics 213, 574–590.
Yang, F.L., 2006. Interaction law for a collision between two solid particles in a viscous liquid (PhD Thesis). California Institute of Technology, Pasaden, California.
Yang, N., 2009. Concentration model based on movement model of powder flow in coaxial laser cladding. Optics & Laser Technology 41, 94–98.
Yarin, A.L., 2006. DROP IMPACT DYNAMICS : splashing, spreading, receding, bouncing…. Annu. Rev. Fluid Mech. 38, 159–192.
Ye, R., Smugeresky, J.E., Zheng, B., Zhou, Y., Lavernia, E.J., 2006. Numerical modeling of the thermal behavior during the LENS® process. Materials Science and Engineering: A 428, 47–53.
Yin, H., Wang, L., Felicelli, S.D., 2008. Comparison of Two-Dimensional and Three-Dimensional Thermal Models of the LENS Process. Journal of Heat Transfer 130, 102101.
Zekovic, S., Dwivedi, R., Kovacevic, R., 2007. Numerical simulation and experimental investigation of gas-powder flow from radially symmetrical nozzles in laser-based direct metal deposition. International Journal of Machine Tools and Manufacture 47, 112–123.
Zhang, K., Liu, W., Shang, X., 2007. Research on the processing experiments of laser metal deposition shaping. Optics & Laser Technology 39, 549–557.
Zhao, C., 2011. Measurements of fluid flow in weld pools (PhD Thesis). Chinese Academy of Sciences, Guangzhou, Chine.
Zhu, G., Li, D., Zhang, A., Pi, G., Tang, Y., 2012. The influence of laser and powder defocusing characteristics on the surface quality in laser direct metal deposition. Optics & Laser Technology 44, 349–356.

Zhu, G., Li, D., Zhang, A., Tang, Y., 2011. Numerical simulation of metallic powder flow in a coaxial nozzle in laser direct metal deposition. Optics & Laser Technology 43, 106–113.

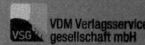

MIX
Papier aus verantwortungsvollen Quellen
Paper from responsible sources
FSC® C105338

Printed by Books on Demand GmbH, Norderstedt / Germany